国家出版基金项目

"十三五"国家重点出版物出版规划项目

深远海创新理论及技术应用丛书

微波雷达与辐射遥感

Microwave Radar and Radiometric Remote Sensing

（下册）

［美］法瓦兹·T. 乌拉比（Fawwaz T. Ulaby）
［美］大卫·G. 朗（David G. Long）　著

张　彪　何宜军　译

海洋出版社

2024 年·北京

目　录

下　册

第 13 章

雷达测量和散射计

QuikSCAT 卫星上搭载的 SeaWinds 散射计

在微波遥感中，地球地形、海洋或大气的信息是从接收到的来自上述媒介发射或再辐射的微波信号中提取的。对于雷达遥感而言，接收到的信号是目标区域反射的雷达信号。由于雷达设计者可以控制发射的信号，通过定制发射信号可以提取比被动式传感器更多的目标信息。从根本上说，雷达接收信号可以测量以下信息：①功率或振幅；②频率或多普勒频移；③时间延迟或距离。方向分辨能力则由天线的指向确定。

> ▶ 即使接收信号是天线覆盖范围内不同区域所有回波的总和，距离和多普勒信息也可以分离或区分来自观测区域内不同地方的信号分量。◀

这意味着，雷达可以获取比天线方向图对应的区域更高的空间分辨率。这种分辨能力是利用发射信号的特性和接收信号的相干特性来实现的。本章首先阐述遥感中常用的基本的雷达系统配置，然后深入探讨雷达测量与分辨理论，进而阐明实现上述分辨目的所需的系统设计和信号处理相关的概念。

散射计是一种用于测量目标反射率的雷达。它通过发射微波信号并由天线接收目标的后向散射信号来实现对目标反射率的测量。最简单的散射计只测量返回散射信号的功率。更复杂的系统则可以利用时间延迟和多普勒频移从接收信号中提取附加信息。

13.1 连续波雷达

最简单的雷达采用连续波(CW)发射机。如图 13.1 所示，部分雷达发射的信号被目标反射或散射进入接收天线。雷达可以是单站式的，即发射和接收信号使用同一副天线，也可以是双站式的，即发射和接收信号使用不同的天线(位于不同的位置但覆盖区域有重叠)。图 13.1 所示的雷达信号流程图中，接收信号与发射信号的副本混合，从而把接收信号的频率下移至基带，简化信号处理的过程，就是零差处理。然后，接收器放大下变频的混合信号，并将其传递到可以提取感兴趣特征的指示器或处理器中。

对于单个静止点目标而言，接收的信号是发射信号延迟、衰减后的副本。时间延迟是由信号从发射天线到目标再返回到接收天线的传播时延引起的。信号振幅取决于目标的距离、天线增益、频率和目标的雷达散射截面(RCS)，如 5.4 节中的雷达方程所述。如果目标相对于雷达是移动的，那么由于多普勒效应，接收信号的频率与发射信号的频率会略有不同。

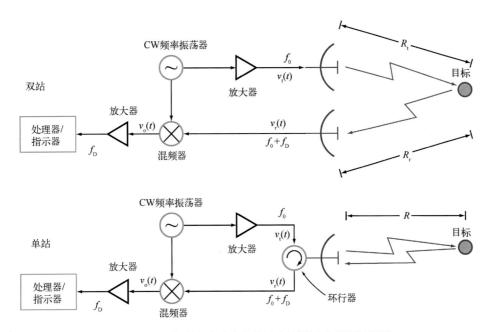

图 13.1 双站连续波雷达和单站连续波雷达的配置框图

13.1.1 相对于雷达静止的目标

连续波雷达发射信号的电压 $v_t(t)$ 可以写成

$$v_t(t) = A \cos (2\pi f_0 t) \tag{13.1}$$

为了简单起见，这里只讨论单站系统[*]。双程信号的传播时间 T 与雷达和目标之间的距离 R 有关：

$$T = \frac{2R}{c} \tag{13.2}$$

当目标相对于雷达静止时，接收信号 $v_r(t)$ 可以表示为

$$v_r(t) = K \cos \left[2\pi f_0 (t - T) \right] = K \cos (2\pi f_0 t - \phi) \tag{13.3}$$

式中，K 为雷达方程式(5.29b)的常数项，即

$$K = A \frac{G\lambda}{(4\pi)^{3/2} R^2} \sqrt{\sigma_{pq}} \tag{13.4}$$

信号相移 ϕ 与信号传播时间的关系如下：

$$\phi = 2\pi f_0 T = 2\pi f_0 \cdot \frac{2R}{c} = \frac{4\pi R}{\lambda} \tag{13.5}$$

---

[*] 对于发射和接收天线分离的双站雷达而言，$2R$ 替换成目标到发射天线的距离 R_t 和目标到接收天线的距离 R_r 之和。

式(13.4)中，G 为目标方向上的天线增益；σ_{pq} 为 q 极化发射和 p 极化接收的目标雷达散射截面。需要注意的是，式(13.3)可以写作：

$$v_r(t) = K \cos \left[2\pi f_0 (t - T) \right] = K \cos \left(2\pi f_0 t - 2kR \right) \qquad (13.6)$$

式中，$k = 2\pi/\lambda$ 为电磁波波数。相移 ϕ 模除 2π 的值可以通过比较发射信号和接收信号来确定。这种比较由混频器实现，实际上就是把两个信号进行相乘。图 13.1 中混频器的输出信号 $v_0(t)$ 为

$$v_0(t) = v_t(t)\, v_r(t) = \left[A \cos \left(2\pi f_0 t \right) \right] \left[K \cos \left(2\pi f_0 - \phi \right) \right]$$

$$= \frac{AK}{2} \left[\cos \left(4\pi f_0 t - \phi \right) + \cos \phi \right] \qquad (13.7)$$

经过低通滤波处理后，仅第二项即基带项被保留下来，$v_0(t)$ 变为

$$v_0(t) = \frac{AK}{2} \cos \phi = \frac{AK}{2} \cos 2kR = \frac{AK}{2} \cos \left(\frac{4\pi R}{\lambda} \right) \qquad （基带信号） \qquad (13.8)$$

需要注意的是，如果目标与雷达之间的相对距离是固定的，那么输出值是不随时间变化的定值。只有雷达与目标的距离发生变化时，该值才会相应地改变。对于理想正弦波而言，只有相移 ϕ 模除 2π 的值（对应 $2R/\lambda$ 的小数部分）是有意义的。这意味着距离上的微小变化都会对输出电压产生显著的影响。当距离 R 改变 $\lambda/4$ 时，输出振幅在 $-AK/2$ 到 $+AK/2$ 之间变化。在 X 波段（$\lambda = 3$ cm），R 仅仅改变了 0.75 cm！

13.1.2 信号闪烁

同一场景内两个距离略微不同的目标，其对应的接收信号的电压是这两个目标信号电压的总和：

$$v_r(t) = v_1(t) + v_2(t) = K_1 \cos \left[2\pi f_0 (t - T_1) \right] + K_2 \cos \left[2\pi f_0 (t - T_2) \right]$$

$$= K_1 \cos \left(2\pi f_0 t - 2kR_1 \right) + K_2 \cos \left(2\pi f_0 t - 2kR_2 \right) \qquad (13.9)$$

式中，下标表示目标的序号。低通滤波后的基带信号为

$$v_0(t) = \frac{AK_1}{2} \cos 2kR_1 + \frac{AK_2}{2} \cos 2kR_2 \qquad （两个目标的基带信号） \qquad (13.10)$$

为了便于分析，假设目标具有相似的雷达散射截面以及相似（但并不完全相同）的距离，因此 $K_1 \approx K_2 = K$。利用这种近似和几何关系，式(13.10)可写作

$$v_0(t) = AK \cos \left[k(R_1 + R_2) \right] \cos \left[k(R_1 - R_2) \right] \qquad (13.11)$$

下一步运算参照图 13.2(a)，该图显示了两个目标与雷达的几何关系。两个目标的间隔距离为 d，它们到雷达的平均距离为 $R_0 = (R_1 + R_2)/2$。如果距离足够远，到两个目标的两条射线在目标附近几乎平行，因此我们可以将 R_1 和 R_2 近似为

$$R_1 \approx R_0 + (d/2) \sin \theta, \quad R_2 \approx R_0 - (d/2) \sin \theta \qquad (13.12)$$

将以上近似值代入式(13.11)，可得

$$v_0(t) = AK \cos(2kR_0) \cos(kd \sin\theta) \tag{13.13}$$

因此，基带电压的大小为

$$|V| = V_0 |\cos(kd \sin\theta)| \tag{13.14}$$

式中，$V_0 = AK \cos(2kR_0)$ 为常数。

图 13.2(b)显示了 $|V|$ 随 $\sin\theta$ 变化的曲线。可以看出，来自两个目标的信号会发生干涉现象，干涉信号加强或抵消与目标基线和雷达方向之间的夹角 θ 有关。

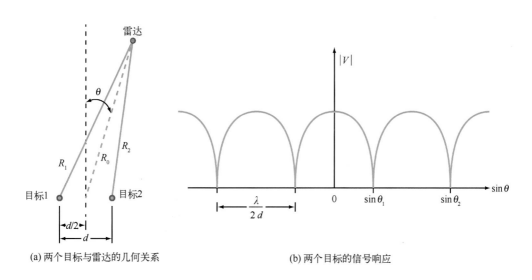

(a) 两个目标与雷达的几何关系　　　(b) 两个目标的信号响应

图 13.2　两个目标的散射

> ▶ 干涉现象是由发射信号和接收信号具有相干性产生的。信号相干性是雷达的一个基本特性。◀

分析此类图谱的特点是有指导意义的。例如，距离原点的第一零点出现在 $\theta = \theta_1$ 处，

$$\frac{2\pi d}{\lambda} \sin\theta_1 = \frac{\pi}{2} \tag{13.15}$$

这里下标 1 用于表示第一零点，求解这个方程可得

$$\sin\theta_1 = \frac{\lambda}{4d}$$

或者

$$\theta_1 \approx \frac{\lambda}{4d} \quad (如果 \ d \gg \lambda) \tag{13.16}$$

711

当散射体间隔距离远大于波长时，下面的等式成立，此时零位偏角接近于 0。第二零点可以根据下列等式求得

$$\frac{2\pi d}{\lambda}\sin\theta_2 = \frac{3\pi}{2} \tag{13.17}$$

从而导出：

$$\sin\theta_2 = \frac{3\lambda}{4d}$$

或者

$$\theta_2 \approx \frac{3\lambda}{4d} \qquad (\text{如果 } d \gg \lambda) \tag{13.18}$$

两个相邻零位偏角之间的角间距由下式计算：

$$\Delta\sin\theta = \sin\theta_2 - \sin\theta_1 = \frac{\lambda}{2d}$$

或者

$$\Delta\theta \approx \theta_2 - \theta_1 = \frac{\lambda}{2d} \qquad (\text{如果 } d \gg \lambda) \tag{13.19}$$

因此，零位偏角的间隔约为两倍目标间隔（以波长为度量）的倒数。

当 θ 固定时，基带信号也是固定的。然而，如果目标相对于雷达移动，θ 可能会随着时间变化而变化。这会导致基带信号的振幅发生变化，因此信号看起来随着时间衰落。正如 5.6 节所详细讨论的，这种衰减变化是由散射信号的相干特性引起的。更多的目标还会引起更复杂的衰落模式和信号波动。

13.1.3 相对于雷达运动的目标

当目标相对于雷达运动时，接收信号会发生多普勒频移。多普勒频率是由于雷达与目标之间的距离变化而引起的信号相位的变化率。正弦波的瞬时频率是正弦波自变量的时间导数。因此，式(13.6)中接收信号的瞬时频率 ω 为

$$\omega = \frac{\mathrm{d}}{\mathrm{d}t}(2\pi f_0 t - 2kR) = 2\pi f_0 - 2k\frac{\mathrm{d}}{\mathrm{d}t}R = 2\pi f_0 - \frac{4\pi}{\lambda}\frac{\mathrm{d}}{\mathrm{d}t}R \tag{13.20}$$

那么，接收信号的频率 f 为

$$f = \frac{\omega}{2\pi} = f_0 - \frac{2}{\lambda}\frac{\mathrm{d}}{\mathrm{d}t}R = f_0 + f_D \tag{13.21}$$

式中，f_D 为 R 随时间变化所引起的载波频率 f_0 的多普勒频移，即

$$f_D = -\frac{2}{\lambda}\frac{\mathrm{d}}{\mathrm{d}t}R = -\frac{2u_R}{\lambda} \tag{13.22}$$

式中，u_R 为雷达与目标在径向方向的相对速度。因此，多普勒频移是两倍径向速度的相反数除以波长每秒。

> ▶ 出现负号是因为当雷达接近目标时 R 变小，多普勒频率为正；而当雷达远离目标时 R 变大，多普勒频率为负。◀

速度的径向分量 u_R 可以通过总的速度矢量 $\boldsymbol{u}$ 和距离矢量 $\boldsymbol{R}$ 求得（图 13.3），即

$$u_R = -\boldsymbol{u} \cdot \frac{\boldsymbol{R}}{|\boldsymbol{R}|} = -u\cos\alpha \tag{13.23}$$

式中，α 为速度矢量与雷达到目标的矢径的夹角。因此，可以将多普勒频率公式（13.22）写作

$$f_D = -\frac{2\boldsymbol{u} \cdot \boldsymbol{R}}{\lambda R} \tag{13.24}$$

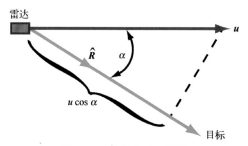

图 13.3　多普勒几何图示

假设雷达沿着 x 轴的正方向行进，如图 13.4 所示，那么

$$\boldsymbol{u} = \hat{\boldsymbol{x}}u \tag{13.25a}$$

并且

$$\boldsymbol{R} = \hat{\boldsymbol{x}}x + \hat{\boldsymbol{y}}y - \hat{\boldsymbol{z}}h \tag{13.25b}$$

把这些定义代入式（13.24）中，可得

$$f_D = -\frac{2ux}{\lambda\sqrt{x^2 + y^2 + h^2}} \tag{13.26}$$

对于固定的 f_D 和 h 值，该表达式是笛卡儿坐标系下的双曲线方程。当雷达直接朝向或远离目标运动时，多普勒频移的幅度最大，定义为 f_{D0}：

$$f_{D0} = \pm\frac{2u}{\lambda} \tag{13.27}$$

因此，多普勒频率的最大范围为 $-f_{D0}$ 至 $+f_{D0}$。在这个范围内选择一组不同的值，即可在平面上绘制一组具有固定多普勒频移的曲线。这些曲线称为等多普勒线或等多普勒频移线。图 13.5 显示了雷达沿 x 方向移动时平面上等间隔分布的等多普勒频移线。

分布在同一等多普勒频移线上的散射体产生相同的多普勒频移。

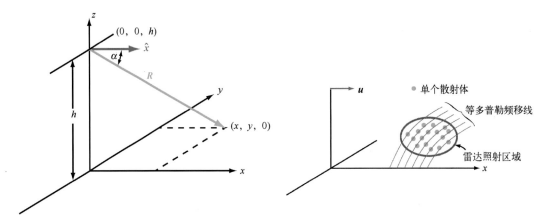

图 13.4 平面上水平运动多普勒频移计算几何示意图   图 13.5 天线波束足迹区域内的多个目标

此外，式(13.26)有一个重要的特例，即侧视雷达的多普勒频移。如图 13.6 所示，沿 x 方向运动的侧视雷达，其天线指向 y 方向（或 $-y$ 方向）一侧。如果天线波束足够窄，那么平面上的天线主瓣范围内，$x^2 \ll y^2$，式(13.26)可近似为

$$f_D = -\frac{2ux}{\lambda\sqrt{x^2 + y^2 + h^2}} \approx -\frac{2ux}{\lambda\sqrt{y^2 + h^2}} \qquad (13.28)$$

该式表明，窄波束天线侧视的情况下多普勒频率与沿轨位移 x 近似成线性比例关系。

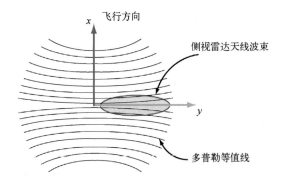

图 13.6 平面上水平运动对应的多普勒等值线图。椭圆形表示侧视雷达天线主瓣在平面上的观测区域

如图 13.5 所示，在照射区域内存在多个目标时，接收信号是从所有目标反射回来的回波的线性叠加。由于各个目标具有不同的 x 和 y 坐标，因此各目标的多普勒频移和距离或相位偏移的组合略有不同。这与 5.7 节中所介绍的分布式目标模型相对应。当平台运动经过目标时，相对相位和多普勒频率会发生变化，从而引起时变信号衰落和闪烁。后文将对这部分内容进行进一步的讨论。

▶ 通过对接收信号进行适当的带通滤波，人们可以将一个区域(由天线方向图和在带通滤波器内的多普勒频率所定义)的回波与另一个区域(由类似方法定义但是多普勒频率范围有所不同)的回波区分开来。◀

图 13.6 中的等多普勒频移线图表明，天线足迹不同区域有着不同的多普勒频率，由此可以分辨天线照射区域内不同的单元。也就是说，人们可以基于多普勒频率对信号进行滤波，从而将天线覆盖范围分割成更小的区块。需要注意的是，由于接收信号的多普勒频移是相对于发射信号而言的，这就要求雷达是相位相干的才可能实现上述功能。

13.2　脉冲雷达

连续波雷达连续发射和接收信号。然而，从发射机到接收机的信号泄漏限制了其性能。因此，大多数遥感雷达是脉冲式的。脉冲雷达发射短信号，然后在发射脉冲间隔期间"收听"回波。通过合理设计发射脉冲长度 τ 和脉冲重复频率(PRF)f_p 可以接收到不受发射信号干扰的回波信号。大多数雷达的时序设计确保每次只有一个脉冲在传播，但也有一些雷达采用脉冲串机制，即一次发射或接收多个脉冲信号。

脉冲雷达与连续波雷达的不同之处在于，前者包含一个用于脉冲调制发射信号的设计，如图 13.7 所示。在图 13.7 中，$p_t(t)$ 表示发射脉冲的电压，这是从基带频率通过调制或频移到发射载波频率上得到的。需要注意的是，所有雷达都会产生基带脉冲；而一些雷达通过开启和关闭连续波振荡器来产生发射脉冲。

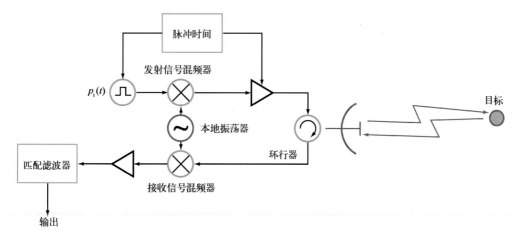

图 13.7　脉冲雷达的配置

对于点目标而言，接收脉冲是发射脉冲延迟后的副本，延迟时间为 $T = 2R/c$，

$$v_r(t) = a(T)p_t(t - T) = a(R)p_t\left(t - \frac{2R}{c}\right) \tag{13.29}$$

式中，$a(T)$ 相当于 $a(R)$，是包含了所有系统、目标和衰减参数的因子；$p_t(t)$ 则是发射脉冲。对于包含 n 个散射体的面目标而言，雷达接收的电压是这些散射体贡献的总和，即

$$v_r(t) = \sum_{i=1}^{n} a(T_i)p_t(t - T_i) = \sum_{i=1}^{n} a(R_i)p_t\left(t - \frac{2R_i}{c}\right) \tag{13.30}$$

式中，$a(T_i)$ 表示时间延迟为 T_i（或距离为 R_i）的第 i 个散射体的后向散射电压的振幅。对于宽度为 τ 的矩形脉冲，

$$p_t(t) = \begin{cases} V_0 \cos 2\pi ft & (0 \leqslant t \leqslant \tau) \\ 0 & (\text{其他}) \end{cases} \tag{13.31}$$

如果雷达相对于点目标 i 是移动的，则接收电压的波形为

$$p_r\left(t - \frac{2R_i}{c}\right) = \begin{cases} V_0 \cos\left[2\pi(f + f_{D_i})\left(t - \frac{2R_i}{c}\right)\right] & (T_i < t < T_i + \tau) \\ 0 & (\text{其他}) \end{cases} \tag{13.32}$$

式中，T_i 为雷达到目标 i 的双程时间延迟；f_{D_i} 为与目标相对应的多普勒频移。

发射脉冲信号可以实现被动式传感器不能实现的功能：距离辨别，即区分天线照射区域内不同距离的目标的能力。图 13.8 举例说明这个功能。该图展示了靠近两个目标的不同距离位置上的矩形脉冲 $p_t(t)$。图 13.8(a) 中，目标 1 和目标 2 给出的雷达回波难以分离或分辨，原因是两个目标的距离太近，回波互相重叠。t_1 时刻，脉冲没有从任一目标返回；到 t_2 时，从目标 1 开始有回波返回；到 t_3 时，目标 2 也有回波了，但是目标 1 仍有回波返回；到 t_4 时，没有从目标 1 返回的回波了，但是仍然有从目标 2 返回的回波；最后，到 t_5 时，脉冲已经通过两个目标，已观测不到回波了。虽然两个目标共同作用的雷达输出信号的时宽长于脉冲宽度，但是从目标 1 和目标 2 返回的信号之间不存在间隙，因此难以对其进行分辨。图示的输出是恒定的，但实际上对两个目标同时照射时，输出可能是不同的。两个目标回波的总和可能大于也可能小于单个目标的回波，因为它们信号的相对相位会相干叠加或抵消。然而，振幅的变化通常不能用来对两个目标进行区分，尤其是在有噪声的情况下。

图 13.8(b) 中的两个目标相距足够远，因此可以对它们进行分辨。也就是说，t_2 时刻信号开始从目标 1 返回，到 t_3 时信号不再从目标 1 返回。因此，从每个目标返回的脉冲都是单一独立的。所以，辨别能力与相对于两个目标间隔的脉冲时宽有关。

如果目标 1 的距离为 R_1、相应的双程时间延迟 $T_1 = 2R_1/c$，发射脉冲的始端到返回

脉冲的尾端的总时间为

$$T_a = \frac{2R_1}{c} + \tau \qquad (13.33)$$

式中，τ 为脉冲时宽。目标 2 最早的响应时间对应返回脉冲前端到达的时间，即

$$T_b = \frac{2R_2}{c} \qquad (13.34)$$

为了区分这两个目标，T_b 必须大于 T_a。如果要根据这两个目标的时间延迟对其进行区分，则 R_2 和 R_1 的最小间隔必须满足 $T_b = T_a$，即

$$\frac{2R_1}{c} + \tau = \frac{2R_2}{c} \qquad (13.35)$$

我们可以从中求得如下距离分辨率：

$$\Delta R = R_2 - R_1 = \frac{c\tau}{2} \qquad (13.36)$$

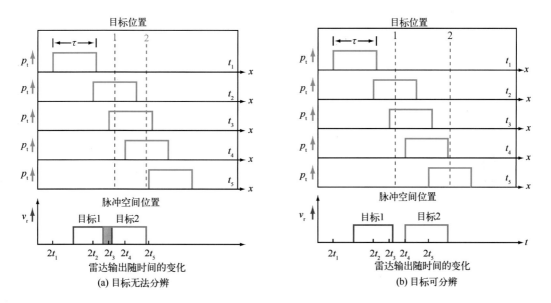

图 13.8　使用加窗脉冲进行距离分辨和目标识别示例

如图 13.9 展示的更真实的脉冲形状则不再是矩形的，这要么是人为设计的，要么是由硬件中不可避免的滤波造成的。左列两个目标的距离很近，所以回波是相互重叠的。图中显示了中间位置的功率有小幅降低，这种情况出现在两个目标的回波彼此同相时。然而，只有噪声水平足够低，两种回波之间的凹陷才能得到合理的解释，从而确定这种情况下存在两个目标。中间列两个目标稍微分开了一点，相应地，两种回波之间的凹陷更明显了一些。右列两个目标分隔得足够远，两者之间的响应基本为零，

可以清楚地确定存在两个不同的目标。

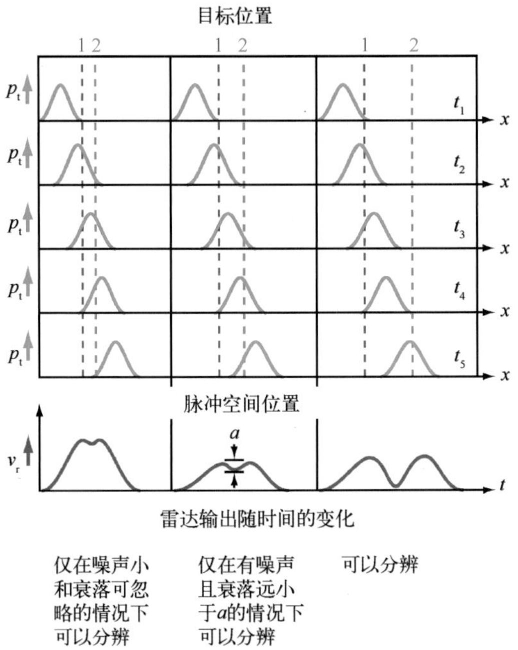

目标位置
脉冲空间位置
雷达输出随时间的变化
仅在噪声小和衰落可忽略的情况下可以分辨
仅在有噪声且衰落远小于a的情况下可以分辨
可以分辨

图 13.9　使用加窗脉冲进行距离分辨和目标识别示例

观察得知，基于脉冲形状和长度，可以对来自不同距离或时间延迟的目标回波信号进行区分。图 13.10 展示了在平面上方水平运动平台的等距离线。这些等距离线与平面上形成相同延时的回波信号的区域相对应。

图 13.10 中天线足迹不同的区域对应不同的距离或时间延迟。因此可以采用时间滤波，也就是仅考虑短时间窗口内的数据，对足迹范围内不同区域的回波信号进行区分。这种滤波称为距离选通，使雷达能够分辨不同距离处不同的目标。

x
y
侧视雷达天线波数
等距离线

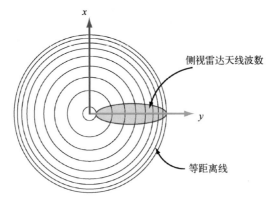

图 13.10　平面上的等距离线。图中椭圆形表示沿 x 方向行进的侧视雷达的天线主瓣在平面上的观测区域。等距离线是等间隔的，但地面距离等值线不是等间隔的

13.3　距离分辨率和多普勒分辨率

> ▶ 在微波遥感中，分辨率是指接收机响应的两个半功率点之间的间隔(根据情况可用角度、距离或速度来表示)。◀

分辨率定义为响应的半功率宽度。图 13.11 对该定义进行图解说明，其中分辨率 w 是遥感目标响应的半功率点之间的宽度。

微波系统通过测量角度、距离和速度中的一个或多个参数获取辨别能力，也就是分辨率。角度辨别(分辨率)由天线的波束宽度来确定。天线的波束越窄辨别效果就越好，地面上的分辨距离就越小，称之为分辨率更高。从本质上说，角分辨率是由地面上天线照射图的 3 dB(功率的一半)波束宽度决定的。

距离分辨率通过辨别时间延迟获得，这是因为电磁波的速度是恒定的，时间延迟的辨别与距离辨别等效。雷达经常运用各种不同的时间延迟技术。最常见的是脉冲工作模式，如图 13.8 和图 13.9 所示。本书稍后将讨论的脉冲压缩(或距离压缩)是这种模式的延伸，可以用来获得更高的距离分辨率。

多普勒频率分辨率及其分辨能力的提出是由于接收频率和遥感物体与雷达系统之间的相对速度成比例。因此，用于区分不同频率的滤波器能够区分不同的速度。地球上不同位置的点具有不同的相对速度，因此区分相对速度的滤波器可用于辨别来自地面不同位置的信号。

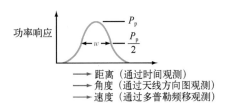

图 13.11　雷达分辨率的定义——半功率宽度

图 13.12 说明了在地面上方水平运动的机载微波系统所运用的不同技术及其组合。图 13.12(a)中仅使用了角度测量技术，即分辨率由天线的波束宽度确定。地面上的灰色区域位于天线方向图的半功率等值线内，称之为使用角度分辨系统的可分辨区域或分辨单元。被动式微波(辐射计)系统依靠天线方向图定义角度分辨率。因为距离和速度的测量都是基于比较接收信号与发射调制的信号，而辐射计上没有发射机，所以无法实现距离和速度分辨。

图 13.12(b)展示了距离和角度分辨相结合的技术。如果仅使用距离测量(即假设天线波束完全照射在地表),分辨单元就是距离响应等值线两个半功率点之间的一个环形区域。通过结合角度测量和距离测量,可分辨区域或分辨单元被限制到较小较暗的区域。在这种情况下,天线方向图在一个方向上很窄,而在另一个方向上很宽。距离分辨率可以沿着后者方向(即宽向)将被照射的地面分成较小的片段,而窄向的天线波束则用于确定角度分辨率。

图 13.12(c)展示了结合角度和多普勒测量技术实现分辨能力。地面上显示了多普勒响应等值线的半功率区间。如前所述,平面上方水平运动平台的多普勒等值线是双曲线,因此分辨单元是如图所示的双曲线形带状区域。通过结合角度响应和多普勒响应,能够获得如暗区所示的更小的可分辨区域。这种方法已广泛应用于机载和星载散射计系统。

图 13.12(d)展示了结合距离和多普勒辨别技术,从而确立如阴影所示的小分辨单元,也就是等距距离线和等多普勒线相交的区域。

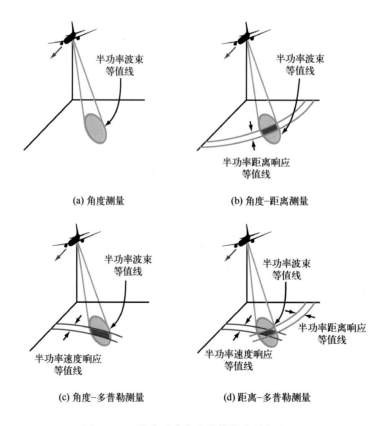

图 13.12 微波遥感获取分辨能力的方法

> ► 与天线波束宽度相比，半功率多普勒响应等值线和半功率距离响应等值
> 线之间的距离可以做到更小，通常来说，通过结合使用距离和多普勒技术所
> 获得的分辨率比使用角度测量获得的分辨率更高。这一概念是合成孔径雷达
> (详见第 14 章)的基础，可提供最好的分辨率。◄

由于被动式辐射计通常只能依靠角度分辨，它在地面上获取小的分辨单元的能力
十分有限。因此，若需要高分辨率，就要使用雷达。对于一些不需要高分辨率的应用
来说，在挑选传感器类别(主动式或被动式)时，可依照其中某一类(或其组合)确定所
要测量参数的能力进行选择。

13.4　调频雷达

连续波雷达没有距离或时间辨别能力。这可以直观地从连续波雷达的时间分辨率
和无限长的脉冲时宽等效这一点来理解。然而，如果采用调频发射信号，就有可能实
现距离分辨。本节阐述调频连续波(FMCW)雷达和调频脉冲雷达的工作原理。

调频连续波雷达连续发射和接收信号，但是信号频率变化是时间的函数。频率调
制的方法有多种，其中线性调频(LFM)最常用。图 13.13(a)说明了线性调频连续波
(LFMCW)雷达发射信号的瞬时频率。在 $T_R/2$ 时间内，发射信号在频带宽度 B 范围内
从 f_1 到 f_2 进行线性扫描，其中 T_R 表示调制周期。图中调制信号的上升部分和下降部分
具有相同的扫描速率或斜坡速率 α，即

$$\alpha = \frac{2B}{T_R} \qquad (\text{Hz/s}) \tag{13.37}$$

向上或向下变化的线性调频信号有时称为啁啾(chirp)。

上一节介绍到，从点目标回来的回波是发射信号经过延时、衰减后的副本。一般
地，扫描带宽远大于最大多普勒频率，即 $B \gg f_{D0}$。由于时间延迟，接收信号滞后于发
射信号，因此收发信号的频率不同，两者之间的频差 f_I 与雷达到目标的距离 R 成正比，
如图 13.13(b)所示。从图 13.13(a)相似的三角形几何形状可以明显看出，时间延迟 T
与 $T_R/2$ 的比值和 f_I 与 B 的比值相等。因此，

$$\frac{T}{T_R/2} = \frac{f_I}{B} \tag{13.38}$$

用 $2R/c$ 替换 T 并求解频差 f_I，可以得到

$$f_I = \left(\frac{4B}{cT_R}\right)R = \frac{2\alpha}{c}R \tag{13.39}$$

式中，α 为式(13.37)定义的斜坡速率。注意上式中频差 f_1 与距离 R 之间的直接关系。比例常数由光速 c 和两个系统常数组成，后者包括调制带宽 B 和调制周期 T_R。将接收信号与发射信号的副本进行混频并对混频器输出的信号进行低通滤波后，线性调频连续波雷达产生频率为 f_1 的信号。这种混频过程称为解线性调频(或去斜)。最后，使用频率计或类似的技术测量 f_1 即可得 R 值。

如果信号有多普勒频移，那么在调制周期 T_R(图 13.14)两个分段的 f_1 随时间变化的关系就不对称了。利用这种不对称性，通过适当的电路处理可以同时测量多普勒频移和等效的未移位 f_1，后者用来计算距离 R。

频率扫描的长度是有限的，接收信号的频谱在频率上就有所扩展。在有限的时间内，单个连续扫描的频谱也是连续的。然而，周期性扫描的频谱就是图 13.13(d)所示的线状谱。只要扫描具有足够的持续时间，该线状谱逐渐接近于连续频谱的样例。对发射和接收信号进行混频以及低通滤波，会产生以频差 f_1 为中心的信号频谱，如图 13.13(d)所示。

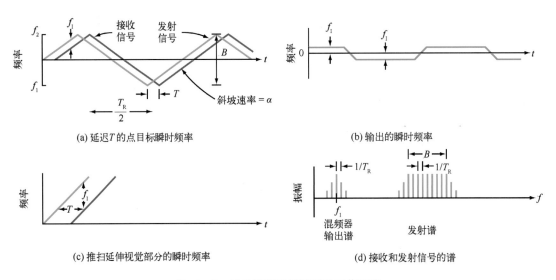

图 13.13　线性调频连续波雷达工作原理

在单次扫描的时间段内，扫描开始和结束处的过渡时段忽略不计，理想的混频器输出的基带信号 $v_b(t)$ 为

$$v_b(t) = K \cos (2\pi f_1 t + \phi) \tag{13.40}$$

式中，ϕ 为由目标确定的相移。当存在多个不同距离的目标时，基带混频器输出为

$$v_b(t) = \sum_n K_n \cos (2\pi f_{1_n} t + \phi_n) = \sum_n K_n \cos \left(\frac{8\pi B R_n t}{c T_R} + \phi_n \right) \tag{13.41}$$

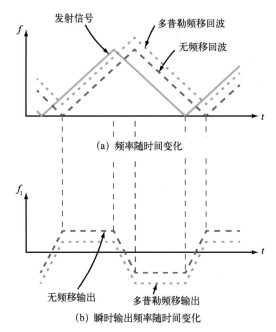

图 13.14　多普勒频移对线性调频连续波雷达的影响。需要注意的是，多普勒频移的
影响是向上或向下(取决于多普勒频率的符号)偏移中心频率

这里使用式(13.39)把f_{I_n}与R_n联系起来。请注意，不同距离的目标对应不同的频率。因此，可以通过使用不同中心频率的窄带带通滤波器来区分不同距离位置的目标。这种滤波器最小可实现的带宽决定了线性调频连续波雷达的有效距离分辨率。

在基带处，单个频率扫描期间内的返回信号基本上是恒幅余弦波。

▶ 根据信号处理的基本理论，时间长度为$T_R/2$的有限长连续波信号的有效
3 dB带宽为$2/T_R$。◀

因此，基带信号的有效频率分辨率Δf_I是$2/T_R$，即一个频率分辨单元Δf_I从$f_a = f_0' - 1/T_R$延伸到$f_b = f_0' + 1/T_R$，其中f_0'是分辨单元带宽的中心频率。实际上，目标之间必须至少间隔Δf_I，才能对其进行区分。

根据式(13.39)，距离可以由基带频率求得，即

$$R = \frac{c f_I T_R}{4B} \qquad (13.42)$$

线性调频连续波系统的距离分辨率ΔR对应于$\Delta f_I = 2/T_R$，即

$$\Delta R = \frac{c T_R}{4B} \Delta f_I = \frac{c T_R}{4B} \cdot \frac{4}{T_R} = \frac{c}{2B} \qquad (线性调频连续波距离分辨率) \qquad (13.43)$$

> ► 因此，有效距离分辨率仅取决于线性调频连续波信号的带宽，而不取决于扫描长度。[†]◄

通过使用一组带通滤波器(或其他等效数字处理器)，线性调频连续波的回波信号可以分解为多个分辨单元。结果表明，线性调频连续波具有类似于脉冲雷达的距离分辨能力。

需要注意的是，由于信号是连续发送和接收的，与具有相同参数的脉冲雷达相比，其总信号能量达到最大化。后面章节将讨论到，这也使有效信噪比最大化。

13.5 匹配滤波

在处理接收信号时，雷达在检测之前对信号先进行滤波。使信噪比最大化的滤波器是从发射信号的回波波形衍生而来的，称作匹配滤波器。匹配滤波器确定雷达的响应，也就是它的时间分辨率和多普勒频率分辨率，或等效的距离分辨率和速度分辨率。本节将阐明匹配滤波器确实可以实现测量数据信噪比的最大化。

通常使用脉冲响应来描述滤波器，即输入是脉冲的滤波器输出，或者该脉冲响应的傅里叶变换(称为频率响应)。频率响应把滤波器输出的幅值和相位描述成频率的函数。图 13.15 阐述了用于分析匹配滤波器的相关符号。

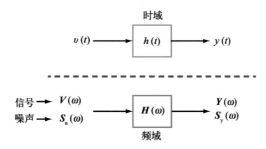

图 13.15　滤波器在时域和频域内的输入及输出

普通连续信号 $v(t)$ 的傅里叶变换为

$$V(\omega) = \int_{-\infty}^{\infty} v(t) e^{-j\omega t} dt \equiv \mathcal{F}\{v(t)\} \tag{13.44}$$

式中，$\omega = 2\pi f$，而 $V(\omega)$ 的傅里叶逆变换为

[†]　要注意，该结果对于时间带宽积大于 10 左右(即 $T_R B > 10$)的线性调频信号才成立，而时间带宽积较小时，可能需要进行更加精确的分析。

$$v(t) = \frac{1}{2\pi} \int_{-\infty}^{\infty} \boldsymbol{V}(\omega) e^{j\omega t} df \equiv \boldsymbol{\mathcal{F}}^{-1}\{\boldsymbol{V}(\omega)\} \tag{13.45}$$

信号的频谱定义为其傅里叶变换幅值的平方。信号在时域和频域的总能量 ε_v 由帕什瓦(Parseval)定理相关联。

$$\varepsilon_v = \int_{-\infty}^{\infty} |v(t)|^2 dt = \frac{1}{2\pi} \int_{-\infty}^{\infty} |\boldsymbol{V}(\omega)|^2 d\omega \tag{13.46}$$

信号 $v(t)$ 通过脉冲响应为 $h(t)$ 的线性定常滤波器时,输出的 $y(t)$ 是 $h(t)$ 和 $v(t)$ 在时域的卷积,即

$$y(t) = v(t) * h(t) = \int_{-\infty}^{\infty} v(t') h(t - t') dt' \tag{13.47}$$

根据傅里叶变换的性质,时域中的卷积等价于频域中的乘法(Ulaby et al., 2013)。因此,频域中的输出信号 $\boldsymbol{Y}(\omega) = \boldsymbol{\mathcal{F}}\{y(t)\}$ 可以写作

$$\boldsymbol{Y}(\omega) = \boldsymbol{H}(\omega) \boldsymbol{V}(\omega) \tag{13.48}$$

式中,滤波器频率响应 $\boldsymbol{H}(\omega) = \boldsymbol{\mathcal{F}}\{h(t)\}$ 为滤波器脉冲响应的傅里叶变换。匹配滤波器输出端的信号能量 ε_y 为

$$\varepsilon_y = \int_{-\infty}^{\infty} |y(t)|^2 dt = \frac{1}{2\pi} \int_{-\infty}^{\infty} |\boldsymbol{Y}(\omega)|^2 d\omega = \frac{1}{2\pi} \int |\boldsymbol{H}(\omega)\boldsymbol{V}(\omega)|^2 d\omega \tag{13.49}$$

随机信号的频率分析须使用不同的方法,即使用功率谱密度这一概念。随机信号的功率谱密度(如噪声)是信号自相关函数的傅里叶变换。广义平稳随机信号 $n(t)$ 的自相关函数 $R_n(t')$ 为

$$R_n(t') = \langle n(t) n^*(t + t') \rangle = \int_{-\infty}^{\infty} n(t) n^*(t + t') dt \tag{13.50}$$

式中,t' 为时间偏移,尖括号表示时域平均值(在这种情况下,该值与数学期望值相同)。进而,信号的功率谱密度写成

$$S_n(\omega) = \boldsymbol{\mathcal{F}}\{R_n(t')\} \tag{13.51}$$

要注意的是,随机信号的平均功率为

$$\langle |n(t)|^2 \rangle = R_n(0) = \frac{1}{2\pi} \int_{-\infty}^{\infty} S_n(\omega) d\omega \tag{13.52}$$

当功率谱密度 $S_n(\omega)$ 的随机信号 $n(t)$ 通过滤波器 $\boldsymbol{H}(\omega)$ 时,输出信号的功率谱密度 $S_y(\omega)$ 如下列等式所示:

$$S_y(\omega) = |\boldsymbol{H}(\omega)|^2 S_n(\omega) \tag{13.53}$$

随机信号的功率 P_y 为

$$P_y = \frac{1}{2\pi} \int S_y(\omega) d\omega = \frac{1}{2\pi} \int |\boldsymbol{H}(\omega)|^2 S_n(\omega) d\omega \tag{13.54}$$

而时长 τ 的随机信号能量则为

$$\varepsilon_y = \tau P_y \tag{13.55}$$

雷达观测到的接收信号不仅包括发射信号的回波，还包括场景辐射的并在雷达硬件中生成的类噪声信号。对于雷达而言，这种噪声具有干扰性。总接收信号 $x(t)$ 可写作

$$x(t) = v(t) + n(t) \tag{13.56}$$

式中，$n(t)$ 为噪声分量；$v(t)$ 为雷达信号。正如第 7 章所述，噪声的功率写成

$$P_n = kT_{SYS}B \tag{13.57}$$

式中，T_{SYS} 为系统噪声温度；B 为系统噪声带宽。在实际的微波带宽上，辐射信号可看作窄带高斯白噪声。在以 ω_0 为中心、带宽为 B（单位为 Hz）的频带上，噪声具有恒定的功率谱密度，即 $N_0 = kT_{SYS}$。因此，噪声功率谱密度 $S_n(\omega)$ 可以表示为

$$S_n(\omega) = \begin{cases} N_0 & (\omega_0 - \pi B \leq \omega_0 \leq \omega_0 + \pi B) \\ 0 & (\text{其他}) \end{cases} \tag{13.58}$$

对于雷达而言，噪声和接收信号可视为相互独立的信号。

为了推导匹配滤波器，需要确定使输出端信噪比最大化的滤波器 $h(t)$ [或 $H(\omega)$]。滤波器是线性的，信号和噪声又是独立的，因此匹配的滤波信号和噪声输出也是独立的。

用 $H(\omega)$ 对噪声滤波后，噪声输出功率 P_n 为

$$P_n = \frac{1}{2\pi} \int_{-\infty}^{\infty} |H(\omega)|^2 S_n(\omega) \mathrm{d}\omega \tag{13.59}$$

要注意的是，有效的信号带宽必须包含在接收机带宽内，因此积分范围是接收机的带宽。假设噪声为白噪声，即 $S_n(\omega) = N_0$，则接收机带宽内的积分结果为

$$P_n = \frac{N_0}{2\pi} \int_{-\pi B}^{\pi B} |H(\omega)|^2 \mathrm{d}\omega \tag{13.60}$$

时间延迟等于 t_d 时，匹配滤波器的输出值是

$$y(t_d) = \frac{1}{2\pi} \int H(\omega) V(\omega) e^{j\omega t_d} \mathrm{d}\omega \tag{13.61}$$

因此，匹配滤波后的功率写成

$$|y(t_d)|^2 = \left| \frac{1}{2\pi} \int H(\omega) e^{j\omega t_d} V(\omega) \mathrm{d}\omega \right|^2 \tag{13.62}$$

给定时刻匹配滤波器的输出噪声功率可以根据式（13.60）求得。因此，时间延迟 t_d 时刻匹配滤波器的输出信噪比为

$$\text{SNR}_{\text{out}} = \frac{|y(t_{\text{d}})|^2}{P_{\text{n}}} = \frac{\left|\dfrac{1}{2\pi}\displaystyle\int \boldsymbol{H}^*(\omega)\,\mathrm{e}^{j\omega t_{\text{d}}}\,\boldsymbol{V}(\omega)\,\mathrm{d}\omega\right|^2}{\dfrac{N_0}{2\pi}\displaystyle\int |\boldsymbol{H}(\omega)|^2\mathrm{d}\omega} \tag{13.63}$$

接着，使用由下列施瓦兹(Schwartz)不等式：

$$\left|\int f(x)\,g^*(x)\,\mathrm{d}x\right|^2 \leqslant \left(\int |f(x)|^2\mathrm{d}x\right)\left(\int |g(x)|^2\mathrm{d}x\right) \tag{13.64}$$

需要注意的是，只有当 $g(x)=af(x)$（a 是某个常数）时，等式才成立。于是，信噪比表达式(13.63)的分子范围由下式界定：

$$\left|\int \boldsymbol{H}(\omega)\,\mathrm{e}^{j\omega t_{\text{d}}}\,\boldsymbol{V}(\omega)\,\mathrm{d}\omega\right|^2 \leqslant \left(\int |\boldsymbol{H}(\omega)\,\mathrm{e}^{j\omega t_{\text{d}}}|^2\mathrm{d}\omega\right)\left(\int |\boldsymbol{V}(\omega)|^2\mathrm{d}\omega\right) = 2\pi\varepsilon_{\text{v}}\int |\boldsymbol{H}(\omega)|^2\mathrm{d}\omega \tag{13.65}$$

式中，ε_{v} 为在匹配滤波之前的信号能量。注意 $|\boldsymbol{H}(\omega)\,\mathrm{e}^{j\omega t_{\text{d}}}|^2 = |\boldsymbol{H}(\omega)|^2$。因此，信噪比的范围为

$$\text{SNR}_{\text{out}} \leqslant \frac{\varepsilon_{\text{v}}\displaystyle\int |\boldsymbol{H}(\omega)|^2\mathrm{d}\omega}{N_0\displaystyle\int |\boldsymbol{H}(\omega)|^2\mathrm{d}\omega} = \frac{\varepsilon_{\text{v}}}{N_0} \tag{13.66}$$

根据施瓦兹不等式，最大化信噪比只有在满足下述条件时才能得到：

$$\boldsymbol{H}(\omega) = a\boldsymbol{V}^*(\omega)\,\mathrm{e}^{-j\omega t_{\text{d}}} \tag{13.67}$$

式中，a 为任意复常数。在时域中，这意味着时间延迟 t_{d} 的最佳匹配滤波器是

$$h(t) = a\boldsymbol{v}(t_{\text{d}} - t) \tag{13.68}$$

> ▶ 也就是说，匹配滤波器的脉冲响应是具有特定延迟、时间翻转的信号波形的副本。◀

这里要注意的是，上述结果适用于接收机带通滤波后的信号。如果接收机带宽(包括任何可能的多普勒频移)小于发送的带宽，则匹配滤波器与接收机滤波后的信号相对应。因此，匹配滤波器应当对应于预期的接收信号，而不是仅对应于发射信号。

匹配滤波器有多种实现方法。它可以设计成模拟滤波器，也可以设计成数据采样之后的数字滤波器。根据式(13.47)中的滤波器卷积关系，脉冲响应为 $h(t)=a\boldsymbol{v}(t_{\text{d}}-t)$ 的匹配滤波器的输出是

$$y(t) = a\int_{-\infty}^{\infty} \boldsymbol{v}(t')\boldsymbol{v}(t' + t_{\text{d}} - t)\,\mathrm{d}t' \tag{13.69}$$

这就是在滞后时间 $(t_{\text{d}} - t)$ 时刻估计的 $\boldsymbol{v}(t)$ 的自相关函数[与自相关表达式(13.50)相比]。因此，可以通过关联接收信号和发射信号时间延迟的副本来计算匹配滤波器。

这种算法基于典型的因果关系，因此时间延迟 t_d 时刻匹配滤波器的输出可以写作

$$y(t_d) = \int_0^{t_d} v(t) p_t(t - t_d) \mathrm{d}t \tag{13.70}$$

式中，$p_t(t)$ 为发射信号调制的电压波形。

对于中断连续波（ICW）雷达，$p_t(t)$ 是式（13.31）给出的矩形脉冲。去除载波后，匹配滤波器的脉冲响应写成 $h(t) = p_t(-t)$。由于这样得到的是非因果滤波器，人们通过设计固定的时间延迟 T_p 把上述匹配滤波器修正为 $h(t) = p_t(T_p - t)$。时间平移的效果是把最大的信噪比对应的时间从 $t = 0$ 变成 $t = T_p$。

需要注意的是，对于矩形脉冲这种简单情况，匹配滤波器也是矩形脉冲，

$$h(t) = \begin{cases} 1 & (0 \leq t \leq T_p) \\ 0 & (其他) \end{cases} \tag{13.71}$$

这种匹配滤波器可以用门控积分器来实现，即 T_p 时段积分器的输出就是信号匹配滤波器的输出。在这种情况下，积分器的作用等效为作用于接收信号的低通滤波器。

去除载波后，接收信号是发射信号延迟、多普勒频移以及衰减后的副本，并叠加了噪声。忽略多普勒频移和振幅，接收信号为

$$v(t) = p_t(t - T) + n(t) \tag{13.72}$$

式中，$T = 2R/c$ 为信号传播的时间；$n(t)$ 为噪声。于是，匹配滤波器的输出为

$$y(t) = h(t) * v(t) = h(t) * p_t(t - T) + h(t) * n(t) \tag{13.73}$$

在无噪声的情况下，$y(t)$ 是两个方脉冲函数的卷积，因此匹配滤波器输出的是三角函数，即

$$y(t) = \begin{cases} (t - T - \tau) & (T - 2\tau \leq t \leq T + \tau) \\ (T + \tau - t) & (T + \tau \leq t \leq T + 2\tau) \\ 0 & (其他) \end{cases} \tag{13.74}$$

在 $t = T + \tau$ 时，匹配滤波器输出达到最大的信噪比。这与期望的时间延迟相对应，也是应该对输出进行采样以记录信号功率的时刻。如果信号的传播时间改变了，匹配滤波器最佳点的延迟也必然发生变化。对于这种情况，频域信号、匹配滤波器及输出频谱分别为

$$P(\omega) = \boldsymbol{\mathcal{F}}\{p(t)\} = \mathrm{e}^{-j\omega\tau}\left(\frac{\sin \omega}{\omega}\right) \tag{13.75}$$

$$H(\omega) = \boldsymbol{\mathcal{F}}\{h(t)\} = \mathrm{e}^{j\omega\tau}\left(\frac{\sin \omega}{\omega}\right) \tag{13.76}$$

$$Y(\omega) = \boldsymbol{\mathcal{F}}\{y(t)\} = \left(\frac{\sin \omega}{\omega}\right)^2 \tag{13.77}$$

假设匹配滤波器与接收信号不匹配将会怎么样？结果是，输出端的信噪比小于最

佳值。13.9 节关于雷达模糊函数的讨论将对滤波器失配这一情况进行探讨。

时间分辨率或距离分辨率由匹配滤波器输出信号半功率点之间的宽度确定。根据式（13.74），长度为 τ 的矩形脉冲其时间分辨率为 τ。这导致中断连续波脉冲的距离分辨率 ΔR 为

$$\Delta R = \frac{c\,\tau}{2} \tag{13.78}$$

矩形脉冲的 3 dB 带宽约为 $1/\tau$，该结果表明雷达时间（距离）分辨率与信号带宽的倒数有关。这对所有脉冲调制方案都是适用的。振幅调制脉冲形状时，等效于在脉冲频谱加窗。虽然这可以减少旁瓣，但却加宽了脉冲频谱的主瓣。因此，脉冲雷达系统的距离分辨率通常写作

$$\Delta R = \alpha_0 \frac{c\,\tau}{2} \tag{13.79}$$

式中，$\alpha_0 \geqslant 1$ 为由脉冲形状确定的参数。

13.6　脉冲调频雷达

频率调制脉冲综合了脉冲调制和线性调频连续波方案各自的优点。使用频率调制脉冲的雷达有时候也称为啁啾雷达。啁啾雷达的发射信号可以进行调幅、调频和/或调相。

> ▶ 通常，接收信号通过匹配滤波器传递，从而使接收机输出端的信噪比最大化。◀

最常见的脉冲调制是线性调频和二进制编码的相位调制。一些啁啾雷达还通过调幅或塑造脉冲包络来控制发射信号频率的信息。由于接收信号是发射信号的函数，调制发射信号也就是控制接收信号的属性。

线性调频啁啾雷达的一般原理如图 13.16(a) 所示。发射信号由一系列线性调频信号组成，这里信号向上扫描，且由用于接收信号的时间间隔隔开。脉冲持续时间是 τ，线性调频调制后的带宽为 B。要注意，B 大于 $1/\tau$。信号调制的方法有多种，但常用的方法是生成如图 13.17 所示的线性调频基带啁啾，然后将其与固定频率载波混合产生各个发射脉冲。许多现代化的系统都是通过数字化技术产生发射调制信号。

来自点目标的接收信号由发射脉冲经过时延、衰减且发生了多普勒频移的副本组成。上面章节提到，信号要进行去斜和带通滤波器处理（详见 13.4 节）。通过设计具有恒定振幅但频率随时延变化的带通滤波器，这两个处理步骤可以合成一项，如图

13.16(b)和(c)所示。滤波器时间延迟的设计依据是，最先发射(和接收)的频率经过足够长的时延后和最后发射的频率同时到达滤波器的输出端。两者之间的频率也在相同的时刻到达，因此滤波器输出端所有频率都叠加在同一时刻。当然，由于脉冲时宽和带宽都是有限的，实际信号是图 13.16(b)所示的 Sinc 函数包络形状。带宽等于 B 时，输出脉冲的宽度近似等于 $1/B$；如果发射脉冲的振幅是恒定的，则滤波器的输出是形状为 $(\sin x)/x$ 的脉冲。图 13.16(c)演示了与图 13.16(b)发射脉冲相匹配的滤波器的延迟特征。请注意，f_2 的滤波延迟时间最小，而 f_1 的延迟时间最大，两者时间延迟的差异等于脉冲持续的时间。

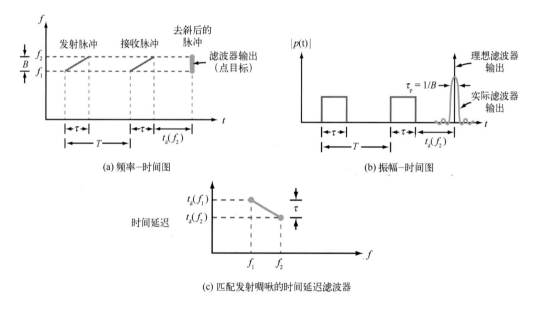

(a) 频率-时间图　　　(b) 振幅-时间图

(c) 匹配发射啁啾的时间延迟滤波器

图 13.16　线性调频啁啾雷达的工作原理

　　时间延迟滤波器是这种脉冲信号匹配滤波技术的一种特定的实现方式。其他实现方式也是可能的，例如，可以把信号数字化，然后在频域与匹配滤波器的频率响应进行乘法运算以实现匹配滤波。

　　图 13.16(b)的一个重要观察结果是，匹配滤波器把脉冲从长度 τ "压缩"至更小的有效长度，即 $\tau_\mathrm{p} = 1/B$。因此，脉冲信号的匹配滤波处理通常称为脉冲压缩或距离压缩，压缩比为

$$C = \frac{\tau}{\tau_\mathrm{p}} = \tau B \qquad (13.80)$$

　　需要注意的是，压缩后脉冲的长度 τ_p 仅取决于信号带宽 B，而不取决于脉冲长度 τ。脉冲长度实际上影响的是匹配滤波器输出的信噪比。

如上所述，白噪声条件下匹配滤波器输出端的信噪比根据式(13.66)确定，也就是输出信噪比是信号能量与噪声功率谱密度的比值：

$$\mathrm{SNR_{out}} = \frac{\varepsilon_v}{N_0} \qquad (13.81)$$

另一方面，匹配滤波器输入端的信噪比是滤波之前的信号功率与噪声功率的比值：

$$\mathrm{SNR_{in}} = \frac{P_v}{\int S_n(\omega)\,\mathrm{d}\omega} = \frac{\varepsilon_v}{N_0 \tau B} \qquad (13.82)$$

式中，$P_v = \varepsilon_v / \tau$ 为平均信号功率。脉冲压缩增益 G_{comp} 是匹配滤波器输出端的信噪比和输入端信噪比的比值，即

$$G_{\mathrm{comp}} = \frac{\mathrm{SNR_{out}}}{\mathrm{SNR_{in}}} = \tau B \qquad (13.83)$$

因此，匹配滤波的脉冲压缩增益等于信号时间带宽积。这意味着可以通过延长发送脉冲来增加匹配滤波器输出信号的信噪比。请注意，由于 $\mathrm{SNR_{out}}$ 仅取决于信号能量，而不取决于信号的具体波形，因此该结果适用于任意脉冲波形。

图 13.17 显示了啁啾雷达的点目标响应波形。如图 13.17(a)所示，发射波形的频率从低调制到高。在该示例中，振幅在持续时间内是恒定的。图 13.17(b)显示了去斜后的波形，即常见的 $(\sin x)/x$ 形状。这里第一个零点之间的带宽为 $2/B$，但是有效 3 dB 宽度约为 $1/B$。振幅从输入信号的 1 增至去斜后波形的 $\sqrt{B\tau}$。

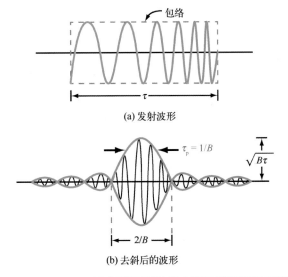

(a) 发射波形

(b) 去斜后的波形

图 13.17　点目标的线性调频啁啾雷达的波形。要注意，发射波形
具有方形包络，而去斜后的波形具有 Sinc 函数包络

使用复数表示法来分析线性调频脉冲信号是一种很便捷的方法。图 13.17(a)表示上升型的啁啾发射脉冲波形，它是下面复合脉冲波形 $p_{LFM}(t)$ 的实部：

$$p_{LFM}(t) = \begin{cases} e^{j2\pi\alpha t^2/2} & (\mid t \mid \leqslant \tau/2) \\ 0 & (其他) \end{cases} \qquad (13.84)$$

式中，α 为调频斜率 $df/dt = B/\tau$，对于向下扫描的信号，α 为负数。式(13.84)中的指数是 ωt 的相位函数，这里 ω 是角频率。$p_{LFM}(t)$ 的瞬时频率 $f(t)$ 等于相位函数除以 2π 的时间导数。这样，时变频率 $f(t)$ 写成

$$f(t) = \frac{1}{2\pi} \frac{d}{dt} (\pi\alpha t^2) = \alpha t \qquad (13.85)$$

它是时间的线性函数。对于图 13.16(a)所绘制的发射脉冲，当 $t = -\tau/2$ 时，脉冲调制的频率最小($-B/2$)，而当 $t = \tau/2$ 时，频率最大($B/2$)，因此带宽为 B。图 13.18 中展示出了几种不同时间带宽积的啁啾频谱图。图中曲线的频率轴已经进行了归一化，以便相互比较。请注意，随着时间带宽积的增大，频谱变得越来越像方脉冲函数。$p_{LFM}(t)$ 的傅里叶变换 $\boldsymbol{P}'_{LFM}(f)$ 的包络近似为

$$\boldsymbol{P}'_{LFM}(f) = \begin{cases} 1 & (0 \leqslant f \leqslant \alpha\tau) \\ 0 & (其他) \end{cases} \qquad (13.86)$$

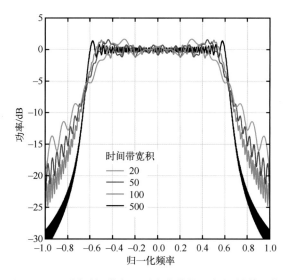

图 13.18　不同时间带宽积对应的线性调频调制谱比较

时间带宽积 $\tau B > 0$ 的线性调频啁啾的傅里叶变换近似值为(Richards et al.，2010)：

$$\boldsymbol{P}_{LFM}(f) \approx \boldsymbol{P}'_{LFM}(f) e^{-j[(\pi\tau/B)f^2 + \pi/4]} \qquad (13.87)$$

与 $p_{LFM}(t)$ 相对应的匹配滤波器的归一化脉冲响应 $h_{LFM}(t)$ 是 $p_{LFM}(t)$ 时间反转形式的复共轭，即

$$h_{\mathrm{LFM}}(t) = \begin{cases} \mathrm{e}^{-j\alpha t^2/2} & (\,|t| \leqslant \tau) \\ 0 & (\text{其他}) \end{cases} \tag{13.88}$$

归一化匹配滤波器的输出 $y(t)$ 是 $h_{\mathrm{LFM}}(t)$ 和 $p_{\mathrm{LFM}}(t)$ 的卷积，结果是

$$y(t) = \left(1 - \frac{|t|}{\tau}\right) \frac{\sin\left[\left(1 - \frac{|t|}{\tau}\right)\pi Bt\right]}{\left(1 - \frac{|t|}{\tau}\right)\pi Bt} \qquad (|t| \leqslant \tau) \tag{13.89}$$

这是三角函数(等式右边的第一项)与 $(\sin x)/x$ 函数的乘积，其中 x 写成

$$x = \left(1 - \frac{|t|}{\tau}\right)\pi Bt = \pi B\left(t + \frac{t^2}{\tau}\right) \tag{13.90}$$

请注意，x 为取决于时间的二次函数，因此相位近似等于频率的线性函数，尤其是在 $(\sin x)/x$ 函数的峰值附近。

式(13.86)给出的线性调频啁啾傅里叶变换的包络是对 $(\sin x)/x$ 函数的直观解释。假设返回信号的多普勒频移比啁啾带宽小，那么接收信号傅里叶变换的包络与发射信号相似。因此，匹配滤波器的输出频谱近似为 $|P_{\mathrm{LFM}}(f)|^2$，这是频域的方脉冲函数。时域对应的匹配滤波器输出是 $(\sin x)/x$ 函数。主瓣的宽度约为 $1/B$，而峰值高度为 τB。峰值出现的时刻是脉冲传播时间和用于确保匹配滤波器因果性的时间偏移之和。当接收信号包括多普勒频移时，匹配滤波器输出的峰值处就包括在与多普勒频移相关的相移。

作为参考，图 13.19 对比了中断连续波和线性调频脉冲波形的近似频谱和匹配滤波器的输出特性。值得注意的是，频域线性调频脉冲波形的功率分布比中断连续波脉冲更均匀，确保分辨率一定时能够更有效地利用频谱。

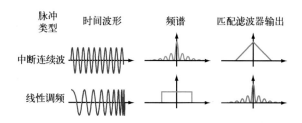

图 13.19　中断连续波与线性调频脉冲的波形、频谱和匹配滤波器输出

式(13.89)中的三角函数是由式(13.84)定义的矩形脉冲包络的自卷积得到的，在匹配滤波器输出中对 $(\sin x)/x$ 函数加窗。如上所述，通过调制发射脉冲的振幅可以修改窗函数，从而控制匹配滤波器输出的旁瓣。改变脉冲振幅的波形会拓宽主瓣、抑制旁瓣。由于脉冲调制，脉冲的部分期间内所传输的功率较少，因此传输的总能量也较

少、有效信噪比也随之减小。因此，对发射脉冲进行调幅可以在分辨率（主瓣宽度）、信噪比和旁瓣之间进行折中。这种折中适用于所有脉冲调制方案。

13.7　通用调制脉冲雷达

到目前为止，我们已经讨论了连续波、中断连续波、脉冲和线性调频啁啾发射调制方案。其他可用的调制方案包括二进制编码相位调制和跳频。前者根据二进制序列非常迅速地改变发射信号的相位，而后者则快速重复地经历一组确定的频率。这两种方法都可以作为较脉冲信号调制的特例来分析，并且都可以用匹配滤波"压缩"脉冲，提高时间或距离分辨率，改善信噪比。

二进制相位调制是基于二进制序列，在 0 和 π 之间切换载波相位。幅度调制是通过改变 $p_t(t)$ 来控制旁瓣。π 相位变化相当于改变 $p_t(t)$ 的符号。注意，相移不必限于 0 和 π。

对于二进制序列和跳频调制，$p_t(t)$ 由一般的振幅项乘以一系列更短的信号切片组成。二进制相位调制每个切片都是复常数，通常是以特定序列排序的 +1 和 −1。跳频调制每个切片都是具有预期频率偏移的短的复正弦曲线。例如，脉冲波形可以写成以下函数式：

$$p_t(t) = p_{amp}(t) \sum_{i=1}^{N_c} p_{chip}(i;\ t - iT_c) \tag{13.91}$$

式中，N_c 为每个脉冲的切片数；$T_c = \tau / N_c$；$p_{amp}(t)$ 为在 $t \in [0, \tau]$ 定义的振幅调制项；$p_{chip}(i;\ t)$ 是第 i 个切片的切片项。

考虑 $N_c = 7$、$p_{chip}(i;\ t) = a_i p_c(t)$ 的二进制相位调制序列，其中

$$p_c(t) = \begin{cases} 1 & (0 < t < T_c) \\ 0 & （其他） \end{cases}$$

$a_i = -1, -1, -1, 1, 1, -1, 1$。这是巴克码一个特定的示例，相应的切片序列 $p_c(t)$ 如图 13.20（b）所示。其他巴克码见表 13.1。有时也使用两个以上相态的多相巴克码（Borwein et al.，2005）。

表 13.1　巴克码

代码长度	代码	旁瓣/dB
2	−+, ++	−6.0
3	−−+	−9.5
4	−−+−, −−−+	−12.0
5	+++−+	−14.0

续表

代码长度	代码	旁瓣/dB
7	− − − + + − +	−16.9
11	− − − + + + − + + − +	−20.8
13	− − − − − + + − − + − + −	−22.3

二进制调制方案的相位调制通过乘以 1 或 −1 的二进制序列限制在 0° 或 π(180°)。本质上，该波形的匹配滤波器是接收信号和存储的发送码样本之间的互相关器，可按照图 13.20(或其他替代方法)所示的方法实现。发射机使用脉冲振荡器产生持续时间为 τ 的脉冲，然后通过接入或断开二进制编码器产生 180° 的相移，并把得到的信号放大发射出去。180° 的相移可以插入到放大器前端的射频链路中，也可以插入到放大器和天线之间。接收信号通过通用的低噪声前置放大器后与中频信号混频，下变频后的信号采用总时延为 τ 的抽头延迟线进行距离压缩。最后，不同抽头的输出经过一定的相移后进行累加。也就是说，某个抽头对应的发射信号如果有 180° 的相移，则累加前也要进行 180° 的相移(换句话说，输出被反转)；如果某个抽头对应的发射信号相移为 0°，则其输出直接传递到累加器。接收的时间延迟满足下述条件时，加法器的输出是 N_c 个切片信号的相干叠加之和：第一位刚到达延迟线的末端时，延迟线中的所有抽头(在适当的相移之后)产生同相的信号。对于延迟线中接收脉冲的其他任意位置，一些脉冲的输出同相叠加，而其他脉冲的输出则异相叠加，因此加法器的输出明显小于单个抽头输出的 N_c 倍，图 13.20(d)说明了这一点。

这里给出了用于计算图 13.20(d)输出值的简单算法。请注意，目标准确排列时切片信号同相相加，7 位加法器的输出为

$$(-1)(-1)+(-1)(-1)+(-1)(-1)+1+1+(-1)(-1)+1=7$$

实际上，各位的输出与输入值为 +1 和 −1 的乘法器的输出相同，见表 13.2 的真值表。表 13.3 给出将其应用于不同延迟接收脉冲的结果。第一行是加法器相位，第二行和其他偶数行上是接收信号的相位，第三行和其他奇数行是各数位的输出，右侧是其总和。

表 13.2　输入值为 +1 和 −1 的无进位乘法器的真值表

输入 1	输入 2	输出
−	−	+
−	+	−
+	−	−
+	+	+

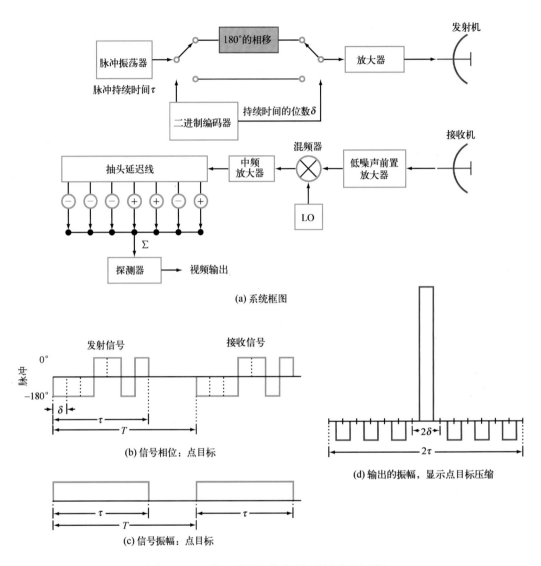

(a) 系统框图

(b) 信号相位：点目标

(c) 信号振幅：点目标

(d) 输出的振幅，显示点目标压缩

图 13.20　7 位二进制相位编码调制和解调示例

表 13.3　处理顺序

加法器相位	−	−	−	+	+	−	+	
1. 准确排列	−	−	−	+	+	−	+	
输出	1	1	1	1	1	1	1	$\Sigma = 7$
2. 延迟 T_c 的错误排列		−	−	−	+	+	−	
输出		1	1	−1	1	−1	−1	$\Sigma = 0$
3. 延迟 $2T_c$ 的错误排列			−	−	−	+	+	
输出			1	−1	−1	−1	1	$\Sigma = -1$

续表

4. 延迟 $3T_c$ 的错误排列					−	−	−	+	
输出					−1	−1	1	1	$\Sigma = 0$
5. 延迟 $4T_c$ 的错误排列						−	−	−	
输出						−1	1	−1	$\Sigma = -1$
6. 延迟 $5T_c$ 的错误排列							−	−	
输出							1	−1	$\Sigma = 0$
7. 延迟 $6T_c$ 的错误排列								−	
输出								−1	$\Sigma = -1$

对于更长的编码，常用类型之一是最大长度序列（Cook et al.，1967，第247~251页)，这些也被称为 m 序列和伪随机序列。如图 13.21 所示，这种序列很容易由 n 阶移位寄存器生成。把"+"换成"−"可知该图所示的编码与表 13.3 的示例相同。移位寄存器通过反馈方式连接到输入端。这里反馈的来源是移位寄存器中两个不同的编码块（即块 2 和块 3)，两者经过模二加法器后反馈到输入端。模二加法器的真值表如图 13.21 所示。

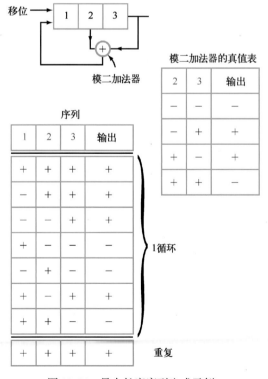

图 13.21　最大长度序列生成示例

图 13.21 所示的例子中，我们从全部负载了脉冲的移位寄存器开始分析。给出转移命令时，第一输出是"+"，但是位置 2 和 3 处的"+"组合在位置 1 处产生"-"并作为其(那个时刻)输入。下一个移位位置 1 处的输入为负、输出为正；第三次移位时块 2 包含一个"-"，块 3 包括一个"+"，因此反馈为正。此时，第一个负输入已经移至输出端。如图所示该过程持续进行，直到第七次移位(寄存器的第八次设定)后序列开始重复。

对于 n 阶移位寄存器，最大长度序列具有以下特性：

(1)长度 $= 2^n - 1$；

(2)"+"和"-"的数量相差不超过 1(平衡属性)；

(3)最后一级必须在反馈回路中；

(4)反馈抽头数必须是偶数。

人们已经对最大长度序列展开了广泛的研究，研究结果可见于诸多文献之中。这种序列不仅广泛用于雷达，还应用于安全通信系统以及生成计算需要的伪随机数。

表 13.4 举例说明最大长度序列。因为序列的长度为 $2^n - 1$，所以可以使用相对较短的移位寄存器来获得相当长的编码。例如，十阶移位寄存器可以生成 1 023 位编码。表中最大序列的数量取决于产生最大长度序列的可用反馈连接的数量。该表展示了仅有两个连接的反馈示例。一些编码是通过使用移位寄存器中 4 个、6 个或更多个编码块的反馈而生成的。

表 13.4　n 阶移位寄存器的二进制最大长度序列数

阶数	序列 2^n-1 的长度	最大序列数	连接的反馈示例
3	7	2	3, 2
4	15	2	4, 3
5	31	6	5, 3
10	1 023	60	10, 7

二进制相位调制可能是用于脉冲压缩的最常见的离散化技术。当然，人们也可以使用其他技术，例如调幅技术。这种情况下，"+"表示信号导通，"-"表示信号断开。也可以使用调频技术，其中"+"表示一个频率，"-"表示另一个频率。二进制相位码如此常用的原因是，这种方法很容易实现信号调制和脉冲压缩。

非二进制相位调制方案也是存在的。它在通信技术中应用较广泛，但在雷达中却鲜有应用。例如，四进制系统具有四个 90° 相移的位置，分别表示数字 0、1、2 和 3。这种编码问题也已经得到了广泛的研究。

总之，距离分辨可采用短脉冲、调频和使用调频或二进制相位调制的长脉冲。二进制编码系统可以像调频系统一样连续使用，也可以使用非线性调制技术，然而一般来说，完善的系统所具有的时间分辨率均约为 $1/B$。

13. 8 测量精度

13. 8. 1 有效样本数

对随机信号连续测量，或者随机信号样本之间的间隔与独立样本之间的间距非常接近时，Rice(1944—1945)发现，信号方差 s_T^2 是下式在时间 T 内的积分：

$$s_T^2 = \frac{2}{T} \int_0^T \left(1 - \frac{x}{T}\right) R_{vf}(x)\, \mathrm{d}x \tag{13.92}$$

式中，$R_{vf}(x)$ 是自协方差函数，

$$R_{vf}(\tau) = R_v(\tau) - \overline{P_v}^2 \tag{13.93}$$

由电压 $v(t)$ 的自相关函数 $R_v(\tau)$ 求得

$$R_v(\tau) = \lim_{T \to \infty} \frac{1}{T} \int_0^T v(t) v(t + \tau)\, \mathrm{d}t \tag{13.94}$$

平均信号功率 $\overline{P_v}$ 可以表示为

$$\overline{P_v} = \lim_{T \to \infty} \frac{1}{T} \int_0^T v^2(t)\, \mathrm{d}t \tag{13.95}$$

独立样本的有效数目或视数可以通过式(13.92)给出的信号方差的表达式和 N 个独立样本的方差表达式求得，即

$$s_T^2 = \frac{\overline{P_v}^2}{N} \tag{13.96}$$

然后，独立样本的有效数目可以写成

$$N = \frac{\overline{P_v}^2 T}{2 \int_0^T \left(1 - \frac{x}{T}\right) R_{vf}(x)\, \mathrm{d}x} \tag{13.97}$$

自协方差函数可以根据已知信号或信号功率谱密度的傅里叶逆变换求得。对于类似噪声的信号，后一种方法更适用。

带限白噪声是一个重要的实例，其功率谱见式(13.58)。与该功率谱相对应的自协方差函数写成如下等式：

$$R_{vf}(\tau) = \overline{P_v}^2 \left(\frac{\sin \pi B\tau}{\pi B\tau}\right)^2 \tag{13.98}$$

这时，方差表达式(13.92)的积分可近似为

$$s_T^2 = \frac{2 \overline{P_v}^2}{T} \int_0^T \left(\frac{\sin \pi Bx}{\pi Bx}\right)^2 \mathrm{d}x \tag{13.99}$$

因为 x/T 在被积函数具有有效值的区域上缓慢变化，积分后的结果为

$$s_T^2 = \frac{2\,\overline{P_v}^{\,2}}{\pi BT}\left[\frac{\cos\,\pi BT - 1}{\pi BT} + 2\int_0^{2\pi BT}\frac{\sin\,t}{t}\mathrm{d}t\right] \tag{13.100}$$

请注意，如果时间带宽积 BT 远大于 1，方括号中的第一项可忽略，而第二项近似为 π。因此，如果 $BT \gg 1$，

$$s_T^2 \approx \frac{\overline{P_v}^{\,2}}{BT} \tag{13.101}$$

对于 $BT \gg 1$ 的带限噪声，由式(13.96)可知：

$$N \approx BT \tag{13.102}$$

图 13.22 绘制了式(13.97)更加准确的估计结果以及其他感兴趣的参数曲线图。图中对比了归一化标准差和 $1/\sqrt{BT}$。归一化标准差是标准差除以平均值的结果。可以看出，当 BT 接近 10 时，$N \approx BT$ 的近似结果就很理想了。

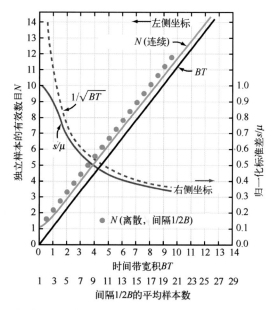

图 13.22　独立样本的有效数目 N 与归一化标准差随时间带宽积(BT)变化情况

图 13.22 也将近似值 $N = BT$ 和式(13.97)的计算结果作了对比。请注意，独立样本的有效数目总是稍大于 BT。独立样本的有效数必须从 1 开始，因为任何测量至少对应一个样本。如图所示，计算的有效独立样本值迅速接近与 BT 几乎平行的直线，后者相对于 BT 具有约 0.6 的位移。因此，BT 值较大时独立样本的有效数目比 BT 大 0.6，这一区别对于大的 BT 值而言不重要，但是对于较小的 BT 值就很重要了。这一点可以从归一化标准差和 $1/\sqrt{BT}$ 的曲线之间的差异看出来。图 13.22 所示的曲线是大多数情况

下预期的结果，其他功率谱和自协方差函数也可导出类似的曲线。

在收集时间间隔为 τ 的离散信号样本时，应使用求和而不是积分。这时，和的方差可以表示为(Davenport et al., 1958，第 80 页)：

$$s_T^2 = \frac{1}{N_p^2}\left[\sum_{i=1}^{N_p} s_i^2 + 2\sum_{k=1}^{N_p-1}(N_p - k)R_{vf}(kT_p)\right] \tag{13.103}$$

式中，s_i^2 为单个样本的标准差；T_p 为相邻样本之间的时间间隔；N_p 为信号样本或脉冲的总数。由于平稳过程所有的 s_i 是相同的，可以仅用 s 代替 s_i。信号相关系数 $\rho_{vf}(n)$ 变成

$$\rho_{vf}(kT_p) = \frac{R_{vf}(kT_p)}{s^2} \tag{13.104}$$

将该值代入式(13.103)，可得

$$s_T^2 = \frac{s^2}{N_p^2}\left[N_p + 2\sum_{k=1}^{N_p-1}(N_p - k)\rho_{vf}(kT_p)\right] \tag{13.105}$$

独立样本的有效数目 N 是单个样本的方差与时间间隔 $T = N_p T_p$ 上 N_p 个样本的方差的比值，由下式求得

$$N = \frac{s^2}{s_T^2} = \frac{N_p}{1 + 2\sum_{k=1}^{N_p-1}(N_p - k)\rho_{vf}(kT_p)} \tag{13.106}$$

由于分母中的第二项总是正的，所以当该项为零时 N 的值最大。对于矩形频谱信号，最大值发生在下列时刻：

$$T_p = 1/B,\ 2/B,\ 3/B,\ \cdots$$

因为这种情况下，

$$\rho_{vf}(kT_p) = 0$$

这对任意 k 值都是适用的，因为

$$\sin k\pi B T_p = 0$$

最后，这种情况下可得

$$N = N_p = BT + 1$$

对于 $1/B$ 的倍数之外的任何间隔，式(13.106)分母中的第二项都是正数，N 小于上式给出的值。例如，间隔为带宽倒数的一半时，即

$$T_p = \frac{1}{2B}$$

不同 N_p 值对应的方差如图 13.22 中的圆点所示。有趣的是，这种方式获得的独立样本数大于图上所示的通过连续积分获得的样本数。对于较大的 N_p 值，离散和方差得到独立样本数比连续积分的等效独立样本数大 0.3 左右，比 BT 大 0.9 左右。

这个结果很有意思，它表明可以把采样间隔设置在 $1/2B$ 和 $1/B$ 之间以便减小方差。使用更紧密的采样间隔反而会使结果趋近于连续积分的结果。这一点可以通过对较小间距的样本进行数值计算证实，例如雷达的脉冲重复频率高于 $1/B$ 并没有明显的优势，事实上还存在一些小缺点。而辐射计就不存在这种问题，因为它的时间带宽积总是非常大。

13.8.2 辐射精度

辐射计的辐射精度由亮温测量值的标准差 ΔT 度量，那么雷达功率测量的精度要如何量化呢?

> ▶ 散射计的首要用途是对信号振幅或功率进行精确测量，这不需要很高的信噪比。◀

需要注意，辐射计工作的信噪比远远小于 1，这是由于接收机以及信号通路的其他部分存在热噪声，辐射测量信号的有用分量仅是总接收信号的一小部分。辐射计通过获取大量独立样本的平均值来克服低信噪比的影响。这种方法也适用于雷达，可以减小噪声方差，但是信号的方差会怎样变化呢?

当目标相对于雷达的几何关系保持固定(没有距离变化，也不发生多普勒频移)时，雷达仅能获得单视信息，由于所有样本都是一样的，平均处理不能减小信号方差。因此，平均处理只能减小噪声方差。如前所述，存在多个目标且距离和/或多普勒发生变化时，信号随时间而变化(衰落)。这种情况下，对信号进行时间平均可以减小信号方差，从而减少表面后向散射估计值的方差和噪声方差。

在存在噪声的情况下，通常要对雷达信号功率和噪声功率分别进行测量来记录雷达信号功率的测量值。噪声功率是在某些不发射脉冲的时间段内或者在雷达回波带宽之外的带宽上测量。假设雷达信号和噪声信号都是独立的，那么接收功率的平均值 $\overline{P}_\mathrm{r}$ 是信号和噪声功率的平均值之和，因为信号和噪声交叉项在平均时抵消了，写作

$$\overline{P}_\mathrm{r} = \overline{P}_\mathrm{s} + \overline{P}_\mathrm{n} \tag{13.107}$$

式中，$\overline{P}_\mathrm{s}$ 为信号平均功率; $\overline{P}_\mathrm{n}$ 为噪声平均功率。接收的平均功率可以用信号平均功率和信噪比 S_n 表示:

$$\overline{P}_\mathrm{r} = \overline{P}_\mathrm{s}\left(1 + \frac{\overline{P}_\mathrm{n}}{\overline{P}_\mathrm{s}}\right) = \overline{P}_\mathrm{s}\left(1 + \frac{1}{S_\mathrm{n}}\right) \tag{13.108}$$

式中，

$$S_{\mathrm{n}} = \frac{\overline{P_{\mathrm{s}}}}{\overline{P_{\mathrm{n}}}} \tag{13.109}$$

如 5.7.3 节所述，如果接收机使用平方律检波器测量信号功率，未进行平均(只有 1 个独立样本)的信号的标准差 s_{r} 与平均值成正比，可表示为

$$s_{\mathrm{r}} = \overline{P_{\mathrm{r}}} = \overline{P_{\mathrm{s}}}\left(1 + \frac{1}{S_{\mathrm{n}}}\right) \qquad (N_{\mathrm{r}} = 1) \tag{13.110}$$

接收信号的 N_{r} 个独立样本进行平均后，平均值的标准差 $s_{\mathrm{r}N_{\mathrm{r}}}$ 可由下式求得

$$s_{\mathrm{r}N_{\mathrm{r}}} = \frac{\overline{P_{\mathrm{s}}}}{\sqrt{N_{\mathrm{r}}}}\left(1 + \frac{1}{S_{\mathrm{n}}}\right) \qquad (N_{\mathrm{r}} \geqslant 1) \tag{13.111}$$

接收信号功率的估计值由信号和噪声组合的估计值 $\hat{\overline{P_{\mathrm{r}}}}$ 减去单独的噪声估计值 $\hat{\overline{P_{\mathrm{n}}}}$ 得到

$$\hat{\overline{P_{\mathrm{s}}}} = \hat{\overline{P_{\mathrm{r}}}} - \hat{\overline{P_{\mathrm{n}}}} \tag{13.112}$$

式中，$\hat{}$ 表示估计值。噪声的估计值通过对 N_{n} 个独立测量的噪声样本进行平均求得。该噪声估计值的方差 $s_{\mathrm{n}N_{\mathrm{n}}}^2$ 为

$$s_{\mathrm{n}N_{\mathrm{n}}}^2 = \frac{\overline{P_{\mathrm{n}}}}{\sqrt{N_{\mathrm{n}}}} \tag{13.113}$$

两个独立随机变量的和或差的方差等于各个分量方差的和。因此，信号估计值的方差是两个测量值——信号加噪声的功率以及噪声功率——方差的和，即

$$s_{\mathrm{s}}^2 = s_{\mathrm{r}N_{\mathrm{r}}}^2 + s_{\mathrm{n}N_{\mathrm{n}}}^2 = \frac{\overline{P_{\mathrm{s}}}^2}{N_{\mathrm{r}}}\left(1 + \frac{1}{S_{\mathrm{n}}}\right)^2 + \frac{\overline{P_{\mathrm{n}}}^2}{N_{\mathrm{n}}} \tag{13.114}$$

根据

$$\overline{P_{\mathrm{n}}} = \overline{P_{\mathrm{s}}}\left(\frac{\overline{P_{\mathrm{n}}}}{\overline{P_{\mathrm{s}}}}\right) = \frac{\overline{P_{\mathrm{s}}}}{S_{\mathrm{n}}} \tag{13.115}$$

式(13.114)变成

$$s_{\mathrm{s}}^2 = \frac{\overline{P_{\mathrm{s}}}^2}{N_{\mathrm{r}}}\left(1 + \frac{1}{S_{\mathrm{n}}}\right)^2 + \frac{\overline{P_{\mathrm{s}}}^2}{N_{\mathrm{n}}}\left(\frac{1}{S_{\mathrm{n}}}\right)^2 \tag{13.116}$$

那么，信号功率估计值的归一化标准差 K_{p} 为

$$K_{\mathrm{p}} = \frac{s_{\mathrm{s}}}{\overline{P_{\mathrm{s}}}} = \sqrt{\frac{1}{N_{\mathrm{r}}}\left(1 + \frac{1}{S_{\mathrm{n}}}\right)^2 + \frac{1}{N_{\mathrm{n}}}\left(\frac{1}{S_{\mathrm{n}}}\right)^2} \tag{13.117}$$

当信号估计值和噪声估计值使用相同数量的样本时，式(13.117)简化为

$$K_p = \frac{1}{\sqrt{N_r}} \sqrt{\left(1 + \frac{1}{S_n}\right)^2 + \left(\frac{1}{S_n}\right)^2} \tag{13.118}$$

需要注意，K_p 是测量信噪比和所使用的脉冲数的函数，通常要对脉冲数量、信号时间带宽积和信噪比之间进行权衡。提高信号时间带宽积来增加独立观测的数量相对于增加信噪比更容易。Yoho 等（2004）给出了滤波和检测混合时计算 K_p 的一般方法。

辐射计可以通过交替测量已知温度的定标噪声源的输出值（含接收机噪声）和天线的输出值（也包含接收机噪声）来分别获得信号和噪声的测量值。对这两种测量值进行适当的比较，可以定标接收机噪声的影响，其精度见式（13.117）。有些用于海面风场观测的雷达散射计通过牺牲一部分发射脉冲来测量噪声，即交替测量噪声和信号加噪声的值。

在不同信噪比下雷达测量的标准偏差如下：若雷达的时间带宽积为100，这意味着 $N_r \approx 100$。如果 $S_n = 1$，则相对标准偏差为 $K_p = \sqrt{5/100} = 0.22$；如果 $S_n = 10$，归一化的标准偏差就减小为原来的一半，即 0.11；如果 S_n 接近无穷大，由衰落引起的归一化标准偏差变为 0.10。因此，雷达信噪比超过10时，继续增加信噪比并没有什么优势。实际上，相对于信噪比等于1的情况，也只是具有相对较小的优势。而 $S_n = 1$ 时，将时间带宽积（或独立视数）从1增加到100，相对标准偏差则从 2.2 降至 0.22。

以无线电望远镜这一被动系统为例，带宽 $B = 10^8$ Hz，观测时间 $T = 100$ s。独立样本的有效数目为 $N_r = BT = 10^{10}$。信噪比等于1时，相对标准偏差为 $\sqrt{5/10^{10}} = 2.2 \times 10^{-5}$。即使对于很小的信噪比，例如 $S_n = 0.001$，归一化标准偏差为 1.4×10^{-2}，也能提供精确的测量值。

13.9 雷达的模糊性

脉冲雷达在距离和速度测量上存在模糊性。脉冲雷达的模糊性通常与脉冲重复频率 f_p 相关联。

13.9.1 距离模糊

> ► 脉冲重复频率较高时，较远目标处的回波看起来似乎是来自较近目标的回波，这就是距离模糊。◄

图 13.23 图解说明发射脉冲间隔太短，即脉冲重复频率值 f_p 过高引起的距离模糊。

图中第一行给出了发射脉冲，接下来的 3 行展示了第一发射脉冲在 3 个不同距离目标处的回波。3 个回波起始端的距离延迟分别是：目标 1 为 T_1，目标 2 为 T_1+T_p，目标 3 为 T_1+2T_p，其中 T_p 是脉冲周期（$T_p = 1/f_p$）。目标 1 对应的第一"回波"线的距离延迟是 T_1；目标 2 对应的第二"回波"线的距离延迟是 T_1+T_p，它比第二个脉冲的起始端滞后 T_1；而目标 3 对应的第三"回波"线比第三个脉冲的起始端也滞后 T_1。这些脉冲一起出现在显示器上。也就是说，第五行目标 1 处的回波出现在第一个脉冲发送后的 T_1 时间，目标 1 和目标 2 的回波则一起出现在第二个脉冲发送后的 T_1 时间，而来自 3 个目标的所有回波在第三脉冲发送后开始重叠，以此类推。通常的显示器只显示一个脉冲周期的回波，如第六行所示，这就不能确定是否存在一个、两个、三个或甚至更多个目标，也不能测到更远距离的目标，因为不知道哪个回波对应哪个脉冲。因此，如果雷达的最大作用距离是到第三个目标的距离，那么脉冲重复周期应当是 $4T_p$ 左

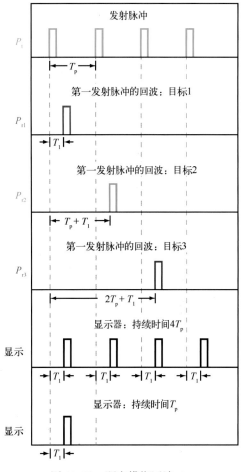

图 13.23　距离模糊回波

右，从而确保回波不存在模糊性。T_p 变大则脉冲重复频率变小，但是这可能与需要足够高的脉冲重复频率去满足多普勒频率的奈奎斯特采样这一要求相违背。

13.9.2　速度模糊

▶ 采样频率（PRF）太低则无法满足奈奎斯特采样定律，从而引起速度测量中的混叠现象，这就是速度模糊。◀

在接收单个多普勒频率时，即当观察单个目标时，我们可以通过观察图 13.24 中的波形来理解与奈奎斯特采样定理相关的模糊性问题。图中第二行给出了单个多普勒频率的回波，被第一行所示的脉冲以奈奎斯特速率进行采样。第三行给出的多普勒频率是第二行的 3 倍，即前者对应的速度是后者第一行的 3 倍，但采样频率与第二行相

同。因此，该频率波形存在模糊性，也就是根据样本不能确定多普勒频率是与速度 u_1 还是 u_1 的奇数倍相对应。要避免第三行所示的最大多普勒频率的模糊性，就必须以 3 倍的采样频率进行采样，即脉冲重复频率是图示的 3 倍。

图 13.25 展示出了解决速度模糊的一种方法。图中发射脉冲采用非均匀的脉冲周期，也就是通过抖动采样确保足够的多普勒采样频率，但是这通常会造成距离模糊。需要注意的是，所有脉冲在恰好叠加在一起时会出现强回波，其他脉冲则来自非叠加位置处的较弱目标。遗憾的是，额外的回波对于这种类型的系统来说是虚假的信息和杂波，是否在容忍范围内取决于其他方面的系统考虑。

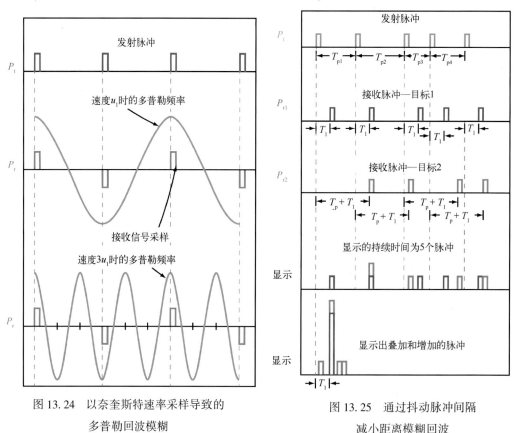

图 13.24　以奈奎斯特速率采样导致的
多普勒回波模糊

图 13.25　通过抖动脉冲间隔
减小距离模糊回波

13.9.3　雷达模糊函数

> ▶ 脉冲重复频率过高会导致前一个脉冲的回波信号出现在当前期望的信号回波时间内，这就是时间或距离测量的模糊性。◀

单脉冲模糊

上文所示的简单例子说明了多普勒和时间模糊在雷达中的重要性。接收信号和用于处理信号的参考匹配滤波器不匹配也会造成模糊。选择适当的发射波形、脉冲重复频率和匹配滤波器有助于最大限度地降低模糊性。通过雷达模糊函数可以有效地实现这一目标，它从单个脉冲的匹配滤波器导出，但也可用于分析多个脉冲相干处理的情况。模糊函数对于分析不同波形的系统特性尤其有效，但波形设计的详细内容不在本书研究范围之内，感兴趣的读者可参阅其他书籍[例如，Skolnik(1980)和 Richards 等(2010)]。下面小节给出了几种波形的雷达模糊度函数示例。

发射的信号复函数写作

$$\nu_t(t) = u(t) e^{j2\pi f_c t} \tag{13.119}$$

式中，$u(t)$ 为基带复调制发射波形；f_c 为载波频率。忽略振幅、去除载波后，预期的接收信号是发射信号经过时延以及多普勒频移的副本，由下式描述：

$$\nu_R(t) = u(t - \tau') e^{j2\pi f_D'(t - \tau')} \tag{13.120}$$

式中，τ' 为传播时延；f_D' 为多普勒频移。

匹配滤波器的输出 $y(t)$ 是接收信号和滤波器脉冲响应的卷积，该脉冲响应是时间反转的参考信号 $\nu_{REF}(t)$ 的复共轭

$$y(t) = \int_{-\infty}^{\infty} \nu_R(t') \nu_{REF}^*(t' - t) dt' \tag{13.121}$$

在理想情况下，参考函数为 $\nu_{REF}(t) = \nu_R(t)$，因此匹配滤波器的输出为

$$y(t) = \int_{-\infty}^{\infty} u(t' - \tau') u^*(t' - t - \tau') \cdot e^{j2\pi f_D'(t' - \tau')} e^{-j2\pi f_D'(t' - t - \tau')} dt'$$

$$= e^{j2\pi f_D' t} \int_{-\infty}^{\infty} u(t' - \tau') u^*(t' - t - \tau') dt' \tag{13.122}$$

时间 $t + \tau'$ 时刻匹配滤波器的输出可以通过用 $(t + \tau')$ 替换 t、$(t' + \tau')$ 替换 t' 来求出，即

$$y(t + \tau') = e^{j2\pi f_D' t(t + \tau')} \int_{-\infty}^{\infty} u(t') u^*(t' - t - \tau') dt' \tag{13.123}$$

该积分其实就是信号调制的自相关函数(Richards，2005)。

现在来看看使用错误的参考函数会发生什么，即当滤波器和信号失配时，匹配滤波器的输出会变成什么？假设参考函数 $\nu_{REF}(t)$ 的时间延迟为 τ_0(而不是 τ')，多普勒频移为 f_{D0}(而不是真正的多普勒频移 f_D')，

$$\nu_{REF}(t) = u(t - \tau_0) e^{j2\pi f_{D0}(t - \tau_0)} \tag{13.124}$$

匹配滤波器的输出为

$$y(t) = \int_{-\infty}^{\infty} u(t' - \tau') u^*(t' - t - \tau_0) \cdot e^{j2\pi f_D'(t' - \tau')} e^{-j2\pi f_{D0}(t' - t - \tau_0)} dt' \quad (13.125)$$

使用替换值 $t'' = t' - \tau'$、$\tau = \tau' - \tau_0$ 以及 $f_D = f_D' - f_{D0}$，匹配滤波器的输出可以写作

$$y(t) = e^{j2\pi f_{D0}(t - \tau)} \int_{-\infty}^{\infty} u(t'') u^*(t'' - t + \tau) e^{j2\pi f_D t''} dt'' \quad (13.126)$$

$t + \tau$ 时刻匹配滤波器的输出为

$$y(t + \tau) = e^{j2\pi f_{D0} t} \int_{-\infty}^{\infty} u(t'') u^*(t'' - t) e^{j2\pi f_D t''} dt'' \quad (13.127)$$

该式在形式上与式(13.123)类似，但多了一项多普勒频率项。

请注意，这里 $\tau = \tau' - \tau_0$ 是实际延迟与参考函数中假定的时间延迟之间的误差，而 $f_D = f_D' - f_{D0}$ 是接收信号与参考函数之间多普勒频移的误差。接收信号和参考信号匹配时，即 $\tau = 0$ 且 $f_D = 0$，匹配滤波器输出的振幅最大；失配时，振幅变小。因此，匹配滤波器输出的振幅可用于估计接收信号和匹配滤波器参考信号的匹配程度。

为了便于这种评估，人们将广义雷达模糊函数定义为

$$\chi(\tau, f_D) = \left| \int_{-\infty}^{\infty} u(t) u^*(t - \tau) e^{-j2\pi f_D t} dt \right|^2 \quad (13.128)$$

或者

$$\chi(\tau, f_D) = \left| \int_{-\infty}^{\infty} \boldsymbol{U}^*(f - f_c) \boldsymbol{U}(f - f_c - f_D) e^{-j2\pi f\tau} df \right|^2 \quad (13.129)$$

式中，$\boldsymbol{U}(f)$ 为 $u(t)$ 的傅里叶变换。有些作者在定义 χ 时没有求平方。注意 $\chi(0, 0)$ 与总信号能量相对应，因此

$$\chi^2(\tau, f_D) \le \chi(0, 0) \quad (13.130)$$

雷达模糊函数可看作具有多普勒频移的回波和与无多普勒频移的回波相匹配的滤波器之间的卷积。变量 f_D 和 τ 分别描述了多普勒和时间延迟失配的程度。$f_D = 0$ 且 $\tau = 0$ 时，信号和滤波器匹配，产生最高的信噪比。信号和滤波器的失配会减小信号输出的功率，从而降低信噪比。

图 13.26(a)至(c)给出了几种单脉冲调制机制的模糊函数，包括简单脉冲、线性调频脉冲和二进制相位调制脉冲。图 13.26(a)给出了中断连续波脉冲的模糊函数。请注意，式(13.128)的多普勒频率为 0 时($f_D = 0$)，模糊函数变成脉冲自相关函数的形式。如式(13.74)所述，中断连续波脉冲的模糊函数是三角函数。如果时间延迟 $\tau = 0$，模糊函数的形式是 $|(\sin x)/x|^2$。图 13.26(d)展示出中断连续波脉冲的模糊图像中大于 1/2 最大功率的区域。本质上，红色椭圆内的任意点都是模糊的，即没有足够的信息来对信号进行更精细的"解析"。因此，该区域定义了单个脉冲时间延迟和多普勒频率的有效分辨率，图示的尺寸分别对应先前导出的脉冲有效时间和多普勒分辨率。所以，计算模糊函数是确定具体发射信号或脉冲调制机制的时间和频率分辨率的有效方式。

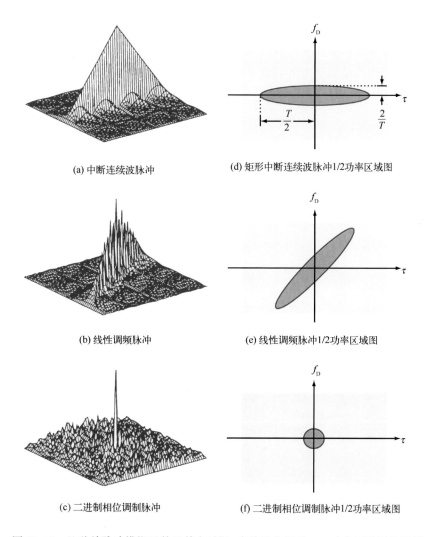

(a) 中断连续波脉冲

(d) 矩形中断连续波脉冲1/2功率区域图

(b) 线性调频脉冲

(e) 线性调频脉冲1/2功率区域图

(c) 二进制相位调制脉冲

(f) 二进制相位调制脉冲1/2功率区域图

图 13.26　几种单脉冲模糊函数及其在时间-多普勒空间的 1/2 功率区域图的示例

对于图 13.26(b) 和 (e) 所示的线性调频脉冲，其模糊函数是中断连续波脉冲"刀片状"模糊函数一定角度旋转后的结果，耦合了多普勒和距离模糊。线性调频和中断连续波脉冲的模糊函数在主瓣侧面具有非常小的旁瓣。这意味着由脉冲分辨的区域可以轻易地与周围区域区分开，而且来自分辨区域外部的强信号回波对所测的功率影响较小。

图 13.26(c) 和 (f) 所示的二进制相位调制脉冲的模糊函数具有最小的中心峰值，因此，分辨率最高。然而，中心峰值与四周背景的比值远低于其他调制方案，表明该调制方案更容易受到期望分辨单元附近强信号的干扰。可以看出，无论调制是什么形状的，模糊函数平方值的积分结果总是不变的，即

$$\iint \chi^2(\tau, f_D)\,d\tau\,df_D = \chi^2(0, 0) \tag{13.131}$$

因此，改变脉冲调制使主峰变窄时，四周信号会相应地增长。模糊函数是用于评估分辨单元对周围区域敏感度的有效工具。

多脉冲模糊

人们可以通过相干叠加的方法计算多脉冲模糊函数。图 13.27 给出了长度为 T、脉冲重复间隔为 T_0 的 N 个脉冲串的模糊函数。脉冲串的总时长是 NT_0。该图含有各种不同高度的尖峰(高度值由圆的直径表示)，与潜在的时间与频率模糊性相对应。某两个尖峰对应的延迟和多普勒频率的组合可能彼此混淆(即它们是模糊的)。请注意，水平时间轴上尖峰之间的间隔等于脉冲间隔 T_0，即距离模糊。频率轴上尖峰的间隔为 $1/T_0$。这是由脉冲工作期间的采样引起的不同多普勒频率之间的模糊。多普勒域中单个尖峰的宽度与脉冲串的时长的倒数成正比。通过组合多个脉冲可以使单个尖峰变窄，从而产生更高的分辨率，但是多个尖峰的存在也意味着多个模糊度。需要注意的是，使用窄波束天线可以解决图 13.27 存在的模糊性，只要天线的主瓣仅照射在一个尖峰对应的区域即可。

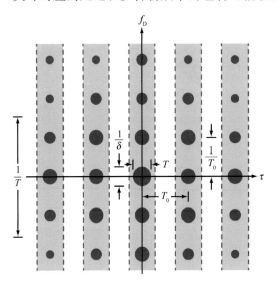

图 13.27 多脉冲模糊函数示意图

模糊函数的研究相当复杂，对不同波形的详细研究不在本书论述范围之内。波形设计已经在许多与雷达信号相关的论文、书籍和文章中介绍到，更多全面的分析请参阅 Cook 等(1967)、DiFranco 等(1968)、Berkowitz(1965)、Skolnik(1980)以及 Richards 等(2010)的著作。

13.10 雷达定标

▶ 散射计系统的内定标用来确定相对散射系数(或极化散射计的散射振幅 S)，而外定标则用来确定绝对散射系数 σ^0 或散射振幅 S。 ◀

13.10.1　内定标

内定标有两种方法，一种是对系统各个部分分别进行定标，另一种称为比率定标法，其发射信号的取样直接通过接收机和数据处理系统。后者明显更佳，因为其发生错误的可能性更小，并且可以频繁地操作；前者在很大程度上需要中断正常的测量。此外，每个部分分别定标会分别产生许多误差，这些误差累加起来会降低整体定标的精度。

回顾式(5.37)，分布目标的散射系数σ^0与接收发射功率比(P^r/P^t)成正比，即

$$\sigma^0 = \left[\frac{P^r}{P^t}\right]\left[\frac{(4\pi)^3 R_0^4}{\lambda^2 G_0^2 A}\right] \tag{13.132}$$

内定标可以测量(P^r/P^t)，这包括除天线增益G_0之外的所有系统增益和损耗。

图 13.28 说明了比率定标法的一般概念。图中共有两个定向耦合器，一个安装在发射机到天线的线路中，另一个安装于天线到接收机的线路中。两者之间有一条衰减为L_c的馈线，这样发射信号样本可以耦合至接收机。根据雷达系统的类型，内定标回路可以连续工作，也可以交替工作，即接收机有时测量来自外部目标的输入信号，有时则测量定标信号。在图 13.28 中，天线处的发射功率是P^t，而在定向耦合器处，则为

$$P_0^t = L_t P^t \tag{13.133}$$

式中，L_t为发射机定向耦合器的损耗系数。在接收目标回波信号期间(开关均置于 1 位置)，接收机定向耦合器处的接收功率为

$$P_0^r = \frac{P^r}{L_r} \tag{13.134a}$$

在内定标期间(开关均置于 2 位置)，接收机定向耦合器处的接收功率则是

$$P_0^c = \frac{P_0^t}{L_c L_{DC_t} L_{DC_r}} = \frac{L_t P^t}{L_c L_{DC_t} L_{DC_r}} \tag{13.134b}$$

式中，L_{DC_t}和L_{DC_r}为经过衰减器的内部路径上两个定向耦合器的损耗系数。将接收器增益g应用于P_0^r和P_0^c，最终输出的两个功率比值为

$$\frac{P_{out}^r}{P_{out}^c} = \frac{g P_0^r}{g P_0^c} = \left(\frac{L_c L_{DC_t} L_{DC_r}}{L_r L_t}\right)\frac{P^r}{P^t} \tag{13.135}$$

反之可得

$$\frac{P^r}{P^t} = K_s \frac{P_{out}^r}{P_{out}^c} \tag{13.136}$$

式中，K_s为由下式给出的综合定标常数，即

$$K_s = \frac{L_r\,L_t}{L_c\,L_{DC_t}\,L_{DC_r}}$$

$$(13.137)$$

辐射计的相关技术可以用来提高雷达的敏感度。大多数辐射计接收机交替测量天线波束所观测的外部信号和标准噪声源。如 13.8 节所讨论,这两个测量值相减,再对差分信号进行积分可消除接收机大部分的噪声。在雷达中应用这一概念时,第一部分测量是外部目标的回波和接收机的噪声之和,第二部分信号仅为接收机噪声。减去噪声后再进行积分,可以显著提高信噪比和K_P。

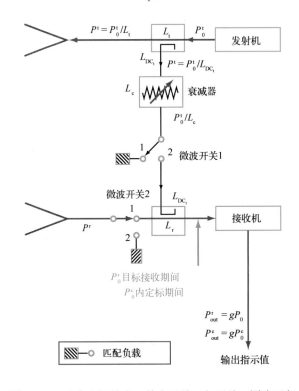

图 13.28 比率定标技术,其中开关 1 与开关 2 同步运行

图 13.29 给出了用于改善信噪比的切换系统。系统间隙地使用前述的内定标方法进行定标。在过渡时期(假设系统是稳定的),系统在信号和噪声之和以及噪声测量通路之间交替切换。如方框中的时序示意图所示,这可以通过发射有限持续时间的信号,对该信号对应的接收值进行积分,然后在接收下一个信号的等待期内对噪声进行积分,从而完成整个流程。如示意图所示,噪声的积分时间与信号噪声和的积分时间可能不同,在计算两者差分以获得信号的估计值之前,需要对其中一项进行适当的缩放。这种系统已广泛用于微波散射计系统中,例如 Seasat 散射计在信噪比为 -10 dB 量级时的测量精度约为 5%(Johnson et al.,1980)。

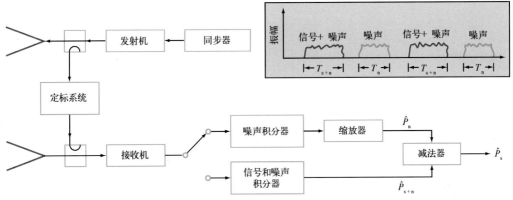

图 13.29 噪声测量使雷达在低信噪比下测量 σ^0 成为可能

13.10.2 外定标

上文讨论的内定标技术的准确程度部分取决于天线增益方向图和其他已知系统函数的精度。通常来说,一种有效雷达成像仪或散射计的定标方法是测量已知雷达截面目标的回波功率。图 13.30 给出了使用"硬"目标(例如角反射器)提供必要定标水平的地基和机载散射计的定标配置方案。后面将介绍到,测量精度由定标目标的雷达截面相对于背景的雷达截面的大小决定。如图 13.30(b)所示,背景是分辨区域 A。此外,也可以使用已知散射系数 $\sigma^0(\theta)$ 的"均匀"扩展目标[图 13.30(c)]进行定标。后一种方法尤其适用于机载和星载系统,因为背景本身就是定标目标,这样就不需要具有大的雷达截面的硬目标。扩展目标的方位向和距离向尺度应该远大于雷达的空间分辨率,这样才能进行足够的平均以减少信号衰落的影响。理想情况下,扩展目标应该具有时间不变的散射特性(即介电特性和表面粗糙度在长时间内恒定不变),并且其 $\sigma^0(\theta)$ 应该是天线俯仰角波束宽度(距离向)范围内关于 θ 的平滑而又变化缓慢的函数。扩展目标的一个实例就是机场的混凝土跑道,其尺寸适用于高分辨率成像雷达,其表面散射特性保持基本恒定(只要表面保持干燥)。然而,(电磁)光滑的混凝土表面的主要缺点是其散射系数 $\sigma^0(\theta)$ 强烈依赖于 θ,这就意味着定标精度大大取决于所确定的 θ 的准确度以及 $\sigma^0(\theta)$ 的精度。一般地,$\sigma^0(\theta)$ 由经过标定的车载或机载散射计测量。位于干旱地区人工或自然存在的相对平坦的粗糙表面更适合用作定标表面。如果扩展目标的尺寸达到千米数量级,那么可以分成若干段对机载成像雷达进行全角范围(俯仰向)的定标,即通过多次飞行使扩展目标位于图像刈幅宽度的不同距离处。对于星载散射计或中等分辨率的成像仪,亚马孙雨林是最均匀的一种扩展目标(Johnson et al., 1980;Kennett et al., 1989;Long et al., 1996;Tsai et al., 1999),与沙漠相比,其 σ^0 几乎与 θ 无关。

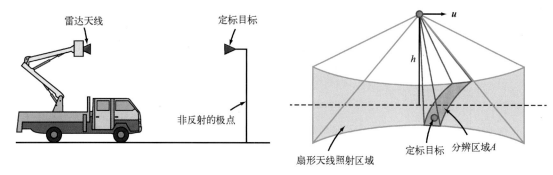

(a) 车载雷达定标

(b) 扇形波束多普勒散射计定标

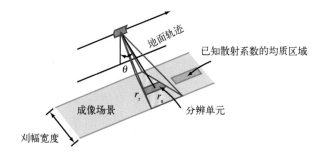

(c) 使用已知散射系数的均质区域对成像雷达进行定标

图 13.30　使用人工定标目标对地基(车载或塔式)散射计和机载散射计或成像仪(扇形波束多普勒
散射计)以及使用已知散射系数的均质区域进行定标的配置方案

13.10.3　测量精度

当雷达散射截面为 σ_{c} 的定标目标受到雷达天线照射时，接收机处的后向散射场强是来自定标目标的散射场以及背景散射场的组合。因此，后向散射场强与接收天线的极化矢量相平行的极化分量可以写成

$$E_{m} = E_{c} + E_{b} = E_{c}\left[1 + \frac{E_{b}}{E_{c}}\right] = E_{c}\left[1 + \left|\frac{E_{b}}{E_{c}}\right| e^{j\phi}\right] \qquad (13.138)$$

式中，E_{m}、E_{c} 和 E_{b} 分别为接收机(所测量的)电场强度、定标目标产生的电场强度以及背景产生的净电场强度，ϕ 为 E_{b} 和 E_{c} 之间的相对相位角。所测量的雷达散射截面 σ_{m} 与接收功率成正比，即

$$\sigma_{m} = K\,|E_{m}|^{2} = K\,|E_{c}|^{2}\left(1 + \frac{|E_{b}|^{2}}{|E_{c}|^{2}} + 2\,\frac{|E_{b}|}{|E_{c}|}\cos\phi\right)$$

$$= \sigma_{c}\left(1 + \frac{\sigma_{b}}{\sigma_{c}} + 2\sqrt{\frac{\sigma_{b}}{\sigma_{c}}}\cos\phi\right) \qquad (13.139)$$

式中，K 为比例常数；σ_c 和 σ_b 分别为定标目标和背景的雷达散射载面。如果 $\sigma_b \ll \sigma_c$，式 (13.139) 就简化为 $\sigma_m \approx \sigma_c$。但是一般情况下，被测的雷达散射截面可能与 σ_c 相差一个如式 (13.139) 括号中的量。在测量设置中，ϕ 是 $0 \sim \pi$ 的随机未知量。因此，对应的定标误差在下式给出的最大区间范围之内，即

$$\frac{\sigma_m - \sigma_c}{\sigma_c} = \frac{\sigma_b}{\sigma_c} \pm 2\sqrt{\frac{\sigma_b}{\sigma_c}} = S_{bc}^2 \pm 2S_{bc} \qquad (13.140)$$

其中，

$$S_{bc}^2 = \frac{\sigma_b}{\sigma_c} \qquad (13.141)$$

定义为背景与定标目标的雷达散射截面之比。图 13.31 展示了式 (13.140) 的上限和下限随 S_{bc} 变化的函数。此外，σ_m 和 σ_c 可以用分贝表示。这种情况下，误差范围由下式给出，即

$$\sigma_e(dB) = \sigma_m(dB) - \sigma_c(dB) = 10 \log \left(1 + S_{bc}^2 \pm 2S_{bc} \right) \qquad (13.142)$$

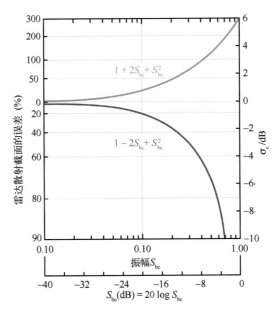

图 13.31　目标的雷达散射截面为 σ_c 且背景的雷达散射截面为 σ_b 时，测量的最大和最小误差边界（左侧刻度是百分比，右侧的刻度是 dB）随 $S_{bc} = \sigma_b / \sigma_c$ [或 $S_b(dB) = 20 \log S_b$] 变化的函数（Blacksmith et al.，1965）

　　从图 13.31 中可以看出，为了确保误差在 ±20% 范围（±1 dB）之内，必须使 $\sigma_b / \sigma_c \leqslant 10^{-2}$（$= -20$ dB）成立。对于对地观测的机载雷达而言，假设地面分辨率单元的面积为 A、平均散射系数为 σ_b^0，且视场中定标目标的后向散射系数为 σ_c，那么前面所述的 ±1 dB 的测量精度要求转化为

$$A\, \sigma_{\mathrm{b}}^0 \leqslant \frac{\sigma_{\mathrm{c}}}{100} \qquad (13.143)$$

下面使用一个例子具体阐释这一要求。对于一个分辨率相对高的雷达系统，分辨单元的面积 $A = 100\ \mathrm{m}^2$，观测背景即裸地的 $\sigma_{\mathrm{b}}^0 = 0.1$。根据式（13.143），定标目标的雷达散射截面应当满足 $\sigma_{\mathrm{c}} \geqslant 10^3\ \mathrm{m}^2$，或者

$$\sigma_{\mathrm{c}}(\mathrm{dB}) \geqslant 30\ \mathrm{dBsm}$$

式中，dBsm 为 1 m^2 雷达散射截面对应的 dB 刻度。

地基雷达 [图 13.30（a）] 的定标显然更容易实现，因为定标目标可以放置于低反射率结构（如覆盖了吸收材料的极点表面）的顶部，从而避免了来自地面的大部分后向散射。这种情况的背景雷达散射截面比对地观测的背景雷达散射截面小得多，因此，仅需要较小雷达散射截面的定标目标便可达到所要求的测量精度。

13.11　被动式定标目标

实验室环境下，人们可以使用各种各样的定标目标，但是对于难以实现的高定向精度的外场作业，定标目标不仅应当具有大的雷达散射截面值，并且其雷达散射截面在较宽的角度范围内对于指向（相对于雷达）不敏感。这一特性可以利用雷达散射截面方向图的半功率波束宽度进行描述，下文将针对各种类型的定标目标进行相应的讨论。定标目标可分为两种类型：①被动式定标器；②主动式定标器。我们将在本节以及下面几节概述这两种定标器的性能。

13.11.1　矩形平板

当从方位向 $(\theta,\ \phi)$ 进行观察时，图 13.32 所示的理想导体矩形平板的雷达散射截面 $\sigma(\theta,\ \phi)$ 如 Kerr 等（1951）文中所述，即

$$\sigma(\theta,\ \phi) = \frac{4\pi A^2}{\lambda^2}\left[\frac{\sin(ka\sin\theta\cos\phi)}{ka\sin\theta\cos\phi}\ \frac{\sin(kb\sin\theta\sin\phi)}{kb\sin\theta\sin\phi}\right]\cos^2(\theta) \qquad (13.144)$$

式中，a 和 b 为平板尺寸；$A = ab$ 为其面积；$k = 2\pi/\lambda$。上述表达式与极化无关，在入射角 θ 等于 0°~30° 范围内时与实验测量值（图 13.33）有很好的一致性。

$\sigma(\theta,\ \phi)$ 的最大值出现在垂直入射（$\theta = \phi = 0°$）处，由下式给出

$$\sigma_{\max} = \frac{4\pi A^2}{\lambda^2} \qquad (13.145)$$

其半功率波束宽度可以用 3.5 节所讨论的矩形天线的相应步骤来计算，

$$\beta \approx \begin{cases} 0.44\lambda/a & [x-z\ \text{平面}(\phi = 0°)] \\ 0.44\lambda/b & [y-z\ \text{平面}(\phi = \pi/2)] \end{cases} \qquad (13.146)$$

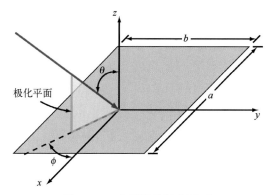

图 13. 32 入射波的极化平面

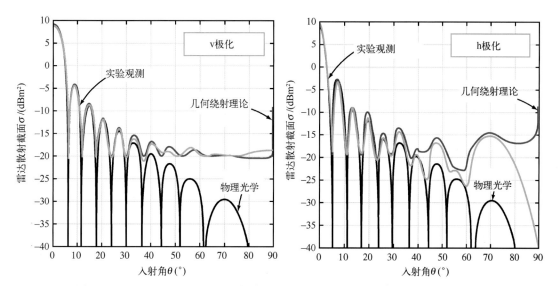

图 13. 33 16. 5 cm × 16. 5 cm 平板在 $\lambda = 3.25$ cm 时的雷达散射截面(Ross，1966)

从图 13. 33 可以看出，平板的波束宽度很窄。这里，$a = b = 16.5$ cm，$\lambda = 3.25$ cm，$\sigma_{max} = 8.8$ m^2($= 9.4$ dBm^2)，且 $\beta \approx 0.086$ rad($\approx 5°$)。

13. 11. 2 圆形平板

Kerr 等(1951)给出了半径为 r 的圆盘的雷达散射截面，写成

$$\sigma(\theta) = \frac{4\pi A^2}{\lambda^2} \left[2\frac{J_1(2kr\sin\theta)}{2kr\sin\theta} \right]^2 \cos^2\theta \qquad (13.147)$$

式中，A 为平板面积；$J_1(\ )$ 为第一类贝塞尔函数。其最大雷达散射截面 σ_{max} 由式(13. 145)求得，并且

$$\beta \approx \frac{\lambda}{4r} = \frac{\lambda}{2d} \qquad (13.148)$$

式中，d 为圆盘直径。

13.11.3 球体

8.5 节给出了球体后向散射截面的表达式，而且图 8.21 画出了金属球体后向散射效率随频率变化的关系。在米氏区域 $r \geqslant \lambda$ 上，

$$\sigma \approx A = \pi r^2 \tag{13.149}$$

作为定标目标，金属球体最大的优点是其雷达散射截面具有角对称性 [σ 与观察方向 (θ, ϕ) 无关]。但是，它的 σ 值远远小于具有与球体相同物理截面的金属平板的最大雷达散射截面。例如，如果 $r = 2\lambda$ 是金属球体的半径，同时也是圆形金属板的半径，那么根据式 (13.145) 和式 (13.149)，可以求得

$$\frac{\sigma_{\max}(\text{金属平板})}{\sigma(\text{金属球体})} \approx 160 \qquad (r = 2\lambda)$$

13.11.4 角反射器

如图 13.34(a) 所示，二面角反射器是由两个互相垂直的金属平板组成的器件。二面角反射器的反射过程可用射线理论来解释。如果射线进入角反射器的方向与两块金属板交线垂直，就会以镜面反射从一块金属板向另一块金属板进行单向传播，然后再从第二块金属板反射，最终回到发射源的方向。这一特性使得在水平面上（垂直于两板的相交线）的波束宽度要比单个平板宽得多，但是在俯仰面上的波束宽度与单个平板一样仍然比较窄小。

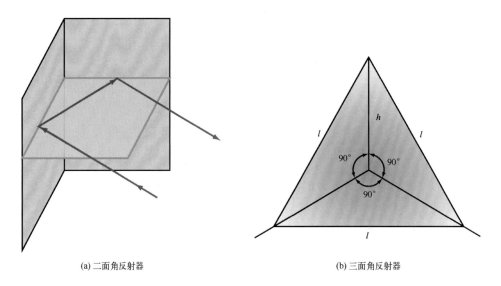

(a) 二面角反射器　　　　　　　　　　(b) 三面角反射器

图 13.34　二面角反射器和三面角反射器

上述限制可以通过增加与前两块平板两两垂直的第三块金属平板来解决，如图 13.34(b)所示。这种反射器称为三面角反射器。人们可以从角度 θ 和 ϕ 来分析三面角反射器雷达散射截面的方向变化，其中 θ 和 ϕ 分别是反射器的对称轴线与雷达方向之间的俯仰角和方位角。

图 13.35(a)中包含雷达视线(雷达与三面角反射器共用顶点之间的连线)和反射器顶点到点 c 的交线的平面称为俯仰面。参考平面与俯仰面正交，并包含雷达视线。θ 定义为雷达视线和反射器对称轴在参考平面上的投影之间的角度，ϕ 定义为对称轴与其在参考平面上的投影之间的角度。

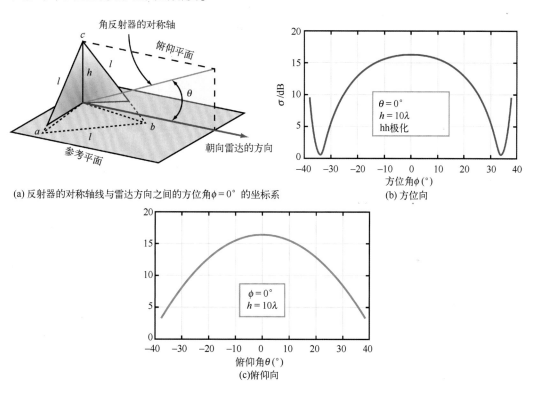

(a) 反射器的对称轴线与雷达方向之间的方位角 $\phi=0°$ 的坐标系

(b) 方位向

(c)俯仰向

图 13.35 三面角反射器：俯仰角 θ 在坐标系中的定义方式以及在 9.5 GHz 下 $h=10\lambda$ 时测量的散射方向图(Sarabandi et al., 1996)

如图 13.35(a)所示，三面角反射器的尺寸取决于其边缘的长度 l 或其高度 $h=l/\sqrt{2}$。三面角反射器最大的优点之一是其雷达散射截面的方向图在方位平面和俯仰平面都很宽。图 13.35(b)和(c)给出了 9.5 GHz 频率下边缘长度为 45 cm(或 $h=10\lambda$)的三面角反射器的实验测量结果，其半功率波束宽度在两个平面上都约为 30°。

三面角反射器的最大雷达散射截面发生在其对称轴方向($\theta=0°$ 和 $\phi=0°$)，由下式给出

$$\sigma_{\max} = \frac{4\pi}{\lambda^2} A_{\text{eff}}^2 \qquad\qquad (13.150)$$

式中，有效面积 A_{eff} 与 l 和 h 相关，即

$$A_{\text{eff}} = \frac{l^2}{\sqrt{12}} = \frac{h^2}{\sqrt{3}} \qquad\qquad (13.151)$$

由于三面角反射器在方位平面和俯仰平面的波束宽度都较宽，因此现在许多雷达（从船上使用的航海雷达到卫星成像合成孔径雷达）都选择它作为定标目标。然而，三面角反射器容易受到反射器与其背景之间可能存在的相互作用的影响。在接近对称轴的入射方向上，每块金属平板中只有一部分对后向散射有贡献；入射射线必须经过3块金属平板的反射才能返回雷达。每块金属平板中能够满足该条件的部分称为亮区。射线分析结果表明，图 13.36（a）中每块平板中只有 2/3 的区域是亮区（Robertson，1947；Knott，1993；Sarabandi et al.，1996）。这意味着可以把暗区消除掉，同时又不会减小最大雷达散射截面。此外，消除暗区可以避免来自暗区与地面之间相互作用所引起的散射［图13.36（b）］。反射器与地面之间的这些额外的相互作用会引入不确定性，最终影响定标过程的质量和精度。实际上人们并不是完全消除这些暗区，而是用轻质吸收材料代替这些区域，从而保持三面角反射器的物理形状，同时还能减少约30%的重量并且抑制反射器与地面的相互作用。Sarabandi 等（1996）称这种反射器为五面角反射器，开发了计算其雷达散射截面的理论模型，并通过实验观测验证了该结果。

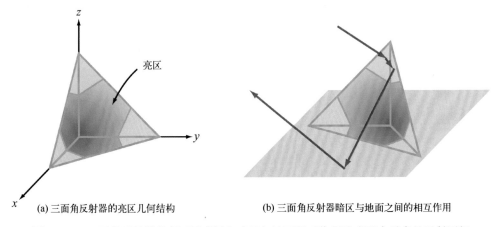

(a) 三面角反射器的亮区几何结构   (b) 三面角反射器暗区与地面之间的相互作用

图 13.36 三面角反射器的亮区示意图和暗区与地面相互作用造成不合需求的反射图解

13.11.5 龙伯透镜反射器

根据 Luneburg（1964）的定义，球形龙伯透镜的折射率 $n(r)$ 随着 r（即离球体中心的距离，图 13.37）的变化而变化：

$$n(r) = \sqrt{\varepsilon(r)} = \left[2 - \left(\frac{r}{r_0} \right)^2 \right]^{1/2} \qquad (13.152)$$

换句话说，在球心($r=0$)处，$n=\sqrt{2}$，在球面($r=r_0$)处，$n=1$；$n(r)$在这两者之间变化。入射到这种透镜上的平面波聚焦在该球体背面上的点。如果球体背面存在金属反射表面，那么电磁波会向着波源方向上反射回来。在实践中，连续变化的$n(r)$可以用离散变化的$n(r)$来近似。人们通常使用 10 个或更多同心球壳，其中最外层的介电常数约为 1.1(Buckley, 1960; Croney et al., 1963)。

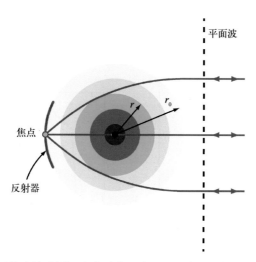

图 13.37 龙伯透镜由许多同心电介质壳组成，相对介电常数在最外层处略大于 1，到中心处增至 2。介电常数变化会引起入射平面波朝焦点折射

如图 13.38 所示，龙伯透镜反射器的视场角由反射表面的几何形状决定。图 13.38(b)对比了 9.375 GHz 频率下 3 种不同的龙伯透镜反射器、金属圆形平板和金属圆球的角方向图，所有媒介的直径均为 12 in($\approx$30 cm)。图中还给出了圆形角反射器的方向图，其大小刚好能置于直径为 12 in 的球体内。可以看出，龙伯透镜反射器具有比圆形平板更宽的波束宽度，并且其最大雷达散射截面$\sigma_{\max}$与后者相当。此外，龙伯透镜反射器雷达散射截面的绝对值和视场角也都优于同等尺寸的角反射器，它的缺点是重量大且制造成本高。

理论上，龙伯透镜反射器视场中心区域的$\sigma_{\max}$与具有相同物理横截面积的圆形平板相等，

$$\sigma_{\max} = \frac{4\pi A^2}{\lambda^2} = \frac{4\pi^3}{\lambda^2} r_0^4 \qquad (13.153)$$

式中，r_0为球形透镜的半径。图 13.38(b)所示的龙伯透镜反射器的$\sigma_{\max}$值比其理论值(与金属圆形平板相比)低大约 2 dB，比金属圆球的σ高约 28 dB，即约为后者的 630

倍。实际测量的 σ_{max} 值通常比式(13.153)给出的理论值略小一点。考虑这一差异，龙伯透镜反射器的 σ_{max} 重新定义为

$$\sigma'_{max} = \eta\, \frac{4\pi A^2}{\lambda^2} \tag{13.154}$$

式中，η 为效率因子，$0 \leqslant \eta \leqslant 1$。$\eta$ 的大小取决于波长 λ 以及用于逼近式(13.152)所示的连续介电常数的离散层的数量。例如，在 1~18 GHz 频率范围内对直径为 23 cm 的龙伯透镜反射器的 σ'_{max} 进行测量，结果表明 η 在 1 GHz 时约为 0.99，8 GHz 时降为 0.65，而到 18 GHz 时降至 0.18(Stiles et al.，1979)。

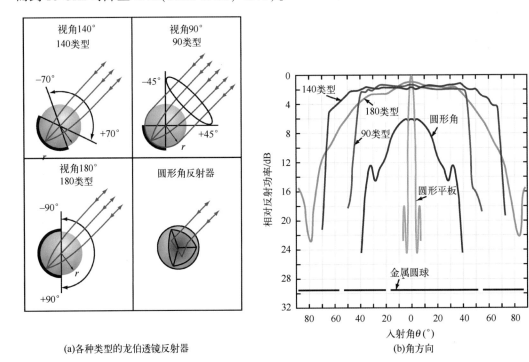

(a)各种类型的龙伯透镜反射器   (b)角方向

图 13.38   3 种不同金属反射器构造的龙伯透镜反射器及 3 种龙伯透镜反射器、金属圆形平板和金属圆球的雷达散射截面的角方向图，所有媒介的直径均为 12 in[*]，圆形角反射器刚好可置于直径为 12 in 的球体内。所有截面均由圆形平板雷达散射截面的峰值归一化，频率为 9.375 GHz

(Courtesy of Emerson and Cumming, Inc.)

13.11.6   各种定标目标的比较

表 13.5 概述了前面各章节讨论的定标目标的最大雷达散射截面 σ_{max} 的表达式和视场角(或波束宽度)。

---

*   1 in=2.54 cm。——译者注

表 13.5　被动式定标目标的特性

目标类型	σ_{max}[a]	近似半功率波束宽度[b]	注释
矩形平板	$4\pi A^2/\lambda^2$	$0.44\lambda/a$, $0.44\lambda/b$	σ_{max}，非常窄的波束宽度
圆形平板	$4\pi A^2/\lambda^2$	$0.25\lambda/r$	$>\sigma_{max}$，非常窄的波束宽度
球体	A	全方向天线	$r > 2\lambda$，小 σ
三面角反射器	$\pi l^4/3\lambda^2 = 16\pi A_c^2/9\lambda^2$	$\approx 30° \sim 40°$	σ_{max} 比相同孔径平板低大约 3 dB
龙伯透镜反射器	$4\pi A^2/\lambda^2$	达到 180°（实际上 140°）	$>\sigma_{max}$，较大的波束宽度，效率随频率降低

[a] A 为平板的物理面积、金属球体和龙伯透镜的横截面积；A_c 为角反射器的孔径面积；

[b] a，b 为矩形平板的边；r 为圆形平面和球体的半径；l 为三面角反射器的边缘。

13.12　主动式雷达定标器

前面小节中讨论的定标目标统称为被动式定标器。第二类定标器使用主动式电子放大器以提高入射的雷达信号的电平，再将其重新辐射回雷达。尺寸和重量约束以及雷达散射计或成像仪交叉极化通道的定标需求促进了主动式雷达定标器（ARC）的发展。主动式雷达定标器自 20 世纪 80 年代初问世（Brunfeldt et al.，1984b）以来，已经发展成为一种复杂的定标器，并且成为散射计和成像仪（包括极化合成孔径雷达系统）外部定标的标准工具。

为了理解主动式雷达定标器作为定标装置的显著优点，我们来看一下三面角反射器的尺寸要求。边缘长度为 l 的三面角反射器的最大雷达散射截面为 $\sigma_{max} = \pi l^4/3\lambda^2$。频率为 10 GHz 时建立雷达散射截面为 40 dBsm（即 $\sigma_{max} = 10^4$ m^2）的三面角需要的 l 为 1.7 m，这样的三面角体积相当大，重量也很大。低频时这个问题更严重，例如，1 GHz 时 l 应该为 5.4 m，而在 UHF 频段该值应该更大。

主动式雷达定标器的基本概念非常简单，它由两根中间连接着射频放大器的天线组成（图 13.39）。对于雷达而言，主动式雷达定标器看起来像是有着最大雷达散射截面 σ_{ARC}（Brunfeldt et al.，1984b）所示的目标：

$$\sigma_{ARC} = \frac{\lambda^2}{4\pi} G_{rc} G_{tc} G_a \tag{13.155}$$

式中，G_{rc} 和 G_{tc} 为主动式雷达定标器接收和发射天线的增益；G_a 为环路增益，包括射频放大器的增益以及可能存在的任何失配或传输线路损耗。主动式雷达定标器的雷达散射截面方向图的有效波束宽度由其天线相对于波长 λ 的大小决定。使用主动式雷达定标器对散射计或成像仪的 hh 极化通道进行定标时，主动式雷达定标器的天线应该具有相同的极化方式，并且其 h 极化天线的方向要与雷达相匹配。而对 hv 极化通道定标时，应当调整主动式雷达定标器接收天线使其极化矢量与雷达发射信号的 v 极化方向相平行，并且调整其发射天线使其向雷达天线辐射 h 极化的信号。

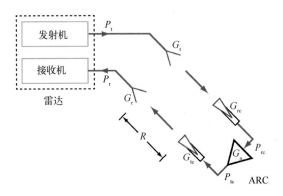

图 13.39　主动式雷达定标器由两个天线组成，两个天线之间有增益为 G_a 的射频放大器

主动式雷达定标器发射和接收天线之间的相互耦合限制了其可使用的最大放大增益。如果环路增益和耦合系数的乘积约等于或大于 1，反馈系统会进入谐振状态，而这显然不是期望的情况。实际上，只要确保两个天线之间的空间间隔足够远，就可以把耦合降低到可接受的水平。

图 13.40(a) 中主动式雷达定标器的工作频率是 5 GHz。它由两根标准增益天线组成，每根天线的孔径为 16 cm × 22 cm，增益 $G_{tc} = G_{rc} = 75$（或 18.75 dB），环路增益为 30.5 dB（或 $G_a = 1\ 122$）。根据式（13.155）可得

$$\sigma_{ARC} = \frac{\lambda^2}{4\pi} G_{rc} G_{tc} G_a = \frac{(6 \times 10^{-2})^2}{4\pi} \times (75)^2 \times 1\ 122 = 1\ 808\ \text{或}\ 32.57\ \text{dBsm}$$

图 13.40(b) 展示了 30 cm × 30 cm 的平板反射器、直径为 23 cm 的龙伯透镜反射器以及图 13.40(a) 主动式雷达定标器的雷达散射截面的方位向方向图。可见，主动式雷达定标器可提供更宽的方向图，并且其最大的雷达散射截面是金属平板的 63 倍（高出 18 dB）。

以下示例说明主动式雷达定标器相对于三面角反射器的优势。考虑空间分辨率为 25 cm × 25 cm 的 L 波段（$f = 1.275$ GHz）机载或星载成像雷达，要求使用比地面背景雷达散射截面大 20 dB 的定标目标对该系统进行定标。根据式（13.141）和图 13.31，这一条件对应的 $S_{bc} = 0.1$，且测量不确定性的最大值为 ±1 dB。地面背景的后向散射系数 $\sigma_0 = -16$ dB。因此，满足上述条件的定标目标的雷达散射截面为

$$\sigma(\text{dBsm}) = -16\ \text{dB} + 10\log(25 \times 25) + 20\ \text{dB} = 32\ \text{dBsm}（\text{或}\ \sigma = 1\ 584.9\ \text{m}^2）$$

使用式（13.150）和式（13.151）可得，1.275 GHz 频率下，具有这样雷达散射截面的三面角反射器的边长 $l = 3$ m，相应的三角形孔径 $A_{eff} = 2.6\ \text{m}^2$。

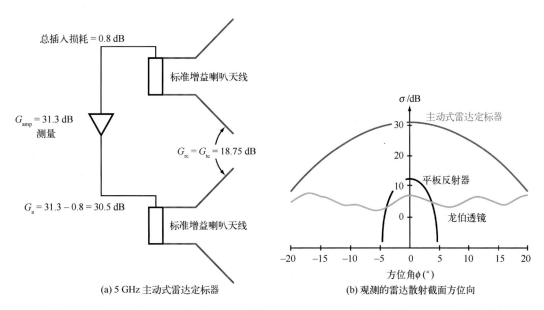

图 13.40　主动式雷达定标器、平板反射器(30 cm × 30 cm)和龙伯透镜(23 cm)反射器的
雷达散射截面图像，测量频率为 5 GHz(Brunfeldt et al.，1984b)

　　相同的雷达散射截面可以通过环路增益为 48 dB、两侧分别配置 $\lambda/2$ 的微带天线(≈ 15 cm)的主动式雷达定标器来实现。主动式雷达定标器俯仰向的雷达散射截面波束宽度为 74°，而三面角反射器俯仰向的波束宽度仅为 40°(Brunfeldt et al.，1984b)。

13.13　极化主动式雷达定标器

　　极化雷达发射 v 极化信号，然后使用双极化接收天线来测量后向散射信号的 v 极化和 h 极化分量。该过程可以测得目标散射矩阵的 vv 极化和 hv 极化分量，即 S_{vv} 和 S_{hv}。将发射信号的极化从 v 极化切换到 h 极化，重复测量过程可以得到 S_{hh} 和 S_{vh}(图 13.41)。对极化雷达系统进行定标，定标目标应该适应全部的 4 种极化组合。这可以通过使用主动式雷达定标器来实现。主动式雷达定标器天线的极化方式彼此正交，并且与雷达的极化方向呈 45°(或 135°)夹角。如图 13.42 中所示，雷达发射天线为 v 极化，主动式雷达定标器接收天线的极化方向是 45°(在 $\hat{v}$ 和 $\hat{h}$ 方向中间)。因此，主动式雷达定标器接收天线所接收信号的电场仅为入射波电场 E_v^i 的 $1/\sqrt{2}$($E_v^i/\sqrt{2}$)。主动式雷达定标器接收天线获取的功率是入射波功率的一半。经由射频放大器放大之后，该信号通过发射天线向雷达再辐射，发射天线的极化矢量与 v 极化方向的夹角为 135°。该雷达使用两个接收通道，一个是 v 极化，另一个是 h 极化。每个通道获取再辐射信号功率的一半，从而可以对 vv 和 hv 通道进行定标。类似地，发射 h 极化波 E_h^i 可以对 hh 和 vh 通道进行定标。因此，具有正交极化天线并且呈 45°倾斜的主动式雷达定标器可以提供已知信号，从而对极化雷达所有 4 个通道进行定标。这种主动式雷达定标器称之为极化主动式雷达定标器或简称 PARC。

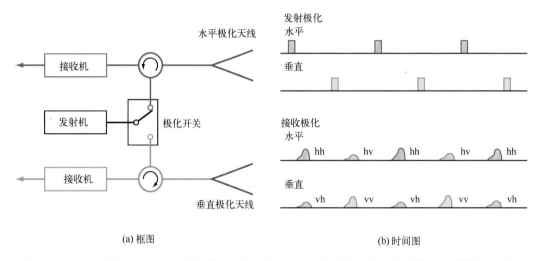

(a) 框图   (b) 时间图

图 13.41   极化雷达定标。极化雷达通过水平极化和垂直极化天线交替发射信号并同时接收这两种极化的回波。测量散射矩阵中的所有分量需要两个脉冲信号(van Zyl et al., 2011)

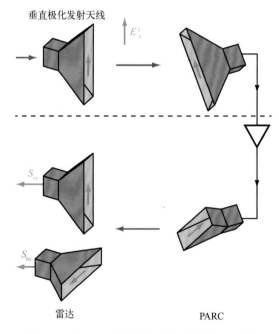

图 13.42   PARC 的天线与雷达天线呈 45°夹角

为了减小 PARC 的整体尺寸和重量，Sarabandi 等（1992a，1992b）研发了单天线 PARC 或 SAPARC 系统。图 13.43（a）给出了这种系统的框图，图 13.43（b）展示了其天线部分的物理组件。兼容 v 极化和 h 极化的矩形羊角天线被连接至波导正交模转换器（OMT），该转换器在波导段内的线栅对 v 极化和 h 极化进行隔离。这种技术的最大隔离度可达 40 dB（Sarabandi et al.，1992b，1995）。

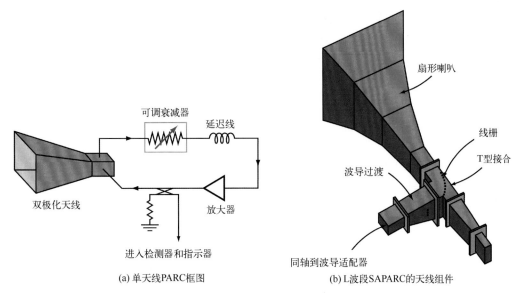

(a) 单天线PARC框图　　　　　　　　　(b) L波段SAPARC的天线组件

图 13.43　单天线 PARC 的框图和天线组件（Sarabandi et al.，2011）

13.14　极化散射计

直到20世纪80年代中期，振幅散射计系统的主要功能是测量分布目标的后向散射系数 σ^0，而 σ^0 通常是入射角 θ 的函数。通常，这种测量使用不同配置的接收天线和发射天线极化组合，如 hh、hv、vv、RR、RL 和 LL。但是，总的来说散射计测量的都是接收信号的振幅，而不记录相位信息。回顾前面章节的内容，极化组合的第一个字母表示接收天线的极化方式，第二个字母表示发射天线的极化方式，也就是说天线的极化是由发射天线和接收天线的极化方式共同定义的。字母 h、v、R 和 L 分别表示水平极化、垂直极化、右旋圆极化以及左旋圆极化。与振幅散射计不同的是，极化散射计通过测量所有线性极化组合的振幅和相位来测量目标完整的散射矩阵 S。极化方法的优点是可提供散射矩阵 S，从而人们可以使用极化合成技术（参见 5.10 节）计算任何所需的接收−发射极化配置的散射系数。

要测量目标的散射矩阵 S，雷达必须能够发射和接收两个正交（通常是垂直和水平)极化的信号，并且需要测量接收信号的振幅和相位。尽管极化散射计可以工作在航空器或卫星平台上，但本节重点讨论的是短程散射计，通常用于测量 20 m 或更小距离内的目标，对应的往返时间延迟约为 133 ns。因为目标的距离很近，系统内部失配导致泄漏信号的多次反射会以噪声的形式出现在目标距离处，该噪声远高于热噪声的电平。人们必须在散射计设计中认真考虑这一问题，特别是短程雷达设计。

原则上，在设计调频、脉冲和其他类型的雷达系统时，有可能解决短距离和噪声相关的问题。矢量网络分析仪的广泛应用使其成为短程极化散射计的自然基本构件（Ulaby et al.，1988b；Whitt et al.，1988；Blanchard et al.，1987；Riegger et al.，1987）。因此，本节主要讨论基于基本矢量网络分析仪的极化散射计的设计和操作。

13.14.1 矢量网络分析仪的工作原理

矢量网络分析仪用于测量线性网络的振幅和相位特性，后者相对某种标准或参考而言。这种功能是通过同时测量传输和反射信号以获得网络的具体特征（图 13.44）来实现的，传输测量是比较测试网络的传输信号和参考的入射信号，而反射测量则是比较输入端口反射的信号和入射信号。这种情况下，输出端口通常连接匹配负载，从而消除从该处向网络返回的反射及其对输入端口反射信号的影响。

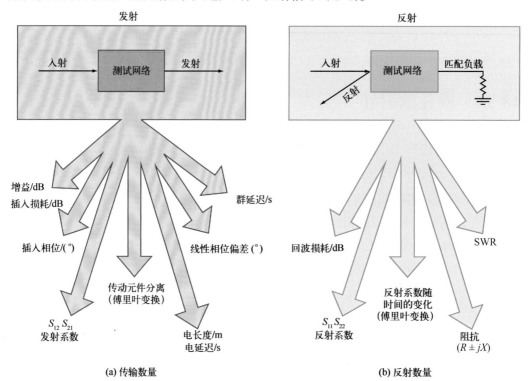

图 13.44　矢量网络分析仪的传输和反射测量功能（Hewlett-Packard）

基本矢量网络分析仪系统包括：①射频源；②射频/中频转换器；③中频信号检测器和模-数(A/D)转换器；④数字微处理器和显示器。如图 13.44 所示，射频源用于向测试网络提供入射信号。然后，发射或反射的射频信号和入射信号的采样向下混频至中频范围，保持两个信号之间的振幅和相位关系；接着对中频信号进行检测，将其转换成数字形式，经过处理后获得测试网络的信息。如果使用扫频入射信号，测量的结果就是该网络的频率响应，通过傅里叶变换技术可进一步得到时域响应。

例如，图 13.45 所示是用于传输-反射测量的 HP 8510 矢量网络分析仪系统的基本组件。一般来说，这些原理也适用于其他矢量网络分析仪系统(HP 8753、HP 8720、Wiltron 360 以及其他制造商出品的类似系统)。图 13.45 所示的系统由以下 3 件设备组成：①用作射频源的合成扫描器；②用作射频/中频转换器的频率转换器；③用作中频检测器、模-数转换器以及数字处理器的网络分析仪和显示处理器。

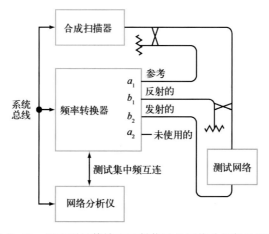

图 13.45　用于测量传输和反射信号的网络分析仪的配置

变频器有 4 个端口用来输入信号，在这些端口中，a_1 和 a_2 端口用于输入参考信号，b_1 和 b_2 端口用于输入测量信号。在基本的传输-反射配置中，a_1 参考端口输入来自射频源的信号采样，a_2 端口则未使用。b_1 和 b_2 端口分别输入发射和反射信号。网络分析仪可提供反射和传输信号相对于入射信号的振幅和相位，具体如下：

$$S_{11} = \frac{b_1}{a_1}, \qquad S_{21} = \frac{b_2}{a_1} \qquad\qquad (13.156)$$

13.14.2　网络分析仪的散射计工作模式

图 13.45 的测量系统可以重新配置成像散射计那样工作。在散射计配置中，"测试网络"是自由空间中与测量系统相隔离的某种雷达目标。也就是说，来自射频源的信号

通过天线耦合到自由空间，并且通过空气介质(不是同轴电缆或波导)到达目标(测试网络)。接着，目标反射的信号由另一天线接收，并与射频源发射信号的样本进行比较。如图 13.46 所示，该系统既可以配置成双天线系统，也可以配置成单天线系统(使用环行器分离发射和接收通道)。

传输–反射配置和散射计配置两者有一个很重要的不同点，当系统作为散射计进行工作时，信号传播到目标之后再返回，返回信号和发射信号之间就会存在相对长的时间延迟。在延迟期间，参考信号的频率改变了 Δf，对应的相移为 $\Delta\phi = 360\Delta f\tau$，其中 $\tau = 2R/c$ 是双向时延。如果使用合成源，则发射信号的频率上呈阶梯式增长，从而保持参考信号的频率与接收信号一致。

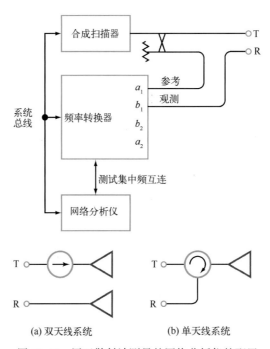

图 13.46　用于散射计测量的网络分析仪的配置

图 13.46 所示的系统配置表示传统的(振幅)散射计，因此必须对其进行调整以便将其作为极化散射计进行操作。因为极化散射计测量给定目标的完全散射矩阵，所以它必须能够发射和接收一组正交极化的信号。虽然可以使用其他极化方案，但是鉴于示例目的，这里与全文保持一致，以 v 和 h 线性极化为例开展讨论。对于单天线系统，需要增加第二个极化通道，并将其作用于网络分析仪的 b_2 端口。双天线系统则有两种解决方案：可以使用与单天线系统类似的附加通道，或者在天线之前插入极化器。图 13.47 表示这些不同的配置图，其中网络分析仪的配置与图 13.46 一致。

使用矢量网络分析仪作为极化散射计的中频处理器具有许多优点，这些优点与大多数网络分析仪所具有的功能有关，其中之一就是网络分析仪可由计算机通过接口总线对其进行编程和控制。强调这一点是因为它可以简化硬件设计，只需考虑射频组件的设计即可。网络分析仪具有检测、处理和数据传输等多种选项，这里无法完整描述网络分析仪提供的所有选项，但是我们会重点分析一些在极化散射计应用中比较有用的功能。时域操作是许多网络分析仪最擅长的处理功能之一，因为返回信号是频率的函数，所以可以使用实时傅里叶变换技术来获得时域响应。在散射计应用中，雷达回波的测量值是距离的函数。此外，所有其他处理均可在时域和频域操作。例如，可以在时域中显示信号，从而使数据处理成距离的函数。然后，使用时间选通来分离特定距离处的目标产生的回波。假设期望获取一体散射目标后向散射功率随深度变化的关系，可通过使用具有时间选通的时域选项来获取与体散射目标特定深度相对应的返回信号。时间门的位置和宽度决定了整个散射体内小体积散射元的距离和距离范围。然后，可以把时间选通信号转换至频域得到小体积散射元的频率响应。这一过程如图 13.48 所示。

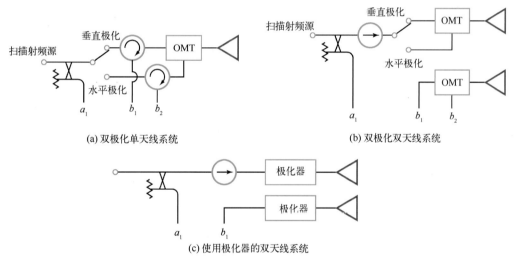

图 13.47　基于网络分析仪的极化散射计配置

　　其他功能可用于消除返回信号中的常量误差，如目标之外的物体散射在测量过程中形成的噪声。许多网络分析仪具有数据存储和复杂的数学功能，可用来消除这些常量误差。首先，测量并存储没有目标时的测试响应，然后测量目标存在时的响应，后者减去前者可得仅存在目标的时域响应。由多次反射所引起的泄漏信号在目标距离处形成的噪声也可以使用相同的方式消除，如图 13.49 所示。

　　另一种非常有用的功能是用以减小随机噪声的中频平均。这一功能可对指定数量的连续数据轨迹进行平均。固定目标的信号相干叠加，但随机噪声非相干叠加，从而可以提高信噪比。这类似于传统雷达系统中的积分操作。

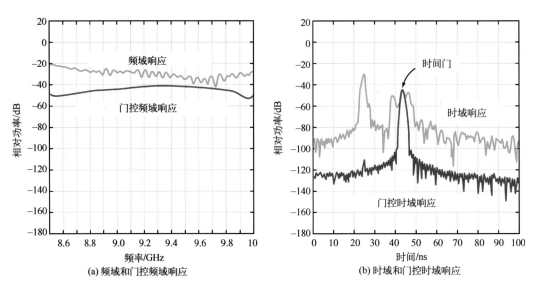

图 13.48　使用时域时间选通功能对随机介质不同深度进行测量，从而获得频率响应的示意图

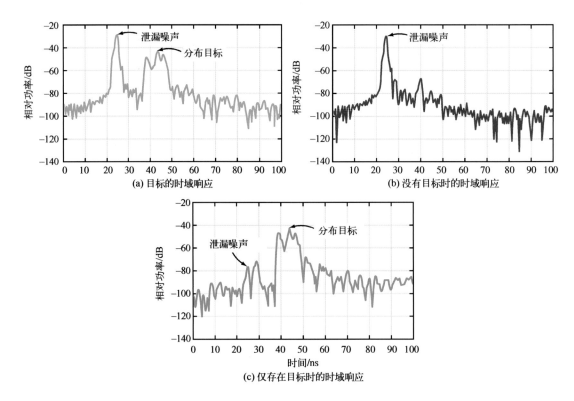

图 13.49　使用具有迹线存储功能的复杂数学运算消除泄漏信号的示意图：目标的时域响应、没有目标时的时域响应以及目标的时域响应减去没有目标时的时域响应后的时域响应

13.14.3　微波极化散射计

散射计必须能够在大的范围内测量目标的雷达散射截面。在实践中，雷达散射截面大的目标易测量，但是可测量的雷达散射截面存在下限。对于距目标一定距离处的散射计而言，这一下限(最小可检测目标)主要受到以下三大因素的影响。第一是热噪声电平，即绝对最小可检测电平，它与系统噪声系数和系统带宽有关。第二是接收机的动态范围。如果仅仅使用单个天线或发射天线与接收天线之间没有足够的隔离度时，这一因素起决定作用。这种情况下，部分发射信号返回到接收机的采样器中，确定了最小可检测信号电平，返回的信号电平除以采样器的动态范围可得该最小信号电平。第三是内部多次反射在目标距离处的影响。在雷达系统中，不同射频组件之间以及天线与自由空间之间通常存在阻抗失配的情况。每个失配接口都会造成部分发射信号作为噪声返回到接收机。失配接口之间的多次反射也还会进入接收机，但其时间延迟与总路径延迟不同。时域中，短距离的反射可以与目标信号区分开来，但是出现在目标距离处的多次反射不能与目标信号区分开。因此，人们很难精确检测到信号电平小于多次反射电平的目标。

13.15　极化雷达定标

20世纪80年代初，极化散射计和成像雷达的出现促进了一系列相应的定标技术的发展。Barnes(1986)利用失真矩阵描述了发射机和接收机引入的误差，即改变目标的测量散射矩阵。他的定标方法需要使用3个已知雷达散射截面的定标目标，其中部分目标的散射矩阵中必须具有零元素。Freeman等(1988)使用的定标技术与Barnes的方法类似，不过目标的散射矩阵由极化主动式雷达定标器(PARC)来实现。Riegger等(1987)根据理论与实测散射矩阵元素之间的耦合系数确定系统误差。从本质上看，Riegger所使用的模型与Barnes的相同，但是他扩展了矩阵乘积，从而使未知数增加至后者的两倍。这些方法的有效性已经在实际应用中得到证实，但是这些方法的使用范围仍然十分有限，因为它们需要测量目标具有特殊形式的散射矩阵，而这通常难以实现。

这里介绍另外两种更适用的极化定标方法，这两种方法仅需要单个非去极化目标(例如球体或三面体)来校正同极化通道的不一致性和绝对值误差。交叉极化耦合(或串扰)误差可以通过具有未知散射矩阵的目标进行纠正。第一种方法由Sarabandi等(1990)提出，该方法通过测量任意去极化目标对串扰误差进行定标，不需要知道目标的散射矩阵。另一种类似的方法由van Zyl(1990)提出，是使用分布式自然目标的测量值来确定串扰误差。这两种方法的优点在于它们对目标位置的不敏感，这在野外定标中特别有用。

　　本节首先介绍失真矩阵的概念，用来对极化散射计系统的误差进行建模。在此基础上，讨论如何使用 Sarabandi 等(1990)提出的方法对具有对角失真矩阵的极化散射计进行定标。散射计定标需要两个定标目标，一是金属球或三面角反射器，二是具有强交叉极化雷达散射截面的任意目标。该方法的优点在于：①它对定标目标在天线坐标系下的指向相对不敏感；②不需要知道第二个目标散射矩阵的理论值。因此，定标仅需要知道金属球或三面角反射器的理论散射矩阵，而这些数值是已知的。然而这种方法仅适用于具有对角失真矩阵的雷达。

　　对于具有一般失真矩阵的系统，人们可以使用 Whitt 等(1991)提出的方法。该方法需要对三个已知目标进行测量，以便确定描述测量系统对发射波和接收波的影响的失真矩阵。已知目标的散射矩阵只需要满足有限的限制条件，就可以是任意形式。

13.15.1　系统失真矩阵

　　根据式(5.19)，目标后向散射的电场 $\boldsymbol{E}^{\mathrm{bs}}$ 与入射电场 $\boldsymbol{E}^{\mathrm{i}}$ 的关系式为

$$\boldsymbol{E}^{\mathrm{bs}} = \left(\frac{\mathrm{e}^{-jkR_{\mathrm{r}}}}{R_{\mathrm{r}}}\right)\boldsymbol{S}\boldsymbol{E}^{\mathrm{i}} \tag{13.157}$$

式中，$k = 2\pi/\lambda$；R_{r} 为雷达与目标之间的距离；$\boldsymbol{S}$ 是后向散射基准坐标系下的目标散射矩阵，

$$\boldsymbol{S} = \begin{bmatrix} S_{\mathrm{vv}} & S_{\mathrm{vh}} \\ S_{\mathrm{hv}} & S_{\mathrm{hh}} \end{bmatrix} \tag{13.158}$$

　　对于观测分布式目标的极化散射计，$\boldsymbol{S}$ 是天线照射区域的散射矩阵；对于极化成像雷达，每个像素都具有散射矩阵 $\boldsymbol{S}$。两种雷达的功能都是测量 $\boldsymbol{S}$。由于雷达系统会引入误差，测量的散射矩阵是真实散射矩阵的失真版本。极化定标的目的在于确定失真误差，以便获得精确的 $\boldsymbol{S}$ 估计值。

垂直极化发射模式

　　定标问题可以根据图 13.50 的广义示意图进行建模。图 13.50(a)描述了发射天线的极化开关设置为发射振幅为 E_0 的垂直极化波束的情况。因为系统是非理想的，发射场 $\boldsymbol{E}^{\mathrm{t}}$ 由垂直极化分量 $T_{\mathrm{vv}}E_0$ 以及非预期水平极化分量 $T_{\mathrm{hv}}E_0$ 组成，即

$$\boldsymbol{E}^{\mathrm{t}} = E_0 \begin{bmatrix} T_{\mathrm{vv}} \\ T_{\mathrm{hv}} \end{bmatrix} \tag{13.159}$$

式中，T_{vv} 与 1 的偏差是由发射信号中的振幅和相位误差形成的；T_{hv} 为天线水平极化和垂直极化端口之间的耦合。对于理想的发射天线，$T_{\mathrm{vv}} = 1$ 且 $T_{\mathrm{hv}} = 0$。散射体处入射场 $\boldsymbol{E}^{\mathrm{i}}$

与 $\boldsymbol{E}^{\mathrm{t}}$ 的关系式为

$$\boldsymbol{E}^{\mathrm{i}} = \left(\frac{G_{\mathrm{t}}}{4\pi R_{\mathrm{r}}^2}\right)^{1/2} \mathrm{e}^{-jkR_{\mathrm{r}}} \boldsymbol{E}^{\mathrm{t}} \tag{13.160}$$

式中，G_{t} 为发射天线的标称增益。联立式（13.157）、式（13.159）和式（13.160），可得下述等式：

$$\boldsymbol{E}^{\mathrm{bs}} = \frac{1}{R_{\mathrm{r}}^2} \left(\frac{G_{\mathrm{t}}}{4\pi}\right)^{1/2} \mathrm{e}^{-j2kR_{\mathrm{r}}} \boldsymbol{S} \begin{bmatrix} T_{\mathrm{vv}} \\ T_{\mathrm{hv}} \end{bmatrix} E_0 \tag{13.161}$$

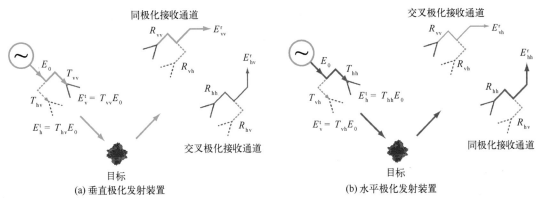

图 13.50　发射和接收天线示意图，虚线表示极化耦合，具有理想隔离度的极化天线的耦合系数为零

　　极化雷达的接收天线有两个通道，一个用于检测 $\boldsymbol{E}^{\mathrm{bs}}$ 的垂直极化分量，另一个用于检测其水平极化分量。接收天线也可能有失真，因此接收电场 $\boldsymbol{E}^{\mathrm{r}}$ 为

$$\boldsymbol{E}^{\mathrm{r}} = K_1 \left(\frac{G_{\mathrm{r}}\lambda^2}{4\pi}\right)^{1/2} \begin{bmatrix} R_{\mathrm{vv}} & R_{\mathrm{vh}} \\ R_{\mathrm{hv}} & R_{\mathrm{hh}} \end{bmatrix} \boldsymbol{E}^{\mathrm{bs}} \tag{13.162}$$

式中，K_1 为与接收天线的有效面积和传输线损耗相关的转换常数；接收天线参数 R_{vv} 和 R_{hh} 为接收天线引入的振幅或相位失真；R_{vh} 和 R_{hv} 为交叉极化耦合。对于理想的无失真接收天线，$R_{\mathrm{vv}} = R_{\mathrm{hh}} = 1$，且 $R_{\mathrm{vh}} = R_{\mathrm{hv}} = 0$。

　　结合式（13.161）和式（13.162），可得

$$\boldsymbol{E}^{\mathrm{r}} = \begin{bmatrix} E_{\mathrm{vv}}^{\mathrm{r}} \\ E_{\mathrm{hv}}^{\mathrm{r}} \end{bmatrix} = \mathrm{e}^{-j2kR_{\mathrm{r}}} \frac{K}{R_{\mathrm{r}}^2} \begin{bmatrix} R_{\mathrm{vv}} & R_{\mathrm{vh}} \\ R_{\mathrm{hv}} & R_{\mathrm{hh}} \end{bmatrix} \begin{bmatrix} S_{\mathrm{vv}} & S_{\mathrm{vh}} \\ S_{\mathrm{hv}} & S_{\mathrm{hh}} \end{bmatrix} \begin{bmatrix} T_{\mathrm{vv}} \\ T_{\mathrm{hv}} \end{bmatrix} \qquad \text{（垂直极化发射模式）} \tag{13.163}$$

以及

$$K = K_1 \left[\frac{G_{\mathrm{t}} G_{\mathrm{r}} \lambda^2}{(4\pi)^2}\right]^{1/2} E_0 \tag{13.164}$$

　　在式（13.163）中，发射天线设置为发射垂直极化信号，$E_{\mathrm{vv}}^{\mathrm{r}}$ 和 $E_{\mathrm{hv}}^{\mathrm{r}}$ 是垂直极化和水

平极化接收通道的测量电场。

水平极化发射模式

图 13.50(b) 是切换发射天线的极化开关使天线发射为水平极化波束的系统配置。这种情况下，E^r 可以根据下式求得

$$E^r = \begin{bmatrix} E^r_{vh} \\ E^r_{hh} \end{bmatrix} = e^{-j2kR_r} \frac{K}{R_r^2} \begin{bmatrix} R_{vv} & R_{vh} \\ R_{hv} & R_{hh} \end{bmatrix} \begin{bmatrix} S_{vv} & S_{vh} \\ S_{hv} & S_{hh} \end{bmatrix} \begin{bmatrix} T_{vh} \\ T_{hh} \end{bmatrix} \quad （水平极化发射模式）$$

$$(13.165)$$

通用形式

式(13.163)和式(13.165)可以组合简化成下述形式：

$$E^r = e^{-j2kR_r} \frac{K}{R_r^2} RST p^t \tag{13.166}$$

其中，当发射机的极化开关设置为发射垂直极化波时，

$$E^r = \begin{bmatrix} E^r_{vv} \\ E^r_{hv} \end{bmatrix} \quad 和 \quad p^t = \hat{v} = \begin{bmatrix} 1 \\ 0 \end{bmatrix} \quad （垂直极化） \tag{13.167a}$$

而当它设置为发射水平极化波时，

$$E^r = \begin{bmatrix} E^r_{vh} \\ E^r_{hh} \end{bmatrix} \quad 和 \quad p^t = \hat{h} = \begin{bmatrix} 0 \\ 1 \end{bmatrix} \quad （水平极化） \tag{13.167b}$$

接收和发射失真矩阵 R 和 T 由下式给出

$$R = \begin{bmatrix} R_{vv} & R_{vh} \\ R_{hv} & R_{hh} \end{bmatrix} \tag{13.168a}$$

和

$$T = \begin{bmatrix} T_{vv} & T_{vh} \\ T_{hv} & T_{hh} \end{bmatrix} \tag{13.168b}$$

13.15.2 无失真天线

对于天线无失真的理想雷达，$R = T = I$，其中 I 是单位矩阵，式(13.166)可简化为

$$E^r = e^{-j2kR_r} \frac{K}{R_r^2} S p^t \tag{13.169}$$

距离 R_r 与雷达测得的双程传播时延的一半成正比，K 可以通过用已知雷达散射截面的目标对雷达进行定标来确定。理想情况下，通过 4 次测量，即一组采用 $p^t =$ 垂直极化、第二组采用 $p^t =$ 水平极化，可由 E^r 的 4 个测量值确定 S 矩阵的 4 个值。实际情况

在下文给出。

13.15.3　互易失真矩阵

对于一些单天线极化雷达系统，发射和接收失真矩阵彼此互为转置矩阵。这种互易天线系统 $\boldsymbol{R} = \widetilde{\boldsymbol{T}}$，因此式（13.166）变成下述形式：

$$E^{\mathrm{r}} = \mathrm{e}^{-j2kR_{\mathrm{r}}} \frac{K}{R_{\mathrm{r}}^2} \widetilde{\boldsymbol{T}} \, \boldsymbol{S} \, \boldsymbol{T} p^{\mathrm{t}} \tag{13.170}$$

13.15.4　矩阵求逆

$\boldsymbol{p} = \hat{\boldsymbol{v}}$ 和 $\boldsymbol{p} = \hat{\boldsymbol{h}}$ 时，式（13.166）中的 $\boldsymbol{E}^{\mathrm{r}}$ 和 $\boldsymbol{p}$ 的分量分别写成

$$\begin{bmatrix} E_{\mathrm{vv}}^{\mathrm{r}} \\ E_{\mathrm{hv}}^{\mathrm{r}} \end{bmatrix} = \mathrm{e}^{-j2kR_{\mathrm{r}}} \frac{K}{R_{\mathrm{r}}^2} \boldsymbol{R} \boldsymbol{S} \boldsymbol{T} \begin{bmatrix} 1 \\ 0 \end{bmatrix} \tag{13.171a}$$

以及

$$\begin{bmatrix} E_{\mathrm{vh}}^{\mathrm{r}} \\ E_{\mathrm{hh}}^{\mathrm{r}} \end{bmatrix} = \mathrm{e}^{-j2kR_{\mathrm{r}}} \frac{K}{R_{\mathrm{r}}^2} \boldsymbol{R} \boldsymbol{S} \boldsymbol{T} \begin{bmatrix} 0 \\ 1 \end{bmatrix} \tag{13.171b}$$

联立两个等式可得

$$\begin{bmatrix} E_{\mathrm{vv}}^{\mathrm{r}} & E_{\mathrm{vh}}^{\mathrm{r}} \\ E_{\mathrm{hv}}^{\mathrm{r}} & E_{\mathrm{hh}}^{\mathrm{r}} \end{bmatrix} = \mathrm{e}^{-j2kR_{\mathrm{r}}} \frac{K}{R_{\mathrm{r}}^2} \boldsymbol{R} \boldsymbol{S} \boldsymbol{T} \tag{13.172}$$

一旦通过定标（正如下一部分中将要讨论的）确定失真矩阵 $\boldsymbol{R}$ 和 $\boldsymbol{T}$，真实散射矩阵 $\boldsymbol{S}$ 可以根据下式求得

$$\boldsymbol{S} = \left(\frac{R_{\mathrm{r}}^2}{K} \mathrm{e}^{-j2kR_{\mathrm{r}}} \right) \boldsymbol{R}^{-1} \begin{bmatrix} E_{\mathrm{vv}}^{\mathrm{r}} & E_{\mathrm{vh}}^{\mathrm{r}} \\ E_{\mathrm{hv}}^{\mathrm{r}} & E_{\mathrm{hh}}^{\mathrm{r}} \end{bmatrix} \boldsymbol{T}^{-1} \tag{13.173}$$

对于 $\boldsymbol{R} = \widetilde{\boldsymbol{T}}$ 的互易天线，只需求解一个矩阵，这就大大简化了定标任务。这一表达式的前提条件是失真矩阵是可逆的，真实的雷达系统通常符合这一情况。相位因子 $\phi = 2kR_{\mathrm{r}}$ 难以测量，因为这需要精确地知道目标的位置和相位中心。通常，极化合成或其他应用只需要知道 S_{hv}、S_{vh} 和 S_{hh} 相对于 S_{vv} 的相位。

13.15.5　带有对角失真矩阵的天线

如果要定标的雷达具有良好的交叉极化隔离度，则失真矩阵近似为对角矩阵。对角失真矩阵与雷达天线垂直和水平端口之间的完全隔离相对应，因此

$$T_{\mathrm{vh}} = T_{\mathrm{hv}} = R_{\mathrm{vh}} = R_{\mathrm{hv}} = 0 \tag{13.174}$$

尽管极化雷达可以仅使用单个天线来提供发射和接收功能，但是为了说明，我们仍使用图 13.51 所示的框图来表示具有完美交叉极化隔离度的雷达。

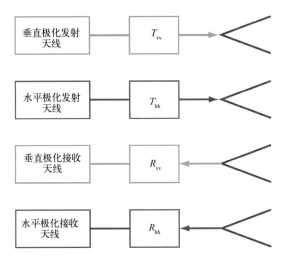

图 13.51　通道不平衡但无交叉极化串扰的双极化雷达系统简化框图

把式(13.174)中给出的条件应用到式(13.172)中，可得

$$\begin{bmatrix} E_{vv}^r & E_{vh}^r \\ E_{hv}^r & E_{hh}^r \end{bmatrix} = \mathrm{e}^{-j2kR_r} \frac{K}{R_r^2} \begin{bmatrix} R_{vv}T_{vv}\,S_{vv} & R_{vv}T_{hh}\,S_{vh} \\ R_{hh}T_{vv}\,S_{hv} & R_{hh}T_{hh}\,S_{hh} \end{bmatrix} \qquad (13.175)$$

该表达式可缩写为

$$E_{pq}^r = \mathrm{e}^{-j2kR_r} \frac{K}{R_r^2} R_{pp} T_{qq}\, S_{pq} \qquad (p,\ q = \mathrm{h}\ 或\ \mathrm{v}) \qquad (13.176)$$

标准的定标步骤需要使用已知散射矩阵的参考目标。测量已知 S_{pq} 的 E_{pq}^r 时，可以确定 4 种极化组合下 $KR_{pp}T_{qq}$ 的振幅和相位，其中相位对应于选择的参考而言。

定标过程简单明了，但是其精确度取决于已知定标目标散射矩阵 S 的精度。在所有定标目标中，金属球体最容易放置，其散射矩阵可以精确计算(参见 8.5.4 节)。然而，对于俯视机载或星载雷达，金属球体则不是现实的定标目标，因为它的雷达散射截面不够大，不足以抑制地面背景后向散射的影响(参见 13.10.3 节)。金属球体特别适用于地基散射计定标，前提是将其放置在非反射的极点上，如图 13.30(a)所示。

金属球体仅可以用于定标地基散射计的 vv 和 hh 通道，因为球体是非去极化目标，即 $S_{hv} = S_{vh} = 0$。因此，正如我们稍后将看到的，人们使用球体来定标同极化(co-pol)通道，接着用任意去极化目标(不需要知道其散射矩阵)来二次定标校准交叉极化通道。这一定标过程在 Sarabandi 等(1990)文献中有详细的描述，下面对这一过程作简要概述。

金属球体的同极化散射振幅为 $S_{vv} = S_{hh} = S_0$，其中 S_0 是已知量。假设球体与雷达天线的距离为 R_0，雷达接收电场 $\boldsymbol{E}^r$ 的 vv 极化和 hh 极化的分量由式(13.176)得到，即

$$E_{vv}^0 = e^{-j2kR_0} \frac{K}{R_0^2} R_{vv} T_{vv} S_0 \tag{13.177a}$$

$$E_{hh}^0 = e^{-j2kR_0} \frac{K}{R_0^2} R_{hh} T_{hh} S_0 \tag{13.177b}$$

式中，下标和上标"0"表示与金属球体相关的量。同样地，使用下标和上标"u"来表示与未知散射矩阵 $\boldsymbol{S}^u$ 的目标或表面相关的量，即

$$E_{vv}^u = e^{-j2kR_u} \frac{K}{R_u^2} R_{vv} T_{vv} S_{vv}^u \tag{13.178a}$$

$$E_{hh}^u = e^{-j2kR_u} \frac{K}{R_u^2} R_{hh} T_{hh} S_{hh}^u \tag{13.178b}$$

联立两个等式可得

$$S_{vv}^u = \left(\frac{E_{vv}^u}{E_{vv}^0}\right) \left(\frac{R_u}{R_0}\right)^2 e^{-j2k(R_0 - R_u)} S_0 \tag{13.179a}$$

$$S_{hh}^u = \left(\frac{E_{hh}^u}{E_{hh}^0}\right) \left(\frac{R_u}{R_0}\right)^2 e^{-j2k(R_0 - R_u)} S_0 \tag{13.179b}$$

式(13.179)右侧的所有量都是已知(如 k 和 S_0)或是可由雷达测量的。因此，式(13.179)提供了散射计照射的地面分辨单元或是合成孔径雷达图像的像素区域(使用主动式雷达定标器等强定标目标而不是球体时)的散射矩阵同极化分量的定标值。

交叉极化通道的定标要求对接收电场的 hv 极化和 vh 极化通道进行测量，其中雷达指向交叉极化散射振幅显著的去极化定标目标。倾斜圆柱体或极化主动式雷达定标器都是很好的定标目标。用"c"标注测量值，可得

$$E_{hv}^c = e^{-j2kR_c} \frac{K}{R_c^2} R_{hh} T_{vv} S_{hv}^c \tag{13.180a}$$

$$E_{vh}^c = e^{-j2kR_c} \frac{K}{R_c^2} R_{vv} T_{hh} S_{vh}^c \tag{13.180b}$$

根据互易定理(见5.3.2节)，后向散射基准坐标系中后向散射方向上，

$$S_{hv}^c = S_{vh}^c$$

接着，定义这两个测量值的比值为 K_1：

$$K_1 = \frac{E_{hv}^c}{E_{vh}^c} = \frac{R_{hh} T_{vv}}{R_{vv} T_{hh}} \tag{13.181}$$

此外，根据式(13.177)给出的球体或极化主动式雷达定标器的同极化测量值，定义如下 K_2：

$$K_2 = E_{vv}^0 E_{hh}^0 = \frac{K^2}{R_0^4} e^{-j4kR_0} R_{vv} T_{vv} R_{hh} T_{hh} S_0^2 \qquad (13.182)$$

结合式(13.181)、式(13.182)和式(13.180)可得

$$S_{hv}^u = \left(\frac{E_{hv}^u}{\sqrt{K_1 K_2}} \right) \left(\frac{R_u}{R_0} \right)^2 e^{-j2k(R_0-R_u)} S_0 \qquad (13.183a)$$

$$S_{vh}^u = \sqrt{\frac{K_1}{K_2}} E_{vh}^u \left(\frac{R_u}{R_0} \right)^2 e^{-j2k(R_0-R_u)} S_0 \qquad (13.183b)$$

根据 Sarabandi 等(1990)给出的结果,该定标方法可用于定标地基散射计,其振幅精度可达±0.3 dB,相位精度可达±5°。

13.15.6 完全失真矩阵的非互易系统

在一般情况下,发射天线和接收天线不是互易的,垂直极化和水平极化端口之间的隔离度也足以将失真矩阵的交叉项调整为0[式(13.174)]。根据式(13.172),接收信号的4个通道可以用下式表示:

$$\begin{bmatrix} E_{vv}^r & E_{vh}^r \\ E_{hv}^r & E_{hh}^r \end{bmatrix} = e^{-j2kR_r} \frac{K}{R_r^2} \begin{bmatrix} R_{vv} & R_{vh} \\ R_{hv} & R_{hh} \end{bmatrix} \begin{bmatrix} S_{vv} & S_{vh} \\ S_{hv} & S_{hh} \end{bmatrix} \begin{bmatrix} T_{vv} & T_{vh} \\ T_{hv} & T_{hh} \end{bmatrix} \qquad (13.184)$$

为了对雷达进行定标,人们需要确定 K 和 R 的 4 个元素以及 T 的 4 个元素,这可以通过使用散射矩阵已知的 3 个不同的定标目标来确定(Whitt et al., 1991)。或者,通过利用定标目标和地形的互逆性质以及适当的近似关系,所需要的定标目标的数量可减少至小于 3 个(van Zyl et al., 2011,第 4 章)。定标相关的参考文献包括 Quegan(1994)、Klein 等(1991)、van Zyl(1990)、Cordey(1993)、Zebker 等(1990)、Freeman 等(1995)以及 Sarabandi 等(1995)。

13.16 GNSS-R 双站雷达

全球导航卫星系统(GNSS)[如美国的全球定位系统(GPS)、欧洲的伽利略(Galileo)卫星定位系统以及俄罗斯的全球导航卫星系统(GLONASS)卫星]信号在遥感方面的应用可以分成两类,9.13 节中讨论的无线电掩星技术(GNSS-RO)可用于直接测量大气折射率剖面,进而反演水汽密度和大气温度剖面;反射技术(GNSS-R)可以直接测量地球表面的双站雷达散射截面以及到地面的距离,从中可以分析散射目标的性质。双站雷达的一般性内容参见 5.4 节。GNSS-R 测量使用的是前向散射几何,通常来说,这种散射的雷达截面最高、散射信号强度最大。Hall 等(1988)首先提出利用 GNSS 信号对海洋表面进行双站散射计测量。可以使用改装的 GPS 导航接收器作为双站雷达系统

的接收端，接收的来自海面散射的 GPS 信号的功率大小与海面的雷达散射截面有关。后来，Martin-Neira(1993)将这一技术应用于海面测高。GNSS 信号经过长伪随机噪声(PRN)编码的调制，能够很精确地确定信号在发射机和接收机之间的传播时间，从而通过三角关系精准定位。这一特征还可用于测高，即测量发射机到接收机的直接信号路径以及从海面反射的第二信号路径之间的传播时间差。如果发射机和接收机的位置已知，可以根据传播时间差计算出海平面之上的高度。

早期关于 GNSS-R 技术的实验是在固定平台和航空器上进行的。Garrison 等(1998)首次通过严格的检验揭示了海表面双站散射与局地海况之间的关系。海表面粗糙度，也就是近海面风速和镜面反射点处散射信号的强度以及远离反射点的漫散射程度高度相关。风速和粗糙度增大，镜面点散射的强度就会减小，漫散射区域的(光学中也称为耀斑区)范围会扩大。这两个特征均可测量，并用于估算风速。平台和机载 GNSS-R 在其他方面的应用实验紧随其后，包括海冰测量(Komjathy et al.，2000)以及近地表土壤含水量(Masters et al.，2004)。每种情况采用的一般方法与传统的后向散射测量的散射计类似，即通过双站雷达方程把接收功率转换为雷达散射截面，后者与目标的介电特性和粗糙度相关。

常规的后向散射计和 GNSS-R 双站雷达之间存在如下重要差异：

(1)雷达散射截面对目标特性的依赖性在后向散射和前向散射上有很大不同。例如，海表面粗糙度越大，后向散射越强，前向散射则越小。因此，后向散射计更适合用于较大风速的测量，GNSS-R 双站雷达在风速较小时性能有所提高。

(2)一般地，GNSS-R 的雷达硬件更简单，体积更小，所需功率更低，因为它不需要使用发射机，而且 GNSS 接收机技术已高度精细化以满足大规模商业市场的需求。

(3)对于 GNSS-R 系统，散射目标位置的精确测定不需要天线指向精确的控制技术或知识。这是因为如果发射机和接收机的位置是精确的(通常情况下这是标准 GNSS 导航的性能)，那么就可以根据几何特性对镜面点的位置进行分析，从而确定其位置。这就大大简化了对部署接收机的飞机或卫星平台的要求。

Lowe 等(2002)使用 SIR-C 雷达实验的定标数据首次进行了 GPS 海面反射信号的星载探测，这个额外的测量对应 GPS L2 信号的发射通带，频率为 1 228 MHz。更有针对性的星载 GNSS-R 遥感实验是英国航天局灾害监测星座(UK-DMC)计划。其中，UK-DMC-1 于 2003 年发射，运行在高度 680 km 的极地轨道，携有 GNSS-R 有效载荷，专门用于测量从地球表面散射的 GPS 信号。除了 GPS 接收器，有效载荷还包括峰值增益为 11.8 dB 和 3 dB、波束宽度为 20°×70° 的天线，天线指向天底点方向。该卫星还支持许多其他有效载荷的技术验证，因此星上 GNSS-R 的处理能力仅限于每次最多同时对 3 个反射信号进行 20 s 的测量。20 s 的数据记录传送到地面之后，再处理成从镜面点附近接收的散射功率图像，这些图像被称为延迟多普勒图。

13.16.1　延迟多普勒图

GNSS-R 传感器通过散射信号和直达信号（或与其时间同步的直达信号的取样）的滞后相关来测量接收信号的功率。式（5.29a）给出的双站雷达表达式通过以下修正可用于 GNSS-R 遥感：对分布式面目标进行积分，并明确滞后相关器的影响（Zavorotny et al., 2000），接收功率写作

$$P^r(\tau, f_D) = \frac{P^t \lambda^2}{(4\pi)^3} \iint_A \frac{G_t(x, y) G_r(x, y)}{R_t^2(x, y) R_r^2(x, y)} \Lambda^2(\tau, x, y) \cdot |S(f_D, x, y)|^2 \sigma^0(x, y) \, \mathrm{d}x \mathrm{d}y$$

$$(13.185)$$

式中，τ 为直达信号和表面散射信号之间的传播时间差；f_D 为散射信号相对于直达信号的多普勒频移；P^t 为发射功率；λ 为信号波长；R_t 和 R_r 分别为散射目标到发射机和接收机的距离；G_t 和 G_r 为发射天线和接收天线的增益方向图；Λ 为用于 GNSS 信号的 PRN 码的自相关函数；S 为多普勒滤波器的响应；σ^0 为单位面积的双站雷达散射截面。式（13.185）的积分区域是整个漫散射区域。通常，接收功率的最大值出现在镜面反射点对应的 (τ, f_D) 坐标处。

最小 τ 值等于直达信号与表面的镜面反射信号之间的传播时间差。如果 τ 大于该值，散射功率来自镜面点附近耀斑区的同心圆位置。图 13.52 为典型的星载双站雷达测量几何。图中给出镜面点（SP）位置和同心椭圆线构成的等延迟线以及双曲线构成的发射载波频率的等多普勒频移线。除了相关器的迟滞变化，也可以通过一组多普勒滤波器来处理接收信号，从而选择性地测量沿等多普勒线的散射。延迟和多普勒值的二维变化组成表面散射功率的延迟多普勒图（DDM）。实际上，通常是在耀斑区所有有效区域的 (τ, f) 值上对延迟多普勒图进行采样。

图 13.53 为 UK-DMC-1 在 3 种不同海面条件下测量的延迟多普勒图实例。延迟多普勒图对于风生波粗糙度的响应无论是在镜面点还是从围绕它的耀斑区的范围，都与式（13.135）一致。散射功率最高的镜面点位于该图"马蹄形"部分的顶部。延迟值较低处（位于图中镜面点的上方）不存在散射信号。该处的测量值通常用于监测接收机的本底噪声。在延迟值较大处（位于图中的镜面点以下）的测量值与粗糙表面上的耀斑区相对应。随着风速的变大以及粗糙度的增加，镜面点的散射降低，耀斑区的范围扩大。

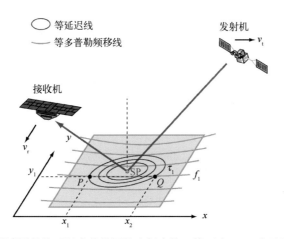

图 13.52　GNSS-R 散射计测量的延迟多普勒图的坐标变换。镜面点(SP)表示从发射机到接收机的直达信号和反射信号传播时间差值最小的表面位置。两者的时间差随表面上的椭圆向外增加。双曲线表示表面上的等多普勒频移线。特定的坐标(延迟，多普勒)与该表面上的两点(例如 P 和 Q)相对应(Clarizia，2012)

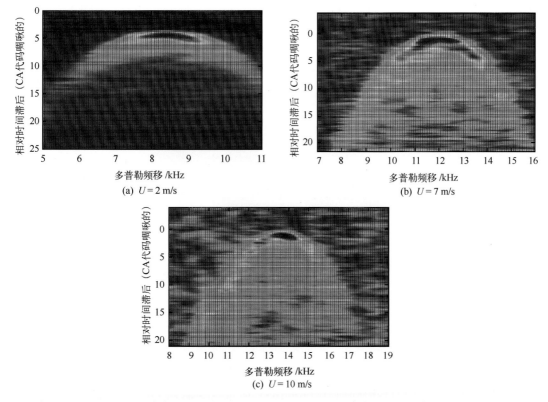

图 13.53　UK-DMC-1 在表面风速为 2 m/s、7 m/s 和 10 m/s(参考海平面上方 10 m 处的风速)时分别测量的海面的延迟多普勒图(Gleason et al.，2005)

13.16.2　气旋全球导航卫星系统

气旋全球导航卫星系统(CYGNSS)是 NASA 计划于 2016 年发射的卫星任务。它由 8 颗在 500 km 高度的低倾角轨道上运行的微小卫星组成星座(Ruf et al., 2013)。每颗卫星都有一个升级版的 UK-DMC-1 GNSS-R 接收器。升级的接收器可以进行连续工作(即 100%的占空比),并同时对 4 个反射信号进行采样。CYGNSS 的目标是为了更好地了解热带气旋内表面风场与潮湿大气之间的耦合作用,从而提高对气旋形成和强度突增的预报能力。迄今为止已有多次机载活动实验证实了可利用 GNSS-R 双站雷达观测飓风(Katzberg et al., 2001;Katzberg et al., 2006;Katzberg et al., 2009)。GNSS-R 的使用使 CYGNSS 的两个关键功能得以实现。1 575 MHz 的 GPS L1 载波使雷达信号能够穿透极端降水的区域(通常位于飓风眼墙),从而能够探测到飓风内核区域的表面风速。GPS 接收机的功率低且天线指向配置简单,所以可以使用体积小、结构简单的卫星,这样部署 8 颗微小卫星构成的星座开销较低。图 13.54 展示了其中一个卫星的形状。卫星星座可以在整个热带地区频繁地测量风场(大约每 3 小时一次),从而能够在飓风发展的强度突增阶段实现高频的测量。CYGNSS 的发射将标志着 GNSS-R 传感器第一次成为航天科学任务中的主要有效载荷。

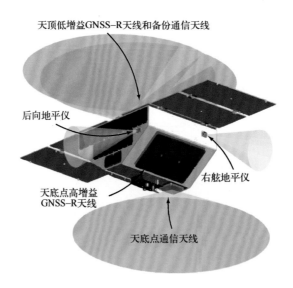

图 13.54　CYGNSS 观测器示意图,完全展开的太阳能电池板的尺寸为 159 cm × 51 cm × 26 cm。卫星质量为 22 kg,所需功率为 52 W。图中还标出了通信天线和地平仪的位置。

图中大的绿色面板是天底点方向的 GNSS-R 科学天线

习　题

13.1　一雷达系统的参数如下：

最大发射功率 $P_t = 10^6$ W；

脉冲持续时间 $T_p = 1$ μs；

带宽 $B = 1/T_p$；

孔径（有效）面积 = 3 m^2；

波长 $\lambda = 10$ cm；

噪声系数 $F = 10$ dB。

求雷达散射截面 $\sigma = 5$ m^2 的目标在 10 km、25 km、50 km 和 100 km 处的接收功率和信噪比。

13.2　一个机载侧视雷达具有以下参数：

最大发射功率 $P_t = 10$ kW；

天线增益 $G = 30$ dB；

波长 $\lambda = 3$ cm；

水平波束宽度 = 0.01 rad；

脉冲持续时间 $T_p = 100$ ns；

接收机带宽 $B = 1/T_p$；

噪声系数 $F = 10$ dB。

求工作高度为 5 km、斜距为 10 km 时，从 $\sigma^0 = -20$ dB 的目标返回的接收功率和单脉冲信噪比（假设天线视轴指向目标区域）。

13.3　3 个目标物以 5 m 的间隔排列，并平行于运动轴线。它们的 σ 相同，并且被工作波长为 $\lambda = 3$ cm 的雷达从较远处观测到。

（a）绘制雷达经过目标物时接收信号电压的示意图；

（b）从多普勒频移的角度计算速度 $u = 50$ m/s 时电压随时间变化的关系。

13.4　假设目标物的轴线垂直于航空器运动轨迹，重复求解题 13.3 中的问题。

13.5　Skylab 上搭载的实验散射计具有以下特点：

信号带宽 = 20 kHz；

噪声带宽 = 75 kHz；

$T_{S+N} = 1$ s；

$T_N = 0.1$ s。

计算信噪比为 -10 dB、0 dB 和 10 dB 时测量值的 K_p。假设信号带宽在噪声带宽的中部。

13.6 线性调频连续波雷达高度计使用 10 MHz 的啁啾带宽, 周期为 100 ms, 计算返回差频的瞬时频率, 距离分辨率是多少?

13.7 绘制距离分辨率为 10 m、作业高度为 3 km 的雷达的等距线。该图应按比例绘制, 并且至少包括 10 条等间隔分布的斜距曲线。

13.8 绘制在 3 km 高度以 200 m/s 的速度水平飞行的雷达的等多普勒频移线, 假设雷达工作频率为 3 GHz。该图应按比例绘制, 并且至少包括 10 条等间隔分布的多普勒频移曲线。

13.9 求包络为 $p(t) = e^{-t^2/t_0^2}$ 的高斯脉冲的距离模糊函数, 其中 t_0 是常数。基于模糊函数, 这个脉冲的等效持续时间和等效带宽分别是多少?

13.10 绘制二进制编码为 1101101 等间隔脉冲串的距离模糊函数, 总的脉冲持续时间为 T。使用连续积分, 该调制函数的等效持续时间和带宽分别是多少? 在计算模糊函数时, 0 应该写作 -1。

第 **14** 章
真实孔径与合成孔径机载侧视雷达

停有飞机和直升机的机场跑道高分辨率合成孔径雷达图像

（源自美国桑迪亚国家实验室）

遥感雷达包括成像雷达和非成像雷达。上一章探讨了非成像雷达，本章我们将探讨成像雷达——机载侧视雷达(SLAR)。机载侧视雷达可分为两类：真实孔径机载侧视雷达和合成孔径雷达(SAR)，二者的主要区别在于信号多普勒频谱处理方式不同。从技术上讲，合成孔径雷达属于机载侧视雷达的一种，但术语机载侧视雷达通常只表示真实孔径雷达。下面论述中，我们默认机载侧视雷达为真实孔径雷达。机载侧视雷达系统和合成孔径雷达系统均是根据照射区域的雷达后向散射生成地图或图像。

本章将探讨机载侧视雷达和合成孔径雷达的基本原理以及系统设计和构造所涉及的各种因素，关于发射机、接收机等其他硬件组件的细节暂不讨论。关于合成孔径雷达的处理算法，本章仅作简单介绍。合成孔径雷达处理算法的具体内容请详见文献(Cumming et al., 2005; Curlander et al., 1991)。

14.1　引言

由于增加了一个发射机，所以相比于辐射计系统，雷达系统更复杂。但正因为这种复杂度，设计者可以更加灵活地调制发射信号，解调接收信号并进行可能的多普勒处理。雷达接收机类似于第 7 章讨论的辐射计接收机，有些辐射计技术也可用于非常敏感的雷达，其信噪比接近或小于 1。然而，雷达接收机主要用于接收反射信号，通常不要求与辐射计接收机一样灵敏，因为很多情况下，发射功率很大，无须降低系统性能就可以使用有噪声的接收机。

遥感领域中，术语"目标"指表面或体积——先散射雷达信号，又将雷达信号反射到接收机。在最初的雷达中，"目标"表示特定物体，如飞机或轮船，目标背景为杂波。而现代应用中，目标可以表示反射雷达信号的一切事物，包括表面上的多个区域。目前，多数遥感雷达成像应用以地面为目标。关于雷达成像，我们将扩展区域目标分解为多个较小的区域，有时又称像素或分辨率单元。对于机载侧视雷达，可以综合雷达的运动、窄天线波束宽度及雷达的距离分辨率，对扩展区目标进行分解。对于合成孔径雷达，借助多普勒处理，在沿轨方向上可以获取更精细的分辨率。

接收雷达信号的振幅与目标区域的散射系数成正比，其中散射系数又与发射天线和接收天线的入射角、工作频率及极化状态有关。注意，目标种类不同，散射系数随入射角所发生的变化也不同。该变化可用于目标分析和目标识别。对于所有成像雷达，单航过产生单一图像，在每个位置的单个入射角处可以进行散射测量。然而由于存在不同的航线或高度，会产生多个航过，从而可以获取有关散射变化的信息，其中散射是关于入射角的函数。有些雷达借助单个或多个波束，专门收集散射变化的信息，雷达经过目标时可以在不同的入射角处测定特定目标的散射系数，其中波束指向平台轨迹的前方或后方。

有些目标可以根据雷达图像呈现的特征形状、纹理和（或）背景进行识别或地图绘制。目标种类不同，其振幅也不同，因此所导致的变化很重要，但使用形状、纹理及背景时不一定需要精确地定标振幅。所以，成像雷达的某些应用无须精确定标，简化了设计。举个例子，图片分析师习惯使用航摄照片，这种情况下几乎完全不需要定标振幅。不论是照片还是雷达图像，他们都可以根据形状、纹理和背景对比图像亮度，从而提取相关信息。在这种情况下，生成具有良好几何保真度和对比度的图像可能比精确定标更重要。另一方面，雷达成像应用将 σ^0 观测值与相关的地球物理特性关联起来，可能需要绝对或相对精确的定标。

最早的成像雷达系统基于真实孔径旋转天线。在第二次世界大战早期发明的平面位置显示器（PPI）是一种显示旋转天线图像的方法。图 14.1 展示了一种 PPI 型雷达系统。使用 PPI 雷达，天线通过 360° 旋转，尽管在一些系统中天线通过部分旋转扇区旋转。PPI 显示雷达的回波功率或电压幅值作为距离和天线角位置的函数。旋转角度由电位器、双相"同步"伺服系统或其他装置来检测。在旧阴极射线管系统中，同步接收器机械地旋转用于显示管磁偏转的磁轭，使之与天线同步。因此，当天线指向航空器正前方时，同步器定位扫描，所以扫描线是垂直的；当天线直接指向航空器的侧面时，同步器定位扫描，扫描线是水平的，依此类推。扫描从显示中心开始，在边缘处结束，可以实现 360° 全方位显示，如图 14.2 所示。雷达正前方的直线表示简单的目标地图。PPI 显示，虽然单个目标一般以圆周段而不是散点的形式出现，但大体上都处在正确的几何位置。PPI 雷达可生成相当真实地反映地面目标正确位置的图像，而具有大型天线配置的 PPI 雷达可获得与具有同样长度天线的真实孔径侧视雷达相同的结果。

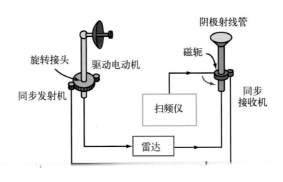

图 14.1　PPI 型雷达系统

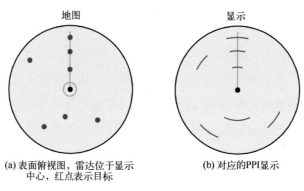

(a) 表面俯视图，雷达位于显示
中心，红点表示目标

(b) 对应的PPI显示

图 14.2　PPI 显示(360°)几何图

14.2　真实孔径机载侧视雷达

1.5.1 节大致介绍了机载侧视雷达。航空器(或航天器)上安装一根又长又细的天线，产生指向飞行轨道侧面的扇形波束，如图 14.3(a) 所示。在 1970 年前的雷达系统中，航空器的行驶运动与记录器中胶片的运动是同步的，其中记录器通过受强度调制的阴极射线管前面的胶片成一条单线，表明雷达回波振幅与各个脉冲发射的时间。借助这种技术，胶片和航空器的运动生成了强度图像。现在的雷达系统中，数字采样和存储代替了阴极射线管和胶片记录。这一简单描述适用于真实孔径机载侧视雷达。但对于合成孔径雷达，为了获取沿轨方向上更精细的分辨率，记录信号还需进一步处理。本节内容主要介绍真实孔径机载侧视雷达，后面章节会继续探讨合成孔径雷达。

14.2.1　机载侧视雷达分辨率

真实孔径机载侧视雷达的空间分辨率取决于沿轨方向或方位方向上的天线波束宽度和交轨方向上的有效脉冲长度(经过距离压缩，见 13.6 节)。图 14.3 所示为确定真实孔径机载侧视雷达分辨率的详细几何图。

总双程时间延迟 T 表示雷达信号从雷达传输到倾斜距离 R 处的一点所用的时间，即

$$T = \frac{2R}{c} \tag{14.1}$$

对于长度为 τ_p 的脉冲，斜距方向上的斜距分辨率 r_r 为

$$r_r = \frac{c\tau_p}{2} \tag{14.2}$$

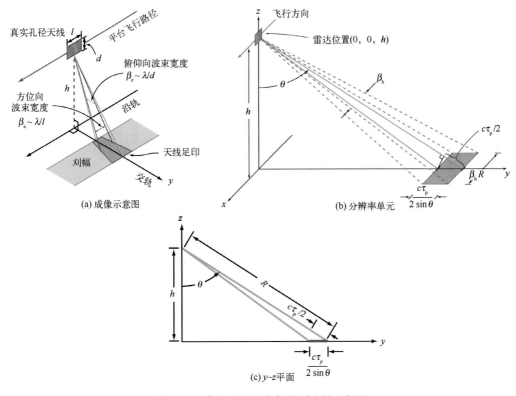

图 14.3　真实孔径机载侧视雷达的几何图

若采用距离压缩，则 τ_p 表示距离压缩后的有效脉冲长度。斜距分辨率与总倾斜距离的比例等于脉冲持续时间 τ_p 与总延迟时间 T 的比例。相比于斜距分辨率，我们对地面的分辨距离（即地面分辨率）更感兴趣。根据图 14.3，可以确定斜距分辨率与地面距离分辨率的关系，其中地面距离分辨率 r_y 由下式给出：

$$r_y = \frac{c\tau_p}{2\sin\theta} \tag{14.3}$$

式中，θ 为入射角。

真实孔径机载侧视雷达的沿轨分辨率 r_a 取决于投射地面的天线波束宽度，即水平波束宽度 β_h 对应的弧长，如下式：

$$r_a = \beta_h R = \frac{\beta_h h}{\cos\theta} \tag{14.4}$$

式中，h 为雷达距离地面的高度。

式(14.3)和式(14.4)分别为地面距离分辨率和沿轨分辨率的表达式，分母分别含有因数 $\sin\theta$ 和 $\cos\theta$，所以沿轨分辨率和地面距离分辨率均是入射角的函数，即到飞行轨道一侧的距离的函数，如图 14.4 所示。

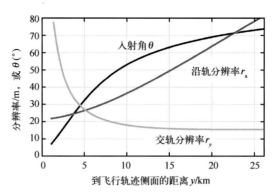

图 14.4　高度 $h = 7.5$ km，脉冲长度 $\tau_p = 100$ ns，沿轨道水平波束宽度 $\beta_h = 3$ mrad($0.17°$)时，机载侧视雷达分辨率与入射角的示例

> ▶ 距离较短(即入射角较小)时，地面距离分辨率 r_y 变低(即数值变大)，而距离较长时，沿轨分辨率 r_a 变低(即数值变大)。◀

　　即使采用较长的天线，沿轨分辨率还是会随着入射角快速变低。因此，真实孔径机载侧视雷达很少用来生成宽刈幅图像，几乎不用于太空测量。以航天器上使用的真实孔径 X 波段机载侧视雷达为例，飞行高度为 600 km，天线长 10 m(波束宽度约为 3 mrad 或 $0.17°$)时，沿轨分辨率最高只能达到 1.8 km。

　　注意，机载侧视雷达图像分辨率单元(像素)通常不是方形。从图 14.4 可以看出，对于给定的真实孔径机载侧视雷达，只在一个距离处(对于本例，距离 5 km 处)的像素呈方形，除此之外，像素呈矩形，而且在交轨方向短距离处和沿轨方向长距离处被延伸。因此，说明真实孔径机载侧视雷达的分辨率时，要同时借助波束宽度和斜距分辨率描述系统性能，而不是一个单一的值。根据式(14.3)和式(14.4)得出，像素区域 $r_a r_y$ 在入射角 $45°$ 处最小。

14.2.2　机载侧视雷达雷达方程

　　对于机载侧视雷达，成像几何示意图如图 14.3 所示，则式(5.40)给出的雷达方程变为

$$P_r = \frac{P_t G^2 \lambda^2 \sigma^0}{(4\pi)^3 R^4}(\beta_h R)\left(\frac{c\tau_p}{2\sin\theta}\right) \tag{14.5}$$

或

$$P_r = \frac{P_t G^2 \lambda^2 \sigma^0 \beta_h c \tau_p}{2(4\pi)^3 R^3 \sin\theta} \tag{14.6}$$

式中，P_r 和 P_t 分别为接收功率和峰值发射功率；G 为天线增益；σ^0 为雷达散射系数。根据式(14.3)和式(14.4)，照射区域用乘积 $r_a r_y$ 表示。要使 P_r 和 σ^0 对应起来，需要对分布式目标进行多次采样，求出 P_r 的总体均值。

关于脉冲重复频率 f_p（脉冲/s），通常采用平均发射功率 $P_{t_{av}}$，而不用峰值功率 P_t，则平均发射功率 $P_{t_{av}}$ 为

$$P_{t_{av}} = P_t \tau_p f_p \tag{14.7}$$

式中，τ_p 为脉冲长度。由此，式(14.6)可改写为

$$P_r = \frac{P_{t_{av}} G^2 \lambda^2 \sigma^0 \beta_h c}{2(4\pi)^3 R^3 f_p \sin\theta} \tag{14.8}$$

第 7 章指出，接收机噪声功率为

$$P_n = k T_0 B F \tag{14.9}$$

式中，k 为玻尔兹曼常数；T_0 为基准温度(290 K)；B 为带宽；F 为接收机噪声指数。由此得出，信噪比 S_n 为

$$S_n = \frac{P_r}{P_n} = \frac{P_t G^2 \lambda^2 \sigma^0 \beta_h c \tau_p}{2(4\pi)^3 k T_0 B F R^3 \sin\theta} \qquad （\text{SLAR 信噪比公式}） \tag{14.10}$$

注意，第 13 章提到，对于具有实际形状的脉冲，应该利用脉冲 $P_t(t)$ 的真实形式和天线方向图的实际形状，由此式(14.6)可改写为

$$P_r(t) = \iint\limits_{\text{总照射面积}} \frac{P_t(t-T) G^2(x, y) \lambda^2 \sigma^0(x, y)}{(4\pi)^3 R^4} \mathrm{d}x \mathrm{d}y \tag{14.11}$$

对于扇形波束天线，天线的增益方向图可分成 θ（交轨）方向和 ϕ（沿轨）方向上的独立分量，可以写成

$$G(\theta, \phi) = G_\theta(\theta) G_\phi(\phi) = G_0 g_\theta(\theta) g_\phi(\phi) \tag{14.12}$$

式中，$g_\theta(\theta)$ 和 $g_\phi(\phi)$ 为最大值为 1 的方向图因子；G_0 为最大增益。注意，对于窄波束天线，沿轨距离差可表示为

$$\mathrm{d}x = \mathrm{d}(R\phi) = R\mathrm{d}\phi \tag{14.13}$$

且 $\sigma^0(\theta, \phi) \approx \sigma^0(\theta)$。将式(14.12)和式(14.13)代入式(14.11)，得出

$$P_r(t) = \int \frac{P_t(t-T) G_0 g_\theta^2(\theta) \lambda^2 \sigma^0(\theta)}{(4\pi)^3 R^4} \mathrm{d}y \int g_\phi^2(\phi) \mathrm{d}\phi \tag{14.14}$$

根据下列两个公式，可推导出 $P_r(t)$ 的另一种形式：

$$R = cT/2 \tag{14.15}$$

$$P_r(t) = P_{t_{max}} p(t) \tag{14.16}$$

式中，$P_{t_{max}}$ 为脉冲的最大功率值；脉冲包络 $p(t)$ 的最大值为 1。由图 14.3 所示的几何图可得

$$\theta = \arccos\left(\frac{h}{R}\right) = \arccos\left(\frac{2h}{cT}\right) \qquad (14.17)$$

又由于

$$y = \sqrt{R^2 - h^2}$$

所以式(14.11)中的 $\mathrm{d}y$ 可替换成

$$\mathrm{d}y = \mathrm{d}R\,\frac{R}{\sqrt{R^2 - h^2}} \qquad (14.18)$$

将上述等式代入式(14.14)，得出

$$P_{\mathrm{r}}(t) = \frac{P_{t_{\max}} G_0^2 \lambda^2}{(4\pi)^3 (c/2)} \cdot \int \frac{p(t-T)\,g_\theta^2\left[\arccos\left(\frac{2h}{cT}\right)\right]\sigma^0\left[\arccos\left(\frac{2h}{cT}\right)\right]\mathrm{d}T}{T^2\sqrt{\left(\frac{cT}{2}\right)^2 - h^2}} \cdot \int g_\phi^2(\phi)\,\mathrm{d}\phi$$

$$(14.19)$$

可表达成以下形式：

$$P_{\mathrm{r}}(t) = \frac{2P_{t_{\max}} G_0^2 \lambda^2}{(4\pi)^3 c}\int p(t-T)\,b^2(T)\,\mathrm{d}T \qquad (14.20)$$

式中，

$$b^2(T) = \frac{g_\theta^2\left[\arccos\left(\frac{2h}{cT}\right)\right]\sigma^0\left[\arccos\left(\frac{2h}{cT}\right)\right]\mathrm{d}T}{T^2\sqrt{\left(\frac{cT}{2}\right)^2 - h^2}} \cdot \int g_\phi^2(\phi)\,\mathrm{d}\phi \qquad (14.21)$$

式(14.14)和式(14.19)中，天线波束(即窄方向)的沿轨变化是一个独立的积分函数，也就是说，对于所有距离，沿轨方向上天线方向图形状带来的影响都是相似的，这极大地方便了测量，简化了数据处理和图像像素校准。

式(14.19)和式(14.20)给出的表达式表示的是脉冲形状、天线方向图形状、散射系数变化形状的卷积，是关于角度、时间延迟或距离的函数。对于某些应用，可以假定天线方向图可写成式(14.6)的形式，与方位方向上的半功率波束宽度 β_{h} 和距离方向上的等效半功率脉冲持续时间 τ_{p} 有关；但为了精密测量，在近乎垂直的情况下，应运用式(14.19)和式(14.20)。

14.2.3　机载侧视雷达系统

▶ 与合成孔径雷达系统不同，机载侧视雷达系统不一定需要脉冲间的相干性。◀

在这一点上，机载侧视雷达系统与用于航空器跟踪的脉冲雷达很相似。机载侧视雷达与航空器跟踪雷达的主要区别在于天线扫描方法(机载侧视雷达不仅需要旋转天线，还需要移动航空器)和信息记录与呈现方式的不同。以前，许多机载侧视雷达是根据标准的脉冲雷达接收机–发射机单元创建的，这些单元还可用于航海导航等。

图 14.5 所示为 20 世纪 60 年代的机载侧视雷达概念框图，当时的机载侧视雷达运用胶片记录器存储数据。借助定时同步器产生脉冲，进而控制发射机脉冲时间、接收机的增益以及显示器的偏转电路，由此控制整个系统。同步器触发调制器，产生一个脉冲，以调制功率发射机。之前，由于磁控管振荡器的即时可用性强、体积小且安全系数高，被广泛用于机载侧视雷达发射机。磁控管产生许多短脉冲，峰值功率较高，但相位并不总是相同。因此，对于完全相干的雷达系统，不宜使用磁控管。现代系统多采用行波管放大器(TWTA)或固态发射机。

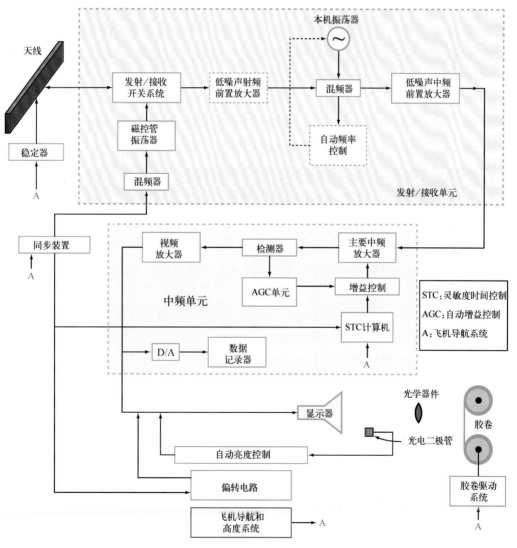

图 14.5　机载侧视雷达系统示例框图

发射机的输出进入发射-接收交换系统。该系统包含多个循环器、非线性接收机保护装置等，在发射过程中主要提供一条从发射机到天线的低损耗路径，同时保护接收机免受发射机高峰值功率带来的影响。接收过程中，还需提供一条从天线到接收机的低损耗路径，减少振荡器的静态噪声输出，以免接收机的信噪比变差。

> ► 机载侧视雷达的天线通常又长又窄，所以沿轨方向上的波束较窄，交轨（或俯仰）方向上的波束较宽。◄

如果可以免受湍流大气的影响，可将天线牢固地安装在航空器的一侧，但为了弥补大气湍流给航空器带来的姿态变化，要对天线进行机械或电子稳定。当雷达天线确实需要稳定时，通常可以微幅移动水平轴和垂直轴。垂直轴的微幅移动补偿了航空器翻转带来的微小变化，同时水平轴的微幅移动补偿了航空器偏航带来的微小变化。而天线的俯仰变化通常不补偿。航空器的偏航效应使得天线波束在地面上发生移动，从而使得地面上的目标点的成像位置发生改变（相对于航空器不发生偏航的情况）。航空器翻转导致俯仰方向发生的几何变化不是很显著，但航空器翻转影响了刈幅的增益和图像亮度。由于天线通常较长，所以对偏航的机械补偿难于对翻转的机械补偿。移动天线必须封闭在空气动力天线罩内，而且要留出天线移动所需的空间。

发射信号传送到目标后，返回天线，又传送到发射-接收交换系统。我们注意到，雷达设计不仅涉及性能与成本之间的权衡，还涉及性能与复杂度之间的权衡。根据系统对输出端信噪比、散射系数期望值、天线增益及发射机功率的要求，接收机可包含或不包含低噪声射频放大器。通常混频器-中频前置放大器系统的噪声系数可达 $8 \sim 10$ dB，有时更高。低噪声前置放大器的使用方式经改良后，噪声系数不大可能高于 6 dB，因此系统可以不用前置放大器。此外，超外差接收机类似于第 7 章探讨的辐射计接收机。雷达接收机与辐射计接收机的主要区别在于，辐射计接收机对低噪声系数和增益稳定性的要求较高，而雷达接收机对自动频率控制和时变增益的要求较高。

如果未使用多普勒处理，那么发射机与接收机不需要实现相位相干。但如果存在发射/接收中频频率漂移，则可能需要额外增加接收机带宽或自动频率控制（AFC），确保获取接收信号的全带宽。为了使射频损耗最小，将射频组件安装在接近天线的接收机-发射机单元内。传输线路将低噪声中频前置放大器与主中频放大器连接起来，传输线路产生的损耗对系统性能几乎没有影响，因此其他组件可以相对远一些。中频单元包括主中频放大器、检测器和数据记录系统，其中主中频放大器至少有一级具有可调节增益。起初是运用阴极射线管将数据记录在胶片上的，现在运用模-数转换器，使信号与时间数字化，从而存储数字数据。

长期以来，为了使用机载侧视雷达生成良好的实时图像，需要精心匹配系统中不同组件的传递特征。机载侧视雷达通常包含自动增益控制(AGC)电路和/或灵敏度时间控制(STC)电路,使信号处理和记录过程中的动态距离要求最小化。系统动态距离和复杂度之间存在权衡:以复杂度为代价,利用天线方向图和/或接收机增益校正,可以减小动态范围。

14.3　合成孔径雷达

> ▶ 合成孔径机载侧视雷达系统通常简称合成孔径雷达,将雷达和信号处理结合,形成高分辨率后向散射图像。◀

多通道合成孔径雷达在不同的极化状态下可以同时(几乎同时)测量,因此被称作全极化或极化合成孔径雷达。同时使用多个具有特定几何构型的天线的合成孔径雷达称为干涉合成孔径雷达,简称InSAR,下一章将具体探讨 InSAR。本节我们将介绍合成孔径雷达的基本原理及相关权衡。关于详细的合成孔径雷达成像过程描述,我们可以参考许多书籍(Cumming et al., 2005;Curlander et al., 1991)。本节将涉及图像模糊、运动补偿和图像失真等问题,其中模糊问题对研究航天器雷达十分重要。影响合成孔径雷达信噪比的因素和影响真实孔径雷达信噪比的因素很相似,但不完全相同,所以在介绍时会突出二者的不同之处。

14.3.1　理解合成孔径雷达的方式

从根本上讲,合成孔径雷达以雷达天线在静止目标区域内的移动为基础。逆合成孔径雷达(Inverse SAR)将雷达固定在适当的位置,并移动目标,旋转平台上的目标就是一个实例。合成孔径雷达在工作过程中,会发射脉冲;雷达通过目标区域时,脉冲被接收。对于每个脉冲,已记录下来的接收信号被合并起来,生成一幅高分辨率雷达图像。

> ▶ 合成孔径雷达的特点是对多个脉冲上的接收信号进行相干记录和处理。◀

对于合成孔径雷达,可以从多个不同的视角进行理解,从而可以多角度探究雷达的运行和实施。仔细分析各个理解角度的数学描述后发现,各个理解角度在数学上是等效的,理论上也应当是如此。但事实上,描述同一个过程可以使用不同的方法,这体现了合成孔径雷达的复杂度。

下面将从以下视角逐一探讨:

(1)合成天线孔径;

(2)多普勒波束锐化;

(3)运用参考点目标响应实现相关或匹配滤波;

(4)多普勒频率偏移的解线性调频;

(5)光学聚焦等效。

14.3.2　合成孔径

合成孔径雷达的名字已阐释了其工作原理:"合成"较长的天线孔径,在沿轨方向上产生较精细的分辨率。通过记录线性轨迹上天线各个位置的信号,并将记录信号进行合并,如同阵列天线同时收集信号,由此实现合成。事实上,可以看作合成孔径雷达采用了时间存储技术,利用平台运动创建一个长阵列天线。阵列天线分析法可用于分析合成孔径雷达系统的分辨率,类似于第 3 章提到的天线分析法。

图 14.6 示意性地说明了 20 世纪 60 年代以特定目标为中心的合成天线孔径的概念。注意聚焦天线与非聚焦天线的区别,在非聚焦天线中,发射波束要尽可能地接近平行射线。对于雷达回波信号接收,假定信号源距离足够远而使得这些射线基本上是平行的。用于通信的天线、真实孔径雷达的天线以及其他多数雷达的天线都是基于远场假设设计的。但是合成孔径雷达的孔径通常较长以至于波束必须聚焦到目标所在的点上,如同相机镜头聚焦到附近物体一样。与相机类比,真实孔径系统中,"镜头"(天线)聚焦于无穷远处,而对于合成孔径,镜头或天线位置的"阵列"聚焦于较近的一个物体。

为了更清晰更直观,图 14.6(a)阐明了如何创建由 5 个天线元构成且以目标 T 为焦点的真实孔径阵列。阵列中的各个天线元均连接着一个求和点,不同天线元产生的电压在该点处相加。传输线路将各个天线元与求和点连接起来,其中传输线路的长度取决于到目标的距离和特定天线元在阵列中的位置。

> ▶ 若对不同天线元产生的贡献进行同相相加,则对于每个天线元,信号从目标传到求和点的总相位延迟必须是相同的,此时阵列聚焦在目标点上。◀

这表明,对于每个天线元,目标到求和点的等效总距离必须相同,即

$$L_1 + R_1 = L_2 + R_2 = L_3 + R_3 = L_4 + R_4 = L_5 + R_5$$

长度 L_i 表示传输线路的"等效自由空间长度",也就是说,选取线路长度,使传输线路中信号的时间延迟与电磁波在空间的传播时间对应起来。传输过程中,信号以接收求和点为原点,所以对于发射,每条路径的相移都是相同的。因此,对于目标 T 的位置,每个天线元的总的往返相移是相同的,且不同天线元的电场同相相加。对于其

他位置，目标与求和点之间的距离各不相同，因此不同阵列天线元所产生的贡献也是同相各异，且求和输出小于聚焦点 T 处目标的求和输出。注意，只要相位关系不变，实际距离是可以调节的。

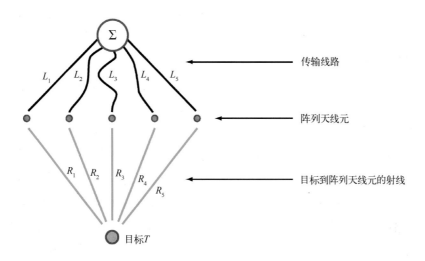

(a) 聚焦于目标的真实孔径等效天线

$$L_1 + R_1 = L_2 + R_2 = L_3 + R_3 = L_4 + R_4 = L_5 + R_5$$

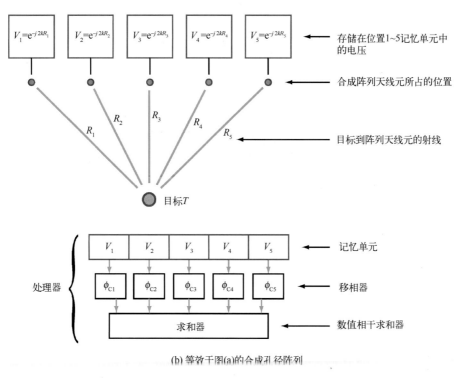

(b) 等效于图(a)的合成孔径阵列

图 14.6　合成孔径概念图

图 14.6(b)所示为合成孔径聚焦阵列，等效于图 14.6(a)所示的真实孔径聚焦阵列。在合成孔径雷达中，随着合成孔径雷达的移动，合成阵列中的各"天线元"分别在不同的时间被占用。天线元被占用的同时，接收信号的振幅和相位也会被记录。收集有关所有天线元位置的数据后，对记录下来的信号求和，以合成孔径输出。

为了简单而直观地阐述，我们假定每个阵元位置的振幅相同，只考虑相位。如图 14.6(b)所示，顶部的方框内给出了每个天线元的双程相移，即 $2kR_i$，其中 i 表示第 i 个天线元，其中 $k=2\pi/\lambda$。记录所有目标相位，即合成阵列的各个阵元位置被雷达占用后，存储单元 1~5 的内容会产生定量的相移，从而补偿 R_1~R_5 的差距。本质上，V_1 乘以因子 e^{+j2kR_1}，其他阵元依此类推。相位校正 $+2kR_1$ 用 ϕ_{C1} 表示。注意，所有校正信号的相量和是单个信号相量值的 5 倍。

需要注意的是，对于上述理解合成孔径雷达原理的视角，对阵元 1 到阵元 2 到阵元 3 到阵元 4 到阵元 5 的连续运动不做要求，阵元分布可以不均匀，而且无须按照特定的顺序占用阵元位置。唯一的要求是，各阵元相对于焦点 T 的位置必须是已知的，处理器要采用正确的相位校正(此处处理器为求和器)。还要注意的是，该相位校正方案只适用于系统带宽仅占工作频率一小部分的情况。

数学上，我们指定图 14.6(a)中路径 1 的总相移为 ϕ_{T1}，路径 1 上的空间相移为 ϕ_{S1}，传输线路上的相移为 ϕ_{L1}，由此得出下式：

$$\phi_{T1} = \phi_{L1} + \phi_{S1} = \phi_{Ti} = \phi_{Li} + \phi_{Si} = \phi_T \tag{14.22}$$

式中，$i=1, 2, 3, 4, 5$。空间相移为

$$\phi_{Si} = 2kR_i \tag{14.23}$$

传输线路上的相移为

$$\phi_{Li} = 2k_L R_i \tag{14.24}$$

其中，$k_L=2\pi/\lambda_L$，表示传输线路的发射信号波数(注意，自由空间中信号的波长 λ 可能不同于传输线路上同一信号的波长)。

所以，传输线路上的相移满足

$$\phi_{Li} = \phi_T - \phi_{Si} \tag{14.25}$$

结合式(14.24)，得出传输线路的长度为

$$L_i = \frac{\phi_T - 2kR_i}{2k_L} \tag{14.26}$$

阵元 i 处的接收电压为

$$V_i = e^{-j2kR_i} = e^{-j\phi_{Si}} \tag{14.27}$$

由此，信号所需的相移校正为

$$\phi_{Ci} = \phi_{Li} = \phi_T - \phi_{Si} \tag{14.28}$$

如图 14.6(b)所示。根据上述相移校正,得出焦点 T 处目标的求和点电压为

$$V = \sum_{i=1}^{5} \mathrm{e}^{-j\phi_T} = 5\mathrm{e}^{-j\phi_T} \tag{14.29}$$

由于绝对相位实质上是任意的,因此设定 $\phi_{Ci} = \phi_{Si}$,则 $\phi_T = 0$。更广泛地讲,为了将由 N 个阵元构成的合成孔径聚焦到焦点 T 处的目标上,要用到下式:

$$V = \sum_{i=1}^{N} a_i \mathrm{e}^{j2kR_i} V_i \tag{14.30}$$

式中,V_i 为第 i 个孔径位置的接收信号;R_i 为第 i 个孔径位置与目标之间的距离;a_i 为可选加权函数,可用于控制方位旁瓣。

14.3.3　多普勒波束锐化法

20 世纪 50 年代早期,Wiley 发明了最早的合成孔径雷达,又称"多普勒波束锐化器"。术语"合成孔径"的使用始于 20 世纪 50 年代后期。图 14.7 给出了将合成孔径雷达看作聚焦多普勒波束锐化系统的原理图,图 14.7(a)所示为几何图。

图 14.7(a)所示为航空器搭载的雷达,到坐标原点的距离为 x_r,高度为 h,即航空器坐标为 $(-x_r, 0, h)$,目标 T 的坐标为 $(-x_t, y_t, 0)$。图中的椭圆表示航空器搭载的真实天线照射地面产生的半功率足印。为了清晰起见,椭圆的宽度被扩大了,通常它是一个窄的扇形波束。沿轨方向上的波束带宽为 β_h。有效地面距离分辨率为 r_y。目标周围的阴影在 x 方向上以波束边缘为边界,表明导致波束某一特定时刻返回的区域。虚线表示目标周围多普勒频率值是恒定的(等多普勒线)。间距 Δf_D 表示用于波束锐化的多普勒滤波器的带宽 B_{Df}。

此时该目标的多普勒频率为

$$f_{dT} = \frac{2u(x_r - x_t)}{\lambda R} \tag{14.31}$$

注意,目标位置是固定的,而雷达位置 x_r 是变化的。如图 14.7(a)所示,由于 x 是负值,且 x_r 较大,所以多普勒频率是正值。随着 x_r 的增大(起初负值较小),多普勒频率不断减小。若不计波束通过目标时距离 R(即雷达到目标的斜距)的变化,则频率呈线性递减,如图 14.7(g)所示。

图 14.7(b)至(f)所示为"聚焦"多普勒波束锐化系统对目标作用的效果,在此过程中,目标连续被波束前缘和波束的其他位置照射着,直至波束完全通过。为了阐释的需要,移动坐标系,使目标位于 y 轴的 $(0, y_t, 0)$ 处,从而简化图 14.7(a)所示的几何图。地面照射区域的沿轨长度是与波束宽度相等的真实孔径雷达的分辨率 r_{ar},即

$$r_{ar} = \beta_{hr} R_0 \tag{14.32}$$

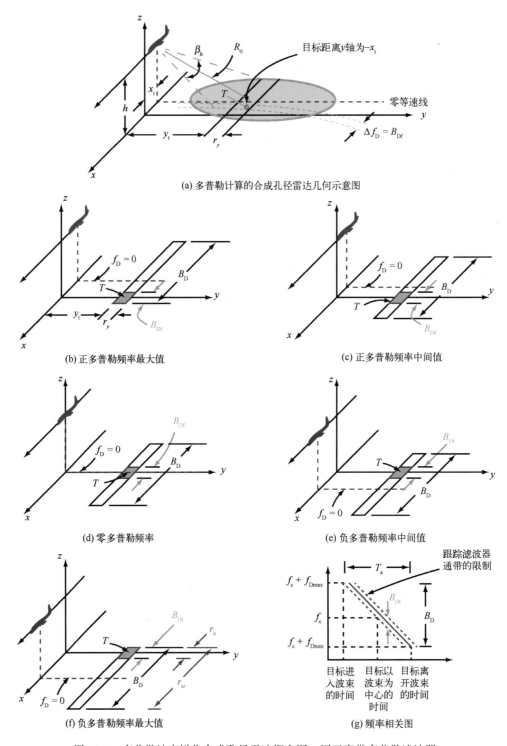

(a) 多普勒计算的合成孔径雷达几何示意图

(b) 正多普勒频率最大值

(c) 正多普勒频率中间值

(d) 零多普勒频率

(e) 负多普勒频率中间值

(f) 负多普勒频率最大值

(g) 频率相关图

图 14.7　多普勒波束锐化合成孔径雷达概念图，用于窄带多普勒滤波器

若真实天线孔径的方位波束宽度为 β_{hr}，速度为 $\boldsymbol{u}$（图 14.8），沿轨方向 R_1 与波束前沿相对，则沿轨方向上目标的多普勒频移最大为

$$f_{D_{max}} = \frac{2u}{\lambda} \cos \alpha \qquad (14.33)$$

式中，α 为速度方向与雷达天线和地面之间单位矢量的夹角。将 α 替换为 $(\pi/2 - \beta_{hr}/2)$，得出

$$f_{D_{max}} = \frac{2u}{\lambda} \sin\left(\frac{\beta_{hr}}{2}\right) \approx \frac{2u}{\lambda}\left(\frac{\beta_{hr}}{2}\right) = \frac{u\beta_{hr}}{\lambda} \qquad (14.34)$$

上式运用了小角近似，即 $\sin x \approx x$。R_2 方向上的多普勒频移为

$$f_{D_{min}} = -f_{D_{max}} = -\frac{u\beta_{hr}}{\lambda} \qquad (14.35)$$

由此得出多普勒总带宽：

$$B_D = f_{D_{max}} - f_{D_{min}} = \frac{2u}{\lambda}\beta_{hr} = \frac{2ur_{ar}}{\lambda R_0} \qquad (14.36)$$

式中，r_{ar} 为真实天线波束的方位分辨率。

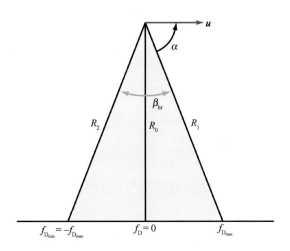

图 14.8　方位波束宽度 β_{hr} 以速度 $\boldsymbol{u}$ 行进时，真实天线在 R_1 和 R_2 方向上产生最大和最小的多普勒位移

多普勒波束锐化要用到中心频率时变的窄带宽滤波器，用于"跟踪"目标多普勒频移后的信号频率。图 14.7(b) 至 (f) 中交叉阴影部分表示滤波器界定的地面区域，宽度为 r_a，滤波器带宽为 B_{Df}。

图 14.7(b) 中，波束开始照射目标。此时多普勒频率的正值最大，滤波器提取的是照射区域前沿的一小段。图 14.7(c) 中，航空器移动到距离被波束覆盖的地面前方1/4波束宽度处，此时滤波器跟踪的目标信号降低至多普勒频率正值的中间值。图 14.7(d)

中，航空器与目标并列对齐，此时多普勒频率为零，所以滤波器以零频率为中心。图14.7(e)中，航空器沿着航线又往前行驶了1/4个波束宽度，此时滤波器跟踪的目标信号降低至多普勒频率负值的中间值。图14.7(f)中，航空器向前移动到波束即将离开目标的一个点，此时滤波器以最大负偏移为中心。

从图14.7(g)看出，雷达越过目标时，多普勒频移是关于时间的函数。在该图中，跟踪滤波器跟随与点目标相关的多普勒频率偏移时，虚线表示跟踪滤波器通带的边缘。波束其他部分的雷达回波被跟踪滤波器滤除。通过类比式(14.36)可得出，跟踪滤波器的带宽与沿轨分辨率 r_a [图14.7(f)] 的关系如下：

$$B_{Df} = \frac{2ur_a}{\lambda R_0} \tag{14.37}$$

对上述等式进行转换，用多普勒滤波器带宽表示合成孔径雷达方位向分辨率：

$$r_a = \frac{\lambda R_0}{2u}B_{Df} \tag{14.38}$$

注意，每个横向图像像素所要求的中心频率-时间跟踪滤波器是不同的。从概念上讲，使用一个或一组跟踪滤波器可能是实现多普勒波束锐化的简单方法，但现实情况往往要求采用其他方案。另外，多普勒滤波器的宽度可能会减小，进而影响了 r_a，这点后面会讨论到。

14.3.4 运用参考点目标响应实现相关或匹配滤波

合成孔径雷达可看作二维相关或匹配滤波操作。一维是距离或交轨，距离压缩在快时间域(即单个脉冲对应的时间标度)完成。另一维是横向距离或沿轨，也称"方位维度"。与距离压缩类比，方位处理又称方位压缩。方位压缩运用多个脉冲。这个时间标度被称作慢时间。13.6节中曾提到距离压缩。在此，我们通过相关滤波或匹配滤波来探讨方位压缩。

我们注意到，每个脉冲的接收信号是一个连续时间信号。所以，尽管信号是经过数字采样和处理的，但距离压缩是一个连续时间问题。另一方面，由于雷达进行方位移动时使用的是离散脉冲，所以方位信号从根本上讲是一个离散时间问题。这就要求与脉冲重复频率相关的采样频率满足奈奎斯特采样准则。这点后面会详谈。方位信号实际上是一个离散时间信号，但为了与距离压缩进行比较，在此我们将其看作连续时间信号。

图14.9(a)展示了连续时间相关器的基本方案。将接收机的输出复信号 $V_s(t)$ 连同参考函数 $V_r(t)$ 一起输入到相关器。当两个信号的时间一致，且波形相同时，二者的相关性最大。因此，在目标所在的点定义一个参考函数，此时相关器输出最大，而且通

过该滤波器可以滤除掉其他点处的目标。

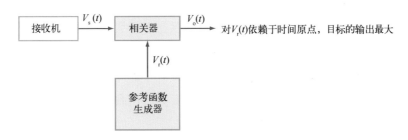

(a) 相关器基本方案

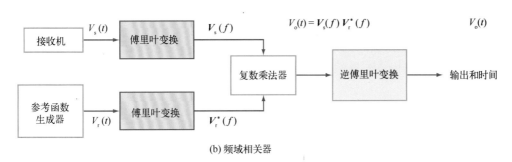

(b) 频域相关器

图 14.9 合成孔径雷达相关处理器概念图

为了说明连续时间相关器的工作过程，假设接收信号为

$$V_s(t) = e^{j\phi(t)}$$

接收信号的相位是角度频率的时间积分，与载频和多普勒频移有关，即

$$\phi(t) = \int (\omega_c + \omega_D)\mathrm{d}t = \omega_c t + \int \frac{4\pi ux}{\lambda R_0}\mathrm{d}t \qquad (14.39)$$

式中，x 为雷达与目标之间的沿轨位移。由于该位移随着时间发生线性变化，即

$$x = ut$$

其中，u 为航空器速度，由此得出相位：

$$\phi(t) = \omega_c t + \frac{2\pi u^2 t^2}{\lambda R_0} \qquad (14.40)$$

去除载频项后，信号变为

$$V_s(t) = e^{j2\pi u^2 t^2/\lambda R_0} \qquad (14.41)$$

此时目标的 x 坐标为零，也就是说，时间原点(零时刻点)选定为雷达与目标并列对齐的时刻。此时的雷达位置称为最邻近点(PCA)。该处点目标的参考函数为

$$V_r(t) = e^{j2\pi u^2 t^2/\lambda R_0} \qquad (14.42)$$

805

显然，该参考信号和 $V_s(t)$ 在形式上是相同的。相关器的输出为

$$V_o(t_r) = \int_{-T_a/2}^{T_a/2} V_s(t) V_r^*(t + t_r) \mathrm{d}t \tag{14.43}$$

式中，t_r 为所用参考信号与 $x = 0$ 处目标对应的参考信号之间的时间偏移。将式（14.41）和式（14.42）中的值代入式（14.43）中，得出

$$V_o(t_r) = \int_{-T_a/2}^{T_a/2} \mathrm{e}^{-j(2\pi u^2/\lambda R_0)(2t_r t + t_r^2)} \mathrm{d}t$$

还可以简化为

$$V_o(t_r) = \mathrm{e}^{-j(2\pi u^2 t_r^2/\lambda R_0)} \int_{-T_a/2}^{T_a/2} \mathrm{e}^{-j(4\pi u^2 t_r/\lambda R_0)t} \mathrm{d}t \tag{14.44}$$

注意，积分区间长度与天线波束对目标的照射时间一致，而照射的总持续时间为 T_a。假设参考函数的持续时间足够长以致于它不会影响积分区间。此时，对积分进行计算后，得出

$$V_o(t_r) = \mathrm{e}^{-j(2\pi u^2 t_r^2/\lambda R_0)} \left[\frac{\sin(2\pi u^2 T_a t_r/\lambda R_0)}{2\pi u^2 T_a t_r/\lambda R_0} \right] T_a \tag{14.45}$$

因此，当参考函数和目标信号在时间上能够对齐时，即 $t_r = 0$ 时，相关器的输出最大。注意，相关器输出的大小随着 $\sin x/x$ 而变化。由此，离原点较远的目标，输出也较小。

显然，如果合成孔径雷达跟踪多个目标，则需要多个参考函数。避免这个问题的一个办法是在频域内进行等效相关，如图 14.9（b）所示，对参考函数和接收机输出进行傅里叶变换，然后对两个傅里叶变换结果相乘，最后通过傅里叶逆变换将所得的频域函数转换成输出波形。对于单一目标，输出波形取最大值时的时间取决于它的位置；对于多个目标，逆变换器的输出值是一个序列，且每个目标的时间与其位置相对应。该频域法是用于合成孔径雷达数据处理的距离–多普勒算法（RDA）的基础，具体详见 14.9.4 节。

我们还可以从匹配滤波的角度研究相关。图 14.10 所示为匹配滤波器处理器的基本概念框图。将滤波器插入，与输入信号串联，从而获得输出信号。其中，滤波器频率响应是点目标信号的多普勒频谱的复共轭，则输出信号是输入信号与滤波器脉冲响应 $f(t)$ 的卷积，即

$$v_o(t) = v_s(t) * f(t) \tag{14.46}$$

设滤波器频率响应为

$$F(\omega) = V_{\mathrm{s}}^{*}(\omega) \tag{14.47}$$

图 14.10　合成孔径雷达的匹配滤波器处理器概念图

前面提到，若匹配滤波器和相关参考函数定义恰当，则对于目标位置，匹配滤波法和相关法是相同的。

14.3.5　解线性调频与距离脉冲压缩解线性调频

第 13 章提到，线性调频发射信号的距离压缩(匹配滤波)可采用解线性调频技术，多普勒信号也是如此。回顾一下图 14.7 所示的多普勒线性变化与时间之间的关系，借助图 14.11 从解线性调频的角度研究合成孔径雷达。图 14.11(a)中，目标位于天线照射区域内，目标的多普勒频率逐渐降低，持续时间为 T_{a}。由于多普勒接收频率起始时最高，结束时最低，所以选用频率选择延迟滤波器是为了适量延迟高频信号，其中延迟量与实际多普勒频率降为最低所需的时间一致。图 14.11(b)所示为所需要的滤波器频率相关时间延迟特性。得到的理想输出结果将对应于所有多普勒频率成分叠加为具有单一频率的某个单一时间点上的输出，如图 14.11(c)所示。实际上，由于解线性调频信号的持续时间和带宽是有限的，类似于距离脉冲压缩信号的输出，所以实际输出是一个类似正弦函数的包络。注意，对于距离解线性调频，信号的带宽通常以 MHz 为单位，脉冲持续时间以 μs 为单位；而多普勒频率的带宽以 kHz 或 hHz 为单位，时间延迟以 1/10 s 或 s 为单位。

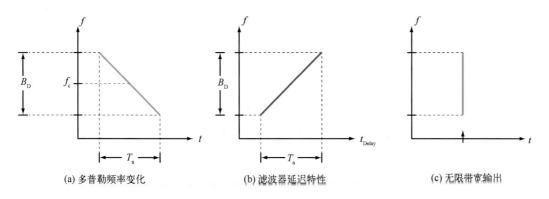

图 14.11　合成孔径雷达延迟滤波器方位解线性调频的概念图

14.3.6　合成孔径雷达的等效光学聚焦

目前，合成孔径雷达处理是通过数字化进行的，但最早的合成孔径雷达处理器是通过光学处理雷达信号的。然而 Wiley 的第一个多普勒锐化系统是一个例外。光学处理的第一步是将合成孔径雷达数据记录到胶片上，如图 1-16 所示。为了记录信号相位，即记录正信号振幅和负信号振幅，在胶片的灰度特性中间设定信号零阶，胶片上记录的正信号接近饱和，负信号为接近胶片响应曲线的尖部，由此所得的胶片记录是接收信号相位变化过程的灰度再现。通常，单一脉冲在胶片上的记录是一条线，如图 1.16 中的 SLAR 示意图所示，多个脉冲被记录为连续相邻的多条线。

图 14.12 所示为合成孔径雷达光学处理原理。根据图 14.6 所示的合成孔径雷达概念图，假定图14.6(a)所示的真实天线模型等效于图 14.12 所示的合成天线模型。图 14.12 中，相位相干信息存储在胶片上，而不是计算机存储器中。真正的天线合成阵列长达数千米，阵列元所在的位置信息被记录在胶片上，仅以毫米测量，所以光学记录点是紧密排列的。

光学处理器类似于建立一个如图 14.6(a)所示的真实孔径，但传输线路要用光学路径取代，如图 14.12(b) 和(c)所示。图 14.12(b) 的下半部分按照雷达波长和雷达几何图的比例进行变标。上半部分按照光学波长和光学处理器几何图的比例进行变标。虽然真实的光学波长没有胶片记录涉及的距离重要，但通常情况下波长比例约为 10 000∶1或更大，所以几何图也按照同等比例进行缩放。雷达信号从阵列上的一点发射到目标上，然后又返回，进而记录到胶片上。用准直激光照射胶片，穿过胶片的光重新产生雷达等效相位波前的强点和弱点。

然后，用透镜将信号聚焦在光学像点上，如图 14.12(c)所示。图 14.12(b)显示了透镜几何图的要求。目标与光学图像点之间的总相移是雷达频率处路径 R_1 和光学频率处路径O_1上的相移，其他路径组 R_i 和O_i 也是如此。聚焦操作中需要校正的孔径端口处的额外雷达距离为 R_c。相应地，聚焦操作中需要校正的光学距离为 O_c。借助凸透镜实现聚焦校正，如图 14.12(c)所示。透镜中光的波长较短或相速度较小，会产生额外相移，此时透镜较厚；反之透镜较薄。因此，要根据期望的校正效果，选择透镜形状。

图 14.12(d)所示为最简单的光学处理器物理布局：激光校准后，透过胶片进入透镜，然后在胶片上聚焦。但是光学处理不是这么简单。信号聚焦到胶片这个过程中，距离方向上会出现散焦效应，所以必须使用额外透镜，补偿散焦带来的影响。此外，透镜中心计算出来的校正量仅适用于特定雷达距离。由于雷达是在变化的倾斜距离上对宽刈幅地面进行成像，所以处理器必须对不同的倾斜距离提供不同的校正，从而将信号记录到胶片上。因此，光学处理器在设计和操作上是极其复杂的。除此以外，处

理胶片还需要时间延迟，而且准确控制胶片处理存在一定的难度，这都使得光学处理变得更复杂。

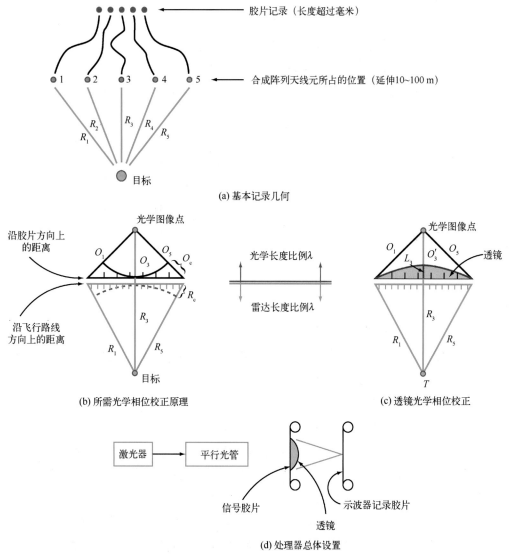

(a) 基本记录几何

(b) 所需光学相位校正原理

(c) 透镜光学相位校正

(d) 处理器总体设置

图 14.12　合成孔径雷达光学处理原理

14.4　合成孔径雷达的分辨率

前面章节从不同角度介绍了合成孔径雷达。本节我们将从以下两个角度研究合成孔径雷达分辨率方程：合成孔径和多普勒波束锐化器。我们选取上述两个角度的原因在于它们对于合成孔径雷达成像过程的理解非常重要。无论采用何种角度，合成孔径雷达分辨率方程均是相同的。

14.4.1 合成孔径

图 14.13(a)所示为合成孔径雷达观测的目标 T 的沿轨几何图。机载平台上的雷达天线出现在 3 个标有字母 A、B、C 的位置，用于收集回波数据。位置 A 处，波束前边缘最先捕获目标；位置 B 处，天线与目标并列；位置 C 处，波束后边缘刚好离开目标。合成孔径的总可能长度 L_p 定义了最高分辨率，通过真实孔径机载侧视雷达中的真实天线获得，即

$$L_p = \beta_{hr} R_0 \tag{14.48}$$

式中，β_{hr} 为真实天线的水平或沿轨波束宽度；下标 r 用来区分真实孔径天线波束宽度和合成阵列天线波束宽度。

研究合成天线的波束宽度时，要考虑到与给定目标有关的相移在天线与目标之间的路径上是双向的。图 14.13(b)展示了两个相邻阵元之间的距离。根据目标与两个阵元之间路径上的相对相移确定波束宽度。合成阵列中两个相邻阵元之间的间距为 Δx，雷达波束中的两个照射射线 R_a 和 R_b 分别从上述两个阵元连接到目标。由于两个阵元间紧密相连，所以射线基本上是平行的。因此两个射线的距离差为

$$R_a - R_b = \Delta x \sin \beta \tag{14.49}$$

对于真实孔径天线，与距离有关的相移为

$$\Delta \phi_r = k(R_a - R_b) = k\Delta x \sin \beta \quad \text{（真实孔径）} \tag{14.50a}$$

对于合成孔径阵列，相移是双向的：从天线到目标和从目标到天线，即

$$\Delta \phi_s = 2k(R_a - R_b) = 2k\Delta x \sin \beta \quad \text{（合成孔径）} \tag{14.50b}$$

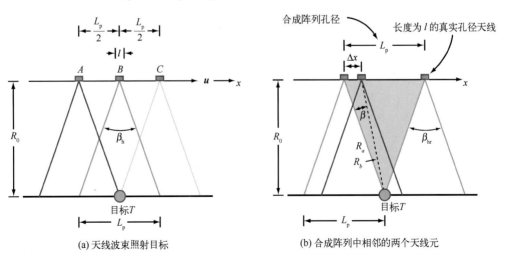

(a) 天线波束照射目标　　　(b) 合成阵列中相邻的两个天线元

图 14.13　合成孔径雷达的合成阵列概念图

对于长度 $\Delta x = L$ 的真实(或合成)天线,在 $\pm \beta_{nr}$(或 β_{ns})处,方位方向图出现第一零点,即

$$kL \sin \beta_{nr} \approx kL \beta_{nr} = \pi \qquad (\text{真实孔径}) \qquad (14.51a)$$

$$2kL \sin \beta_{ns} \approx 2kL \beta_{ns} = \pi \qquad (\text{合成孔径}) \qquad (14.51b)$$

式中,L 较长,所以波束宽度较小。零点到零点的波束宽度对应为

$$\beta_{\text{null}_r} = 2\beta_{nr} = \frac{2\pi}{kL} \qquad (\text{真实孔径}) \qquad (14.52a)$$

$$\beta_{\text{null}_s} = 2\beta_{ns} = \frac{\pi}{kL} \qquad (\text{合成孔径}) \qquad (14.52b)$$

因此,合成孔径的有效长度为 $2L$。相应地,若合成孔径与真实孔径长度相等,则前者的波束宽度是后者波束宽度的一半。

由此得出合成孔径的沿轨波束宽度为

$$\beta_{hs} = \frac{\lambda a_{hs}}{2L} \qquad (14.53)$$

式中,a_{hs} 为与合成孔径有关的孔径照射锥度因子。若合成孔径在长度上进行均匀加权,则 $a_{hs} = 0.88$,这一点在第 3 章讨论真实孔径天线时已论述过。然而,多数真实孔径天线和合成孔径天线的孔径加权是不均匀的,因此,a_{hs} 通常大于 0.88。尽管假设 $a_{hs} = 1$ 较为常见,然而实际应用中的雷达天线,无论是真实孔径天线还是合成孔径天线,锥度因子接近 1.5。

对于合成孔径,沿轨分辨率为

$$r_a = \beta_{hs} R_0 = \frac{\lambda R_0}{2L} a_{hs} \qquad (14.54)$$

该等式适用于任何长度的合成孔径。如果整个孔径可能长度为 L_p,则合成孔径雷达的最高可能分辨率为

$$r_{ap} = \frac{\lambda R_0}{2 L_p} a_{hs} = \frac{\lambda a_{hs}}{2 \beta_{hr}} \qquad (14.55)$$

上式运用了关系式 $L_p = \beta_{rs} R_0$,而该关系式将真实孔径的波束宽度 β_{hr} 与距离 R_0 处的沿轨宽度关联。因此,对于合成孔径雷达,可获得的分辨率与真实天线波束宽度成反比。真实天线的波束宽度为

$$\beta_{hr} = a_{hr} \frac{\lambda}{l} \qquad (14.56)$$

式中,a_{hr} 为真实天线的孔径照射锥度因子;l 为天线长度。将 β_{hr} 代入式(14.55),可以求出可能的合成孔径分辨率,与真实天线的长度和孔径锥度因数有关,即

$$r_{ap} = \frac{\lambda}{2} \frac{a_{hs}l}{a_{hr}\lambda} = \left(\frac{a_{hs}}{a_{hr}}\right)\frac{l}{2} \tag{14.57}$$

对于真实孔径和合成孔径，孔径照射锥度因子往往是相同的，所以 $a_{hs}/a_{hr} \approx 1$，求出的结果通常为

$$r_{ap} \approx \frac{l}{2} \quad (\text{最优聚焦分辨率}) \tag{14.58}$$

> ▶ 因此，最精细的潜在合成分辨率是真实孔径长度的1/2。此外，合成孔径雷达方位分辨率与距离和波长均无关。◀

之所以合成孔径雷达方位分辨率与距离无关，是因为合成孔径的长度 L_p 与距离成正比，由此距离越大，孔径越大，合成孔径的波束宽度越小，从而保持有效分辨率。同理，分辨率与波长无关的原因也是如此：波长越大，则合成孔径长度(以波长为单位)越大，最终等效合成波束宽度不变，则分辨率也不变。将式(14.58)中的合成孔径分辨率等式与真实孔径沿轨(方位)分辨率等式进行对比得出：

$$r_{ar} = \beta_{hr}R_0 = a_{hr}\frac{\lambda R_0}{l} \tag{14.59}$$

式中，分辨率随着 λ 或 R_0 的增大而增大。

若合成孔径雷达将天线固定在沿直线行驶的航空器或航天器上，则式(14.57)中的合成孔径雷达方位分辨率 r_{ap} 最精细。后面会提到，若使用扫描天线，雷达可以通过"前视"的方式观察目标，从而使得雷达可以聚焦目标(即雷达天线波束持续指向目标)，当雷达飞过目标后还能以"后视"的方式继续观察目标，以此获得更为精细的分辨率，这等效于增大了合成孔径。不过，这种观测模式能够为特定的目标提供高分辨率是以忽略其他目标为代价换来的。换言之，这种扫描运动会导致飞行路径出现间隙。如后文所述，虽然环形路径降低了广域覆盖率，但若沿着与目标同心的环形轨道飞行，也可获得更精细分辨率。

借助整个合成孔径 L_p 可以获得最精细的潜在分辨率，但设计人员可以选择降低有效分辨率，以减少斑点噪声(14.8节)或降低系统复杂度。若使用较短的孔径，则分辨率表达式为式(14.54)，而不是式(14.57)。

14.4.2 非聚焦合成孔径雷达

我们可以将合成孔径缩短至一定的长度，而对于该合成孔径长度14.3.2节提到的相位校正可以忽略不计。此时，雷达是非聚焦的。这种情况下，合成孔径内不同点处接收到的所有信号无须校正就可以进行同相相加。图14.6所示为合成孔径校正的基本

原理。如图所示，雷达与目标之间的路径长度明显不同，产生了同相移动，所以需要通过校正实现目标 T 的聚焦。特定点处所需的校正量为

$$\phi_{Ci} = \phi_T - \phi_{Si} \tag{14.60}$$

对于非聚焦合成孔径雷达，我们忽略小于 $\pi/4$ rad 的校正量。也就是说，若

$$\phi_{Ci} \leqslant \pi/4$$

则 ϕ_{Ci} 可忽略不计，此时可对所有贡献进行同相相加，这牺牲了精确的聚焦和分辨率，却简化了处理过程。

为了推导非聚焦合成孔径雷达的工作条件，参考图 14.14，其中 R_{mp} 为距离目标的最大可能倾斜距离，R_m 为到非聚焦合成孔径雷达中目标的最大倾斜距离，R_0 为到目标的最小距离。与最大可能距离有关的相移为

$$\phi_{Cmp} = 2k(R_{mp} - R_0) \tag{14.61}$$

对于非聚焦合成孔径雷达，

$$\phi_{Cm} = 2k(R_m - R_0) \tag{14.62}$$

设 $\phi_{Cm} = \pi/4$，将 k 替换为 $2\pi/\lambda$，得出

$$(R_m - R_0) \leqslant \frac{\pi/4}{2(2\pi/\lambda)} = \frac{\lambda}{16} \tag{14.63}$$

从图 14.14 中可以看出

$$R_m^2 = R_0^2 + (L_{um}/2)^2$$

但是由于 R_m 和 R_0 的长度相当，所以可以对上式进行泰勒级数展开：

$$R_m = R_0 \sqrt{1 + \left(\frac{L_{um}}{2R_0}\right)^2} \approx R_0\left[1 + \frac{1}{8}\left(\frac{L_{um}}{R_0}\right)^2\right]$$

得出

$$R_m = R_0 \approx \frac{L_{um}^2}{8R_0} \tag{14.64}$$

将式(14.64)代入式(14.63)，可得出非聚焦合成孔径的最大长度 L_{um} 为

$$L_{um}^2 = \frac{8R_0\lambda}{16} = \frac{R_0\lambda}{2}$$

则

$$L_{um} = \sqrt{R_0\lambda/2} \quad （最大非聚焦长度） \tag{14.65}$$

若忽略非聚焦合成孔径的锥度影响，则非聚焦最佳可能分辨率 r_{apu} 为

$$r_{apu} = \frac{\lambda R_0}{2L_{um}} = \sqrt{R_0\lambda/2} = L_{um} \quad （最佳非聚焦分辨率） \tag{14.66}$$

因此，非聚焦合成孔径雷达的方位分辨率等于合成孔径的长度，从而一定程度上

简化了非聚焦系统的处理过程。另一方面，非聚焦情况下的分辨率与波长和距离有关，而聚焦情况下的分辨率与距离和波长均无关。

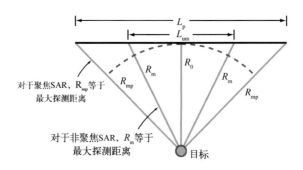

图 14.14　所需相位补偿的示意图

14.4.3　多普勒视角

从多普勒波束锐化视角来看，式(14.38)给出了合成孔径雷达的沿轨分辨率等式，可写成

$$r_a = \frac{\lambda R_0}{2u} B_{Df} \tag{14.67}$$

式中，B_{Df} 为多普勒锐化滤波器带宽。为了确定分辨率的限制条件，必须算出无信息损失情况下滤波器带宽 B_{Df} 的大小。

天线移动距离 L_p 所需的时间 T_a 内，目标是可见的，同时这也是滤波器的运行时间。根据经验法则，滤波器带宽大于积分长度的倒数，即

$$B_{Df} \geqslant 1/T_a \tag{14.68}$$

孔径长度 L_p 与时间 T_a 的比值和平台移动速度 u 有关，即

$$L_p = uT_a \tag{14.69}$$

将上述所求结果进行合并，可得到的最精细分辨率为

$$r_{ap} = \left(\frac{\lambda R_0}{2u} \right) \left(\frac{u}{L_p} \right) = \frac{\lambda R_0}{2L_p} \tag{14.70}$$

根据式(14.48)中的 L_p 和式(14.56)中的 β_{hr}，可以得出

$$r_{ap} = \frac{l}{2a_{hr}} \tag{14.71}$$

如果考虑合成阵列的孔径分布锥度，则上式变成

$$r_{ap} = \left(\frac{a_{hs}}{a_{hr}} \right) \frac{l}{2} \tag{14.72}$$

与合成孔径的推导公式式(14.57)一样。

14.4.4 真实孔径分辨率与合成孔径分辨率的比较

假设孔径锥度因子为 1，则根据式(14.59)、式(14.66)和式(14.72)分别求出机载侧视雷达、非聚焦合成孔径雷达和聚焦合成孔径雷达的沿轨分辨率，即

$$r_{ar} = \frac{\lambda R_0}{l} \quad (真实孔径雷达) \tag{14.73a}$$

$$r_{apu} = \sqrt{\frac{R_0 \lambda}{2}} \quad (最佳非聚焦合成孔径雷达) \tag{14.73b}$$

$$r_{ap} = \frac{l}{2} \quad (最佳聚焦合成孔径雷达) \tag{14.73c}$$

注意对于不同类型的雷达，分辨率随着距离、波长和天线长度所发生的变化是不同的。对于真实孔径雷达，λ 越小，l 越大，到目标的距离 R_0 越小，则分辨率越高。对于非聚焦合成孔径雷达，天线长度 l 不影响分辨率的计算结果，但方位分辨率变化与距离和波长有关，这点类似于真实孔径机载侧视雷达。上述两种情况中，天线越长，分辨率越高。对于聚焦合成孔径雷达，距离和波长都不影响分辨率，天线越短，分辨率越高。

为了进行例证，我们给出了一组数值对比。假定 X 波段雷达的波长 $\lambda = 0.03$ m，天线长度 l 取值为 2 m 和 10 m，3 个距离分别取值为 5 km(短程机载雷达)、50 km(远程机载雷达)和 500 km(星载雷达)，具体的分辨率计算结果见表 14.1。

表 14.1　机载侧视雷达、聚焦合成孔径雷达和非聚焦合成孔径雷达的方位分辨率比较

距离/km	$l = 2$ m			$l = 10$ m		
	5	50	500	5	50	500
全聚焦合成孔径雷达	1	1	1	5	5	5
非聚焦合成孔径雷达	8.7	27.4	86.8	8.7	27.4	86.6
机载侧视雷达	75	750	7 500	15	150	1 500

14.5　合成孔径雷达的模糊因素

> ▶ 时序模糊问题对于机载合成孔径雷达来说，几乎不构成限制条件，但对于星载合成孔径雷达系统，却是一个重要的限制条件。◀

问题是，脉冲的时间间隔必须够大，这样在沿轨距离上可以避免距离模糊问题；然而，高速星载合成孔径雷达需要较高的脉冲重复频率，以确保多普勒带宽采样不出现混叠现象。正是这些冲突性要求使模糊成了问题。

回顾一下，脉冲重复间隔 T_p 与脉冲重复频率 f_p 互为倒数，即

$$T_p = 1/f_p \qquad (14.74)$$

图 14.15 所示为地球平面上的侧视雷达。垂直波束内的最大距离和最小距离分别为 R_{max} 和 R_{min}，垂直波束宽度为 β_v，波束外内边缘的入射角分别为 θ_{max} 和 θ_{min}。斜距刈幅宽度 R_s 表示最大距离与最小距离的差。若两个脉冲不能同时作用于接收信号，则可以确定重复周期。地面接收信号来自两个脉冲，距离可能不同，因此来自地面上两个不同的点。数学上，这一要求可表示为

$$cT_p/2 \geqslant R_s \qquad (14.75)$$

或用脉冲重复频率表示，即

$$f_p \leqslant c/2R_s \qquad (14.76)$$

因此，刈幅宽度约束了最大可能脉冲重复频率 f_p。

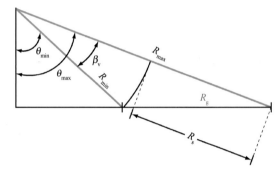

图4.15　距离模糊框图的侧视图，雷达移入或移出页面。斜距刈幅幅宽为 R_s，地面距离刈幅幅宽为 R_g

　　为了合理采样多普勒频率，需要对 f_p 实施最小约束。该约束的大小取决于所用的处理细节：零偏移处理或方位偏移处理(图 14.16)。零偏移处理中，载波频率被下变频到零频率，所以最大频率是多普勒频谱总带宽的一半。对于这类处理，奈奎斯特采样定理设定的约束为：f_p 必须是最大带宽的两倍，或满足下式：

$$f_{p0} \geqslant B_D \qquad (14.77)$$

若采样是在较高的中间频率处完成的，则带通采样定理采用上述约束。

　　对于方位偏移处理，载波频率被下变频到 $B_D/2$ 左右，则基带上多普勒频率的最大负偏移出现在零频率处(图 14.16)。这种情况下，最大视频为 B_D，则脉冲重复频率满足：

$$f_{pa} \geqslant 2B_D \qquad (14.78)$$

也就是说，最小采样频率为 $2B_D$。

　　对于零偏移处理和方位偏移处理，将多普勒处理常数 a_D 分别定义为 1 和 2，然后合并式(14.77)和式(14.78)，得出

$$f_p \geqslant a_D B_D \qquad (14.79)$$

若采用零偏移处理，则需要同相信道和正交信道，这样正负多普勒频率可以相互区分。由于采用了两个独立信道，则需要以 B_D 复样本每秒的采样频率对每个样本取两个值：I（同相位）和 Q（正交相位）。因此，对脉冲重复频率的约束不同于方位偏移处理的约束，但这两种情况下，每秒所需的采样值数均为 $2B_D$。

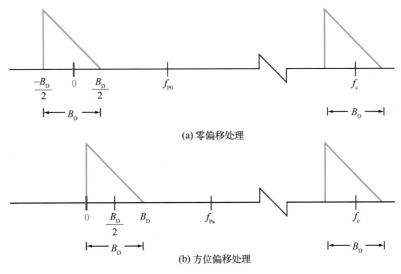

(a) 零偏移处理

(b) 方位偏移处理

图 14.16　多普勒带宽

将式（14.36）代入式（14.79），可以得出

$$f_p \geqslant 2a_D \frac{u}{\lambda} \beta_{hr} \tag{14.80}$$

式（14.76）和式（14.80）给出的表达式可以合并为

$$\frac{2a_D u}{\lambda} \beta_{hr} \leqslant f_p \leqslant \frac{c}{2R_s} \tag{14.81}$$

由于真实孔径方位波束宽度为

$$\beta_{hr} \approx (\lambda/l)\, a_{hr}$$

则式（14.81）可以写成

$$a_{hr}\left(\frac{2a_D u}{l}\right) \leqslant f_p \leqslant \frac{c}{2R_s} \tag{14.82}$$

▶ 比值 l/u 表示雷达飞行一个天线长度所用的时间。因此，$a_{hr}=1$ 时，式（14.82）中采样约束条件表明，对于零偏移处理（$a_D=1$），雷达每飞行半个天线长度至少采一个样本（即一个脉冲），而对于方位偏移处理（$a_D=2$），雷达每飞行 1/4 个天线长度至少采一个样本。◀

式(14.82)可以看作对斜距刈幅宽度的一个限制条件，即

$$R_s \leqslant \frac{cl}{4a_D u\, a_{hr}} \qquad (14.83)$$

作为数值示例，设定机载雷达的天线长度 $l = 2$ m，飞行速度 $u = 100$ m/s（约 1 马赫）。对于 $a_{hr} = 1$，倾斜刈幅满足：

$$R_s \leqslant 500 \text{ km } (a_D = 1) \quad \text{或} \quad R_s \leqslant 250 \text{ km } (a_D = 2)$$

由于航空器的飞行高度不足以产生如此宽的一个刈幅，所以不需要考虑模糊问题。但对于星载雷达，情况是不同的。低地球轨道航天器的速度 u 一般为 7.5 km/s。天线长度 $l = 2$ m 时，刈幅宽度满足：

$$R_s \leqslant 20 \text{ km } (a_D = 1) \quad \text{或} \quad R_s \leqslant 10 \text{ km } (a_D = 2)$$

天线长度 $l = 10$ m 时，刈幅宽度满足

$$R_s \leqslant 100 \text{ km } (a_D = 1) \quad \text{或} \quad R_s \leqslant 50 \text{ km } (a_D = 2)$$

所以在设计过程中，必须将刈幅宽度考虑进去（通常添加一个安全系数）。即使没有安全系数，对于航天器飞行高度而言，2 m 天线的刈幅宽度用处不大，而 10 m 天线的刈幅宽度也几乎不可用。因此，星载雷达的模糊约束很重要。

由于天线波束并非具有完美的边缘形状，所以模糊约束中的安全系数是必要的。图 14.15 所示的距离方向上，波束边缘界定了倾斜刈幅。若用半功率点表示边缘，则重要信号从被时间分开的脉冲返回到雷达，根据式(14.75)得出，脉冲时间间隔略大于脉冲间歇期 T_p。如果一个脉冲接触到图示刈幅外边缘的地面，而另一个接触到地面的角度为 θ 略小于 θ_{min}，又因为从地面返回的脉冲在天线方向图中只降低了数分贝，所以第二个脉冲的回波信号会十分强烈。所以必须用到安全系数，这样在另一个脉冲接触到地面之前，可以极大地缩小天线方向图。我们将斜距安全系数定义为 k_r，则式(14.76)变为

$$f_p \leqslant c/(2k_r R_s) \qquad (k_r \geqslant 1) \qquad (14.84)$$

同理，沿轨方向也会出现一些问题。根据图 14.16，假设真实孔径的水平天线方向图在波束边缘处快速降为零，这样多普勒频谱被明确界定了。实际上，天线方向图并没有如此急剧下降，所以多普勒频谱也不会被如此明确地界定。为此，我们也需要安全系数，确保多普勒频谱的合理采样。我们将沿轨安全系数定义为 k_a，由此式(14.79)变为

$$f_p \geqslant a_D k_a B_D \qquad (k_a \geqslant 1) \qquad (14.85)$$

且式(14.82)变成

$$\frac{2a_D u\, a_{hr} k_a}{l} \leqslant f_p \leqslant \frac{c}{2k_r R_s} \qquad (14.86)$$

从而得出倾斜刈幅宽度的约束变为

$$R_s \leq \frac{cl}{4a_D u \, a_{hr} k_r k_a} \qquad (14.87)$$

由于系数 k_r 和 k_a 始终大于 1（取值范围一般为 $1.3 \sim 1.6$），所以斜距刈幅宽度小于上述示例中得出的值。使用较长的天线，可以解决刈幅宽度限制问题，但较长的天线又难以在星载雷达上实现。

为了研究斜距刈幅宽度与地面刈幅宽度之间的关系，方便起见，我们研究平面地球，如图 14.15 所示（对于航天器应当使用球面地球，然而这里为简单起见我们使用了平面地球几何模型）。注意

$$R_s = h(\sec \theta_{max} - \sec \theta_{min}) \qquad (14.88)$$

也可写成

$$R_s = h[\sec(\theta_{min} + \beta_v) - \sec \theta_{min}] \qquad (14.89)$$

若垂直波束宽度较小（研究星载雷达需要较窄的刈幅），则上述结果近似为

$$R_s = \beta_v R_{av} \tan \theta_{av} \qquad (14.90)$$

式中，θ_{av} 为 θ_{max} 和 θ_{min} 的平均值；R_{av} 为角度 θ_{av} 处的倾斜距离。由于平面地球近似，因此对于星载雷达，式(14.90)给出的等式只可看作一阶近似。

将上述等式与式(14.87)合并，从模糊视角可以得出天线的最小可接受面积。将式(14.90)代入式(14.87)，得出

$$\beta_v R_{av} \tan \theta_{av} \leq \frac{cl}{4a_D u \, a_{hr} k_r k_a} \qquad (14.91)$$

垂直波束宽度可表示为

$$\beta_v = \frac{\lambda}{H} a_{vr} \qquad (14.92)$$

式中，H 为天线孔径的高度；a_{vr} 为真实孔径垂直锥度因子。将式(14.92)代入式(14.91)，且 $f = c/\lambda$，则天线面积可表示为

$$面积 = lH \geq \frac{4a_D u R_{av} \tan \theta_{av}}{f}(a_{vr} a_{hr} k_r k_a) \qquad (14.93)$$

> ► 因此，雷达天线存在最小面积。任何较小面积天线都不能满足模糊约束。◄

注意，通过改变天线的 H/l 比例，可以满足模糊约束。也就是说，天线面积是限定的，但形状可以改变，所以分辨率和刈幅宽度是变动的，即分辨率与 l 有关而刈幅宽度与 H 有关。

最小面积约束几乎不影响机载雷达，但对星载雷达来说很重要。作为数值示例，设定以下几个参数：

$$u = 7\,500\ \text{m/s}, \qquad R_{\text{av}} = 1\,000\ \text{km}$$

$$\theta_{\text{av}} = 45°, \qquad f = 10\ \text{GHz}$$

$$a_{\text{vr}} = a_{\text{hr}} = 1, \qquad k_r = k_a = 1.4$$

根据式(14.93)，得出天线的最小面积为

$$lH \geqslant 5.88\ \text{m}^2 \qquad (a_{\text{D}} = 1)$$

若天线长度为 10 m，则最大斜距刈幅宽度为 $R_s \leqslant 51$ km，地面刈幅宽度 $R_g \approx \sin 45° = 72$ km。上述刈幅不算很宽，但入射角愈小，刈幅愈宽。$\theta_{\text{av}} = 20°$，$R_{\text{av}} = 1\,000$ km 时，可以采用面积较小的天线，即

$$lH \geqslant 2.14\ \text{m}^2 \qquad (a_{\text{D}} = 1)$$

入射角变小时，R_s 仍为 51 km，但 $R_g = 51/\sin 20° = 149$ km，这个刈幅宽度更有用。

14.5.1　扫描合成孔径雷达

前面章节讨论了模糊问题，所以对于某些应用，星载合成孔径雷达的刈幅宽度通常比应用所需的宽度要小。一种解决办法是使用扫描合成孔径雷达(scanSAR)，如图 14.17 所示。图 14.17(a)所示为扫描合成孔径雷达系统的三维视图：在俯仰向 3 个不同的位置对波束进行扫描。移动距离为潜在合成孔径长度 L_p 时，每个扫描位置分别使用1/3长度。每个扫描位置上(子刈幅)，根据式(14.87)求出刈幅宽度。

> ▶ 若真实孔径天线长度一定，则扫描获得的刈幅宽度是非扫描情况下得出的刈幅宽度的 3 倍。但这样做的代价是，只有1/3的潜在合成孔径可用于获得沿轨分辨率，所以 3 步扫描合成孔径雷达所得的可能分辨率 r_a 是单一刈幅非扫描合成孔径雷达所得分辨率的 3 倍，即 $r_a = 3r_{\text{ap}}$。◀

图 14.17(b)中的二维图很好地展示了扫描合成孔径雷达的孔径尺寸。将两个潜在的合成孔径 A 和 B 各分成 3 部分。图中还显示出了真实孔径波束的极值。雷达通过孔径 A_1 期间，对刈幅 A_1 进行成像。A_1 成像结束时，波束进行外部扫描，雷达开始对刈幅 A_2 进行成像。A_2 成像结束时，波束继续外部扫描，对刈幅 A_3 进行成像。波束完成对 A_3 的成像之前，雷达一直处于第一个潜在合成孔径 A 的末端。也就是说，波束必须立刻返回原来的位置，这样刈幅 B_1 的成像才能开始，否则刈幅 A_1 和 B_1 之间会产生间隙。雷达经过潜在孔径 B 时，重复上述，这样无须完整扫描就能形成刈幅 3 倍宽的完整图像。

与图 14.17 所示的 3 步扫描合成孔径雷达类比后发现，对于具有 N_{sc} 个扫描位置的扫描合成孔径雷达，其合成孔径可用总长度满足：

$$L \leqslant L_{\text{p}} / N_{\text{sc}} \qquad (14.94)$$

因此，扫描合成孔径雷达的沿轨分辨率为

$$r_{\text{a}} \geqslant N_{\text{sc}} r_{\text{ap}} \qquad (14.95)$$

如果天线长度固定，想要获得较宽刈幅的图像，那么N_{sc}必须足够大，而且以牺牲分辨率为代价。对于有些应用，较频繁的重复覆盖比分辨率重要，但使用扫描合成孔径雷达时，需要考虑刈幅宽度和分辨率之间的权衡。

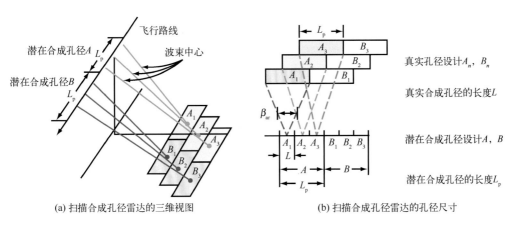

(a) 扫描合成孔径雷达的三维视图　　　　(b) 扫描合成孔径雷达的孔径尺寸

图 14.17　扫描合成孔径雷达结构图

14.5.2　其他合成孔径雷达观测几何图

到目前为止，我们只研究了正对于航天器或航空器飞行轨道侧面的合成孔径雷达，如图14.18(a)所示。这样的系统会产生一个连续图像带，因此被称作条带式合成孔径雷达系统。扫描合成孔径雷达也是一种条带式合成孔径雷达，可用于平行于飞行路径或对角路径的多刈幅，如图14.18(b)和(c)所示。14.4.1 节中提到，还可使用其他合成孔径雷达观测成像几何形式。下面我们将探讨几种重要的成像几何形式。

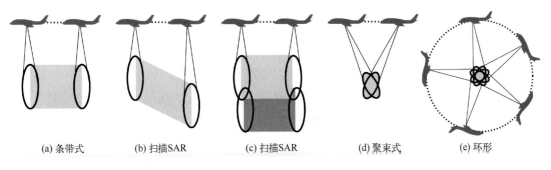

(a) 条带式　　　(b) 扫描SAR　　　(c) 扫描SAR　　　(d) 聚束式　　　(e) 环形

图 14.18　合成孔径雷达几何成像模式对比

斜视合成孔径雷达

许多合成孔径雷达系统，特别是军用机载雷达，选择某一方位角进行观测，通常位于航空器前方，如图 14.19 所示，由此称作斜视合成孔径雷达。以斜视模式为运行模式的合成孔径雷达可以是条带式合成孔径雷达系统或扫描合成孔径雷达系统。图 14.19 中，天线波束在侧视方向前面倾斜或"斜视"，这样在地面上形成的图案是一个椭圆，主轴与坐标轴大约呈 45°角。为了对比，图中也画出了正侧视天线的情况。在这两种情况下，与距离分辨率有关的等距轮廓是同心圆，且与椭圆主轴垂直。注意，斜视模式中的等多普勒线和等距线互不垂直。所以分辨率单元的形状不是近似矩形，而侧视模式中分辨率单元的形状近似矩形。因此，斜视模式中的距离分辨率和方位分辨率相互耦合。由于地面距离不在 y 方向上，所以地面距离分辨率表示为脉冲距离分辨率 r_p，而不是 r_y。同样，多普勒分辨率表示为 r_d，而不是 r_a，其所在方向垂直于等多普勒线，且与多普勒滤波器带宽 B_{Dr} 有关。

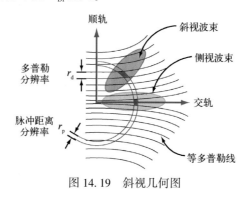

图 14.19　斜视几何图

由于等多普勒线和等距线互不垂直，所以不能采用通用的距离–多普勒处理算法，而需要采用更为复杂的能够应对距离和多普勒耦合的算法。我们注意到，在斜视合成孔径雷达中，"距离徙动"尤其重要。14.9.2 节中提到，当雷达到目标的距离在距离分辨单元之间移动时，会发生距离徙动。

聚束式合成孔径雷达

聚束式合成孔径雷达中，航空器经过目标时，窄波束天线朝向目标，这样目标区域的照射时间变长，如图 14.18(d) 所示。这大大延长了有效孔径，从而以降低覆盖率为代价，提高了方位分辨率。窄天线波束的增益高于产生相同合成孔径的固定天线，因此信噪比较高。在其他方面，分析聚束式合成孔径雷达与分析条带式合成孔径雷达相似。聚束式合成孔径雷达和条带式合成孔径雷达的合成阵列长度都受目标方位观测角的相干性限制。

环形合成孔径雷达

最后一种合成孔径雷达成像几何是环形合成孔径雷达，如图 14.18(e)所示。搭载环形合成孔径雷达的航空器围绕目标形成环形飞行路径，持续监测目标。图 14.20 详示了环形合成孔径雷达的几何图。航空器围绕原点(0，0，0)做环形运动，速度为 u，半径为 r_0，高度为 h，雷达角度位置是关于时间的函数：

$$\theta(t) = ut/2\pi r_0$$

到目标点$(x_0，y_0)$的距离时变分量 x 和 y 分别如下：

$$x(t) = r_0 \cos \theta(t)$$
$$y(t) = r_0 \sin \theta(t)$$

目标与雷达之间的距离 R 为

$$R(t) = \sqrt{[x(t) - x_0]^2 + [y(t) - y_0]^2 + h^2} \tag{14.96}$$

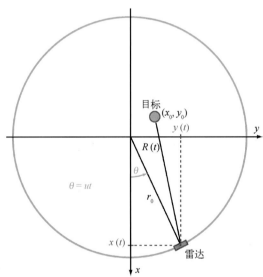

图 14.20　聚束式几何图 [*]

为了方便，但又不失一般性，我们考虑以 $\theta = 0$ 为中心的圆的一小段圆弧。圆弧较小时，$x(t) \approx r_0$，$y(t) \approx r_0\theta(t) = ut/2\pi$，则式(14.96)变成

$$R(t) = \sqrt{(r_0 - x_0)^2 + \left(\frac{ut}{2\pi} - y_0\right)^2 + h^2} \tag{14.97}$$

若圆弧半径 r_0 远大于高度 h，则 $a^2 \gg b$ 时，根据泰勒近似定理，$\sqrt{a^2 + b} \approx a + b/2a$，得出

---

* 　此处原著有误，应为环形合成孔径雷达几何图。——译者注

$$R(t) \approx (r_0 - x_0) + \frac{1}{2}\left[\frac{\left(\frac{ut}{2\pi} - y_0\right)^2 + h^2}{(r_0 - x_0)}\right] \approx r_0 - x_0 + \frac{1}{2}\left[\frac{\left(\frac{ut}{2\pi}\right)^2 t^2 - \left(\frac{uy_0}{\pi}\right)t + y_0^2 + h^2}{r_0}\right]$$

$$(14.98)$$

式中，θ 较小时，最后一步的分母中，$r_0 - x_0 \approx r_0$。对常数进行分组，上述等式具有如下形式：

$$R(t) = h_0' - \frac{uy_0}{2\pi r_0}t + \frac{u^2}{8\pi^2 r_0}t^2 \qquad (14.99)$$

式中，$h' = r_0 - x_0 + (y_0^2 + h^2)/2r_0$。式(14.99)给出的公式是关于时间的二次函数。接收信号的相位为 $4\pi R(t)/\lambda$，所以接收信号将具有二次相位线性调频，其 DC 值(h')与位置 x 有关，而线性相位项(频率)是关于位置 y 的函数。这类似于条带模式运行下的方位线性调频，在照射区域内可以利用匹配滤波对目标进行成像。注意，对于处于圆心的目标，距离是常数，所以匹配滤波器的脉冲响应不变。Jakowatz 等(1996)和 Carrara 等(1995)已开发了用于研究聚束式合成孔径雷达和环形合成孔径雷达成像几何形状的专用合成孔径雷达处理算法，但本书不做详细介绍。

14.6 合成孔径雷达的功率因素

尽管合成孔径雷达的功率因素和真实孔径雷达的功率因素可以用多种方式表示，但二者很相似。设沿轨分辨率和交轨分辨率分别为 r_a 和 r_y，则对于单一脉冲，真实孔径雷达的接收功率可表示为

$$P_r = \frac{P_t G^2 \lambda^2 \sigma^0 r_a r_y}{(4\pi)^3 R^4} \qquad (14.100)$$

由于信噪比 S_n 本身通常比接收功率重要，如同机载侧视雷达一样，将 P_r 除以雷达噪声，可得到的合成孔径雷达如下：

$$S_1 = \frac{P_t G^2 \lambda^2 \sigma^0 r_a r_y}{(4\pi)^3 R^4 k T_0 BF} \qquad (14.101)$$

注意 S_1 的下标，表示单一脉冲的合成孔径雷达。合成孔径雷达中，需要对多个脉冲进行相干积累，因此考虑信噪比时需要对合成孔径内的各个脉冲进行求和。

合成孔径中的脉冲数表示为 N_s。由于信号是相干求和的，若暂时将天线增益随方位角的变化忽略不计，则 N_s 个脉冲求和得出的信号电压与单一脉冲的接收电压 V_1^s 的关系如下：

$$V_{N_s}^s = N_s V_1^s \qquad (14.102)$$

因为噪声电压是随机的，所以它们无法进行相干积累，那么我们必须借用噪声电压平方的总体平均值。假设噪声样本是独立的，将对 N_s 个随机平方噪声电压进行求和，得出噪声总体平均值为

$$\langle (V_{N_s}^n)^2 \rangle = N_s \langle (V_1^n)^2 \rangle \tag{14.103}$$

▶ 因此，N_s 个脉冲相干求和得出的信噪比是单一脉冲信噪比的 N_s 倍，即

$$S_{N_s} = \frac{P^s}{P^n} = \frac{(V_{N_s}^s)^2}{\langle (V_{N_s}^n)^2 \rangle} = \frac{N_s^2 (V_1^s)^2}{N_s \langle (V_1^n)^2 \rangle} = N_s S_1 \tag{14.104}$$

◀

有必要用雷达系统参数表示 N_s。首先要注意，N_s 表示合成孔径长度与两个脉冲之间的行驶距离之比，即

$$N_s = \frac{L}{uT_p} + 1 \approx \frac{L}{uT_p} \tag{14.105}$$

式中，L 为孔径的长度；u 为飞行速度；T_p 为脉冲重复周期。由于 L 不是系统的基本参数，根据式(14.54)，我们将其表示成关于 r_a 的等式，即

$$N_s = \frac{\lambda R a_{hs}}{2 r_a u T_p} \tag{14.106}$$

注意，上述等式包括加权项 a_{hs}，表示天线增益方向图。

将式(14.106)与式(14.104)和式(14.101)合并，得出 N_s 个脉冲的信噪比：

$$S_{N_s} = \frac{P_t G^2 \lambda^3 a_{hs} \sigma^0 r_y}{2 (4\pi)^3 R^3 k T_0 B F u T_p} \tag{14.107}$$

上述等式表明，合成孔径雷达像素的信噪比与沿轨(方位)分辨率 r_a 无关。在不改变 S_{N_s} 的情况下，我们可以获得最高的可能分辨率 r_{ap} 或者其他较差一些的分辨率。也就是说，合成孔径雷达的功率需求与 r_a 无关，只取决于交轨(距离)分辨率 r_y。另一方面，处理器复杂度取决于 r_a 的精细度。由此，要获得恒定区域像素，如14.8节提到的斑点噪声，必须在 r_y 和 r_a 之间进行权衡，确保二者的乘积不变。

脉冲压缩一直用于合成孔径雷达，所以平均功率可能比峰值功率更重要。对于矩形脉冲，有效脉冲持续时间为 τ_p。对于其他脉冲形状或类型，我们可以求出一个等效脉冲持续时间 τ_p，使得形状特定的脉冲所含的能量等于等效矩形脉冲所含的能量：

$$P_{t_{max}} \tau_p = \int P_t(t) \, dt \tag{14.108a}$$

根据 τ_p 的定义，将峰值功率代入式(14.100)、式(14.101)及式(14.107)，得出

$$P_t = P_{av} / \tau_p f_p = \frac{T_p P_{av}}{\tau_p} \tag{14.108b}$$

式中，f_p 为脉冲重复频率；P_{av} 为平均功率，且 $f_p T_p = 1$。脉冲-锥度因子 a_B 使带宽 B 和脉冲重复周期 T_p 关联起来，由此式(14.107)中带宽与脉冲持续时间 τ_p 的关系如下：

$$B = \frac{a_B}{\tau_{\mathrm{p}}} \tag{14.109}$$

将上述等式代入式(14.107), 则信噪比变成

$$S_{N_s} = \frac{P_{\mathrm{av}} G^2 \lambda^3 a_{\mathrm{hs}} \sigma^0 r_y}{2(4\pi)^3 R^3 k T_0 F u \, a_B} \tag{14.110}$$

14.6.1　合成孔径雷达的信噪比方程

从式(14.110)看出, 天线增益、波长和到目标的距离 R 极大地影响了信噪比。

有时需要根据给定要求设定雷达系统的合成孔径雷达, 其中式(14.110)是最简单的雷达方程。但是很多情况下, 可能需要根据给定的合成孔径雷达值和其他系统参数, 设定所需平均功率。对于合成孔径雷达, 由于天线面积的两个分量涉及分辨率和刈幅宽度, 所以使用天线面积通常比天线增益更方便。若天线增益为 G, 则其有效面积 A_{e} 为

$$A_{\mathrm{e}} = G \frac{\lambda^2}{4\pi}$$

根据式(14.110), 得出平均功率 P_{av} 为

$$P_{\mathrm{av}} = \frac{S_{N_s} 8\pi R^3 k T_0 F u \lambda \, a_B L_F}{A_{\mathrm{e}}^2 a_{\mathrm{hs}} \sigma^0 r_y} \tag{14.111}$$

从式(14.111)中看出, 还有一个重要的系数——损耗系数 L_F, 该系数表征了射频损耗以及这样一个事实: 波束中的增益不同于波束中心的增益。

作为数值示例, 设定两个雷达——一个在航空器上, 一个在航天器上, 二者的损耗、噪声系数、信噪比和波长均相等:

$S_{N_s} = 4(6\ \mathrm{dB})$, $F = 4(6\ \mathrm{dB})$, $L_F = 4(6\ \mathrm{dB})$, $\lambda = 0.03\ \mathrm{m}$, $a_{\mathrm{hs}} = a_B = 1$, $\sigma^0 = 10^{-2}$

但由于机载雷达和星载雷达的飞行速度和高度不同, 所以最小面积和功率需求也不同:

参数	航空器	航天器星载雷达
R	20 km	1 000 km
u	300 m/s	7.5 km/s
A_{e}	0.1 m²	6 m²
r_y	3 m	30 m
P_{av}	1.5 W	134 W

注意, 星载雷达天线的最小面积为 $6\ \mathrm{m}^2$, 满足中等角度距离内模糊因素的要求。因此, 星载雷达天线必须大于机载雷达天线。另一方面, 出于某种原因, 机载雷达使用的天线面积可以与星载雷达采用的天线面积相同。若机载雷达天线的面积为 $6\ \mathrm{m}^2$, 分辨率 r_y 为 30 m, 则功率需求只有 43 μW。

机载雷达以较短的距离和较低的速度运行，为了获得较高的分辨率，通常使用相对较小的天线；相反，星载雷达以较长的距离和较高的速度运行，考虑到功率和模糊因素，需要采用较大的天线。由于航天器的飞行速度较高，实现雷达成像需要一定的覆盖率，所以分辨率通常较低。

14.6.2　辐射分辨率

合成孔径雷达的辐射分辨率通常根据等效噪声 σ^0 (NES) 来确定。等效噪声定义为这样一个 σ^0 值，它使得图像像素信噪比为 1(0 dB)。设式(14.110)中的 $S_{N_s}=1$，并求出 σ^0，最终得出等效噪声：

$$NES = \frac{2\,(4\pi)^3 R^3 k T_0 F u\, a_B}{P_{\text{av}} G^2 \lambda^3\, a_{\text{hs}} r_y} \tag{14.112}$$

注意信噪比与距离有关，所以等效噪声会随着距离的变化而变化。

虽然对等效噪声的要求取决于应用，但等效噪声的设计值通常为-25 dB 到-30 dB。若目标的 σ^0 值低于等效噪声，又由于像素强度值取决于系统噪声基底(理论上与地面单元的 σ^0 成正比)，所以目标不可能进行可靠成像。

合成孔径雷达系统设计涉及另外两个相关参数，分别为脉冲响应函数(有时简称 IPR)和积分旁瓣比(ISLR)。脉冲响应函数是关于 σ^0 的归一化系统测量响应函数，可用于合成孔径雷达数据处理，包括方位窗和距离窗。合成孔径雷达图像的有效分辨率被定义为单个像素脉冲响应函数的 3 dB 尺寸。注意，合成孔径雷达处理中采用的信号处理加窗也可用于权衡脉冲响应函数旁瓣和脉冲响应函数主瓣的宽度：主瓣宽度随着旁瓣的减少而增加。

通常，在以某个像素为中心的小区域内对脉冲响应函数进行求值，而且一般归一化为最大值。合成孔径雷达处理器处理和积累照射区域的脉冲，因此像素值是雷达回波的加权和。脉冲响应函数是合成孔径雷达处理器、发射信号性能和测量几何进行有效加权得出的结果。

> ▶ 若表面 σ^0 是像素中心处的 Δ 函数，则作为合成孔径雷达处理器脉冲响应，脉冲响应函数可形象化为关于某一像素的合成孔径雷达处理器输出值二维曲线图，如图 14.21 所示。◀

图 14.21 中的网格表示合成孔径雷达图像像素网格，中间的红点表示角反射器所在的位置。右图是该区域内的脉冲响应函数示例。

实际上，通常将角反射器或有源雷达定标器置于图像的低后向散射区域，并计算以反射器为中心的合成孔径雷达图像，从而测量出脉冲响应函数。一个足够大的反射器可以捕捉一个非常亮的点状雷达目标，其图像响应为脉冲响应函数。为了呈现细节，通常借助高于正常分辨率或插值分辨率的高分辨率图像进行计算，如图 14.22 所示。

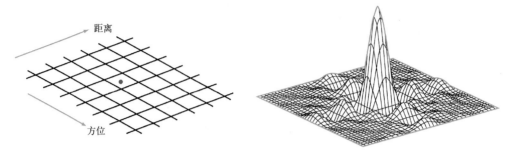

图 14.21　合成孔径雷达图像的脉冲响应函数示意图

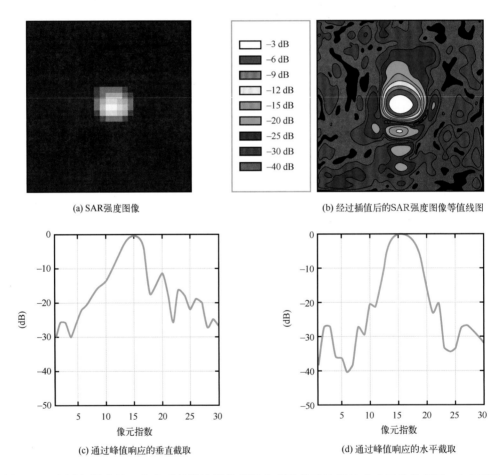

(a) SAR强度图像

(b) 经过插值后的SAR强度图像等值线图

(c) 通过峰值响应的垂直截取

(d) 通过峰值响应的水平截取

图 14.22　黑暗场景中从一个角反射器计算非理想合成孔径雷达脉冲响应函数的例子：（a）周围反射器在峰值归一化为 1 的线性范围内的强度图像；（b）经过插值后的 SAR 强度图像等值线图；（c）通过峰值响应的垂直（范围）截取（即有效的距离压缩响应）估计的脉冲响应函数图；（d）通过峰值响应的水平截取（即有效的方位响应）估计的脉冲响应函数图

积分旁瓣比被定义为像素响应的旁瓣系统增益与系统响应总积分之比，即

$$\text{ISLR} = \frac{\displaystyle\int_{\text{sidelobes}} \text{IPR}(x,\,y)\,\mathrm{d}x\mathrm{d}y}{\displaystyle\int_{\text{everywhere}} \text{IPR}(x,\,y)\,\mathrm{d}x\mathrm{d}y} \tag{14.113}$$

若合成孔径雷达设计完善，则积分旁瓣比为−13 dB 或更低。

14.7　合成孔径雷达的系统配置

合成孔径雷达系统在整个合成孔径上需要相干操作。合成孔径雷达系统框图类似于其他脉冲多普勒雷达，如动目标显示(MTI)系统。脉冲压缩可用于多数的合成孔径雷达应用，因此在获得较高距离分辨率的同时，还能将峰值功率保持在较低水平。合成孔径雷达与其他相干雷达之间的主要差别在于处理器，而不是雷达硬件。

图 14.23 所示为现代合成孔径雷达系统概念框图。对雷达硬件的主要要求是维持相位和频率相干性。系统中的所有频率均锁定到中频处一个非常稳定的振荡器上。为了发射，线性调频生成器发射一个含有期望定时和振幅包络的(I/Q)复脉冲。其中脉冲振幅包络可以加窗成特定的形状，也可以是一个矩形脉冲。线性调频信号被送至单边带(SSB)混频器，与本地振荡器信号混合，在载波频率处生成一个脉冲。单边带混频器的载频输出在发射射频功率放大器中被放大至所需电平，再发送至双工器。经过双工器后又到达天线，从而发射信号。

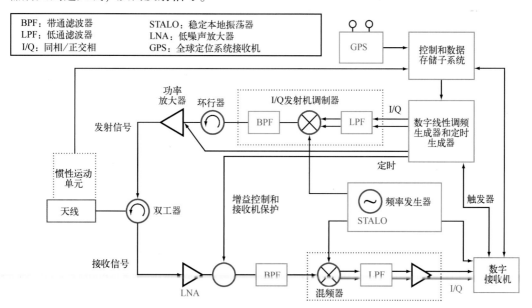

图 14.23　合成孔径雷达系统基本框图

天线获取的接收信号通过双工器在载波频率处到达低噪声放大器，在第一个混频器中向下混频到中频。将中频信号放大后进行数字采样。同时，有关天线姿态和位置的信息也会被收集起来。

上述所示合成孔径雷达系统为零中频系统，所以与同相混频器(I 混频器)和正交相混频器(Q 混频器)进行单边带混频。这些混频器使接收机的中频输出与中频本地振荡器信号相结合，从而将载波信号降至零频率，多普勒频移也几乎降至零频率。在这点上，合成孔径雷达系统类似于其他相干脉冲雷达。但有些合成孔径雷达包含因运动误差对中频输出进行预校正所用的电路，而对于其他合成孔径雷达，校正只是处理的一个部分。图 14.24 所示为更详细的合成孔径雷达系统框图，其中包含一个误差-校正系统。误差-校正系统在接收机的第二个本地振荡器(中频处)单元上运行。这样的校正系统也可以在接收机第一个本地振荡器上运行，并且校正经常在处理器中完成。

对于图 14.24 所示的系统，误差-频率振荡器(频率通常非常低)的输出与稳定的中频振荡器发出的中频信号混合。结果中频信号发生偏移，从而将速度误差和姿态误差降为零。误差-偏移振荡器接收具有姿态误差和速度误差的信号。对安装在天线上的加速度计进行积分，求出速度误差；根据机载合成孔径雷达导航系统求出姿态误差。姿态-误差传感器产生的信号借助误差-偏移振荡器可以进行快速校正，但如果借助天线-定位器伺服对天线进行重新定位，则校正较慢。因此，天线-定位器伺服用来控制天线姿态误差，而误差-偏移振荡器用来完成校正。注意，单边带混频器和误差-偏移振荡器均被看作接收机第二本地振荡器单元。若采用杂波锁定系统，则不需要第二本地振荡器单元。

杂波锁定系统借助接收多普勒频谱中心，对本地振荡器频率进行调整，使中频载波位于中频多普勒频谱的中心，如图 14.25 所示。与图 14.23 所示雷达的不同之处在于接收机的第一个本地振荡器。图 14.23 中，接收机的第一个本地振荡器可提供发射信号，而图 14.25 中，采用了一个不同的接收机本地振荡器，其频率是通过锁相环进行调整的，使中频多普勒频谱位于中频振荡器的频率 f_{IF} 处。同时，将中频放大器的输出同稳定中频振荡器发出的信号一起送至相位比较器，从而生成一个新的误差信号，调整了中频电压控制振荡器(VCO)的频率，继而又调整了锁相接收机本地振荡器的频率。合理的调频将中频多普勒频谱与频率 f_{IF} 之差最小化。注意，杂波锁定相位比较器用于脉冲压缩网络之前，这样相对较长的脉冲可以包含不同距离内的信息，以调整本地振荡器。如果采用脉冲压缩网络的输出，那么为了实现与单一距离目标回波一样的稳定性和独立性，需要对多个距离门处得出的结果进行积分处理。如果脉冲压缩比不够大，那么图 14.25 所示的系统也需要进行积分处理。当然，锁相环运行所需的时间常数需要调整到一个合理的值，所以它并不随着目标信号特性的微小变化而抖动。还可以在处理器中操作杂波锁定系统，但图 14.23 到图 14.26 中方框所标出的子系统内容已超出本书讨论的范围。

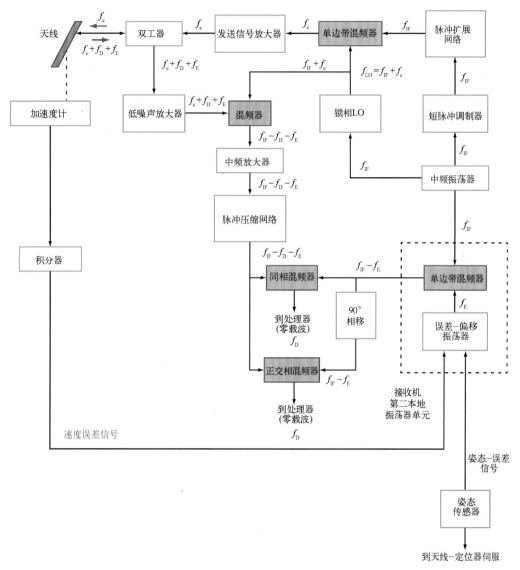

图 14.24 包含中频误差–偏移校正系统的合成孔径雷达系统框图

对于成本低、性能适中的合成孔径雷达，线性调频连续波（LFMCW）系统提供了一个简单的设计。图 14.26 所示为线性调频连续波合成孔径雷达系统结构框图。线性调频连续波合成孔径雷达的设计不同于其他合成孔径雷达设计，虽然发射信号会泄漏到接收机中，使接收机设计复杂化，但它可以连续发射和接收信号。通常采用一组发射和接收天线，使发射/接收间隔最大化。利用线性调频连续波信号，将信噪比最大化，从而可以使用低频发射器。图 14.26 中，发射的线性调频信号与接收信号相混合，对发射信号进行解线性调频。尽管中间级数可以提供更好的性能，但这种简单的零差设计降低了基带采样频率，简化了硬件。

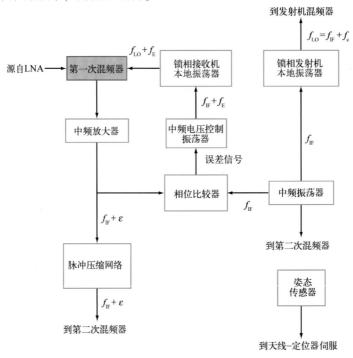

图 14.25　杂波锁定系统——中频操作。f_E 为速度误差和姿态误差造成的误差偏移频率，ε 表示锁相环的频率误差。若环路增益较大，则 ε 应该较小

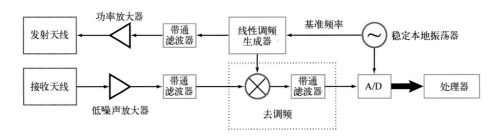

图 14.26　线性调频连续波合成孔径雷达系统功能框图

我们注意到，多数合成孔径雷达系统是在脉冲模式下工作的，合成孔径雷达先发射出一个短脉冲，然后等待回波。机载合成孔径雷达每次飞行通常只有一个单一脉冲，而星载合成孔径雷达在飞行中会有多个脉冲。上述两种情况中，由于脉冲长度较短，信号发射期间或从回波重复期间，合成孔径雷达移动较小，可以忽略不计。因此，这种合成孔径雷达系统在脉冲期间可以视作静止的(多普勒频移计算除外)。这就是走-停或停-跳近似。线性调频连续波系统中，发射和重复是连续的，需要较为详细的分析，

所以走–停近似不适用于线性调频连续波系统。

在一个线性调频后的线性调频连续波发射信号中，信号频率从起始频率开始逐渐增大，跨越带宽 B，线性调频速率 $\alpha = 2B/T_R$，其中 T_R 表示调频重复周期。随后，频率开始倾斜降低，如图 14.27 所示。这种上下循环在 T_R 脉冲重复间歇期不断重复。借助复数表示法，上线性调频发射信号可表示成

$$V_t(t) = e^{j(\phi + 2\pi f_0 t + \pi \alpha t^2)} \tag{14.114}$$

式中，t 为快速时间；ϕ 为初始相位。每次上线性调频期间都会出现同样的信号。下线性调频信号的表达式类似于上线性调频信号，但 $f_0 + B$ 表示起始频率，$-\alpha$ 表示线性调频速率。

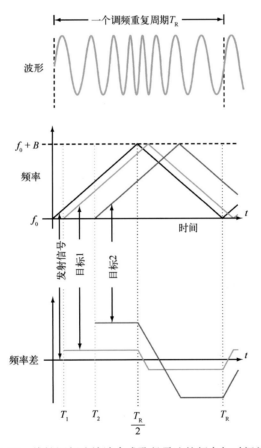

图 14.27　线性调频连续波合成孔径雷达的频率与时间关系

到目标的距离 R 表示如下：

$$R(t, \eta) = \sqrt{R_0^2 + u^2(t + \eta)^2} \tag{14.115}$$

式中，R_0 为最接近目标的距离；$\eta = NT_R$，其中 N 为慢时间线性调频数，T_R 为线性调频

间隔时间；u 为沿轨速度。接收信号的延迟时间为飞行时间延迟 T，即

$$T = \frac{2R(t, \eta)}{c} \tag{14.116}$$

这样单一线性调频的接收信号可写成

$$V_r(t, \eta) = e^{j[\phi + 2\pi f_0(t-T) + \pi\alpha(t-T)^2]} \tag{14.117}$$

式中，T 为关于时间的函数。

发射信号与接收信号混合在一起后，又进行了低通滤波。相当于将式(14.117)与式(14.114)的复数共轭进行相乘。上述的解线性调频操作移除了载波，生成了解线性调频信号：

$$V_{dc}(t, \eta) = e^{-j(2\pi f_0 T - \pi\alpha T^2)} \cdot e^{-j2\pi\alpha Tt} = e^{-j\phi'} \cdot e^{-j2\pi f_{dc}t} \tag{14.118}$$

是一条正弦曲线，频率 $f_{dc} = \alpha T$，与距离成正比。解线性调频信号经过傅里叶变换后，实现距离压缩。利用信号处理窗抑制住距离旁瓣后，通常采用快速傅里叶变换。快速傅里叶变换的各个输出单元对应一个距离分辨率。其中距离分辨率与线性调频带宽的倒数 $1/\alpha T_p$ 成正比。飞行延迟期间，平台的运动会使得目标在距离向发生移动，但可以利用慢时间频率线性调频进行校正(de Wit et al., 2006)。

14.8 雷达图像中的斑点噪声

从5.6节的讨论内容和5.8节的示意图可以看出，信号衰落和图像斑点噪声是雷达的两个基本问题，在雷达成像中尤其重要。从分布式目标观察到，返回信号发生了随机波动，图像中会生成类似噪声的斑点。雷达经过目标像素时，可能在像素处只能获得一个独立的单"视"，或在间隔足够远的地方处获得多视，以表示多个独立样本。若每个像素处只能获得一个单视，那么像素亮度具有瑞利分布或指数分布，这取决于所采用的是振幅等效检测还是平方律等效检测。此外，如果接收机在某种程度上是非线性的，而不是平方律关系，那么分布可能会呈现出其他形式。如果只观测到一个独立样本，那么斑点噪声会导致难以确定指定像素的散射系数。如5.8节所提到的，对邻近像素进行平均会降低图像分辨率，但在一定程度上可以改善斑点噪声的不利影响。若目标区域被多个像素覆盖，则像素平均值的方差变小，可更好地估算散射系数。像素平均或低通滤波都可以提高图像的可解释性。下面我们将分开探讨机载侧视雷达图像和合成孔径雷达图像中的斑点噪声。

14.8.1　机载侧视雷达图像中的斑点噪声

由于机载侧视雷达图像的分辨率往往较低，所以很多情况下，机载侧视雷达图像的单个像素代表着若干独立样本的平均值。随着各个像素平均的独立样本增多，斑点噪声程度不断降低。如果将足够多的独立样本平均到报告的像素值中，那么借助单个像素可以很好地估算下面地形的散射系数。注意，用来降低斑点噪声影响的平均化同时也平均化了噪声，从而提高了信噪比。因此，如果同时对足够多的独立样本进行平均，即使噪声电平很高，也能精确地估算散射系数。

本节我们将解决机载侧视雷达的两个问题：如何计算每个像素的独立样本数以及如何提高被平均的独立样本数。为了说明机载侧视雷达图像中每个像素的独立样本数，我们注意到，距离侧视位置 x 处的目标刈幅(图 14.28)产生了后向散射，其中多普勒频移为

$$f_{\mathrm{D}} = \frac{2u}{\lambda} \sin \beta = \frac{2ux}{\lambda R_0} \tag{14.119}$$

式中，u 为机载雷达的飞行速度；λ 为波长；R_0 为倾斜距离；波束内 x 的最大值为

$$x_{\max} = \beta_{\mathrm{h}} R_0 / 2$$

其中，β_{h} 为水平方向上天线的波束宽度。将 $x_{\max}$ 代入式(14.119)，得出多普勒频率最大值为

$$f_{\mathrm{D_{max}}} = \frac{u \beta_{\mathrm{h}}}{\lambda} = - f_{\mathrm{D_{min}}} \tag{14.120}$$

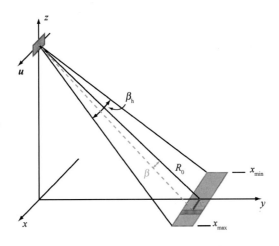

图 14.28　机载侧视雷达信号衰落的几何示意图

注意，多普勒频移的最大值和最小值大小相等，符号相反。因此，机载侧视雷达的多普勒带宽为

$$\Delta f_{\mathrm{D}} = 2 f_{\mathrm{D_{max}}} = \frac{2u\,\beta_{\mathrm{h}}}{\lambda} \tag{14.121}$$

对于给定的点目标，观测信号衰落所用的时间 T 是目标被波束照射的时间，与沿轨分辨率有关，即

$$T = \frac{r_{\mathrm{a}}}{u} = \frac{\beta_{\mathrm{h}} R_0}{u} \tag{14.122}$$

根据第 13 章讨论的内容，独立样本数近似等于多普勒带宽与观测时间的乘积，所以沿轨独立样本数 N_{a} 为

$$N_{\mathrm{a}} = T\Delta f_{\mathrm{D}} = \frac{2\beta_{\mathrm{h}}^2 R_0}{\lambda} \tag{14.123}$$

该等式可写成

$$N_{\mathrm{a}} = \left(\frac{2\beta_{\mathrm{h}}}{\lambda}\right)(\beta_{\mathrm{h}} R_0) \approx \left(\frac{2\lambda}{\lambda l}\right)(r_{\mathrm{a}}) = \frac{2r_{\mathrm{a}}}{l} = \frac{r_{\mathrm{a}}}{l/2} \tag{14.124}$$

虽然等效带宽是关于天线锥度的函数，但为简单起见，设 $\beta_{\mathrm{h}} = \lambda/l$。

式(14.124)是一个非常基本的方程，可用于合成孔径雷达。

▶ 从结果来看，在沿轨方向上被平均的可用独立样本数实际上等于沿轨分辨率 r_{a} 与沿轨维度上半个天线长度($l/2$)的比值。◀

因此，若 3 m 天线能实现 30 m 的分辨率，则独立样本数 N_{a}(近似)为 30/1.5，即 20。这种平均方式如图 14.29(a)所示。若像素的尺寸为 $r_{\mathrm{a}} \times r_{\mathrm{r}}$，那么通过叠加宽度为 $l/2$ 的单一独立样本子像素，可以获得沿轨分辨率 r_{a}，如图中的垂直虚线所示。

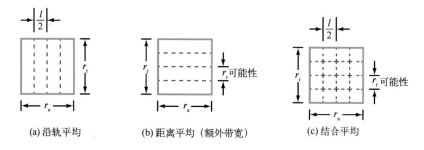

(a) 沿轨平均   (b) 距离平均（额外带宽）   (c) 结合平均

图 14.29　实现平均的 3 种方法

根据可得的独立样本数以及用于像素测量的相对标准差，假定机载侧视雷达数值设计案例在两个频率处运行，同时满足以下条件：

$$l = 5\ \mathrm{m}$$

$$\lambda_1 = 1 \text{ cm}, \qquad \lambda_2 = 3 \text{ cm}$$

$$\beta_{h1} = 0.002 \text{ rad}, \qquad \beta_{h2} = 0.006 \text{ rad}$$

$$r_{a1} = 2R_{km} \text{ m}, \qquad r_{a2} = 6R_{km} \text{ m}$$

式中，R_{km} 表示倾斜距离（以 km 为测量单位）。根据式（14.124）中的值，求出

$$N_{a1} = \frac{2R_{km}}{2.5} = 0.8R_{km}$$

$$N_{a2} = \frac{6R_{km}}{2.5} = 2.4R_{km}$$

根据式（5.85），N_a 视强度图像的标准差与平均值之比为

$$\frac{s}{\mu} = \frac{1}{\sqrt{N_a}}$$

设两个雷达的工作距离分别为 5 km 和 20 km，根据上述等式，可以求出分辨率、独立样本数以及两个雷达波长的相对标准差：

	$\lambda_1 = 1$ cm		$\lambda_2 = 3$ cm	
R	5 km	20 km	5 km	20 km
r_a	10	40	30	120
N_a	4	16	12	48
s/μ	0.5	0.25	0.29	0.14

这些值假设所有可能的样本均被平均。注意，相比于波长较短的系统，波长较长的系统的沿轨分辨率较低，但由于独立样本数较多，其归一化标准差和测量精度明显更有优势。

在距离方向上对独立样本进行平均，可以进一步减少斑点噪声。

> ▶ 距离平均可以在成像后进行，或者通过发射比最终距离分辨率所需带宽更宽的宽带信号，提高独立样本数，这就是额外距离带宽。◀

假设一个长度满足 $\tau_r = 1/B_r$ 的脉冲被发射，那么可能的斜距分辨率为

$$r_{r \text{ possible}} = \frac{c\tau_r}{2} = \frac{c}{2B_r}$$

现在对 N_r 个回波进行积累，得到的距离分辨率较低，但平均了 N_r 个独立样本。与上述积分结果相关的等效脉冲长度为

$$\tau = N_r \tau_r$$

由于实际距离分辨率为 $c\tau/2$，所以又可以写成

$$r_r = \frac{cN_r}{2B_r}$$

这种平均如图 14.29(b)所示，即 4 个可能的距离分辨单元被整合成一个较大的分辨率为 r_r 的像素。由此，根据有效脉冲持续时间或带宽，可以求出距离方向上的独立样本数：

$$N_r = \frac{r_r}{r_{R\text{ possible}}} = \frac{\tau}{\tau_r} = \frac{B_r}{B} \tag{14.125}$$

式中，B 与整合后的脉冲长度 τ 互为倒数。获得分辨率 r_r 所需的带宽为 B，实际所用的带宽为 B_r。因此，N_r 可描述为额外带宽比。发射额外带宽可以提高被平均的独立样本数。

借助以下 3 种方法，可以算出额外带宽比：

(1)发射持续时间为 τ_r 的短脉冲，再对距离方向上的多个像素进行平均。

(2)发射持续时间为 τ 的长脉冲，接着调制和检测脉冲，无须相关或解线性调频。

(3)发射长脉冲，并进行频率调制和解线性调频，部分需要使用到滤波器，其中滤波器的延迟–频率特性并没有完全补偿线性调频。这种方法称作拉伸处理(Skolnik，1980)。

上述各个方法中，为了实现更佳的标准差，减少斑点噪声，可以进行距离(或距离频率)平均，而不是在沿轨方向上进行平均。如果连续进行频率平均，如方法(2)和方法(3)，那么所得的标准差取决于与衰落频谱的频率轴的关系和脉冲的实际频谱。

距离平均和方位平均可以相互结合，从而求出独立样本总数，即

$$N = N_r N_a \tag{14.126}$$

这就是图 14.29(c)所示的，一共有 16 个样本，4 个沿轨平均，4 个距离平均。实际上，图 14.29(c)所示子单元的大小与像素一样，但不需要像素进行明确计算。由于机载侧视雷达的波束宽度较大，自然就完成了方位平均，而距离平均就要在相对较长的脉冲上发送较大的带宽并进行检测，但无须解线性调频。要注意的是，额外带宽的发送要求接收机具有额外带宽，这样噪声电平会随着额外带宽比成比例地增加。因此，距离平均需要发射机具有更大的功率，以克服噪声，而沿轨平均则不需要额外功率。

14.8.2 合成孔径雷达图像中的斑点噪声

由于合成孔径雷达本身所产生的像素对应一个独立样本，导致出现极差的斑点噪声，因此合成孔径雷达的斑点噪声问题通常较严重。为了减少斑点噪声，合成孔径雷达处理系统的设计人员必须特别考虑到对多个独立样本进行平均的需要。

前面提到的用于机载侧视雷达的减弱斑点噪声的方法也可用于合成孔径雷达。然

而，合成孔径雷达处理系统还提供了其他减弱斑点噪声的方法，包括高分辨率像素平均和子孔径处理。图 14.30 所示为上述两种方法的案例。图 14.30(a) 中，比例图对比了有效天线孔径的长度和沿轨分辨率，从一个单视的 2 m 到 8 个单视的 16 m 之间不等。图 14.30(b) 所示为对最佳分辨率 r_{ap} 进行处理及平均的方法。为此，多个沿轨孔径必须同时处理，每个均产生一个 2 m 像素。图 14.30(c) 中，合成孔径 L_p 被分成 4 段或 4 个子孔径。由于子孔径较短，所以像素的分辨率比较粗糙。各个子孔径被分开处理，获得一个沿轨尺寸为 8 m 的像素，然后求 4 个像素的强度(幅度功率)平均值。方法(b) 中的处理使用了 $4N_p$ 个脉冲，但图 14.30(c) 中每个子孔径单视使用了 $N_p/4$ 个脉冲，一

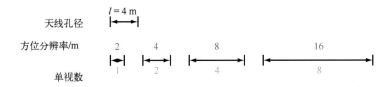

(a) 表示单视潜在数量的4 m天线示例

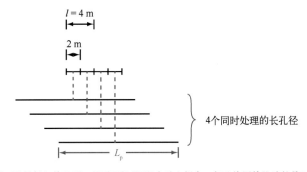

(b) 进行尽可能最精细的处理，然后平均得到4个独立样本。每孔使用的脉冲数是N_p，总处理步骤与$4N_p$成正比

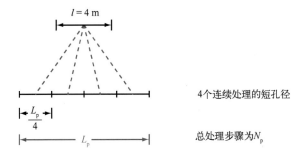

(c) 通过直接处理到最终分辨率得到4个独立样本。每孔使用的脉冲数是$N_p/4$，总处理步骤与N_p成正比

图 14.30　运用合成孔径雷达获得的独立多视

共用了 N_p 个脉冲。所以说，方法(c)比方法(b)需要的处理少。此外，方法(b)中的距离弯曲使子孔径处理复杂化了，相对于方法(c)更易受距离徙动问题的影响。最后，这两种情况还存在一个聚焦深度差异问题(14.9.3 节中将会提到)。因此，用户通常更倾向于使用较短的合成孔径，并添加独立样本，而不是使用长孔径并添加尺寸较小的像素。然而，基于假定——对于某些应用，最高分辨率结果可能更具优势，有些用户更喜欢尺寸较小的像素。这样终端用户在不需要处理原始合成孔径雷达数据的前提下，就可以自己在分辨率和斑点噪声之间做出权衡。

图 14.31 所示为从多普勒视角处理子孔径。全分辨率需要全带宽 B_D。子孔径图像中，在较低的分辨率处采用跨越各个子孔径带宽的带通滤波器，从而生成单独的图像。这种情况下，利用 4 个非重叠的波段覆盖多普勒带宽，然后进行非相干求和，减弱斑点噪声，则独立样本数 $N_a = 4$。

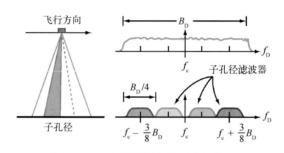

图 14.31　多普勒视角的子孔径处理

14.9　合成孔径雷达处理概况

合成孔径雷达的成像处理极其复杂，部分原因是可用方法的多样性，部分原因是所需计算的复杂性。本节我们将介绍几种处理算法以及背景信息，帮助理解合成孔径雷达成像处理，特别是合成孔径雷达系统中出现的频谱以及聚焦深度的概念。目前，合成孔径雷达处理大多是借助计算机数字化进行的，所以我们只讨论合成孔径雷达数字处理算法。为了说明的需要，我们介绍关于两个合成孔径雷达处理算法的几个简单案例：频域距离-多普勒算法(RDA)和时域反投影(TDBP)算法。想要更详细地了解合成孔径雷达处理，可以参考介绍合成孔径雷达处理算法的书籍(Cumming et al.，2005；Curlander et al.，1991)。

按照常规用法，我们用术语"方位"取代"沿轨"，表示沿轨方向和有关合成波束形成的处理。术语"距离处理"指交轨或垂直于沿轨，而"方位处理"指沿轨或方位。

图 14.32 所示为合成孔径雷达处理流程框图。上半部分(a)所示为合成孔径雷达处

理的一般框图，其中距离压缩在方位压缩之前进行，这种方式很常见，但下半部分(b)所示的框图也可用于某些形式的处理。图 14.32(a)中，第一步是脉冲压缩。在距离压缩完成后，可能会用到多普勒中心信息，然后对信号进行方位压缩。为了获得精细的方位分辨率，采用了某一种方法，对相干相位信号进行处理。方位压缩完成后，要计算每个像素的幅度平方值或振幅，然后进行多视平均化，检测所产生的复数图像。图 14.32(b)与(a)之间唯一的不同点在于，方位压缩在距离压缩之前进行。

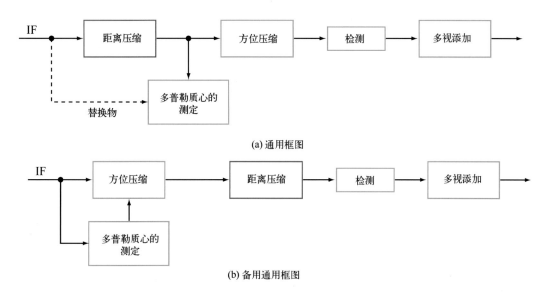

图 14.32　合成孔径雷达处理流程

14.9.1　合成孔径雷达信号频谱

合成孔径雷达一直以来都被称作"雷达和信号处理的结合"。因此，了解合成孔径系统中的信号频谱具有一定的指导意义。

不同的处理器在运行时，载波频率会产生不同的偏移。有些处理器将载波频率降低到零，而且一定有区分正频率和负频率的方法。有些处理器利用已转换近零的载波频率(方位偏移)，另一些处理器利用略高一点的载波频率(距离偏移)。

发射雷达信号电压是一个关于重复脉冲的序列，可以写成

$$v_t(t) = \mathrm{Re}\left\{\sum_{i=-\infty}^{\infty} V_0 p(t - iT_p)\, \mathrm{e}^{j\omega_c t}\right\} \tag{14.127}$$

式中，V_0 为峰值幅度；$p(t)$ 为发射脉冲的调制或形状系数(包络)。载波频率 f_c 对应的角度载波频率为 ω_c，且 $\omega_c = 2\pi f_c$。频域中的时间序列可表示为

$$V_t(f) = V_0 \sum_{k=-\infty}^{\infty} P(kf_p - f_c) e^{-j2\pi k/T_p} \quad\quad (14.128)$$

式中，f_p 为脉冲重复频率($1/T_p$)；$V_t(f)$ 和 $P(k)$ 分别是 $v_t(t)$ 和 $p(t)$ 的傅里叶变换式。图 14.33(a)所示为线状频谱，具有基带和射频频谱。各个频谱线的振幅由发射信号的包络的频谱 $P(f)$ 来确定。左边为基带信号(以零点为中心)，右边为射频信号，由中心频率零点上升转化为中心频率 f_c。若脉冲数量无限，则每个频谱线在特定频率处呈现连续正弦波形。若脉冲数量有限，则每个频谱线可用 sinc 函数[$(\sin x)/x$]表示，带宽与脉冲序列的总持续时间互为倒数。

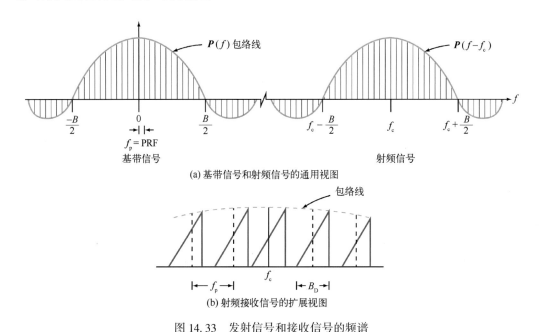

(a) 基带信号和射频信号的通用视图

(b) 射频接收信号的扩展视图

图 14.33 发射信号和接收信号的频谱

相比于载波频率，发射信号的带宽相对较窄，所以对于每个频率线来说，接收信号的多普勒频移实际上是一样的(事实上，频谱线不同，多普勒频谱也略有不同，但产生的影响一般可忽略不计)。图 14.33(b)呈现的是载波频率附近接收信号的扩展视图。通常都认为，前向(正多普勒频移)和后向(负多普勒频移)的多普勒振幅是不同的，所以对对称的多普勒频谱用三角形符号表示。

在硬件中，合成孔径雷达数据可以采用不同的频移进行记录。但通常只用其中一到两个不同的频率偏移处理数据，如零偏移和方位偏移。距离偏移是另一种偏移。下面我们逐一介绍。

零偏移处理

零偏移处理通常用于数字合成孔径雷达处理器，需要复数信号(I 信道和 Q 信道)

和计算。这种情况下，信号在载波频率处与本地振荡器混合在一起，而以零频率为中心的信号保留下来，如图 14.34(a) 所示。零偏移处理有一个优点，可以将数据数字化所要求的采样频率最小化。与图 14.33(b) 相比，图 14.34(a) 中多普勒频谱以零频率为中心。每个不对称的频谱由各个不同的目标多普勒线性调频共同组成，其中线性调频存在于任意时刻。零偏移处理中，通常只用以近零频率为中心的频谱分量，而低通滤波器用来消除以近脉冲重复频率谐波为中心的所有分量。

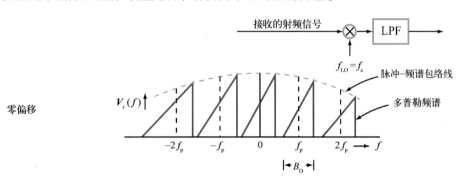

(a)混合后的零偏移谱。需要I信道和Q信道来区分正、负多普勒频率 ($f_p \geqslant B_D$满足奈奎斯特准则)

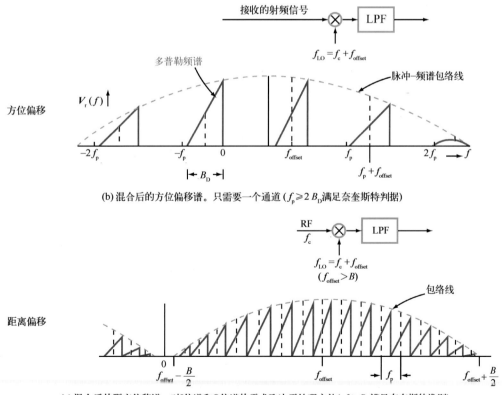

(b) 混合后的方位偏移谱。只需要一个通道 ($f_p \geqslant 2 B_D$满足奈奎斯特判据)

(c)混合后的距离偏移谱。对I信道和Q信道的需求取决于处理方法($f_p \geqslant B_D$满足奈奎斯特准则)

图 14.34　有关频率偏移的频谱

脉冲重复频率必须大于或等于多普勒带宽，详见13.9.2节对模糊问题的探讨。这确保了与不同脉冲重复频率谐波相关的频谱区域不会重叠，符合奈奎斯特准则。但与水平天线方向图旁瓣有关的多普勒频率会延伸到更高频率，从而覆盖了高于或低于f_p的频率的主瓣频率区域。这样就导致了信号"混叠"，而混叠信号会在雷达图像中产生"重影"。

方位偏移处理

图14.34(b)所示为方位偏移处理的示意图。这种情况下的偏移频谱恰好足够高，因此与载波有关的整个多普勒频谱高于零频率。也就是说，偏移频率的选择要确保多普勒频谱的最大负偏移能够刚好触碰到零频率点。因而，此时的偏移大约是多普勒带宽的1/2。如果使用中心多普勒频谱区域，则频率较高，所以采样频率必须是零偏移处理中采样频率的两倍，即奈奎斯特准则要求f_p采样速率满足最大多普勒频率，如图14.34(b)所示。这种处理通常用于光学处理。

距离偏移处理

图14.34(c)所示为第三种偏移：距离偏移处理。这里的偏移载波频率大约是发射脉冲带宽的一半，因此发射脉冲信号的整个包络高于零频率。如果距离线性调频和方位线性调频同时进行，如光学处理，或者如果距离处理需以距离序列的方式进行，则采用距离偏移处理。带通采样定理指出，如果采样速率与载波频率和脉冲重复频率之间保持适当的关系，那么充分采样所需的脉冲重复频率只能等于多普勒带宽B_D。因此，距离偏移处理中的脉冲重复频率可能与零偏移中的脉冲重复频率相同，但方位偏移处理中的脉冲重复频率必须是上述两种偏移中脉冲重复频率的两倍。

14.9.2　距离徙动

距离徙动是对机载侧视雷达和合成孔径雷达来说都很重要的一种效应。条带式合成孔径雷达中，平台经过目标时，到目标的倾斜距离随着时间的变化而变化。如图14.35(a)中的几何图所示，到目标的距离是关于时间的函数，即

$$R(t) = \sqrt{y_t^2 + h^2 + x_t^2(t)} \qquad (14.129)$$

因而，$R(t)$是关于时间的双曲线函数，即$R(t)$随着时间描绘出双曲线的一侧曲线，如图14.35(b)所示。这条曲线有时又称"距离微笑"。在合成孔径周期内，到目标的距离的变化量称作距离弯曲。

合成孔径雷达数据处理中，我们主要研究部分时间，即用天线的主瓣观测目标。图14.35介绍了两种模式：正侧视模式和斜视模式。距离分别为R_1、R_0、R_2，其中R_1

表示波束边缘的距离，R_0 表示最接近点，R_2 表示到波束另一边缘的距离。正侧视模式中的距离变化表示为 R_C，而斜视模式中的距离变化表示为 R_W。这两种距离变化都是距离弯曲。若波束宽度较小，或距离分辨率较粗糙，则 R_C 可能小于 r_y，表明目标在同一个距离分辨率单元。若 R_C 或 R_W 大于有效距离分辨率 r_y，则目标在多个距离分辨率单元之间迁移，这在术语上称为距离徙动或距离迁移。虽然距离徙动影响了机载侧视雷达系统和合成孔径雷达系统，但当合成孔径的长度较大时，距离徙动有着重要作用，在斜视天线系统中也是如此。

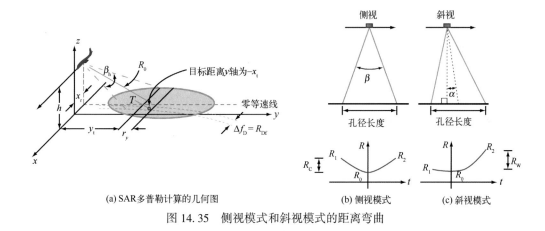

(a) SAR 多普勒计算的几何图   (b) 侧视模式   (c) 斜视模式

图 14.35   侧视模式和斜视模式的距离弯曲

有些合成孔径雷达处理算法补偿了距离徙动，有些则不能。如果合成孔径雷达处理器假定目标维持在一个距离单元，但还是发生了明显的距离徙动，又由于目标分散在多个距离像素上，所以图像质量下降。

14.9.3   聚焦深度

聚焦深度表示图像保持充分聚焦的距离。在合成孔径处理中，聚焦深度表示假定目标距离与真实距离之间的失配容限。聚焦深度内，特定距离处的点目标的固定参考函数可用于处理器。

> ▶ 聚焦合成孔径雷达图像所需的不同参考函数的最小数目是刈幅宽度与聚焦深度的比值。◀

如果聚焦深度足够大，那么所有距离只需要一个参考函数，大大简化了处理器：若只需一个参考函数，那么图 14.6(b) 中所用的移相器对于所有刈幅位置来说都是一样的，或者只需一个多普勒锐化滤波器或一个相关参考函数。然而，如果聚焦深度较小，为了确保图像在全刈幅上完美聚焦，处理器必须使用多个不同的参考函数。

聚焦深度还可用来估算图像对误差的灵敏度或平台移动的不确定度。如果非线性平台移动导致的距离变化量低于聚焦深度，那么图像处于聚焦状态。聚焦深度旨在定义处理中的容错水平。容错水平通常用距离弯曲 R_C 来定义，即合成孔径上雷达与目标之间的距离变化量 ΔR。聚焦深度是这样一个目标距离跨度 ΔR_D，它对应的实际目标距离弯曲与参考目标距离弯曲之差小于相位容限阈值。最常见的准则是合成孔径的相位容限必须小于 $\lambda/4$ 或 $\lambda/8$。

图 14.36 所示为聚焦深度的几何示意图，A 表示实际目标位置，B 表示参考目标位置。最大距离误差产生于合成孔径的边缘处。目标 A 的距离弯曲为 R_{CA}，即

$$R_{CA} = R_A - R_0 \tag{14.130}$$

式中，R_0 为最接近距离。图 14.36 中 L_p 为合成天线的最大可能长度。对于侧视合成孔径雷达，最近接点产生于合成孔径长度的中间，因此

$$R_{CA} = \left[\sqrt{\left(\frac{L_p}{2}\right)^2 + R_0^2}\right] - R_0 = \sqrt{R_0^2\left[\left(\frac{L_p}{2R_0}\right)^2 + 1\right]} - R_0 = R_0\left[\left(\sqrt{\left(\frac{L_p}{2R_0}\right)^2 + 1}\right) - 1\right]$$

$$\tag{14.131}$$

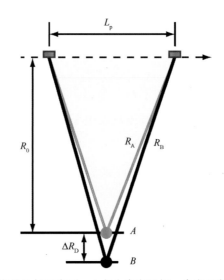

图 14.36　聚焦深度的几何示意图。A 点为真实目标，参考函数是关于 B 点的目标

借助平方根的一阶泰勒级数近似*，得出

$$R_{CA} \approx \frac{L_p^2}{8R_0} \tag{14.132}$$

到目标 B 的最接近点的距离为 $R_0+\Delta R_D$，则目标 B 的距离弯曲为

---

* 对于 $c \ll 1$，$\sqrt{1+c}$ 的一阶泰勒级数展开约为 $1+(c/2)$。

$$R_{CB} = R_B - (R_0 + \Delta R_D)　\qquad (14.133)$$

根据平方根的一阶泰勒级数近似，得出

$$R_{CB} \approx \frac{L_p^2}{8(R_0 + \Delta R_D)}　\qquad (14.134)$$

换一种更简单的形式，可表示为

$$R_{CB} = \frac{L_p^2}{8R_0} \frac{1}{(1 + \Delta R_D / R_0)}　\qquad (14.135)$$

根据一阶二项级数近似[†]，得出

$$R_{CB} \approx \frac{L_p^2}{8R_0} - \frac{L_p^2 \Delta R_D}{8R_0^2}　\qquad (14.136)$$

进而得出实际目标距离与假定目标距离之间的距离弯曲差：

$$R_{CA} - R_{CB} = \frac{L_p^2 \Delta R_D}{8R_0^2}　\qquad (14.137)$$

设相位误差阈值为 $\lambda/4$，则 $R_{CA} - R_{CB} \leqslant \lambda/4$，或

$$\frac{L_p^2 \Delta R_D}{8R_0^2} \leqslant \frac{\lambda}{4}　\qquad (14.138)$$

聚焦深度为满足式(14.138)的 ΔR_D 最大值，即

$$\Delta R_D = \frac{2\lambda R_0^2}{L_p^2}　\qquad (14.139)$$

根据式(14.48)和式(14.53)，且 $r_a \approx l/2$，上式可写成

$$\Delta R_D = \frac{2\lambda}{\beta_{hr}^2} = \frac{2}{\lambda} \frac{l^2}{a_{hs}^2} = \frac{8r_a^2}{\lambda a_{hs}^2}　\quad （聚焦深度）\qquad (14.140)$$

式中，l 为真实天线的长度。由此看出，真实天线越长，波长越短，则聚焦深度越大。降低方位分辨率相当于加长天线，可以提高聚焦深度。

作为数值示例，假设 $r_a = 2$ m 或 20 m，$\lambda = 10$ cm，$a_{hs} = 1$，则 2 m 分辨率和 20 m 分辨率对应的聚焦深度分别为 320 m 和 32 km。

14.9.4　合成孔径雷达图像处理：距离-多普勒算法

对于条带式合成孔径雷达处理，距离-多普勒算法也许是最简单也是最常用的算法。虽然运动误差和速度误差降低了图像质量，导致失真，但距离-多普勒算法对二者却十分稳健。图 14.37 为距离-多普勒算法用于信号处理的示意图。上述算法分别执行

[†]　$x^2 < 1$ 时，$(1+x)^{-1}$ 的一阶二项展开式约为 $1-x$。

了距离匹配滤波和方位匹配滤波。借助频域乘法完成匹配滤波后发现，距离-多普勒算法在计算上比时域方法更高效。距离-多普勒算法是广义频域处理算法的一个例子（Zaugg et al., 2009）。

如图 14.37 所示，距离-多普勒算法包括两个主要步骤：距离压缩和方位压缩。距离压缩的计算较快（即单一脉冲），而方位压缩的计算较慢（即多个脉冲）。通常在脉冲组块或脉冲序列上执行距离-多普勒算法。首先对数字化的接收信号进行匹配滤波，完成每个脉冲的距离压缩。这一步是在频域中完成的，即计算接收信号和距离参考脉冲的快速傅里叶变换（可能会用到信号处理窗），然后在频域内相乘，求出快速傅里叶变换的倒数（快速傅里叶逆变换）。相当于求接收信号和距离参考脉冲的卷积。最后得到的信号包含每个距离单元处距离压缩过的信号振幅和相位。

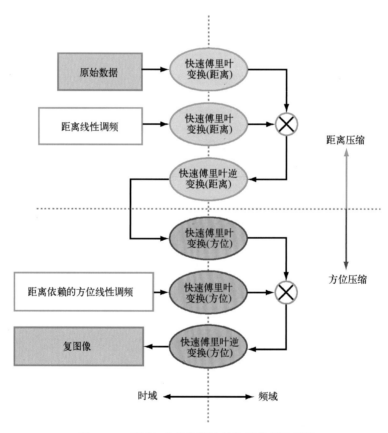

图 14.37　距离-多普勒算法的信号处理示意图

为了阐释距离-多普勒算法处理，图 14.38(a)包含了在一个场景上收集的仿真原始数据，其中场景含有两个点目标，交轨距离不同，但方位位置相同。为了展示，信号已被严重过采样。图 14.38(b)中展示了距离压缩带来的影响。注意，在距离压缩过的图像中，信号集中在不同距离处的方位沿线上。沿着这些"微笑"，可以看见方位线性调频信号。方位轴线的中间出现了零多普勒信号。沿着方位轴线，能量随着距离的变化而变化，可以看见距离弯曲或距离徙动。

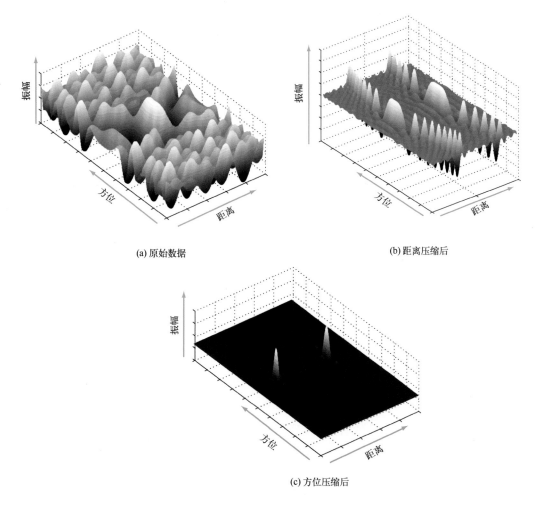

(a) 原始数据　　　　　　　　　　　　　(b) 距离压缩后

(c) 方位压缩后

图 14.38　距离压缩与方位压缩示意图，展现了来自两个点目标的合成孔径雷达信号实部

通过改变距离压缩步骤，可以对距离–多普勒算法进行调整，从而用于线性调频连续波合成孔径雷达处理。对于经过解线性调频的线性调频连续波，计算出数据的快速傅里叶变换，就可以完成距离压缩。

关于方位压缩步骤，距离–多普勒算法假定脉冲在时间和距离上分布均匀，因此可以使用快速傅里叶变换。图 14.39 所示为特定时刻侧视天线的等多普勒线。当平台在沿轨方向上飞行时，这些等多普勒线随着雷达的移动而移动。平台经过时，水平线展示了固定目标穿过等多普勒线的轨迹。底部的示意图展现了多普勒频移信号实部的时间扩展曲线图,是一个关于时间的函数(假定载频已去除)。如果只存在一个目标而且信号是连续波,那么上述曲线图所表示的信号就是接收的多普勒信号。由于信号是脉冲的,所以每个脉冲只能提供一个该信号的样本。在下面的波形图中,用垂直线标出了样本位置,展示了多普勒信号的实部。信号样本是经过距离压缩的数据振幅和相位(或 I 值和 Q 值),对应于每个采样时刻处目标与雷达之间的距离。因此,距离压缩的数据提供了多普勒信号的离散时间样本。假设这些样本在时间上分布均匀,那么借助频域技术可以有效地计算出方位匹配滤波器。这是距离-多普勒算法方位压缩的基础。

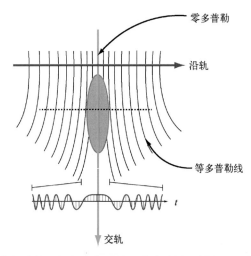

图 14.39　沿轨多普勒线性调频的方位采样。脉冲采样时刻出现了底部信号中的垂直线

在距离-多普勒算法方位压缩中,计算出每个距离单元的参考方位线性调频。距离单元内点目标的预期多普勒信号是参考线性调频信号(一个聚焦深度只计算一个参考就可以减少参考线性调频信号的数量)。然后计算出参考线性调频信号的快速傅里叶变换。对于每个距离单元,提取出同一单元内方位方向上的距离压缩数据,并求出快速傅里叶变换。

再将两个频域信号进行相乘,求出快速傅里叶逆变换。最后获得方位压缩合成孔径雷达图像。方位像素间隔之间的距离对应于脉冲之间的行进距离,而距离像素之间的距离在倾斜距离内,对应于距离单元间隔。14.10.2 节将探讨地面距离图像的转换。

注意,上面介绍的距离-多普勒算法方位压缩执行过程没有考虑距离弯曲,当距离徙动明显时,图像质量会受到影响。有关合成孔径雷达处理的文献介绍了有关距离弯曲的方法,又称距离徙动校正(Cumming et al.,2005)。

图 14.38(c)展现了模拟信号示例的方位压缩结果。注意,图 14.38(b)中,在方位上扩散的能量现已定位到点目标的位置。为了显示,不同面板上的信号已被归一化。压缩步骤导致图 14.38(c)中的真实信号振幅比图 14.38(b)的大,而图 14.38(b)中的

真实信号振幅又大于图 14.38(a)中的真实信号振幅。

参考距离和方位线性调频信号的快速傅里叶变换只需要计算一次，而且通常可以提前计算。剩余步骤的运算量可以根据组块中的距离样本数和方位脉冲数进行估算。若距离样本数和脉冲数分别为 N 和 M，则距离压缩计算值与 $MN \log N$ 成正比，而方位压缩的计算值与 $NM \log M$ 成正比，总数为 $MN(\log M + \log N)$。对数项由快速傅里叶变换的计算效率引起，对于一个长度为 N 的信号，其对数项为 $N \log N$。卷积所用的时域方法要求计算值与 $MN(M+N)$ 成正比。当 M 和 N 较大时，这个差异更为明显。

14.9.5　合成孔径雷达图像处理：反投影算法

现代计算机硬件的计算能力将时域合成孔径雷达处理算法(如反投影算法)变得能够实用化。反投影算法比距离-多普勒算法的计算量要大得多，但反投影算法实现了二维匹配滤波器的功能(距离和方位)，可以生成高质量图像。

如果根据合成孔径雷达数据生成图像，那么离散反投影算法算是一个简单算法。可用于条带式合成孔径雷达数据、环形合成孔径雷达数据和聚束式合成孔径雷达数据，还可用于三维合成孔径雷达成像。离散反投影算法要求精准把握合成孔径雷达天线相对位置和各个脉冲在地面上的像素位置，本质上补偿了计算过程中出现的非理想平台运动。虽然离散反投影算法计算烦琐，而且需要高精度的天线位置信息，但即使存在非理想运动，只要知道天线位置，就能生成高质量合成孔径雷达图像。

反投影算法可以根据表层上的像素网格计算雷达截面积，而且每个像素分开计算，目的是计算时间-多普勒史，即雷达观测某个像素处的点目标。这是匹配滤波器的参考函数，根据合成孔径雷达数据估算特定像素的匹配滤波器输出。为了准确计算参考函数，需要知道合成孔径上天线与像素之间的距离。若使用"停-走"近似，可以借助发射脉冲开始时的天线位置。

假定点目标以像素为中心。距离压缩完成后，时间 $t_i = 2R_i/c$，对应于雷达与点目标之间的距离 R_i，此时的接收信号为

$$V_i(t_i) = a_i \mathrm{e}^{-j2kR_i} \tag{14.141}$$

式中，i 为脉冲序号；a_i 为信号振幅。虽然精度处理可以求出 a_i 的变化，但此处我们将参考函数的振幅忽略不计，则纯相位参考函数可写成

$$V_r\left(\frac{2R_i}{c}\right) = V_i^*\left(\frac{2R_i}{c}\right) = \mathrm{e}^{j2kR_i} \tag{14.142}$$

匹配滤波器输出是上述参考函数与距离压缩数据的方位卷积，即将像素距离处估算得出的距离压缩数据与相位参考数据关联起来。像素值 A 为

$$A = \sum_i V_i\left(\frac{2R_i}{c}\right) V_r\left(\frac{2R_i}{c}\right) = \sum_i a_i \tag{14.143}$$

并对合成孔径的像素求总和，其中这些像素是天线波束的主瓣。更主要的是，为了减少旁瓣，在求和过程中可能会用到与脉冲数相关的信号处理窗函数。式(14.143)得出的计算值是针对合成孔径雷达图像中每个像素位置的。注意，反投影的公式化直接对地面成像。计算到雷达的距离时，将本地像素高度加进去，可以明确说明地形变化。

尽管反投影像素之间的间隔是随意的，但若方位间隔为 $l/2$，就可以形成一个单视图像。距离上，像素的间隔为合成孔径雷达的斜距分辨率。一个均匀的地面距离网格在斜距上的间隔是变动。

反投影算法还可以用于线性调频连续波合成孔径雷达。之前提到，线性调频连续波合成孔径雷达系统不同于传统的脉冲模式合成孔径雷达系统，前者的脉冲长度较大，所以发射和接收是同时进行的。对于线性调频连续波合成孔径雷达，"停-走"近似一般是无效的。距离压缩期间，可以添加额外的随距离变化的线性调频信号，从而补偿线性调频期间的运动(Zaugg et al.，2012)。

反投影算法直接解决了距离徙动问题，只要测量准确，就可以处理非理想运动问题。然而，实践表明，如果位置或运动误差是未知的，那么反投影算法的稳健性不如距离-多普勒算法好。因为每个像素都是分开单独计算的，所以为了加快计算速度，可以同时进行像素计算。可以根据距离样本数和方位脉冲数，估算计算值。对于上述提到的简版反投影算法，距离压缩方法可以采用距离-多普勒算法所用的方法。如果距离样本数和脉冲数分别为 N 和 M，那么距离压缩的计算值与 $MN \log N$ 成正比。对于一个 $M \times N$ 的图像，反投影计算需要估算 MN^2，包括计算平方根(除非可以求出 R_i)、复数指数、复数乘积和复数总和。这也是插入距离压缩数据的代价，必须考虑进去。因此，反投影算法的计算量实质上大于距离-多普勒算法的计算量。

14.10 雷达图像的几何失真

由于雷达成像几何的特殊性，机载侧视雷达和合成孔径雷达图像中会出现一些固有失真现象。除此之外，还可能会出现一些其他的失真，有些失真是由雷达平台的非理想运动造成的，而有些失真是为了校正几何失真或车辆运动出现的瑕疵引起的。我们将在接下来的小节中简要地讨论一些失真问题。

14.10.1 高度失真

雷达通过测量倾斜距离(而非地面距离)获取到航空器一侧的距离，所以如果成像点的高度高于平均地面高度，就会出现失真现象。作为示例，考虑图 14.40 所示的一个较高的旗杆目标。雷达在平均地面水平上的高度为 h，因此位于旗杆底部的上方，但由于旗杆本身高度为 H，所以雷达距离旗杆顶部又是一个高度。从图中可以看出，到旗杆底部的倾斜距离为 R_B，大于到旗杆顶部的倾斜距离 R_T。由此，旗杆顶部更接近雷达。所以在雷达图像中，旗杆顶部比旗杆底部更接近雷达一侧。与旗杆顶部有关的入射角 θ_T 大于与旗杆底部有关的入射角 θ_B。旗杆顶部位于航线的一侧 y_T 处，而相对于航线一侧的实际上是在 y 处。

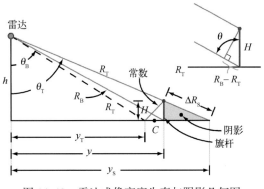

图 14.40　雷达成像高度失真与阴影几何图

　　注意，对于旗杆或任何其他被升高的物体，都存在雷达阴影，即物体后面雷达照射不到的区域（图 14.40）。阴影从旗杆底部 y 一直延伸到阴影末端 y_S。目标高度不仅会使顶部位置（和目标其他被升高的部分）失真，还会生成不能被雷达成像的区域。

　　光学成像传感器根据角度 θ 可以确定距离，也就是说，在光学图像中，旗杆顶部位于点 y_S，而在雷达图像中，旗杆顶部的位置为 y_T，更接近雷达一侧。因此，雷达成像中由高度引起的图像失真与光学传感器中高度引起的失真相反。这两种情况中，目标移动被称作视差位移。

　　旗杆顶部的位移幅度可表示为

$$R_B - R_T = \sqrt{y^2 + h^2} - \sqrt{y^2 + (h - H)^2} \qquad (14.144)$$

　　对于高度相对较低的目标来说，如上例中的旗杆，位移幅度可近似为

$$R_B - R_T \approx H \cos \theta \qquad (14.145)$$

式中，近似是根据图中常数 R_T 的弦长（非弧长）得出的。

　　倾斜距离差导致旗杆顶部出现明显的横向距离位置 y_T，即

$$y_T = \sqrt{R_T^2 - h^2} = \sqrt{y^2 - 2hH + H^2} \qquad (14.146)$$

换句话说，旗杆顶部在雷达图像上很明显，位于交叉距离处，与图像底部的明显位置相比，离雷达更近，实际上是因为旗杆顶部比旗杆底部更接近雷达，这种现象被称作重叠。

　　重叠效应在城市和陡峭的山区可能比较显著。雷达成像过程中会出现固有的透视收缩效应，而重叠是这种效应的极端例子。图 14.41 给出了几种透视收缩量不同的示

例。图中，虚线弧长表示恒定倾斜距离线。对于图 14.41 中的中间的山峰，山脚与山顶之间的水平距离 A 大于倾斜距离图像中对应点之间的距离，而对于山的背面位置，相比于水平位移，A' 在倾斜平面上被延长了。而且，由于面积较大区域的雷达回波在雷达图像中的距离相同，所以山脉的正面通常比背面的倾斜距离图像更亮。图 14.41 中的山峰 A 展示了更多的透视收缩，山脉的整个正面斜坡位于单一倾斜距离处。所以得出来的合成孔径雷达图像在这个点处实质上没有有效的横向距离分辨率。我们还注意到，山脉的背面处在山峰的阴影里，因此合成孔径雷达图像中不存在反射。从图 14.41 中的山峰 C 看出，借助透视收缩效应，山顶比山底看起来更接近雷达，从而出现重叠现象。这种效应在山区地形的合成孔径雷达图像中十分明显，如图 14.42 所示。注意，这里的山脉"停留"在雷达附近，山脉的正面看起来比背面亮。在施工状态下的桥上，也能检测到失真现象，如图 14.43 所示。

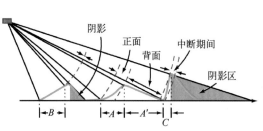

图 14.41　合成孔径雷达图像中的高度失真示例

图 14.42　山区地形的透视收缩，
雷达照射方向为图像顶部

图 14.43　多视合成孔径雷达图像：数字高程模型误差导致图像失真。由于位于中心的桥未进入数字高程模型中，所以已失真。沿着高速路的条纹是移动中的车辆造成的。底部的平行线为铁路轨道

之前提到，图像阴影来自对雷达不产生反射的区域。阴影导致地表信息的缺失。然而，阴影的形状会反映关于产生该阴影的物体的信息。例如，图 14.44 中，航空器的反射金属能反射雷达信号的大部分内容，提供关于航空器外形的有限信息。然而，平地上的雷达阴影清晰地显现了机翼的外形和其他隐形的直升机桨叶。右上角树木的阴影反映了它们的形状。

图 14.44　阴影揭示了目标的形状如何创建了阴影示例，
雷达照射方向为图像顶部(图片由桑迪亚国家实验室提供)

14.10.2　距离失真

雷达测量的是倾斜距离，但为了生成地图或平面图像，需要将雷达图像转化为地面距离图像。图 14.40 中旗杆底部的水平位移 y 表示如下：

$$y = \sqrt{R_B^2 - h^2} = h \tan \theta_B \tag{14.147}$$

由于 y 与 R_B 是非线性关系，所以距离方向上的水平比例在图像中是失真的。如果用 Y 表示图像位移，将图像位移与空间位移关联起来的比例系数用 a 表示，则

$$Y = a(R - R_0) = a(\sqrt{h^2 + y^2} - h) \tag{14.148}$$

之所以用 B 作为 R_B 的下标，是因为在此探讨的是一般关系，而不仅仅是一个单一位置。$y = 0$ 时，用 R_0 取代 R，即 $R_0 = h$。那么，相对于地面上的位移，图像中的位移变化率为

$$\frac{\mathrm{d}Y}{\mathrm{d}y} = a \frac{y}{R} = a \sin \theta \tag{14.149}$$

相对于地面位移，图像位移的变化率与 y 或 $\sin \theta$ 成正比，所以导数值在垂直处(即雷达下方)附近较小(此处的 y 值较小)；在刈幅范围内，随着离开雷达的距离的增大，位

移变化率逐渐增大。这表明，与远距端相比，近距处的斜距图像压缩了水平距离变化。所以与倾斜距离和地面距离之差有关的固有失真问题在雷达成像过程中无法完全克服。

14.10.3 机载侧视雷达运动失真

将某个脉冲对应的雷达回波功率信号沿着一个维度（即时间维或距离维）排成一列而形成一条"距离线"，而在另外一个维度（即脉冲维）将不同脉冲对应的距离线堆叠起来，这样即可生产机载侧视雷达图像。非理想的运动和指向会造成图像失真。具体如下：

（1）速度变化：由于脉冲重复频率与航空器速度之间没有建立同步关联，因此导致沿轨方向上非线性延伸或压缩。

（2）横向运动或纵向运动：运动轨迹偏离直线飞行路径，造成曲线失真，导致平行于飞行轨道的直线（如公路）看起来是弯曲的。

（3）航空器偏航：偏航运动改变了各个点的相对方向，这取决于与航线之间的位移。极端偏航（如回程）会使图像完全失真。

（4）航空器俯仰：俯仰运动的效果是使得波束在地面上照射区域的位置相对于航空器下面的位置前移或后移。

（5）航空器翻转：航空器的翻转运动改变了图像中各个点的天线增益，从而对雷达图像的灰度进行了调制。

第（1）至第（4）条所述的运动失真可以用图 14.45 来说明。如果航空器导航系统对这些运动进行精确测量，那么在处理过程中添加频移，调整图像像素的定时和定位，或校正成形后的图像，可以实现校正。

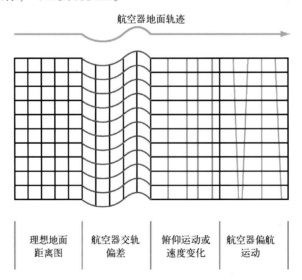

图 14.45　机载侧视雷达方格地图，展现了未受补偿的航空器运动

14.10.4　合成孔径雷达运动误差

条带式合成孔径处理一般需要假设雷达沿着直线水平飞行。图 14.46 所示为其几何图，可用于判断雷达偏离直线路径带来的后果。假设如下：雷达飞行方向为 x 方向，高度为 h，观测地面单元的方向与垂直方向形成的夹角为 θ。地面单元前边沿的坐标为 $(r_a/2,\ y,\ 0)$。雷达坐标为 $(0,\ 0,\ h)$，则雷达到地面单元的前边沿的距离矢量为

$$\boldsymbol{R} = \hat{\boldsymbol{x}}\frac{r_a}{2} + \hat{\boldsymbol{y}}R\sin\theta - \hat{\boldsymbol{z}}h$$

除了 x 方向之外，若雷达速度矢量 $\boldsymbol{u}$ 在 y 方向和 z 方向上也有分量，即

$$\boldsymbol{u} = \hat{\boldsymbol{x}}u_x + \hat{\boldsymbol{y}}u_y + \hat{\boldsymbol{z}}u_z$$

则与点 $(r_a/2,\ y,\ 0)$ 有关的总多普勒频移表示如下：

$$f_D = \left(\frac{2\boldsymbol{u}}{\lambda}\right)\cdot\left(\frac{\boldsymbol{R}}{R}\right) = \frac{2}{\lambda R}(\hat{\boldsymbol{x}}u_x + \hat{\boldsymbol{y}}u_y + \hat{\boldsymbol{z}}u_z)\cdot\left(\hat{\boldsymbol{x}}\frac{r_a}{2} + \hat{\boldsymbol{y}}R\sin\theta - \hat{\boldsymbol{z}}h\right)$$

所以

$$f_D = \frac{2}{\lambda}\left(\frac{u_x r_a}{2R} + u_y\sin\theta - u_z\cos\theta\right) \tag{14.150}$$

多普勒频率 f_D 还可以用期望多普勒频移 $f_{D0} = (B_{Df}/2)$ 和误差分量 $f_{De} = (f_{D_y} + f_{D_z})$ 表示，即

$$f_D = f_{D0} + f_{De} = \left(1 + \frac{f_{De}}{f_{D0}}\right)f_{D0}$$

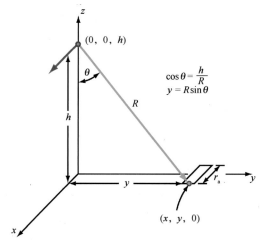

图 14.46　用于合成孔径雷达运动误差测定的几何图

若定义临界参数 ε_r 来设定多普勒频率的允许单位误差（该误差为 B_{Df} 的分数），则式（14.150）可重新写成

$$f_D = (1 + 2\varepsilon_r)f_{D0}$$

得出

$$\frac{f_{De}}{f_{D0}} \leqslant 2\varepsilon_r$$

进而对误差速度 u_y 和 u_z 的大小设定了临界值，即

$$u_y \sin\theta - u_z \cos\theta \leqslant \lambda f_{D0}\varepsilon_r = \frac{\lambda B_{Df}\varepsilon_r}{2} \qquad (14.151)$$

若速度分量误差小于该临界值，则无须补偿。但若大于该临界值，则需要采取补偿，使不利影响最小化。

机载雷达示例中，设 $\varepsilon_r = 0.1$，$B_{Df} = 2$ Hz，$\lambda = 3$ cm，将这些值代入式(14.151)，得出

$$u_y \sin\theta - u_z \cos\theta \leqslant 3 \times 10^{-3} \text{m/s} = 3 \text{ mm/s}$$

对于星载雷达，ε_r 和 λ 保持不变，B_{Df} 变为 25 Hz，则临界值变为

$$u_x \sin\theta - u_z \cos\theta \leqslant 3.75 \text{ cm/s}$$

如果从绝对值或相对于航空器速度和航天器速度的值来看，那么这都是非常小的速度。

由于如此微小的速度误差也会给合成孔径雷达带来严重后果，所以极有必要做一些补偿。让航空器或航天器完全沿着直线飞行的想法是不现实的。尽管航天器十分稳定，但航空器遇到湍气流时往往会颠簸，而且这种非理想的运动所需要的校正量会非常大。

在补偿速度误差和加速误差之前，首先必须对它们进行检测。直接在天线上或至少在天线附近安装积分加速仪，可以实现检测和测量。传统的航空器导航系统不具备合成孔径雷达补偿所需的感应和测量运动误差的灵敏度。此外，运动测量误差可能会因为天线安装位置与航空器运动传感器之间的长杆臂而变大。

匀速误差引起的影响是使期望的多普勒频谱的中心频率偏移载波频率，如图 14.47(a)所示。此时的期望频谱以载波频率为中心，实际频谱因为速度误差发生了移动。对于在基带处执行处理的系统，在载波频率处借助本地振荡器差拍回波信号，从而将信号从载波频率向下混频。速度误差问题的一个解决方法是，合理地调整本地振荡器的频率，这样本地振荡器频率以蓝实线标出的通带为中心，如图 14.47(a)所示。该方法可用于载波频率、中间频率或处理器的基带处。

对加速误差实施的校正实际上是校正速度变化，所以校正方法相似。然而，相对于加速校正，匀速频移校正可以利用一个时间常数较大的系统，从而使校正更简洁。

运动误差补偿问题是合成孔径雷达成像精度降低的主要原因之一。

14.10.5 合成孔径雷达姿态误差

航空器或航天器可能会发生偏航、俯仰或横滚，甚至 3 个同时发生。每种姿态都会使合成孔径雷达产生误差。横滚误差的影响与机载侧视雷达中横滚误差带来的影响

相同，即只是改变了地面上一个特定点的增益。如果天线横滚的幅度过大，那么这将是一个严重问题，但不影响合成孔径处理，带来的后果没有偏航和俯仰带来的后果严重，因为后两者影响了处理。

图 14.47(b) 所示为航空器向右偏航的几何图。航空器偏航带来的影响是，使真实孔径的照射区域偏移侧视方向，在侧视方向前发生了轻微旋转。如果航空器向左偏航，那么波束会移到侧视位置的后方，偏航图像发生失真，但对合成孔径雷达来说更重要的是，它使多普勒频率远离了波束。图 14.47(c) 所示为向下观测地面上特定距离位置处的照射区域。如果不对上述问题采取任何措施，那么多普勒滤波器选择图中虚线标出的区域，而该区域位于天线波束照射区域的外侧，所以与接收信号无关，如图 14.47(d) 所示。信号频谱处于错误的位置，相当于出现了速度误差。

这种情况下，可采取两种校正方法。如果处理非常好，最好的方法是稳定天线，使之保持正对侧面。这样的话，即使航空器或航天器发生偏航，天线也不会偏航。结果就是频谱位于正确的位置，如图 14.47(e) 所示。另外一个解决方法类似于速度误差校正方法[图 14.47(f)]：将本地振荡器频率移动到多普勒频率所在的通带中心。在实际应用中，通常需要将天线稳定与本地振荡器移动结合起来。与解决速度误差的方法一样，借助本地振荡器就可以实现偏航误差校正。也就是说，可以将速度误差与偏航误差结合起来，从而获得移动本地振荡器频率的误差信号。

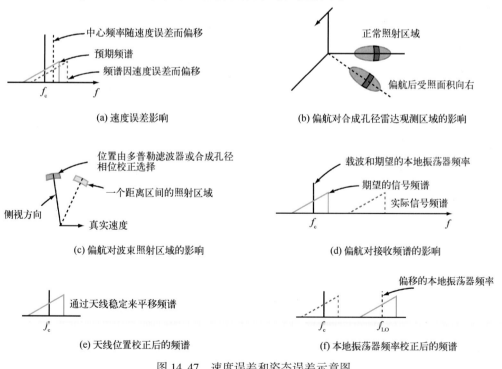

图 14.47　速度误差和姿态误差示意图

俯仰带来的影响稍有不同，但解决方法是一样的。图 14.48 所示为俯仰运动在照射区域内产生的影响。波束旋转没有围绕垂直轴线，而是围绕平行于侧视方向的水平轴线。所以，正常照射区域和经过俯仰的观测区域互相平行，但彼此之间被平移了一段距离。然而，除了所有距离处的多普勒频移不完全相同以外，俯仰对多普勒频率的影响与偏航的影响一样。然而，使用校正偏航的方法可以非常容易地校正俯仰问题，即稳定天线并移动本地振荡器频率。

注意，即使对本地振荡器信号进行校正可以生成合成孔径雷达图像，但该图像还是存在误差。在偏航状况下，误差是沿轨位移，而该位移与到雷达下方的点的距离成正比。在俯仰状况下，误差在到雷达轨迹的各个距离处几乎一样，但仍然表现为像素的沿轨位移。如果发生俯仰，则图像的几何保真度被降低。通过翘曲，最终的图像有可能在一定程度上解决俯仰问题。

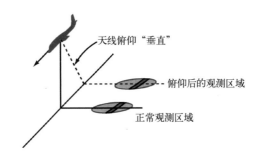

图 14.48　俯仰运动在合成孔径雷达照射区域产生的影响

多数航天器雷达都有可能存在某种固有的偏航效应，因为航天器与轨道平面上的前进方向一致，但零多普勒线不完全垂直于该平面。由于地球在航天器下方旋转，即使航天器完全沿着轨道平面上的 x 方向行驶，但相对于地球上一点的矢量速度还包含一个 y 分量。地球表面上的零多普勒线垂直于轨道方向上速度和地球自转速度的矢量和。因此，零多普勒线的方向从轨道平面的垂直方向倾斜一定的角度，而该倾斜角度在赤道处最大，可以达到 3.5°(赤道处的地球自转线速度最大)。旋转航天器轴线处的天线，或将航天器设计成自身可以连续转向而保持垂直于零多普勒线，这两种方法都可以校正多数航天器系统固有的偏航问题。

14.11　基于机载侧视雷达和合成孔径雷达的地面高程测量

地面高程可以利用第 15 章所述的干涉技术进行测量，其他高程测量方法还包括图像阴影法和图像视差法，这些方法与干涉方法不同，对相关性不做要求。

14.11.1　图像阴影

图 14.40 所示的几何图中，旗杆的后面有一块明显的阴影，另外，山脉、树木或建筑物的后面都存在类似的阴影。某些情况下，阴影很长，足以用来估算物体的高度。图 14.40 中阴影的长度 ΔR_S 可以表示为

$$\Delta R_\mathrm{S} = \frac{H}{\cos\theta} \tag{14.152}$$

从上式可以看出，对于较大的 θ 角，分母 $\cos\theta$ 较小，这意味着即使较矮的物体的高度也可以由其影子的长度来测量。比如，假定一个斜距分辨率 $r_\mathrm{r} = 10\ \mathrm{m}$，若物体高度 $H = 5\ \mathrm{m}$，$\theta = 80°$，则 $\Delta R_\mathrm{S} = 28.8\ \mathrm{m}$，相当于 3 个像素。这足以估计该物体的高度，尽管估计精度并不是太高，因为考虑到所利用的像素的数目较少。较高的距离分辨率可以提高高度测量的精度。

14.11.2　雷达立体

立体效应广泛用于航空摄影，以确定物体高度。多数地形图是根据一组组航摄照片重叠形成的立体解译而制成的。类似的技术还可用于雷达。前文图 14.40 中提到，较高的物体在照片中显得较远，在雷达图像中显得较近，所以雷达立体测量不同于光学立体测量。借助照片，航空器行驶过程中，连续拍几张重叠的照片，就能实现立体效应。对于雷达，通常的做法是：先按照几条与雷达刈幅重叠且不同的航线行驶，再运用所得的图像实现立体效应。雷达图像中的目标具有多个不同的入射角。航线可能位于研究区域的同一侧或对侧。图 14.49(a) 所示为对侧立体，物体的高度为 H，从两个指定位置的角度进行观测，航线 1 和航线 2 上，距离航空器的距离分别为 ΔR_1 和 ΔR_2，若将图片进行重叠，并转化到一侧，地面上同一个点的两个图像重合，如果图像的位置和航线之间的间隔已知，那么可以计算平均地面水平上的高度。就像光学立体观测一样，通过雷达立体观测一组图像，那么视差效果就是除了位移与照片中的位移相反之外，山脉看起来是三维的。

对侧立体测量的一个难点是阴影问题。一个图像的阴影位于物体的一侧，另一个图像的阴影位于图像的另一侧，所以通常很难辨别。事实上，在其中的一幅图像中，一个给定物体可能出现在另一个较高物体的阴影里，但在另一幅图像中可能不会出现这种情况，因此，甚至利用两幅图像也无法辨别出物体。这一问题的解决方法是，利用同侧立体测量，如图 14.49(b) 所示。同时还采用了两条航线，但横向或纵向上可以进行相互转化。这种情况下，ΔR_1 不同于 ΔR_2，从而出现立体效应。若将两个图像相互

转化，使一个特定物体从一个图像叠加到另一个图像上，则借助对侧立体技术或照片，根据转化量可以求出物体在平均地面上的高度。此时 ΔR_1 和 ΔR_2 之差表示物体高度。由于两个图像中的阴影位于同一侧，所以使用对侧立体技术更简便，其已广泛应用于绘制偏远地区(缺乏高程信息)的地图。

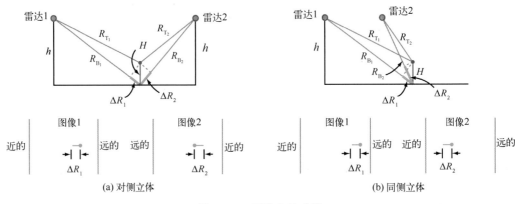

图 14.49   两种立体成像

14.11.3   斜视立体

双波束合成孔径雷达可以在单一通道内生成立体图像，用于单一航线，进而确定高度，如图 14.50 所示。飞行路径的指定点处运用了两个波束——前向波束和后向波束。虽然侧视方向前面和后面的斜视角此时均为45°，但也可选用其他斜视角。脉冲通常在两个波束上交替发射，并且每个波束均有各自的记录系统。图 14.50 中，先标出扫描线的方向。然后将波束的两个位置标出来，即地面上指定点的成像位置(前向波束为位置1，后向波束为位置2)。如果地面上指定点表示一个旗杆，那么在雷达图像中，旗杆顶部从其底部的位置向雷达的方向移动，但移动的方向在两幅雷达图像中是不同的。图像可在旗杆底座上重叠在一起，顶部图像之间的距离表示旗杆的高度。类似技术可用于以下情形：若某一高度处的指定点(如顶部)在两个图像中重叠，则平移图像使它们的相对位置对齐，用作参考水平，根据平移量求出高度。斜视立体系统需要扇形天线，其中扇形天线相对于航空器轴线是倾斜的。

14.11.4   山脉和建筑物

由于山脉和建筑物阴影的存在，山岭地区和城市(高楼大厦)的图像未必能提供阴影区内的地物信息。为了对这些区域进行成像，一般需要利用多条航线。垂直航线是最好的选择，即从平行航线两侧和垂直于平行航线的航线两侧对区域进行观测。当图像重叠时，通常对阴影进行填充。然而，由于不同图像的视差位移不同，所以多山国家的图像重叠会加大难度。

借助单一航线实现成像的办法是运用双斜视波束成像几何，如图 14.50 所示。用正交视图对阴影进行适度填充。当然，在某些情况下，部分区域可能在航线的两个位置均被遮蔽，这时需要在两侧设定两条航线。但偏离直线飞行路径和飞机高度变化导致的失真仍然存在于这组图像中，而且二者有差别，所以图像的合理重叠取决于维持直线飞行路径和平稳平台。这种技术可用于真实孔径系统和合成孔径系统。

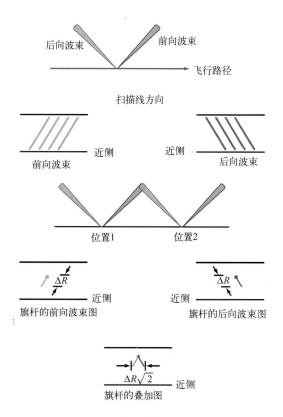

图 14.50　双斜视波束立体雷达，斜视角为 45°

14.12　电离层效应

地球的电离层处在 60~1 000 km 的高度，依赖太阳活动，由含有自由电了和正电荷粒子的电离气体组成（Kelley，1989；Brekke，1997；Hunsucker et al.，2003）。在地球磁场的影响下，穿过电离介质的无线电波可能经历法拉第效应，导致无线电波的电场矢量发生旋转，而电场矢量的旋转又会改变无线电波的极化状态。旋转角度在术语上称为法拉第旋转，它取决于无线电波的频率，相对于地球磁场方向的电波传播方向以及电离层的状态(自由电子密度分布)。

如果观测平台在 60 km 以上，包含所有卫星轨道，那么法拉第旋转可能会影响雷达和辐射地球观测。

对于发射 v 极化波的星载雷达，法拉第旋转改变了波的极化状态，所以照射表面的极化波不单单是 v 极化波，而是 v 极化分量和 h 极化分量的组合。因此，雷达记录的散射测量不再符合反演算法的假设条件，其中反演算法用来将雷达测量转换成观测场景的生物物理参数或地球物理参数。这种不匹配通常转化成估计误差。辐射计也存在类似情况，即辐射计天线获取的 v 极化能量来自地球表层在其他极化方向上的辐射，电离层经过旋转后，又转化为 v 极化，到达辐射计天线。幸运的是，若 $f \gtrsim 3$ GHz，则法拉第旋转完全可以忽略不计；若频率范围是 0.5 GHz $\leqslant f \leqslant$ 3 GHz，可以估算旋转角度，从而校正雷达观测结果。

14.12.1 旋转角度

图 14.51 所示为法拉第旋转效应的简单框图，描述了电磁波穿过电离层(通常又称等离子层)的过程。这里的 $\boldsymbol{B}$ 表示地球磁场，$B_{\parallel}$ 表示 $\boldsymbol{B}$ 在传播方向上的分量。Hunsucker 等(2003)将旋转角度 χ 表示为

$$\chi = 2.365 \times 10^{-14} \frac{B_{\parallel}}{f^2} N_{\text{TECU}} \sec \theta \qquad (\text{rad}) \qquad (14.153)$$

式中，$B_{\parallel}$ 为平行于电磁波传播方向地球磁场分量(又称视线磁场)的磁通密度(以 T 为单位)；f 为频率(以 GHz 为单位)；θ 为相对于天底点的入射角；N_{TECU} 为整个电离层垂直列的积分自由电子密度，测量单位为 TECU(全称为总电子含量单位，1 TECU = 10^{16} e/m^2)。夜间，N_{TECU} 可能降低至 0.2 TECU；白天，N_{TECU} 能达到 100 TECU；若太阳黑子十分活跃，N_{TECU} 可能高达 200 TECU。N_{TECU} 也随着季节和地理纬度的变化而变化。磁场分量 $B_{\parallel} = B \cos \psi$，其中 ψ 表示地球磁场和电磁波传播方向之间的夹角，借助国际地磁参考场(IGRF)模型可以计算出 B(Mcumillan et al.，2005)，其中 B 随着纬度和经度的变化而变化(图 14.52)。根据此模型，可以得到单向旋转角度 χ 随卫星传感器 f 变化的曲线，如图 14.53 所示，对于该曲线，地球观测入射角为 $\theta = 40°$，并处于中纬度。3 GHz 处，χ 的变化范围为 0.06°($N_{\text{TECU}} = 1$ 时，通常的夜间条件)到 6°($N_{\text{TECU}} = 100$ 时)。这表明 $f \gtrsim 3$ GHz 时，法拉第旋转效应可以忽略不计。频率越低，法拉第旋转效应越明显，下面会讨论到。

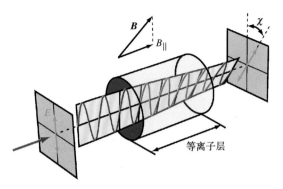

图 14.51 法拉第旋转效应示意图：在外磁场 $\boldsymbol{B}$ 的影响下，由等离子层中的电磁波传播造成

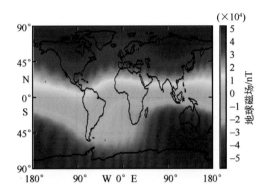

图 14.52 2007 年 6 月 21 日，根据 IGRF10 模式绘制的垂直地球磁场模型（Jehle et al., 2009）

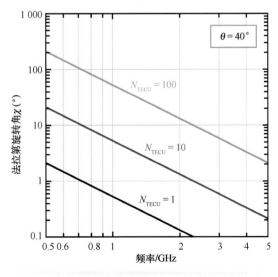

图 14.53 选定中纬度地区，设入射角 $\theta = 40°$，
图示为单向法拉第旋转角度随着频率发生变化，N_{TECU} 的值也不同

14.12.2 对合成孔径雷达数据的影响

为了阐释法拉第旋转对合成孔径雷达数据的影响，我们给出两个仿真结果，第一个研究（Wrght et al.，2003）分别计算了 L 波段（1.26 GHz）太阳黑子活动水平较低时与较高时单向法拉第旋转角度随纬度和经度变化的函数关系，其中，太阳黑子活动水平较低时，N_{TECU} 的变化范围为 1~80，而太阳黑子活动水平较高时，N_{TECU} 的变化范围为 10~120，上述计算中，入射角均设定为 35°。图 14.54 给出了研究结果。太阳黑子活动水平较低时，$|\chi|$ 几乎不超过 5°，但活动水平较高时，$|\chi|$ 有时超过 15°。法拉第旋转对后向散射系数的影响见表 14.2 中农业区的计算值。根据双向法拉第旋转发现，hh 极化和 vv 极化存在的误差不明显（当 $\chi \leqslant 10°$ 时）；但 $\chi = 10°$ 时，hv 极化的误差为 1.61 dB，χ

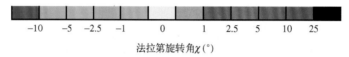

法拉第旋转角 χ（°）

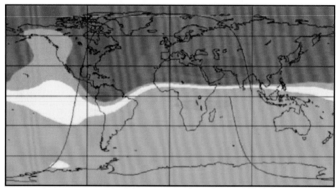

(a) 太阳黑子活动水平较低

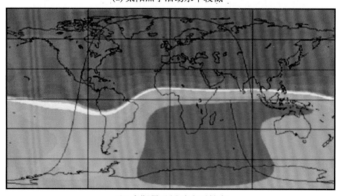

(b) 太阳黑子活动水平较高

图 14.54 单向法拉第旋转角度的预测值，
其中观测时间为 4 月的 12：00 GMT，$\theta = 35°$（Wright et al.，2003）

=20°时，hv 极化的误差为 4.23 dB。为了形象描述误差的含义，作者采用了图 14.55
(a)所示的极化图像仿真了两次法拉第旋转后的同一幅合成孔径雷达图像，一次模拟从
卫星到地面的发射过程，一次模拟从地面到卫星的接收过程。图 14.55(a)中的多极化
图像展示了不同作物之间的明显区别，而从图 14.55(b)和(c)中的模拟图像可明显看
出，由于存在法拉第旋转效应，其对不同作物进行分类的能力几乎已消失。

表 14.2　由于双向法拉第旋转的应用，在 L 波段观测到的农业场景下后向散射系数
大小的变化(Wright et al.，2003)

单向的 χ	平均 hh 极化的改变/dB	平均 vv 极化的改变/dB	平均 hv 极化的改变/dB
5°	−0.08	−0.09	0.51
10°	−0.35	−0.36	1.61
20°	−1.39	−1.49	4.23

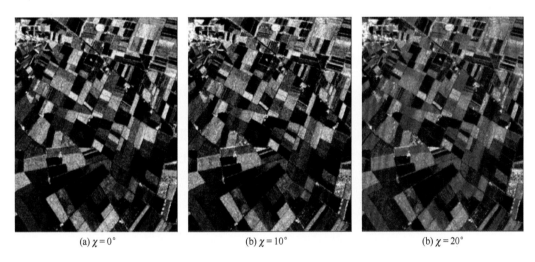

(a) $\chi = 0°$　　　　(b) $\chi = 10°$　　　　(b) $\chi = 20°$

图 14.55　单向法拉第旋转下英国菲尔特维尔的 L 波段合成孔径雷达图像

蓝色=hh 极化，绿色=vv 极化，红色=hv 极化，3 幅图像使用相同的颜色平衡(Wright et al.，2003)

Jehle 等(2009)还评估了法拉第旋转效应对合成孔径雷达数据的影响，研究了 3 种
合成孔径雷达配置，雷达中心频率分别为 9.65 GHz、1.27 GHz 和 0.45 GHz。表 14.3
给出了研究结果。结果表明，X 波段(9.65 GHz)处，法拉第旋转对合成孔径雷达参数
的影响可忽略不计，L 波段(1.27 GHz)处的影响有些明显，P 波段(450 MHz)处的影响
较大。$N_{\text{TECU}} = 100$ 时，双向法拉第旋转角度为 $2\chi = 470°$。即便可以解决 2π 模糊性问题，
而且根据上述提到的模型可以估算 χ，但与估算值相关的误差会严重影响测量数据的解
译和校正算法的有效性。

表 14.3 对于 TerraSAR-X，ALOS PALSAR 和未来可能的星载 P 波段传感器配置，
50 TECU 和 100 TECU 卫星传感器的细节和估算对路径延迟、线性调频长度和双向法拉第
旋转的影响。地球磁场的模拟用于 2007 年 6 月 21 日，45°N 和 0°E，
300 km 高度处一个近似天底点视向的传感器配置(Jehle et al.，2009)

传感器	TerraSAR-X		PALSAR		P 波段	
频率 f_c/GHz	9.65		1.27		0.45	
带宽 B/MHz	300(最大值)		28(最大值)		6	
线性调频持续时间/μs	40		27		27	
采样率/MHz	300(最大值)		32(最大值)		8	
线性调频形式	up		down		down	
轨道高度/km	514		695		695	
TECU	50	100	50	100	50	100
频率 f_c 下的路径延迟/m	0.5	1	27	54	218	436
对于带宽 B 线性调频长度的变化/ns	-0.1	-0.2	4	8	19.4	38.7
频率 f_c 下的双向法拉第旋转(°)	0.5	1	29.5	59	235	470
线性调频下的法拉第旋转 Δx(°)	0.03	0.06	1.3	2.6	6.3	12.5

还有其他研究人员研究了法拉第旋转角度对合成孔径雷达数据的影响，包括 Rignot (2000)、Gail(1998)、Qi 等(2007)、Freeman 等(2004)、Lin 等(2003)、Kimura(2009) 以及 Meyer 等(2008)。

14.12.3 对辐射数据的影响

根据电离层模型(类似于 14.12.1 节中的电离层模型)，Le Vine 等(2002)针对 L 波段(1.4 GHz)处法拉第旋转对海洋辐射的影响进行了建模，目的是为了确定法拉第旋转引起的相对于海表盐度精度要求的误差度，而盐度精度要求为 0.1～0.2 psu(盐度单位)，后文 18.2.4 节会提到。0.1 psu 的精确度对应的是大约 0.05 K 的亮温变化(Le Vine et al.，2002)。

图 14.56 所示为 L 波段法拉第旋转角度的世界模拟地图，$\theta = 30°$，时间为当地时间上午 6：00 和中午。模拟研究是在太阳黑子活动水平较高情况下进行的，结果表明 χ 从 0 变大至高于 15°。法拉第旋转导致亮温发生变化，变化量为 ΔT_B，是一个关于太阳黑子数量 R_s 的函数，$R_s = 10$ 时，太阳较平静；$R_s = 150$ 时，太阳较活跃，如图 14.57 所示。我们观察到，中午时间，对于 $\theta = 50°$，太阳黑子活动水平较低时($R_s = 10$)，ΔT_B 约

为 0.3 K；太阳黑子活动水平较高时（$R_s = 150$），ΔT_B 为 2.1 K。这些亮温误差必定大于测量海洋含盐度所要求的精确度 0.05 K，因此测量海洋含盐度需要使用高度精准的校正算法（Le Vine et al., 2002；Yueh, 2000）。

法拉第旋转角度 $\chi(°)$

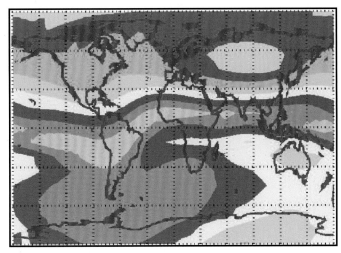

(a) 上午 6:00

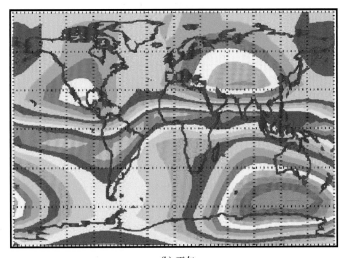

(b) 正午

图 14.56　当地时间上午 6:00 和正午，L 波段法拉第旋转角度的全球分布，图中所示为太阳黑子活动水平较高时的数据（Juno, 1989），高度为 675 km，垂直于卫星的前进方向，右侧入射角为 30°（Le Vine et al., 2002）

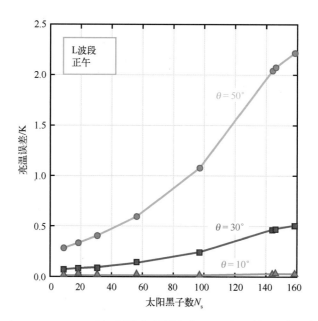

图 14.57　在 30°N，120°E 正午太阳活动剧烈时（1989 年 6 月），由于忽略法拉第旋转导致的亮温误差。这些数据来自 675 km 高度处的一个传感器，其垂直于向右移动的卫星。海洋表面 $S = 35$ psu，$T_0 = 20$ ℃（Le Vine et al.，2002）

习　题

14.1　机载侧视雷达所用天线的增益方向图为 $(\sin x/x)^2$，波束宽度为 3 dB，角度为 30°。天线瞄准指向 $\theta = 60°$，高度为 100 m。假设海洋的后向散射系数 σ^0 为

$$\sigma^0 = K \exp - \theta / 6.5°$$

陆地的后向散射系数 σ^0 为

$$\sigma^0 = K \exp - \theta / 25°$$

分别计算陆地和海洋的相对信号功率。其中相对信号功率是关于 θ 的函数，范围是 [30°，80°]。比较并讨论天线增益方向图和 σ^0 的入射角变化对接收信号功率的影响。

14.2　机载侧视雷达的工作功率为 10 GHz，脉冲数为 50 ns，接收机带宽为 20 MHz，天线长度为 4 m，且孔径分布均匀。假设飞行高度为 5 km，确定以下关于交轨距离的函数，以 5 km 为间隔，距离为 5~40 km。

（a）方位分辨率；

（b）距离分辨率；

（c）等效方形像素尺寸；

（d）独立样本的潜在数量。

14.3 设飞行速度为 100 m/s，高度为 2 km，机载侧视雷达的特性参数如下：

峰值功率	25 kW
脉冲持续时间	100 ns
天线增益峰值	30 dB
水平波束宽度	0.01 mrad（双向）
噪声因数	10 dB
带宽	15 MHz
频率	10 GHz
脉波重复频率	2 000 Hz

地面距离为 10 km，假设天线瞄准指向 10 km 的地面距离，计算以下各值：

（a）地面距离分辨率；

（b）沿轨分辨率；

（c）信噪比，其中 $\sigma^0 = -20$ dB；

（d）独立样本数。

14.4 独立完成一张关于雷达多普勒频率和时间的比例简图，其中波长为 3 cm，天线长度为 3 m，速度为 200 m/s，倾斜距离为 5 km 和 20 km，并指出简图中非聚焦合成孔径雷达的频率极值。

14.5 合成孔径雷达的天线长度为 3 m，$\lambda = 30$ cm，飞行速度为 200 m/s。确定一个点目标，设倾斜距离分别为 5 km 和 20 km，绘制合成孔径上关于相位和距离的曲线图。

14.6 雷达的工作功率为 10 GHz，天线长度为 3 m。设倾斜距离分别为 1 km、5 km、10 km、50 km、100 km 和 500 km，比较机载侧视雷达、非聚焦合成孔径雷达和全聚焦合成孔径雷达的方位分辨率。

14.7 卫星合成孔径雷达的特性参数如下：

$r_a = 25$ m,	$u = 7.5$ km/s
$r_r = 25$ m,	$\sigma^0 = -20$ dB
$l = 10$ m,	$h = 500$ km
$G = 55$ dB,	$\lambda = 3$ cm
$\theta = 30°$,	距离线性调频 $TB = 500$
$F = 5$ dB,	$S_1 = 5$ dB

计算 P_{av}、P_t 和 S_{N_s}。

14.8 机载雷达的孔径长度 $l = 10$ m，波长为 3 cm，仰角波束宽度为 7°，飞行速度为 7.5 km/s，高度为 500 km，观测角度 $\theta = 20°$，正对飞行轨道的一侧。根据上述条件绘制出地面上的等多普勒线。如果航天器向前俯仰 1°，求出波束在地面上的位置，并绘制出曲线图。讨论用于补偿平均多普勒频移差的频率校正方法。为了方便，假设地球是平的。

14.9 双频合成孔径雷达在航空器上的运行频率分别为 1 GHz 和 10 GHz，天线长度均为 2 m。

(a)若斜距分辨率和方位分辨率均为 3 m，则计算并讨论距离 5 km 和 25 km 处的距离弯曲；

(b)若斜距分辨率和方位分辨率均为 15 m，则计算并讨论距离 5 km 和 25 km 处的距离弯曲。

14.10 合成孔径雷达系统参数如下：$l = 6$ m，$r_a = 3$ m，$\lambda = 5$ cm，$R = 600$ km，计算聚焦深度。其他不变，分别计算 $r_a = 30$ m 和 60 m 时的聚焦深度。

14.11 机载合成孔径雷达的波长为 3 m，天线长 10 m，轨道高度为 500 km，速度为 7.5 km/s。

(a)若刈幅内边缘的入射角为 20°，根据球面地球几何图，确定刈幅宽度；

(b)若分辨率为 10 m × 10 m，确定每秒内复数样本的原始数据速率；

(c)若分辨率为 50 m × 50 m，确定每秒内复数样本的原始数据速率。

第 15 章
干涉合成孔径雷达

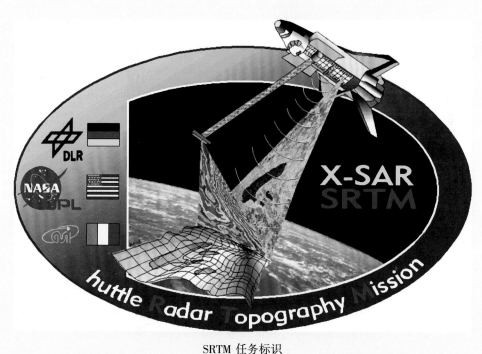

SRTM 任务标识

雷达回波包含振幅和相位信息。大多数成像雷达的应用产品仅仅利用振幅的算法来提取成像场景的地理和生物物理信息。在某些情况下，也会利用 hh 极化和 vv 极化散射振幅之间的相位差。在这一章中，我们研究如何利用两个不同的雷达系统提取相同像素在不同观测方向上雷达回波的相位差。这样的相位差测量就是在光学上发展很好的干涉测量。

我们可以利用光学干涉度量法中类似的方法来建模和分析雷达信号。通过雷达干涉测量法，我们可以测量每一个单独成像像素的地面高程，从而得到带有高度的地形图。雷达干涉测量法同时还可以用于测量地表目标的运动。由于大多数雷达干涉测量法的应用都依赖于地形的高分辨率成像，因此，一般地，干涉测量法的数据都通过合成孔径雷达技术收集和处理。所以这样的雷达被称作干涉合成孔径雷达，简称 InSAR 或 IFSAR。

在这一章中，我们将介绍干涉合成孔径雷达的概念以及模型，向读者展示如何从这些干涉雷达的数据中提取出有用的地球物理学信息，并介绍干涉合成孔径雷达技术的一些例子。

15.1 干涉雷达简史

雷达干涉测量最早用于金星地表观测（Rogers et al.，1969），对金星南北半球同时反射的模糊距离-多普勒回波进行分离。后来，该项技术被用于获得月球（Zisk，1972a，1972b）和金星（Rumsey et al.，1974）表面的高度信息。基于这些早期的行星探索研究，航空航天平台上的雷达干涉技术也被逐渐用于测量地球表面地形。机载干涉雷达记录了由于地球表面地形产生的干涉条纹（Graham，1974）。然而，尽管得到的干涉条纹可以清楚地表明在干涉测量中地形会引起可预测的相位信号，但是这些相位信息很难分析，并且无法从相位信号中提取地形信息。

20 世纪 80 年代早期，Zebker 等（1986）在 NASA CV990 飞机上搭载了一台机载干涉雷达系统，并配备了数字数据记录仪，可以记录两个来自不同雷达天线的雷达通道数据，然后利用喷气推进实验室（JPL）的数字相关系统处理数据。他们证明了两回波信号的相位差包含了足够的信息，可用来重构雷达图像中的地形。此外，飞机飞行路径的偏移所引起的数据误差是可以校正的，而这些误差可能会使雷达图像发生畸变。结果表明，数字相关雷达干涉技术能够提供精度为"米级"的数字高程信息，此精度远远高于当时使用的立体雷达技术的高程测量精度。

Goldstein-Zebker 团队利用沿着飞行方向安装的天线（不是垂直于飞行方向）研究了形成干涉图形的可能性，从而扩展了雷达干涉测量的能力，与之相对应的是图像的时间分离而不是空间分离。利用这样的技术，他们可以以很高的精度测量海浪和海流的运动（Goldstein et al.，1987）。

通过更进一步的研究，喷气推进实验室利用干涉法处理 10 年前（1978）SEASAT SAR 获得的数据，扩展了应用到星载平台上的雷达干涉仪的功能。其中，主要的技术进步体现在两个方面：其一，能够探测到厘米级的地表形变（Gabriel et al.，1988）；其二，能够重构雷达相位的连续函数，即相位解缠（Goldstein et al.，1988）。处理得到的图像可以探测小到数厘米的不同时期的地表形变，也可以制作精确的无模糊地表高程图。尽管如此，仍很难利用干涉雷达来测绘大范围地形、探测地表形变，主要是因为缺少大量的干涉雷达数据以及现场测量支撑数据。

1991 年，欧洲空间局发射了 ERS-1 卫星，从此雷达干涉测量的地位得到了极大的改变。ERS-1 卫星的 C 波段合成孔径雷达获得了大量全球范围的数据。法国国家空间研究中心（CNES）的 Massonnet 等（1993）提出了一种从地表的雷达干涉图像中分离出干涉形变信号，进一步可以探测到地球物理过程中的表面位移的新方法。这种新方法给雷达界带来了巨大的影响，并建立了雷达干涉测量的可信度，也激励了众多研究者引入新方法（如 Zebker et al.，1992；Just et al.，1994；Goldstein，1995；Massonnet et al.，1998；Zebker et al.，1997；Rosen et al.，2000），同时还促成了两项 InSAR 计划：2000 年的航天飞机雷达地形测绘计划（SRTM）和 2010 年的 TanDEM-X 计划。

欧洲空间局在 2002 年发射的 Envisat 卫星扩展了 10 年前的 ERS 卫星世界范围的连续观测。其他的卫星，如加拿大的 Radarsat 系列也在不断地获取雷达数据。随着数据覆盖变得越来越普遍和规范，InSAR 技术也日趋成熟，成为地球物理学界的一种标准分析方法（Peltzer et al.，2001；Bürgmann et al.，2002；Fielding et al.，2005；Pritchard et al.，2004）。通过将 InSAR 分析与地表形变模型相结合，InSAR 技术得到了进一步的发展（Amelung et al.，2000；Jonsson et al.，2002）。InSAR 技术可以制作矢量形变图（Bechor et al.，2006），并可以用于水文方面（Amelung et al.，1999；Hoffmann et al.，2003）。自 2000 年以来，干涉雷达技术发展的焦点转移到产生干涉图的时间序列上，用来重建地表形变的历史发展而不是某一时刻形变的快拍。一些新方法得到了广泛应用，包括叠加法（Lyons et al.，2003）、永久散射法（Ferretti et al.，2000）和小基线子集分析法（Berardino et al.，2002）。Ferretti 团队（2000，2001，2004）提出的永久散射法主要用来分析城市结构；Hooper 等（2007）首次将这种方法应用于自然地形，发现许多地表覆盖和植被的散射相位数月甚至数年都不会变；基于最大似然法的改进永久散射探测算法（Shanker et al.，2007）可以更好地利用这些长期不变的像元。

15.2 二维观测与三维观测比较

当我们测量多个脉冲回波并对它们进行处理，可实现方位和距离方向的高分辨率能力，进而得到代表观测场景二维后向散射分布的雷达图像。图像内的每个像元都存在时间延迟，该时间延迟与地面点到雷达的距离 R 有关，相对应的双程相位延迟可表示为

$$\phi = -\frac{4\pi}{\lambda}R \qquad (15.1)$$

式中，λ 为电磁波的波长。测得的相位延迟可能包括噪声贡献，但是为了简单起见，我们暂且将其忽略。

15.2.1　干涉相位

> ▶ 干涉合成孔径雷达方法是基于两个不同的天线接收的在空间和时间域内有差异的雷达回波信号的联合处理。◀

如果两个天线放置在空间上的两个不同位置，那么我们将它们的空间间距称为雷达的空间基线。由于视差，对于同一个场景，两幅雷达图像有差别，其中一幅与另外一幅进行比较时就产生了形变。而该形变与地表地形有关。

图 15.1 中给出的场景描述了一个合成孔径雷达对一个具有地形变化的场景的成像过程。从特定距离框中返回的雷达回波包括在地表该距离框内所有等距离点的贡献。除了少数几点，雷达盲区能够被用来估计目标物的高度或者特征，从单一雷达的图像中获得目标物的高度信息很困难。因为雷达图像基本是二维的，而目标场景是三维的。许多不同高度的表面点能够同时返回信号。

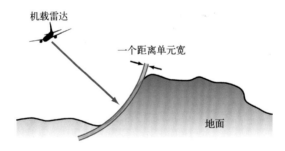

图 15.1　一个距离单元内的所有散射点的回波信号会同时被雷达接收，因此，传统的雷达图像无法有效地描述地形信息

当利用两个天线来得到两幅独立的图像时，地表的一点 P，如在图 15.2 中所描绘的，在两个圆的交点处，其中一个圆的中心是天线 A_1，半径为 R_1；另一个圆的中心是天线 A_2，半径为 R_2。如果我们知道两个天线的位置以及知道两个精确的测量值 R_1 和 R_2，我们就可以直接计算出 P 点的三维坐标。

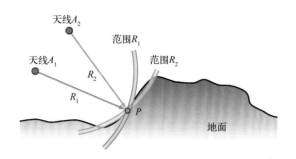

图 15.2　分别设点目标 P 到天线 A_1 和天线 A_2 的距离为 R_1 和 R_2，
这两个半圆弧会在三维空间下这个点目标的实际位置处相交

在雷达干涉测量方法出现之前，传统的方法是利用 14.11 节所述的立体雷达技术从同一场景的一对雷达图中提取出地形的信息。立体技术不需要或者是不使用相位信息，对于地形变化不敏感，并且本身受到雷达图像斑点噪声的影响。此外，视场内某一特定目标到两天线的距离 R_1 和 R_2 在长度上必须显著不同以使得立体方法能够获得有效的高程估计精度。

图 15.3 给出了干涉雷达经常使用的两个接收天线的几何构型：①两个独立的雷达分布在轨迹的正交部位，每一个都有独立的发射和接收天线[图 15.3(a)]；②在轨迹的正交部位有共用的发射天线，但是有独立的接收天线[图 15.3(b)]。其中，发射天线同时也是某一个雷达的接收天线，另一个辅助的天线用来作为第二个雷达的接收天线；③沿着轨迹方向，有两个独立的雷达适时地分开[图 15.3(c)]。

正如图 15.3(a)和(b)所示，这两个雷达天线在垂直轨迹方向上彼此分离，这就表明，干涉仪包含的两个天线在空中飞行的轨迹是独立的、平行的，这种干涉仪称为交轨干涉仪。或者，两个雷达天线能沿着轨迹飞行，彼此之间隔着一段距离或者是相差一段时间，我们将这种结构称为顺轨干涉仪。

> ▶ 在以下章节中，我们将会了解到交轨干涉仪可用来提供地形(高度)信息，而顺轨干涉仪可用来提供与两幅雷达图像相对应的时间内地表移动的信息。◀

雷达干涉技术依赖于相位信息，并且该方法利用了平行射线近似，这种近似需要图 15.4 中的距离 R_1 和 R_2 取值不同，但它们的差异要非常小，即需要满足 $|R_1 - R_2| \ll R_1$。两个天线之间的间隔距离(称为基线 B)，在图中相对于 R_1 和 R_2 被夸张地放大了。为方便起见，我们将 R_1 标记为 R，R_2 标记为 $R - \delta$。

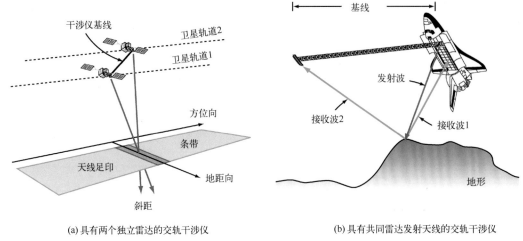

(a) 具有两个独立雷达的交轨干涉仪   (b) 具有共同雷达发射天线的交轨干涉仪

(c) 顺轨干涉仪

图 15.3   交轨干涉仪，如(a)和(b)所示；顺轨干涉仪，如(c)所示

对于双独立雷达构型[图 15.3(a)]，A_1 和 P 之间的双程路径长度为 $2R$，对于第二个雷达则为 $2R - 2\delta$。雷达 A_1 相对于雷达 A_2 相应的干涉相位差为

$$\phi_{\text{int}} = \phi_2 - \phi_1 = -2k\delta = -\frac{4\pi\delta}{\lambda} \qquad (\text{独立雷达}) \qquad (15.2a)$$

当使用同一发射天线时，如图 15.3(b)所示，接收天线 A_2 的双程路径长度为 $2R - \delta$，在这种情况下，相位差就变为

$$\phi_{\text{int}} = -k\delta = -\frac{2\pi\delta}{\lambda} \qquad (\text{同一发射天线}) \qquad (15.2b)$$

上述两种雷达构型 ϕ_{int} 的表达式可以统一写成

$$\phi_{\text{int}} = -\frac{2\pi n\delta}{\lambda} \qquad (15.2c)$$

式中，

$$n = \begin{cases} 1 & (\text{同一发射天线}) \\ 2 & (\text{两个独立雷达}) \end{cases} \qquad (15.2d)$$

在图 15.4 中，我们指定基线 B 相对于水平轴的角度为 α。对于三角形 A_1A_2P，角 ψ 由下式给出：

$$\psi = \frac{\pi}{2} - \theta + \alpha \qquad (15.3)$$

根据余弦定理

$$(R - \delta)^2 = R^2 + B^2 - 2RB \cos\left(\frac{\pi}{2} - \theta + \alpha\right) \qquad (15.4)$$

但是，由于 $\delta \ll R$，利用平行射线近似，得到

$$\delta = B \sin(\theta - \alpha) \qquad (15.5)$$

点 P 相对于 A_1 的高度 z 可表示为

$$z = R \cos\theta \qquad (15.6)$$

距离 R 的值可以从雷达数据中得到。通过式（15.2a）和式（15.2b），δ 由相位差测量值决定，进而从式（15.5）中可以确定 θ，最后从式（15.6）中得到地形高度 z。

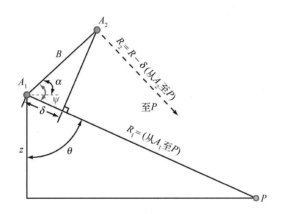

图 15.4　干涉合成孔径雷达几何中的平行射线近似，其中，$R_1 = R$，$R_2 = R - \delta$。
注意，R_1 为从 A_1 到 P 的距离

15.2.2　高度测量精度

地形测量系统设计的一个关键参数是与 z 的测量有关的高度估计误差（精度），我们用标准偏差 s_z 表示。精度 s_z 与 δ 的测量精度有关。利用链式法则：

$$\frac{\partial z}{\partial \delta} = \frac{\partial z}{\partial \theta} \frac{\partial \theta}{\partial \delta} \qquad (15.7a)$$

并且利用式（15.5）以及式（15.6）来计算偏导数

$$\frac{\partial z}{\partial \theta} = -R \sin\theta \qquad (15.7b)$$

$$\frac{\partial \delta}{\partial \theta} = - B \cos (\theta - \alpha) \qquad (15.7c)$$

得到

$$\frac{\partial z}{\partial \delta} = \frac{- R \sin \theta}{B \cos (\theta - \alpha)} \qquad (15.8)$$

因此，δ 的变化量 s_δ 会导致（近似的）z 改变 s_z：

$$s_z = \frac{R \sin \theta}{B \cos (\theta - \alpha)} s_\delta \qquad (15.9)$$

s_z 和 s_δ 的值分别代表了 z 和 δ 的标准差。式（15.8）中的负号并没有转入式（15.9）中，因为标准差是代表相对于均值的偏离程度，所以是正值。

对于 θ 和 α 的典型值，因子 $\sin \theta / \cos (\theta-\alpha)$ 很少会偏离 1 达两倍以上。因此，我们可以将式（15.9）近似为

$$s_z \approx \frac{R}{B} s_\delta \qquad (15.10)$$

δ 的测量精度取决于干涉相位差 ϕ_{int} 的测量精度。利用式（15.2c），

$$s_\delta = \frac{\lambda}{2 \pi n} s_{\phi_{\text{int}}} \qquad (15.11a)$$

从而有

$$s_z = \frac{R}{B} \frac{\lambda}{2 \pi n} s_{\phi_{\text{int}}} \qquad (15.11b)$$

在该公式中，对于使用共同发射天线的干涉仪，$n=1$，而对于使用双独立发射天线的干涉仪，$n=2$。在实际应用中，ϕ_{int} 的测量精度可以达到几度以内，并且令 $s_{\phi_{\text{int}}}=7.2° = 0.125\,7$ rad，我们得到

$$s_\delta = \frac{\lambda}{100} \qquad (15.12a)$$

以及

$$s_z = \frac{R}{B} \cdot \frac{\lambda}{100} \qquad (15.12b)$$

以实例说明，ERS SAR 中相应的参数为：$R = 800$ km，$B = 1$ km（对于两个相隔 1 km 的航过）以及 $\lambda = 6$ cm。利用式（15.12b），我们得到

$$s_z \approx \frac{R}{B} \frac{\lambda}{100} \approx \frac{1}{2} \text{m}$$

对比起来，当只有 R 被测量并且没有相位信息时，高度测量精度就与立体雷达一样，为 7.2 km！虽然这是一个理想的无噪声的干涉雷达情况，这确实有力地说明了干涉方法在地形估计上的能力。

以实例证明，图 15.5 中给出了在各个干涉处理过程中的合成孔径雷达图像，最终

得到三维地形图。该图以及与之相关的步骤在下一节中讨论。

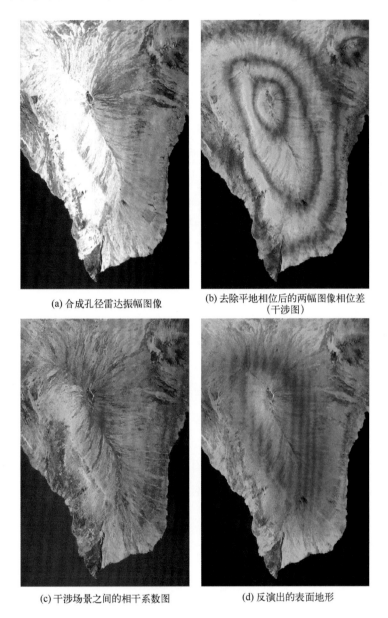

(a) 合成孔径雷达振幅图像　　(b) 去除平地相位后的两幅图像相位差
(干涉图)

(c) 干涉场景之间的相干系数图　　(d) 反演出的表面地形

图 15.5　干涉合成孔径雷达处理样例

15.2.3　信噪比的作用

　　显然，干涉测量的性能在很大程度上依赖于相位差 ϕ_{int} 的测量精度，反过来 ϕ_{int} 的测量精度依赖于信噪比。我们现在考虑信噪比如何影响相位差的测量不确定度 $s_{\phi_{int}}$。

测得的相位差的方差$s_{\phi_{\text{int}}}^2$，来自伴随着信号的噪声随机相位成分，并且该项近似与SNR的倒数成正比，

$$s_{\phi_{\text{int}}}^2 \approx \frac{1}{\text{SNR}} \tag{15.13}$$

为了确保我们在例子中使用$s_{\phi_{\text{int}}} = 0.125\ 7\ \text{rad}$能够得到式(15.12)，SNR必须等于63.29或者等效于18 dB。

联立式(15.9)、式(15.11b)以及式(15.13)得到

$$s_z = \frac{\lambda}{2n\pi} \cdot \frac{R \sin \theta}{B \cos (\theta - \alpha)} \cdot \frac{1}{\sqrt{\text{SNR}}} \tag{15.14a}$$

$$n = \begin{cases} 1 & (\text{同一发射天线}) \\ 2 & (\text{两个独立雷达}) \end{cases} \tag{15.14b}$$

15.3 制图校正

为了进一步发展干涉技术在制图上的应用，我们需要了解地形究竟是如何影响雷达成像的。接下来，我们将简单地考虑地理坐标编码和影像配准以及它们与雷达干涉测量的关系。

正如在第14章中所讨论的，典型的斜距合成孔径雷达图像是在雷达坐标系中呈现的，其距离向坐标表示斜距，而方位向坐标表示沿轨距离。在合成孔径雷达地距投影中，斜距转化为地距(图15.6)。地表地形经常导致合成孔径雷达图像出现"迎坡缩短"现象甚至出现"影像倒置"现象。这是由于斜距转变为地距的过程是非线性的，并且没有得到补偿的地形效应也会使得合成孔径雷达图像产生畸变。

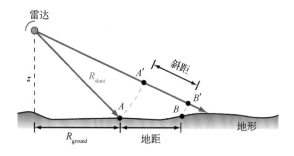

图 15.6　正侧视雷达斜距与地距之间的关系

图15.7描述了利用雷达坐标转到地理坐标过程中的几种几何失真形式。当地表是平面时，坐标转换比较直接和简单。但是当地表存在地形起伏时，坐标转换就变得非

常复杂。由于斜距转地距过程中的非线性，物体的形状就无法保留，地距线在合成孔径雷达图像中就不再表现为直线，如图 15.8 所示。

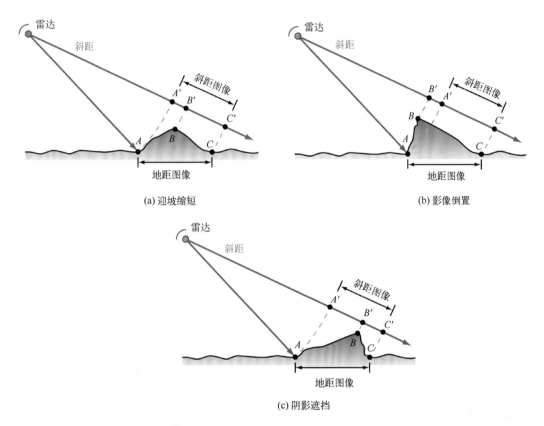

图 15.7　几何畸变：(a)迎坡缩短，即斜距平面上的 A' 与 B' 之间的距离小于 A 与 B 之间的地面距离；(b)影像倒置，即在成像平面(斜距平面)内，B' 位于 A' 之前；(c)阴影遮挡，即未被电磁波照射到的山体"背坡"会在雷达图像中 B' 和 C' 之间的区域形成一个"暗区"

　　雷达反射的多路径效应会在合成孔径雷达图像中产生重影、伪影或重复目标。在图 15.9 中给出了目标反射过程中两个不同斜距的多路径效应，结果在图像中会表现出两个不同的斜距。一般来讲，直接路径的成像聚焦得较好，更长的多路径成像聚焦得较差，这主要是由于目标在合成孔径雷达图像中的距离方位匹配滤波器与目标物多路径距离徙动之间的非匹配。

　　这些失真都是由于传统的 SAR 二维成像。幸运地，利用干涉技术，干涉合成孔径雷达得到三维信息让我们能够估计地形高度，从而校正这些失真效应。注意到斜距 R_{slant} 和水平地距 R_{ground} 与高度有如下关系(图 15.6)：

$$R_{\text{ground}}^2 + z^2 = R_{\text{slant}}^2 \tag{15.15a}$$

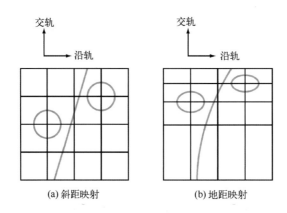

图 15.8 从地距图像映射到斜距图像时所造成的畸变，
注意，斜距图像并未真实地再现出地距图像中的形状和线条

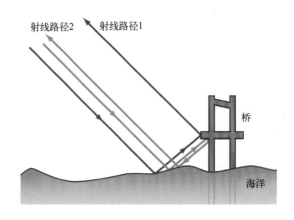

图 15.9 多径畸变。两个独立的不同总长的雷达射线照射同一座桥，
导致在雷达图像中出现重影现象

所以，如果我们根据以下公式对斜距合成孔径雷达图像重新采样：

$$R_{ground} = \sqrt{R_{slant}^2 - z^2}$$ （15.15b）

那么，就可从斜距图像重建无失真的地距合成孔径雷达图像。利用辅助的高度信息，可以从斜距图像中得到高几何精度的地距图像。该过程称为合成孔径雷达地理配准，或者称为合成孔径雷达地理坐标化，尽管后者与具体场景的每一个合成孔径雷达成像像素的绝对地理坐标有关。阴影和极端"迎坡缩短"所导致的"影像倒置"仍存在于配准后的图像中。由地形坡度所造成的后向散射变化需单独校正。

15.4　雷达干涉图的形成

一个雷达干涉仪利用两个互相分离的雷达天线，在交轨干涉仪中，两个天线被放置在垂直轨道方向，而在顺轨干涉仪中，它们被安置在沿轨方向。在单航过干涉仪中，两个天线被安装在同一平台上面，并且同时接收数据。在多航过干涉仪中，数据在不同时间被接收，无论是多个平台或者是多次通过同一个数据收集平台都可以。

在 15.2 节中，我们确定了由两根天线接收的相位差信号包含了地表地形信息。相位差的图像就是干涉图。接下来，我们考察干涉图形成的细节信息。

15.4.1　位移与距离

我们从式(15.5)和式(15.6)开始：

$$\delta = B \sin (\theta - \alpha) \tag{15.16}$$

以及

$$z = R \cos \theta \tag{15.17}$$

时，将像素的距离位置以图像条带的中心位置为参考点进行表示有助于生成和处理雷达干涉图。在图 15.10 中，θ_0 代表沿着宽度中间线的入射角，对应的距离为 R_0。星载合成孔径雷达的俯仰向波束宽度典型的量级为几度(举例来讲，对于 ESR-1/2 SAR，θ 的取值范围为 20°~26°，θ_0 为 23°；对于 JERS-1，θ 的取值范围为 32°~38°，θ_0 为 35°)。这意味着对于图 15.10 中的像素 P，入射角 θ 偏离 θ_0 的角度差 $\mathrm{d}\theta$ 最大为3°。在式(15.16)与式(15.17)中，用 $\theta_0 + \mathrm{d}\theta$ 代替 θ，并且利用近似 $\sin(\mathrm{d}\theta) \approx \mathrm{d}\theta$，$\cos(\mathrm{d}\theta) \approx 1$，得到

$$z = R \cos (\theta_0 + \mathrm{d}\theta) \approx R[\cos \theta_0 - \sin \theta_0 \mathrm{d}\theta] \tag{15.18}$$

并且

$$\delta = B \sin (\theta_0 - \alpha + \mathrm{d}\theta) = B[\sin (\theta_0 - \alpha) + \cos (\theta_0 - \alpha)\mathrm{d}\theta] \tag{15.19}$$

解式(15.18)，得

$$\mathrm{d}\theta = \frac{R \cos \theta_0 - z}{R \sin \theta_0} \tag{15.20}$$

并且，当该式代入式(15.19)时，后者就变为

$$\delta = B \sin (\theta_0 - \alpha) + B \cos (\theta_0 - \alpha) \frac{\cos \theta_0 - \dfrac{z}{R}}{\sin \theta_0}$$

$$= B \sin (\theta_0 - \alpha) + \frac{B \cos (\theta_0 - \alpha)}{\tan \theta_0} - \frac{B \cos (\theta_0 - \alpha)}{\sin \theta_0} \frac{z}{R} \qquad (15.21)$$

将式(15.21)中的最后一项 z/R 关于 R_0 展开，其中 $R = R_0 + \mathrm{d}R$，得到

$$\frac{z}{R} = \frac{z}{R_0 + \mathrm{d}R} = \frac{z}{R_0} \left[\frac{1}{1 + (\mathrm{d}R/R_0)} \right] \approx \frac{z}{R_0} \left(1 - \frac{\mathrm{d}R}{R_0} \right) = \frac{z}{R_0} - \frac{z\mathrm{d}R}{R_0^2} \qquad (15.22)$$

联立式(15.22)和式(15.21)，得到

$$\delta = B \sin (\theta_0 - \alpha) + \frac{B \cos (\theta_0 - \alpha)}{\tan \theta_0} - \frac{B \cos (\theta_0 - \alpha)}{\sin \theta_0} \left(\frac{z}{R_0} - \frac{z}{R_0^2} \mathrm{d}R \right) \qquad (15.23)$$

利用近似 $z \approx R_0 \cos \theta_0$，式(15.23)简化为

$$\delta = B \sin (\theta_0 - \alpha) + \frac{B \cos (\theta_0 - \alpha)}{\tan \theta_0} \frac{\mathrm{d}R}{R_0} \qquad (15.24)$$

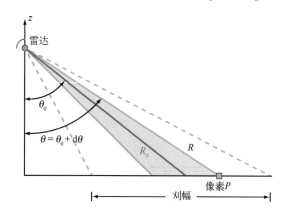

图 15.10　雷达照射刈幅通常是以平均入射角 θ_0 为中心分布的

我们可以将图 15.11 中的刈幅中心入射角 θ_0 的基线分解为平行分量 $B_{\parallel}$ 和垂直分量 $B_{\perp}$，表达式如下：

$$B_{\parallel} = B \sin (\theta_0 - \alpha)$$
$$B_{\perp} = B \cos (\theta_0 - \alpha)$$

换言之，两幅图像的总的偏移量 δ 可以看作两种干涉合成孔径雷达基线的函数，如下式所示：

$$\delta = B_{\parallel} + B_{\perp} \frac{\mathrm{d}R}{R_0 \tan \theta_0} \qquad (15.25)$$

该结果表明，δ 由两部分组成：①一个等于平行基线的恒定空间偏移量；②一个随着几何因子 $R_0 \tan \theta_0$ 成反比的线性增长偏移(或者是扩展)。图 15.12 用图示阐明了两幅图像之间的空间偏移以及尺度变化。由于偏移和尺度变化，一个在特定一张图上的某一个像素上的被观测物，在第二张图上的像素位置是不同的。

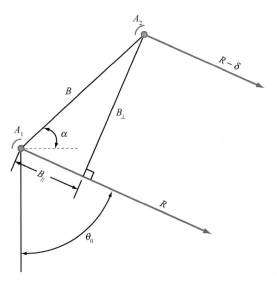

图 15.11　干涉基线 B 的平行分量和垂直分量由入射角 θ_0 定义，距离 R 是指 A_1 到点目标的距离

(a) 天线1图像　　　　(b) 天线2图像：出现了移位
和尺度变化

图 15.12　由天线 1 得到的图像和由天线 2 得到的图像。在斜距坐标系中通过角度关系
进行组合会导致天线 2 的图像与天线 1 的图像相比出现了位移和尺度变化

当形成干涉图像时，相位差是指图像 1 中某一像元的相位与图像 2 中该像元相位的差值，但这两个像元在两幅图像中位于不同的位置。因此，我们有必要建立图像 2 中每一个像素与在图像 1 中与之相对应的像素坐标之间的关系。

实际上，通过识别图像 2 与图像 1 之间的对应点，估计其空间偏移，然后通过解偏移方程，就可以建立该关系，这个术语就叫作测定干涉偏移场或者图像配准。

15.4.2　偏移量的测定

通过比较两幅图像中相同散射点的位置，我们就可以推导出式（15.25）的经验等价关系式。因为雷达数据包含噪声，测定偏移量的过程并不是完美的，这就导致估计量中或多或少存在一些噪声。通过测量大量位置的偏移量以及利用最小二乘法求出关键参数 δ 可以克服该问题，从而找到拟合良好的低阶近似关系。

测量偏移量的方法有很多，但是为了简洁起见，我们只考虑一种方法。由于在通常情况下，在距离向和方位向都会发生偏移，我们采用一种二维方法来解决测量偏移的问题。

> ▶ 通过在图像 1 中选择一小块区域，并在图像 2 中的相似区域与之做互相关，找到最佳匹配区域。相关函数的峰值位置给出了该位置的偏移量。◀

对于上述方法，首先在图像 1 中标识一小块区域，如图 15.13 所示。根据成像几何关系，我们大概知道会出现在图像 2 的哪个区域但不精确。为了找到精准的位置，我们计算区域位置的正交相关。设图像 1 中选定区域的复图像为 $C_1(m, n)$，其位置为 (m, n)，图像 2 中以点 (m_2, n_2) 为中心的区域的复图像为 $C_2(m_2, n_2)$。利用下式计算正交相关函数 $K_C(i, k)$：

$$K_C(i, k) = \frac{\sum_i \sum_k C_1(m, n) C_2^*(m_2 + i, n_2 + k)}{\sqrt{\overline{C_1} \, \overline{C_2}}} \qquad (15.26)$$

式中，

$$\overline{C_1} = \sum \sum C_1(m, n) C_1^*(m, n),$$
$$\overline{C_2} = \sum \sum C_2(m_2 + i, n_2 + k) C_2^*(m_2 + i, n_2 + k)$$

积分总和是在 C_1 整个区域上计算得到的。在实际计算中，采用了二维信号处理窗。这主要是由于初始偏移量不完全已知，事实上，C_2 一般会选择得比 C_1 大一些，如图 15.14 所示。

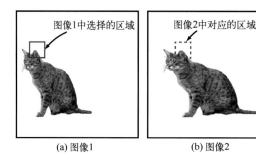

(a) 图像1　　　　　　　　(b) 图像2

图 15.13　两幅干涉图像中对应小区域的示意图：由天线 1 得到的图像，其中包括一个方框标出的特定小区域；天线 2 得到的图像，对应的小区域由虚线方框标出

互相关函数 $\boldsymbol{K}_C(i,k)$ 的大小描述了区域 2 偏移 (i,k) 之后两图像的相似程度。当两幅复图像的相似度最高时，对应的偏移量能够使得互相关函数的值最大，此时的峰值位置 (i_0,k_0) 就是我们寻找的图像偏移量。

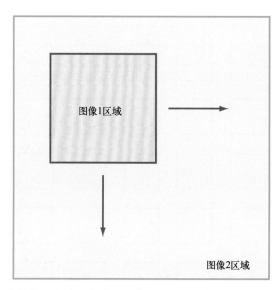

图 15.14　在计算互相关函数时，图像 1 中的一个较小的区域与图像 2 中的一个较大的区域进行互相关运算以产生一个相关函数峰值的搜索范围

由于图像是复数，式 (15.26) 中的复相关能够直接用于寻找所需的偏移量。然而，当噪声相位很大时 (例如，在图像 δ^0 低值区存在低信噪比)，复相关有可能会导致估计的不正确。校正图像能量 (像元振幅) 比复像元值更加有用。在这方面，式 (15.26) 中的复值由像元振幅的平方值代替，也就是以 $|\boldsymbol{C}_1|^2$ 和 $|\boldsymbol{C}_2|^2$ 来代替原来的值。这消除了相位精度不足区域的噪声问题。

注意到由于我们将观测得到的两张图共轭相乘来计算正交相关，因此交叉乘积的带宽 (在相关过程中) 有效地变为原始数据带宽的两倍。如果原始图像数据没有至少重采样两倍，则会导致混叠。因此，为了得到比较好的结果，在计算相关之前，我们通常会在每个方向上对每个区域进行插值以扩充到原来的两倍。

到目前为止上面描述的方法仅仅用于图像 1 中的特定子区域。通过分析多个子区域，能够提高偏移量的测量精度。为了在下一步得到一组好的测量数据，一个较好的经验是检查方位向和距离向的 10~20 个位置，如图 15.15 所示。对于给定的偏移量估计，一旦计算出区域相关性，就可以用线性最小二乘法经验地估计出 δ。图 15.16 给出了单个区域偏移量估计的一个典型例子，它是距离 R 的函数。图中同时给出了用线性最小二乘法拟合的直线。从直线的公式中可以看出，我们可以估计出与基线平行和垂直的分量。y 轴截距相当于由 θ_0 定义的参考像元 $B_\parallel$，图 15.16 中的直线的斜率代表 $B_\perp$。$B_\parallel$ 和 $B_\perp$ 初始估计可以利用已知的地形修正方法加以修正。

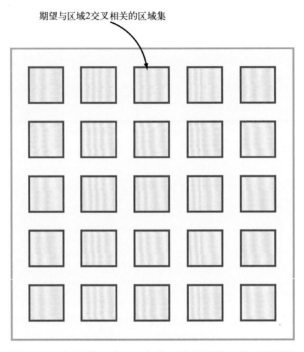

图 15.15　与图像 2 进行互相关运算的图像 1 的区域网格

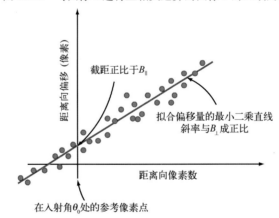

图 15.16　含有噪声的距离偏移测量值随距离位置变化的函数关系以及测量数据的最小二乘法拟合直线。拟合直线的斜率和截距分别代表基线的平行分量与垂直分量

下一步是用式(15.25)给出的 δ 的关系将图像 2 采样到图像 1 的坐标系下，并且根据经验关系确定 $B_\parallel$ 和 $B_\perp$ 的值。此外，如果由于时序考虑而存在方位向偏移，也会在此时被移除。

最后，通过以下计算得到干涉图 $\boldsymbol{I}(x, y)$：

$$I(x, y) = \text{image1}(x, y) \left[\text{image2}(x + \delta, y + \alpha) \right]^* \qquad (15.27)$$

式中，复共轭相乘导致需要进行计算相位差。在该式中，x 为距离向的像元数；y 为方位向的像元数；α 为方位向偏移量。

总之，形成干涉图主要有以下步骤：

(1) 处理由两个接收天线测得的两幅合成孔径雷达图像；

(2) 通过以下步骤测量偏移量：

(a) 在图像 1 中选择一小块区域，并在图像 2 中找到近似与之相同的区域；

(b) 插值两倍或更多倍；

(c) 对获得的几个小区域检查复值并获得功率图；

(d) 正交相关并记录偏移量峰值的位置；

(e) 对不同区域多次重复；

(f) 将偏移量看作距离向的函数，对其进行最小二乘拟合，并且如果可以的话，同样可以对方位向偏移量进行判断；

(g) 从截距和斜率中获得 $B_\parallel$ 和 $B_\perp$ 的值；

(3) 在图像 1 的坐标中对图像 2 重新取样；

(4) 将图像 1 与图像 2 共轭相乘得到干涉图。

15.4.3　多视处理

在计算得到干涉图之后，在以空间分辨率作为代价的情况下通常对数据进行多视处理，从而提高相位估计的精度。如第 5 章中所述，多视处理意味着为了减少波动情况将像元强度在一维或者二维中平均。多视数据会比单视数据更加平滑并且可以在不损失过多信息的情况下降采样，这也减少了计算量和存储数据所需的空间。

对于图像数据，回顾第 5 章中所讲，多视处理包括平均功率而不是复值。一般情况下，在大多数雷达计算中，代表二阶统计量的数值在多视处理器中被平均化。例如，当考虑两个高斯分布变量的总和时，是方差叠加，而不是标准差。因此，当我们将雷达图像的两个像元进行平均时，保留了平均功率而不是平均标准差。正是这种特性减少了多视像元的相对不确定性。因为干涉像元是两幅图像乘积得到的产品，即使它们之间有明显的相位联系，在本质上还是功率。

> ▶ 因此，将干涉图像元平均化直接得到了平均功率，同时还保留了平均相位值。◀

为了帮助从另一个角度理解这一差异，注意到，在多视处理过程中(包含单一图像)，像元的相位均匀分布并且像元之间基本上是相互独立的。所以当它们叠加在一起来减少噪声时，功率也随之增加。对于干涉图（即两幅图像之间的相位差），相元之间的干涉相位变化很慢，因此相干积分对降低噪声很有帮助。

15.4.4 相关性

干涉图质量的一个重要指标是两幅图像之间的相关系数，描述的是相邻两幅图像之间的相位有多接近。对于完全独立的两幅图像，这个量的数值在 0~1，0 表示两幅图像彼此相互独立，1 表示两幅图像有相同的相位。在生成多视图像之后，可以通过以下定义计算图像的相关系数：

$$\rho = \frac{\sum \text{image } 1_i \ \text{image } 2_i^*}{\sqrt{\sum \text{image } 1_i \ \text{image } 1_i^*} \sqrt{\sum \text{image } 2_i \ \text{image } 2_i^*}} \qquad (15.28)$$

式中，$\text{image } 1_i$ 和 $\text{image } 2_i$ 是图像 2 已经根据估计的偏移量重新采样之后图像 1 与图像 2 中的对应点。注意到分子是干涉图，对应的分母是图像振幅的乘积而不是功率。

总的来讲，相关系数是信噪比和当地目标特性（接下来讲）的函数。

15.5 去相关

> ▶ 相关对于理解和解释干涉测量有很重要的意义，并且与干涉相位的估计精度密不可分。◀

总的来讲，准确的相位测量需要很高的相关。不幸的是，有很多机制使得信号去相关。这就是本节中将要讨论的。

15.5.1 斑点噪声

如果测量的相位和振幅一致并且由此代表雷达信号与散射场景之间的"相互作用"是相同的，那么雷达回波是彼此相关的。对于一部成像雷达，这意味着观测目标物的散射特性或"斑点"图样是几乎相同的。正如第 5 章中所介绍的，斑点噪声是雷达相干属性的固有结果。斑点噪声在单视雷达图像中呈现"粒状"结构。斑点噪声的出现是由于雷达的单一分辨单元中的多个散射中心与电磁波的相互作用产生的，而不是由于地表 δ^0 的真实变化。

对于一个给定的分辨单元，考虑当两个雷达从稍微不同的方向进行观察时的后向散射电压 V，由于 V 是包含在该分辨单元中所有散射点的信号的相干总和，在观测方向的稍微变动将会引起散射点距离的改变，从而产生 V 的振幅和相位的改变。这导致几何学上的去相关，并且去相关的程度取决于两个天线相对于目标物之间的角度偏移量。

15.5.2　去相关模型

在这一节中，我们将对干涉合成孔径雷达图像中的去相关进行量化。考虑两个雷达复信号 V_1 和 V_2，它们由两个彼此间隔很近的干涉天线获得，并且通过单独的接收机接收。上述两个信号可以建模分解为共同信号分量 C 和各自的噪声分量 N_1 和 N_2：

$$V_1 = C + N_1 \tag{15.29a}$$

$$V_2 = C + N_2 \tag{15.29b}$$

由于两个天线的位置非常接近，共同信号分量基本上是相同的信号，而接收到的噪声则是不同的。

接收到的信号的相关系数可表示为

$$\rho_{\text{thermal}} = \frac{\langle V_1 V_2^* \rangle}{\sqrt{\langle V_1 V_1^* \rangle \langle V_2 V_2^* \rangle}} \tag{15.30}$$

式中，$\langle\ \rangle$ 为总体平均；下标 "thermal" 表示热噪声。

由于 N_1 和 N_2 是不相关的随机变量，其均值为 0，因此有

$$\rho_{\text{thermal}} = \frac{|C|^2}{|C|^2 + |N|^2} \tag{15.31}$$

利用 $\text{SNR} = |C|^2 / |N|^2$，该相关式与 SNR 的测量值有关：

$$\rho_{\text{thermal}} = \frac{1}{1 + \dfrac{1}{\text{SNR}}} = \frac{\text{SNR}}{1 + \text{SNR}} \tag{15.32}$$

如果 $\text{SNR} \gg 1$，那么 $\rho_{\text{thermal}} \approx 1$。

在干涉合成孔径雷达中，由于两个天线不同的视角产生了几何学上的去相关。我们暂时假定两幅图像的观测角度存在很小的差异，因此我们可以建立以下信号模型：

$$\begin{aligned} V_1 &= C + D_1 + N_1 \\ V_2 &= C + D_2 + N_2 \end{aligned} \tag{15.33}$$

式中，C 仍代表信号的相关部分；N_1 和 N_2 为热噪声分量；D_1 和 D_2 为由于视角改变导致的额外的加性 "噪声"（信号的变化）。我们将 D_1 和 D_2 称为空间去相关（此术语将会在后续内容中更加清楚地介绍），这是由于它们中包含天线的空间运动。

利用先前类似的讨论，当忽略热噪声时，可得到

$$\rho_{\text{spatial}} = \frac{|C|^2}{|C|^2 + |D|^2} \tag{15.34}$$

式中，下标"spatial"代替了"thermal"。

如果我们同时考虑热噪声和信号噪声并假定它们为彼此之间不相关的随机变量，则相关系数可表示为

$$\rho_{\text{spatial}+\text{thermal}} = \frac{|C|^2}{|C|^2 + |D|^2 + |N|^2} \tag{15.35}$$

该结果可以重新写成

$$\rho_{\text{spatial}+\text{thermal}} = \frac{|C|^2}{|C|^2 + |D|^2} \cdot \frac{|C|^2 + |D|^2}{|C|^2 + |D|^2 + |N|^2} \tag{15.36}$$

并且，上面重新定义 SNR 为所有非热力学功率与热力学功率的比值，即

$$\text{SNR} = \frac{|C|^2 + |D|^2}{|N|^2} \tag{15.37}$$

我们得到结果

$$\rho_{\text{spatial}+\text{thermal}} = \rho_{\text{spatial}} \cdot \rho_{\text{thermal}} = \frac{|C|^2}{|C|^2 + |D|^2} \cdot \frac{1}{1 + \dfrac{1}{\text{SNR}}}$$

$$= \frac{|C|^2}{|C|^2 + |D|^2} \cdot \frac{\text{SNR}}{1 + \text{SNR}} \tag{15.38}$$

> ▶ 因此，总相关系数为两个独立相关系数的乘积，一个是信号本身的相关系数，另一个是由于热噪声所引起的相关系数。 ◀

最后，我们考虑两个地表在不同时间的成像的相关性。即使后向散射相位是随机量(因为它是 n 个散射体在距离 R_1 到 R_n 之间的所有回波之和的相位)，如果场景在观测时间内是不变的，并且雷达在同样的位置对场景进行观测，那么距离 R_1 到 R_n 也不变，总的回波就是完全相关的。但是，如果这些散射体的一部分移动了，即使位移量很小，对应的回波也会有略微不同，这就是时间去相关。

被观测的地表有几种方式产生改变，地表可以经历腐蚀；或者如果有植被覆盖的话，植被可能成长；或者由于一些自然灾害，如地震能够干扰散射体。在短时间尺度，风可以改变叶子和植物茎干的位置。引起短时间去相关的因素有很多，在分辨率之内，任何散射中心的位置扰动都会引起雷达信号的时间去相关。

由于地表轻微改变导致的时间去相关能通过在后向散射方程中引入关于地表改变的一项来对此进行建模。简单的思考以及重复之前的讨论，得到以下表达式的形式：

$$\rho_{\text{total}} = \rho_{\text{thermal}} \cdot \rho_{\text{spatial}} \cdot \rho_{\text{temporal}} \tag{15.39}$$

式中，ρ_{temporal} 为两次观测由于地表位置的改变导致的去相关；ρ_{spatial} 为由传感器的位置差异所引起的去相关；ρ_{thermal} 为雷达系统内的热噪声引起的去相关。

式(15.39)是一个近似的公式，仅在高相关时成立。

15.5.3　计算空间基线去相关

这一节的任务是量化 ρ_{spatial} 以及判断两个干涉仪天线要多近才能达到精确的相位估计。我们从雷达脉冲响应与相关系数之间的傅里叶变换关系推导开始，将其看作是用于成像几何学(图 15.17)中视角差别的函数。

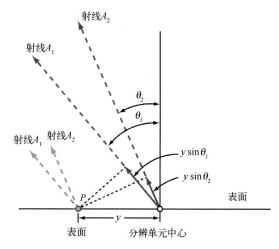

图 15.17　去相关模型的成像几何。离分辨单元中心距离为 y 的散射点 P 被从两个不同的入射角方向观测，从而导致每个观测方向由 P 点反射回来的回波相位也不同。对于每个观测方向，P 点相对于分辨单元中心的观测相位为电磁波传播距离 $y \sin \theta$ 后的相位

考虑在 P 点的散射体反射的相位与分辨单元中心的反射相位的比较。利用平行光线近似，从 P 到 A_1 的相位相对于从 O 到 A_1 的射线增加了 $y \sin \theta_1$。并且，对于天线 A_2，相位有类似的增加 $y \sin \theta_2$。假设在分辨单元内有很多散射单元，天线 1 的总信号 V_1 可以表示为分辨单元内所有散射体的积分形式：

$$V_1 = \iint S(x - x_0,\ y - y_0) \exp\left[-j \frac{4\pi}{\lambda} (R + y \sin \theta_1) \right] \cdot p(x,\ y) \mathrm{d}x \mathrm{d}y \quad (15.40)$$

式中，$S(x,\ y)$ 为地表 $(x,\ y)$ 处复散射幅度；$p(x,\ y)$ 为空间坐标系中的雷达系统脉冲响应函数。这是分辨单元中所有散射点按照脉冲响应加权的贡献的总和。

类似的，对于天线 2，

$$V_2 = \iint S(x - x_0,\ y - y_0) \exp\left[-j \frac{4\pi}{\lambda} (R + y \sin \theta_2) \right] \cdot p(x,\ y) \mathrm{d}x \mathrm{d}y \quad (15.41)$$

上述两式中，R 均表示到分辨单元中心的距离。在本分析中，我们假设 R 对于两个天线都是一样的。如果这不是真实的天线几何构型，回波信号的平均相位会改变，

但是下面得到的结论是不变的。

干涉图通过计算 $V_1 V_2^*$ 得到

$$V_1 V_2^* = \iiint S(x - x_0,\ y - y_0)\, S^*(x' - x_0,\ y' - y_0) \times \exp\left[-j \frac{4\pi}{\lambda} y (\sin\theta_1 - \sin\theta_2) \right]$$

$$\times p(x,\ y) p^*(x',\ y') \mathrm{d}x \mathrm{d}y \mathrm{d}x' \mathrm{d}y' \tag{15.42}$$

假设地表散射体是随机分布的，且分布均匀，没有相关性，那么有

$$\langle S(x,\ y)\, S^*(x',\ y') \rangle = \sigma^0 \delta(x - x',\ y - y') \tag{15.43}$$

这将使式(15.42)中的四重积分简化为

$$\langle V_1 V_2^* \rangle = \sigma^0 \iint \mathrm{e}^{-j(4\pi/\lambda) y \cos\theta \mathrm{d}\theta}\ |p(x,\ y)|^2 \mathrm{d}x \mathrm{d}y \tag{15.44}$$

式中，θ 为 θ_1 到 θ_2 的平均值；$\mathrm{d}\theta$ 是它们的差值。由于指数内核是 y 的线性函数，这可以被看作关于相关性公式 $\langle V_1 V_2^* \rangle$ 对于功率脉冲响应 $|p(x,\ y)|^2$ 的傅里叶变换。

我们的目标是计算如下式所示的空间相关系数：

$$\rho_{\text{spatial}} = \frac{\langle V_1 V_2^* \rangle}{\sqrt{\langle V_1 V_1^* \rangle \langle V_2 V_2^* \rangle}} \tag{15.45}$$

为了达到该目的，我们将脉冲响应函数近似为二维 sinc 函数，这很好地表示了具有较大时间带宽积的线性调频系统：

$$p(x,\ y) = \frac{1}{\sqrt{r_x r_y}} \left[\frac{\sin(\pi x / r_x)}{(\pi x / r_x)} \cdot \frac{\sin(\pi y / r_y)}{(\pi y / r_y)} \right] \tag{15.46}$$

式中，r_x 和 r_y 分别为雷达系统的方位分辨率和地距分辨率。利用式(15.46)得到

$$\langle V_1 V_1^* \rangle = \langle V_2 V_2^* \rangle = \sigma^0 \delta(x - x',\ y - y') \tag{15.47}$$

计算式(15.44)的傅里叶变换并利用式(15.45)中的结果，我们得到以下表达式：

$$\rho_{\text{spatial}} = 1 - \frac{2 r_y \cos\theta}{\lambda} \mathrm{d}\theta \tag{15.48}$$

图 15.17 中的角度差值 $\mathrm{d}\theta = \theta_1 - \theta_2$ 与 $B_\perp$ 和 R 的关系如下：

$$\mathrm{d}\theta = \frac{B_\perp}{R} \tag{15.49}$$

利用式(15.49)，式(15.48)可表示如下：

$$\rho_{\text{spatial}} = 1 - \frac{2 B_\perp r_y \cos\theta}{\lambda R} \tag{15.50}$$

注意到 ρ_{spatial} 是一个关于 $B_\perp$ 的线性递减函数；当 $B_\perp = 0$（完全相关）时，ρ_{spatial} 为 1，当 $B_\perp$ 处于如下式所示的临界值 B_c 时，ρ_{spatial} 为 0：

$$B_c = \frac{\lambda R}{2 r_y \cos\theta} \tag{15.51}$$

如果垂直基线接近或者超过 B_c ，那么将会没有相关被测得。这将我们之前的观测量化了，就是干涉仪的天线必须彼此靠得很近才能使得由它们测得的信号有很高的相关。

图 15.18 给出了在临界基线理论上线性下降到 0 的图线。图中的计算假定空间响应函数为 sinc 函数。实测数据经常会比理论计算模型下降更快。虽然在图 15.18 中的由 SEASAT SAR 测得的脉冲响应确实是 sinc 函数，但是其分辨率可能已经被模型过高估计了。

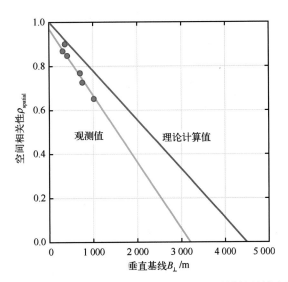

图 15.18　基线去相关为 sinc 函数时，SEASAT SAR 的理论计算基线去相关与 1978 年在死谷(Death Valley)的观测数据的基线去相关对比。两条曲线下降斜率的差异是由不精确的分辨率系统模型导致的[Zebker et al., 1992]

15.5.4　旋转去相关

在多航过干涉仪中，如果雷达的一个飞行轨迹相对于第二个轨迹有旋转(也就是二者并不平行)，这就引入了由于成像几何学造成的去相关的第二个来源。这里没有给出此相关项的推导过程，但是能够在 Zebker 等(1992)的文章中找到。旋转去相关的表达式为

$$\rho_{\text{rotation}} = 1 - \frac{2r_x \mathrm{d}\phi \sin\theta}{\lambda} \tag{15.52}$$

式中，r_x 为方位向分辨率；$\mathrm{d}\phi$ 是两条轨迹之间的旋转角偏移。当应用时，该项应该作为一个倍乘因子在相关乘积表达式式(15.39)中。图 15.19(a) 比较了 L 波段和 C 波段蒙特卡罗(Monte Carlo)模拟和预测的旋转相关性随着雷达路径旋转角度的变化。注意当轨道对齐时(旋转角度为 0°)，相关性很高；当旋转角度变大时，相关性下降。

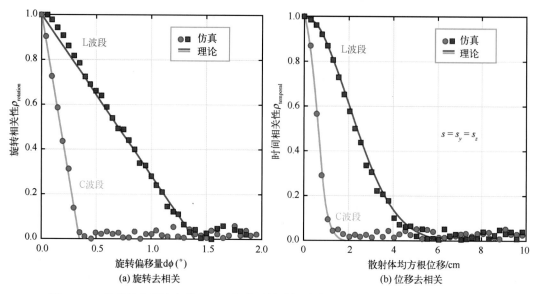

图 15.19 仿真的和理论上的 InSAR 相关系数随轨道旋转偏移量以及散射体均方根位移
偏移量的变化，图中的曲线对应于一个斜距分辨率与方位分辨率均为 5 m 的雷达

　　偏离直线路径也会导致去相关，但需要针对具体飞行轨迹的差异建立合适的模型，
并需要在每个时间点上利用上述方法来计算去相关。

15.5.5　时间去相关

　　如前所述，如果散射体在观测时间出现相对移动，就会产生时间去相关。时间去
相关项可以利用每一个散射单体的三维运动来进行建模，Zebker 等（1992）得到相关
乘积：

$$V_1 V_2^* = \iiiint S(x - x_0,\ y - y_0,\ z - z_0) \cdot S^*(x' - x_0,\ y' - y_0,\ z' - z_0)$$

$$\times \exp\left[-j\frac{4\pi}{\lambda}(\eta_y \sin\theta + \eta_z \cos\theta)\right] \cdot p(x,\ y)p^*(x',\ y')\mathrm{d}x\mathrm{d}y\mathrm{d}z\mathrm{d}x'\mathrm{d}y'\mathrm{d}z'$$

$$(15.53)$$

式中，η_y 和 η_z 为散射体 y 方向和 z 方向的递增量。该积分的计算平均值表达式可以写
成

$$\langle V_1 V_2^* \rangle = \sigma^0 \iint \exp\left[-j\frac{4\pi}{\lambda}(\eta_y \sin\theta + \eta_z \cos\theta)\right] \cdot f_y(\eta_y)f_z(\eta_z)\mathrm{d}\eta_y\mathrm{d}\eta_z \quad (15.54)$$

式中，$f_y(\eta_y)$ 和 $f_z(\eta_z)$ 分别为 y 方向和 z 方向的运动概率分布函数。将概率分布函数看
作独立的高斯过程，Zebker 等（1992）得到

$$\rho_{\text{temporal}} = \exp\left[-\frac{1}{2}\left(\frac{4\pi}{\lambda}\right)^2 (s_y^2 \sin^2\theta + s_z^2 \cos^2\theta)\right] \tag{15.55}$$

式中，s_y^2 和 s_z^2 为 y 方向和 z 方向的移动距离的方差。

图 15.19(b)给出了蒙特卡洛模拟和利用式(15.55)计算的预测时间去相关的比较结果，二者均为散射体均方根位移 $s=s_y=s_z$ 的函数。正如所料，对于较短的雷达波长，相关系数下降得较快。

图 15.20(a)描述了 Seasat SAR 重复轨道上 3 个不同地理位置相关系数随观测时间差异的变化关系。因为美国的死谷无植被覆盖，在 18 天的观测周期内几乎没有改变，因此，时间相关系数几乎为 1。对于俄勒冈州东部的轻微植被覆盖地表，相关系数近似地随时间线性减小。最后，对于覆盖度较高的森林区域，减少率只是轻微增加，但是两天以后测得了很明显的去相关。

在图 15.20(b)中，根据 Rosen 等(2000)的报告，我们注意到相关性在水表面最低，在城市区域最大。

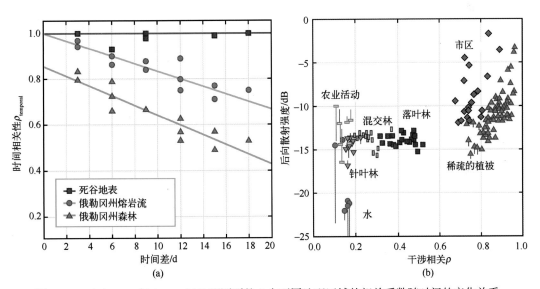

图 15.20　(a) 1978 年 Seasat SAR 观测到的 3 个不同地理区域的相关系数随时间的变化关系；
(b) 水表面和各种不同地形的相对后向散射强度与相关系数之间关系的散点图(Rosen et al., 2000)

15.6　地形测量

在讨论干涉合成孔径雷达地形测量过程的细节之前，让我们先强调一下地形测量的主要原因。

(1)世界上大多数地表地形并没有被很好地绘制出来，尤其是以数字的形式以及很高的分辨率。干涉合成孔径雷达特别适合解决这个缺陷。实际上，航天飞机雷达地形测绘计划（SRTM），尽管在 2000 年仅仅飞行了 11 天，却成功地描绘出了全球 56°S 至 60°N 整个部分的地形，并且其空间分辨率为 90 m，垂直精度为 16 m。SRTM 两个天线之间基线长度为 60 m。直至今天，由 SRTM 生成的地形数据在世界许多地区依然是最好的。但是，我们需要不断提高地形图绘制的性能，并且需要绘制 SRTM 没有涉及的地区，因为这些区域有起伏较大的地形和较低的后向散射系数（例如沙漠地区）。

（2）在历史上，世界各地不同地区利用不同的数据或不同的坐标系来绘制地形图，因此很难将它们结合起来用于全球的研究，比如全球变化。干涉合成孔径雷达处理过程依赖于地理位置，可以提供每一个网格上的数字高程模型（DEM）。SRTM 通过一个一致的地图投影产生全球数字高程模型而实现了上述过程。

（3）地震、滑坡、洪水和其他灾害都可以改变局地地形。由干涉合成孔径雷达生成的数字高程可以检测地形变化和帮助我们了解这些事件的影响以及造成了怎样的地形变化。

15.6.1 干涉仪相位推算地形

在 15.2 节中，我们利用平行射线近似推导了测得的相位差 ϕ_{int} 与一个合成孔径雷达图像像素的高度 z 之间的关系。但是，精确地实施地形测绘过程需要发展准确的解。为了该目的，我们使用图 15.21 中的观测几何关系并重新利用式（15.4），得到

$$(R - \delta)^2 = R^2 + B^2 - 2RB \cos\left(\frac{\pi}{2} - \theta + \alpha\right) = R^2 + B^2 - 2RB \sin(\theta - \alpha)$$

（15.56）

从上式可以得到

$$\sin(\theta - \alpha) = \frac{R^2 + B^2 - (R - \delta)^2}{2RB}$$

（15.57）

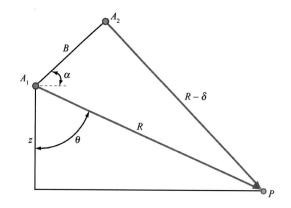

图 15.21　干涉合成孔径雷达观测几何

相位误差

从式(15.2a)以及式(15.6)可以得到

$$\delta = \frac{\lambda}{4\pi}\phi_{\text{int}} \tag{15.58}$$

以及

$$z = R\cos\theta \tag{15.59}$$

式中，ϕ_{int}属于双独立雷达构型，并且我们知道，如果干涉仪使用一个共同的发射天线，因子 4 就会变为因子 2。

因此，给定 B、α 和 R，我们能够解出 θ 并用其来估计 z。为了估计其相应误差，我们使用偏导数。此处，我们使用稍微不同的链式法则：

$$\frac{\partial z}{\partial \phi_{\text{int}}} = \frac{\partial z}{\partial \theta}\frac{\partial \theta}{\partial \delta}\frac{\partial \delta}{\partial \phi_{\text{int}}} \tag{15.60}$$

并且，我们注意到

$$\frac{\partial z}{\partial \theta} = \frac{\partial}{\partial \theta}(R\cos\theta) = -R\sin\theta \tag{15.61}$$

为了得到 $\partial\theta/\partial\delta$ 的表达式，我们对式(15.57)求导，同时仅将 θ 和 δ 看作变量：

$$\frac{\partial}{\partial \delta}[\sin(\theta-\alpha)] = \frac{\partial}{\partial \delta}\left[\frac{R^2 + B^2 - (R-\delta)^2}{2RB}\right]$$

解得

$$\cos(\theta-\alpha)\frac{\partial \theta}{\partial \delta} = \frac{2(R-\delta)}{2RB} \approx \frac{1}{B} \tag{15.62}$$

最后一步，我们将 $(R-\delta)/R$ 近似为 1。因此，

$$\frac{\partial \theta}{\partial \delta} = \frac{1}{B\cos(\theta-\alpha)} \tag{15.63}$$

最后，利用式(15.58)，

$$\frac{\partial \delta}{\partial \phi_{\text{int}}} = \frac{-\lambda}{4\pi}$$

得到

$$\frac{\partial z}{\partial \phi_{\text{int}}} = (-R\sin\theta)\left(\frac{1}{B\cos(\theta-\alpha)}\right)\left(\frac{-\lambda}{4\pi}\right) = \frac{\lambda}{4\pi}\frac{R\sin\theta}{B\cos(\theta-\alpha)} \tag{15.64}$$

这与基于平行射线近似的式(15.14a)的结果相吻合(但是去除了信噪比部分)。

基线长度误差

如果合成孔径雷达干涉仪的两根接收天线彼此相互连接，比如它们安装在航空器

的两个翅膀上，或者是在很长的桅杆的两端，就像 SRTM 的天线系统一样，那么基线距离 B 是一个常量，没有明显的可变性。另一方面，对于"重复航过"系统，无论是在长度方面，还是在角度 α 方面（这种情况更有可能），B 的值都可能存在不确定成分。基线长度和方向的误差均会导致高度误差。

能够通过计算合适的偏导数来计算基线长度误差对高度误差的贡献：

$$\frac{\partial z}{\partial B} = \frac{\partial z}{\partial \theta} \cdot \frac{\partial \theta}{\partial B} \tag{15.65}$$

为了得到 $\partial\theta/\partial B$ 的表达式，我们将从式（15.57）中开始：

$$\frac{\partial}{\partial B}\left[\sin(\theta - \alpha)\right] = \frac{\partial}{\partial B}\left[\frac{R^2 + B^2 - (R-\delta)^2}{2RB}\right]$$

从该方程得到

$$\frac{\partial \theta}{\partial B} = \frac{R^2 + \delta^2 - 2R\delta}{2RB^2 \cos(\theta - \alpha)} \tag{15.66}$$

由于距离 $R \gg \delta$，并且 $R \gg B$，式（15.66）能够被简化为

$$\frac{\partial \theta}{\partial B} = \frac{-\delta}{B^2 \cos(\theta - \alpha)} \tag{15.67}$$

将结果与式（15.61）结合，得到

$$\frac{\partial z}{\partial B} = \frac{\partial z}{\partial \theta} \cdot \frac{\partial \theta}{\partial B} = (-R\sin\theta)\left[\frac{-\delta}{B^2 \cos(\theta - \alpha)}\right] = \frac{R\delta\sin\theta}{B^2 \cos(\theta - \alpha)} \tag{15.68}$$

利用近似关系 $\delta = B\sin(\theta-\alpha)$，正如式（15.5）中所给的，得到

$$\frac{\partial z}{\partial B} \approx \frac{R}{B}\sin\theta\tan(\theta - \alpha) \tag{15.69}$$

幸运地，B 长度的不确定性能够被控制在很小的值之内，所以对于大多数实际系统而言，误差来源通常很小。

基线方向误差

现在我们考虑由于基线方向角度 α 引起的误差。该误差依赖于平台轨迹或者轨道以及平台的高度的不确定性，加上平台本身的弯曲。为了计算 $\partial z/\partial\alpha$，我们使用链式法则：

$$\frac{\partial z}{\partial \alpha} = \frac{\partial z}{\partial \theta} \cdot \frac{\partial \theta}{\partial \delta} \cdot \frac{\partial \delta}{\partial \alpha} \tag{15.70}$$

偏导数 $\partial z/\partial\theta$ 和 $\partial\theta/\partial\delta$ 分别由式（15.61）和式（15.63）给出。为了计算 $\partial\delta/\partial\alpha$，我们将式（15.57）进行偏微分，同时仅将 α 和 δ 看作变量：

$$\frac{\partial}{\partial \alpha}\left[\sin(\theta - \alpha)\right] = \frac{\partial}{\partial \alpha}\left[\frac{R^2 + B^2 - (R-\delta)^2}{2RB}\right]$$

解得

$$-\cos(\theta-\alpha)=\frac{2(R+\delta)}{2RB}\frac{\partial\delta}{\partial\alpha}$$

或者

$$\frac{\partial\delta}{\partial\alpha}=\frac{-RB}{R+\delta}\cos(\theta-\alpha)\approx-B\cos(\theta-\alpha) \tag{15.71}$$

利用式(15.61)、式(15.63)和式(15.71)，将其代入式(15.70)中，得到

$$\frac{\partial z}{\partial\alpha}=(-R\sin\theta)\left[\frac{1}{B\cos(\theta-\alpha)}\right][-B\cos(\theta-\alpha)] \tag{15.72}$$

简化为

$$\frac{\partial z}{\partial\alpha}=R\sin\theta \tag{15.73}$$

> ▶ 因子 $|\partial z/\partial\alpha|$ 和 $|\partial z/\partial\theta|$ [见式(15.61)] 具有相同的表达式，说明干涉基线的倾斜 $d\alpha$ 与地表局地斜率变化 $d\theta$ 是无法区分的。◀

如果将 s_z、$s_{\phi_{int}}$、s_B 和 s_α 表示为与各自相应参数的标准差，我们能够将相位误差、基线长度误差和基线角度误差表示如下。

相位误差：

$$s_z=\frac{\lambda}{4\pi}\frac{R\sin\theta}{B\cos(\theta-\alpha)}s_{\phi_{int}} \tag{15.74a}$$

基线长度误差：

$$s_z=\frac{R\sin\theta\tan(\theta-\alpha)}{B}s_B \tag{15.74b}$$

基线角度误差：

$$s_z=R\sin\theta s_\alpha \tag{15.74c}$$

为了深刻了解各个误差贡献的大小，我们考虑机载 NASA/JPL TOPSAR 系统的设计参数：

$$R\approx10\text{ km}, \qquad \theta\approx30°,$$
$$B=1.5\text{ m}, \qquad \alpha=63°,$$
$$\lambda=6\text{ cm}, \qquad \text{SNR}\approx100(20\text{ dB})$$

根据式(15.13)，对于"单视"图像，$s_{\phi_{int}}$ 为

$$s_{\phi_1}=\frac{1}{\sqrt{\text{SNR}}}=0.1\text{ rad}$$

这个特殊的雷达在估计高度之前，干涉图中大约计算了 10 视。对于 N 视，有下式

（Rodriguez et al.，1992）：

$$s_{\phi_N} \approx \frac{s_{\phi_1}}{\sqrt{2N}} \qquad (15.75)$$

因此，在 TOPSAR 中，令 $N=10$，得到

$$s_{\phi_{10}} \approx 0.022 \text{ rad} \approx 1.25°$$

使用式（15.74a）以及系统参数，将会得到高度误差的均方根误差（由相位误差引起）为

$$s_z = \frac{\lambda}{4\pi} \frac{R \sin \theta}{B \cos (\theta - \alpha)} s_{\phi_{10}} = 0.42 \text{ m} \qquad （相位误差）$$

对于基线长度误差，主要是由航空器的形变造成，s_B 的量级大约是 10^{-4} m，将此值代入式（15.74b），得到

$$s_z = \frac{R \sin \theta \tan (\theta - \alpha)}{B} s_B = 0.216 \text{ m} \qquad （基线长度误差）$$

这个值大约是由相位误差所导致的高度误差的一半。

最后，该系统的基线方向角误差是由于平台飞行姿态的不确定性导致的，其中 $s_\alpha \approx 0.01°$，将该值代入式（15.74c），得到

$$s_z = R \sin \theta \, s_\alpha = 0.88 \text{ m} \qquad （基线角度误差）$$

这个值大概是相位误差的两倍。由此我们发现误差的主要来源为基线方向角误差，这对大多数系统都是成立的。

15.6.2 相位解缠绕

在之前的章节中，我们推导了一组公式来描述某像素的相位差 ϕ_{int}（由干涉合成孔径雷达测得）与该像素对应的高度 z 之间的关系。因此，给定成像几何和每一个像素的 ϕ_{int} 值的绝对值，就有可能得到场景的地形图。但是，测量得到的相位仅是真实相位除以 2π 后的余数，意味着测量相位在被利用确定高度 z 之前，首先需要进行解缠绕操作。这种以 2π 的整数倍进行模糊后的相位就是所谓的缠绕相位。将缠绕相位解算为绝对相位的过程被称为相位解缠绕。需要确定有多少倍的 2π 应当被加入缠绕相位中以得到一个连续的相位面。

> ▶ 缠绕相位的范围仅限于 $[0, 2\pi]$，而解缠绕后的相位并没有这样的限制。◀

干涉合成孔径雷达相位解缠绕问题是相当复杂的，因此在这一节中，我们仅讨论将总相位分解为平地相位成分和由地表或者地壳形变引起的相位成分。平地相位可由

成像几何计算，然后从观测相位中将其去除，即可得到我们所需要的缓变相位成分。

干涉合成孔径雷达的相位解缠绕问题首先由 Goldstein 等(1988)提出。他们对相位场的不一致性提出一个理论，称之为残差。对相位差作逐像素点积分时，利用一系列不相交的曲线将这些残差点连接起来，可得到一致的、物理上说得通的解。这种方法是一种保守方法，所产生的不正确的解缠像元数极少，但通常在干涉结果图上会出现较大的间隙缺口。Ghiglia 等(1996)利用可变范数标准来优化非相交边界的配置，这样可以得到更大范围的解缠相位。接着，Costantini(1998)将分支切割线位置的二象性和线性规划方法用于优化网络路径问题中，这不仅得到了更大的覆盖范围，还吸收了网络规划算法来保证复杂相位区域的解算。相位解缠绕目前最新的发展是 Chen 等(2001)的工作。他们基于地形斜率和形变的雷达信号的统计结果将权重函数加入网络规划算法中，这种方法结合了分支切割线法的精确性和解算的稳健性，可以明显地提高解缠绕范围和准确度。我们从式(15.57)开始，然后将其简化为

$$\sin(\theta-\alpha)=\frac{R^2+B^2-(R-\delta)^2}{2RB}=\frac{R^2+B^2-R^2+2R\delta-\delta^2}{2RB}$$

$$=\frac{B^2+2R\delta-\delta^2}{2RB}\approx\frac{B}{2R}+\frac{\delta}{B}\approx\frac{\delta}{B} \tag{15.76}$$

上式中，我们利用了 $\delta\ll R$ 和 $B\ll R$ 这两个假设条件。上式中的结果与由平行射线近似得到的表达式(15.5)是相同的。

接下来，我们展开式(15.76)：

$$\delta=B\sin(\theta-\alpha)=B[\sin\theta\cos\alpha-\cos\theta\sin\alpha] \tag{15.77}$$

从式(15.6)中可知，$\cos\theta=z/R$，得到以下结果：

$$\sin\theta=\sqrt{1-\frac{z^2}{R^2}}$$

以及

$$\delta=B\left[\sqrt{1-\frac{z^2}{R^2}}\cos\alpha-\frac{z}{R}\sin\alpha\right] \tag{15.78}$$

对于带有两个独立雷达的干涉合成孔径雷达，相位差(绝对值)为

$$\phi_{int}=-\frac{4\pi}{\lambda}\delta=-\frac{4\pi B}{\lambda R}\left[\sqrt{R^2-z^2}\cos\alpha-z\sin\alpha\right] \tag{15.79}$$

但是，正如我们一开始讲过的，测得的相位是按照 2π 的整数倍模糊的，而 ϕ_{int} 真实的相位正如式(15.79)中给出的那样，是随着 z/R 连续变化的。举例来说，我们模拟了一个 30 rad 范围内变化的连续相位图，如图 15.22(a)所示。图 15.22(b)给出了按照 2π 的整数倍模糊后的相位差图。

相位解缠绕的任务主要是将图15.22(b)中测得的相位转换为(a)中的真实相位。在相位解缠绕的过程中，附加的一个步骤是将ϕ_{int}中的两个分量分开，即由地形(高度)产生的分量ϕ_{topo}和由平地效应引起的分量ϕ_{fe}，后者就是当$z = z_0$(对于整个合成孔径雷达图像，z_0为常数)时干涉合成孔径雷达测量的相位图。图15.22(c)给出了在移除平面相位后的相位解缠绕结果图。这就是干涉过程中试图量化的与地形高度变化有关的真实相位图ϕ_{topo}。

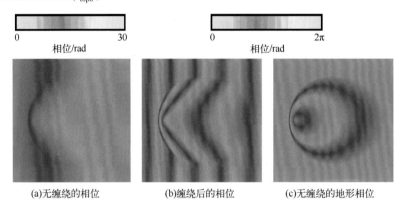

图15.22　干涉合成孔径雷达相位差仿真：(a)真实相位ϕ；(b)测量得到的以2π的整数倍缠绕后的模糊相位；(c)去除平地相位后ϕ中由地形引起的相位分量

为了将两个相位分量分离开，我们定义z_0为地表平均高度，dz为由地形高度而产生的相对于z_0的偏差值。将z用$z_0 + dz$代替之后，式(15.79)变为

$$\phi_{int} = -\frac{4\pi B}{\lambda R}\left[\sqrt{R^2 - (z_0 + dz)^2}\cos\alpha - (z_0 + dz)\sin a\right]$$

$$= -\frac{4\pi B}{\lambda R}\left[\sqrt{R^2 - z_0^2 - 2z_0 dz - (dz)^2}\cdot\cos\alpha - (z_0 + dz)\sin\alpha\right] \quad (15.80)$$

相对于其他项，忽略$(dz)^2$，然后提取因子$\sqrt{R^2 - z_0^2}$，得到

$$\phi_{int} = -\frac{4\pi B}{\lambda R}\left[\sqrt{R^2 - z_0^2}\cdot\sqrt{1 - \frac{2z_0 dz}{R_0^2 - z_0^2}}\cos\alpha - z_0\sin\alpha - dz\sin\alpha\right] \quad (15.81)$$

式(15.81)中的第二个均方根有这样的结构：$\sqrt{1-a}$，其中$a \ll 1$。利用泰勒级数展开$\sqrt{1-a} \approx 1 - a/2$，得到

$$\phi_{int} = -\frac{4\pi B}{\lambda R}\left[\sqrt{R^2 - z_0^2}\left(1 - \frac{z_0 dz}{R_0^2 - z_0^2}\right)\cos\alpha - z_0\sin\alpha - dz\sin\alpha\right] \quad (15.82)$$

式中，令$dz = 0$，就可以得到平地相位分量：

$$\phi_{fe} = -\frac{4\pi B}{\lambda R}\left[\sqrt{R^2 - z_0^2}\cos\alpha - z_0\sin\alpha\right] \quad (15.83)$$

地形相位分量为

$$\phi_{\text{topo}} = \phi_{\text{int}} - \phi_{\text{fe}} = \frac{4\pi B}{\lambda R}\left[\frac{z_0 \cos \alpha}{\sqrt{R^2 - z_0^2}} + \sin \alpha\right]\mathrm{d}z = \frac{4\pi B}{\lambda R}\left[\frac{\cos \alpha}{\tan \theta_0} + \sin \alpha\right]\mathrm{d}z \quad (15.84)$$

式中，θ_0 为相对于平均地面的入射角，并且

$$\cot \theta_0 = \frac{z_0}{\sqrt{R^2 - z_0^2}}$$

▶ ϕ_{topo} 和 $\mathrm{d}z$ 的线性关系表明，相位等值线会在图像中表现为相应的等高线。◀

缠绕相位重复每一个 2π 弧度，每一个干涉条纹（一个 $0 \sim 2\pi$ 的转换）对应高度差 Δz 称为模糊高度。我们通过在式（15.84）中令 $\phi_{\text{topo}} = 2\pi$ 得到 Δz：

$$\Delta z = \frac{\lambda R}{2B\left(\dfrac{\cos \alpha}{\tan \theta_0} + \sin \alpha\right)} \quad (15.85)$$

举例来讲，对于之前小节提到的 TOPSAR，有

$$\Delta z = \frac{6 \times 10^{-2} \times 10^4}{2 \times 1.5\left(\dfrac{\cos 63°}{\tan 30°} + \sin 63°\right)} = 119.24 \text{ m}$$

这意味着相位等值线大约每一个 120 m 就会重复。我们应该注意这是以 R 和 θ_0 的单一值为基础的；在精确地形测量过程中，整个图像的 R 和 θ_0 的变化都应当考虑。图 15.23 给出了由机载干涉合成孔径雷达系统获得的数字高程模型地图的例子。

15.6.3　球面地形相位模式

对于入射角适中的机载干涉合成孔径雷达观测，鉴于雷达距离地表的高度较低，因此可以认为地表是平坦的。但是，这样的假设不适用于星载合成孔径雷达的应用，对于具有较高入射角的机载合成孔径雷达也是不适用的。为了从干涉合成孔径雷达相位测量中得到有效的高度精度，我们应该用球面地表模型代替平面地表模型。在图 15.24 中给出了与之相关的几何关系。P 点相对于球形地表的入射角为 θ'，而不再是 θ。利用余弦定理可以计算得到 θ' 和 θ：

$$\theta = \arccos\left[\frac{(h + R_0)^2 + R^2 - R_0^2}{2R(h + R_0)}\right] \quad (15.86a)$$

以及

$$\theta'' = \pi - \arccos\left[\frac{R^2 + R_0^2 - (h + R_0)^2}{2RR_0}\right] \quad (15.86b)$$

式中，R_0 为地球半径。

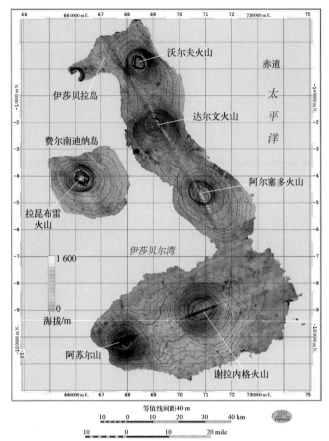

(a) 加拉帕戈斯群岛：费尔南迪纳岛和伊莎贝拉岛

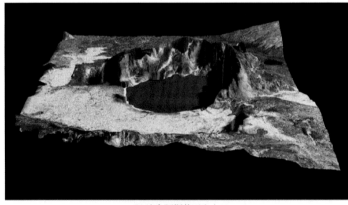

(b) 冰岛阿斯基亚火山口

图 15.23　由 NASA/JPL TOPSAR C 波段干涉仪获得的(a)加拉帕戈斯群岛的费尔南迪纳岛和伊莎
贝拉岛区域数字高程模型，由于设备的刈幅宽度只有 20 km，所以这是由许多平行飞行航次组
合而成的；(b)由丹麦 EMISAR C 波段地形成像系统获得的冰岛北部火山带区阿斯基亚火山口的
数字高程模型，图中的不同颜色是由 EMISAR L 波段极化观测得到的(Christensen et al., 1998)

15.7　全球地形测绘：SRTM 计划

　　在 2000 年 2 月，NASA 联合美国国家地理空间情报局以及德国和意大利的航空局，发射并开启了航天飞机雷达地形测绘计划（SRTM），旨在得到迄今最完整的、分辨率最高的地球数字高程模型。该计划使用了双天线雷达来获得干涉雷达数据，然后对这些数据进行处理得到了分辨率为 1 弧秒的数字地形模型。SRTM 是以 NASA 之前的 SIR-C 计划中使用的雷达系统硬件为基础建立的，包括了 L 波段、C 波段和 X 波段的合成孔径雷达系统。图 15.25 中给出了航天飞机上的仪器结构示意图。

　　该计划的目标是获得 56°S—60°N 之间涵盖了 80% 陆地面积的数字高程模型。该系统获得的数据一直是描述地球最完整的数字地表数据之一，并且这些数据被许多不同的用户团体所使用。

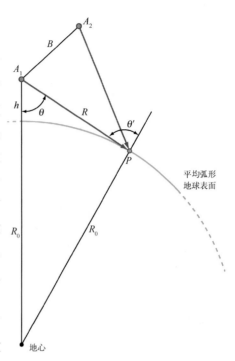

图 15.24　考虑地球弯曲表面后计算相位分量的几何模型

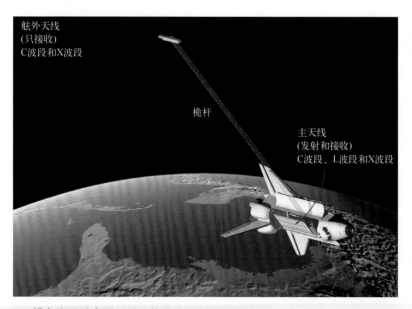

图 15.25　SRTM 设备配置示意图。雷达信号由航天飞机主舱下的天线发射，并通过同一发射天线以及航天飞机外由桅杆连接的另外一个天线同时接收雷达回波信号，由此形成交轨基线，桅杆长度为 60 m

数据的压缩过程使用了前面章节所述的步骤。由于系统用一个很长的吊杆来支撑第二组天线，并且航天飞机本身也存在很明显的飞行姿态变化，因此这些都是主要的误差贡献来源。许多数据处理过程都是应对和补偿这种姿态变化产生的误差（Farr et al., 2007）。航天飞机的航空电子设备中增加了额外的飞行硬件系统来更好地测量航天飞机的轨道和姿态数据信息。

利用 C 波段雷达数据，并且经喷气推进实验室超过 9 个月的处理后，得到了地形产品。地形高度数据的格式是 DTED-2 形式，纬度低于 50°时的分辨率为 1×1 弧秒，超过 50°时的分辨率为 100 m（纬度）× 200 m（经度）。所有的数据都可以从美国地质调查局的服务器上免费下载。图 15.26 给出了其中一个例子。

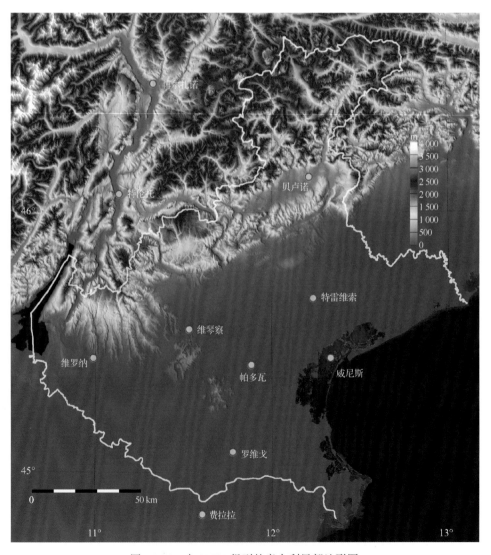

图 15.26　由 SRTM 得到的意大利局部地形图

15.8 沿轨干涉测量

之前的章节主要侧重于讨论如何利用干涉合成孔径雷达来测量地形高度。

> ▶ 通过改变成像几何使之变为顺轨干涉，就可以利用干涉合成孔径雷达来测量地表目标的运动，而不是高度。◀

许多之前讲过的数据处理技术将会继续被使用，但在新的成像几何关系中（图15.27)，基线是时间变量 t 的函数，而不是空间坐标。

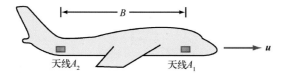

图15.27 顺轨干涉测量几何模型。安装在航空器前部和尾部的两个天线可以获取两幅合成孔径雷达图像，而这两幅合成孔径雷达图像的时间间隔为航空器飞过基线 B 的长度所用的时间

15.8.1 时间基线

图15.27中描述的是顺轨干涉仪的结构，其天线 A_1 和 A_2 分别安装在航空器机身的前部和后部，而不是在与轨迹正交的机翼上。两个天线之间的距离就是基线 B，航空器的速度为 u。由两个独立的天线产生的两幅图像实际上是完全相同的，除了由天线 A_2 得到的图像在时间上的延迟 $\Delta t = B/u$，也就是航空器飞过距离 B 所用的时间。对于一般航空器的飞行速度，这个时间延迟 Δt 通常为零点几秒。在15.9节中，我们考虑的情况是通过重复轨道的卫星得到两幅干涉图像，其路径基本上是相同的，并且由同一个合成孔径雷达通过该路径需要的时间是数年而不是数秒。两幅图像的复电压分布 $V_1(x, y)$ 和 $V_2(x, y)$ 之间的关系为

$$V_1(x, y) = V_2(x + B, y) \tag{15.87}$$

式中，x 和 y 分别为顺轨和交轨方向。另外，我们也可以将电压表达为 (t, R) 的形式，其中，t 为时间，R 为像素 (x, y) 的距离，也就是

$$V_1(t, R) = V_2\left(t + \frac{B}{u}, R\right) \tag{15.88}$$

这两幅图像是相同的，除了在沿轨方向有位置的改变。在图15.28中，我们给出了成像几何的俯视图，请注意距轨道距离为 y 的目标物。我们首先考虑静止目标形成的干涉图。如果图像1在 t_1 时刻获得，然后第二个天线在相对于目标物相同的位置获得图像

2，其获取的时间满足 $t_2 = t_1 + B/u$。由于到静止目标物的距离是一样的，所以干涉相位差为0。但是，如果目标物以径向速度 v_r 远离飞行轨道，那么

$$R_2 = R_1 + v_r \frac{B}{u} \sin \theta \qquad (15.89)$$

式中，θ 为入射角；$v_r \sin \theta$ 为沿着雷达视线方向 v_r 的分量。对应的干涉相位为

$$\phi_{int} = \phi_1 - \phi_2 = -\frac{4\pi}{\lambda}(R_1 - R_2) = \frac{4\pi}{\lambda u} B v_r \sin \theta \qquad (15.90)$$

干涉相位正比于目标物的径向速度 v_r。注意，v_r 与真实速度 v 的关系为 $v_r = v \cos \phi$（图15.28）。

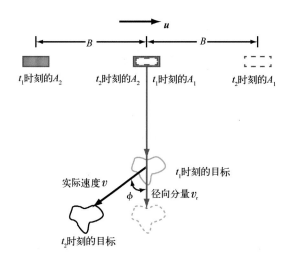

图15.28 观测一个远离雷达飞行路径的运动目标。在两个天线观测的时间间隔内，该运动目标向外运动了一定的距离，因此雷达信号的相位也会相应增加

15.8.2 海流

在15.5.5节中，我们注意到，在交轨干涉测量中，两次观测中分辨单元内的散射体的运动会导致信号的去相关，并且会因此而缺失干涉相位信息。比较起来，在式（15.90）中，顺轨干涉的结果表明，假如分辨单元内所有散射体都一起运动，那么就可以用 ϕ_{int} 来测量径向速度 v_r。图15.29是一个海流的例子，说明顺轨干涉测量能够被用来测量海洋表面的径向速度 v_r。

为了量化海洋表面的径向速度 v_r 的测量精度，我们将式（15.90）中的 ϕ_{int} 替换为相位测量不确定度 $s_{\phi_{int}}$，并将 v_r 替换为径向速度测量不确定度 s_{v_r}，得到

$$s_{v_r} = \frac{\lambda u}{4\pi B \sin \theta} s_{\phi_{int}} \qquad (15.91)$$

对于一个 L 波段的合成孔径雷达，其 $\lambda = 24$ cm，沿着航空器腹部的基线的长度 $B = 20$ m，航空器的飞行速度 $u = 250$ m/s，入射角 $\theta = 45°$，那么有

$$s_{v_r} = \frac{0.24 \times 250}{4\pi \times 20 \times 0.707} s_{\phi_{\text{int}}} = 0.34 s_{\phi_{\text{int}}}$$

如果 ϕ_{int} 的测量精度达到 $s_{\phi_{\text{int}}} = 3° \approx 0.05$ rad，那么 $s_{v_r} \approx 1.7$ cm/s。

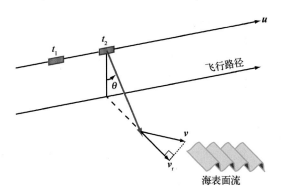

图 15.29　观测海表面速度的顺轨干涉仪

15.9　地表形变测量

卫星能够以极小的交轨偏差来重复其飞行轨迹。两个重复轨道的合成孔径雷达测量组合构成了一次顺轨干涉测量。对于一个完全重合的轨迹，这样的干涉测量完全失去了对地形的敏感性，但却获得了对成像表面的径向运动的敏感性。

Goldstein 等（1993）利用一系列的近重复轨 ERS-1 SAR 图像测量南极洲冰流流速，测量精度约为 3×10^{-8} m/s，图 15.30 给出了一幅干涉图像和对应的冰流图。

在式（15.91）中，比值 B/u 表示两次合成孔径雷达测量的时间延迟 Δt，将其代入后，可得

$$s_{v_r} = \frac{\lambda}{4\pi \sin \theta \Delta t} s_{\phi_{\text{int}}} \tag{15.92}$$

如果两次观测的时间间隔 $\Delta t = 30$ d，将前面 L 波段的例子中的参数代入式（15.92），得到

$$s_{v_r} = \frac{0.24}{4\pi \times 30 \text{ d}} \times 0.05 = \frac{0.24 \times 0.05}{4\pi \times 0.707 \times 30 \text{ d}} = 4.5 \times 10^{-5} \text{m/d} = 1.6 \text{ cm/a}$$

这个测量精度与地球表面大陆板块的地壳运动速度相当，说明干涉合成孔径雷达甚至有能力测量如此缓慢的运动过程。

实际上，直接测量位移是比推算速度更为有效的方法，这是因为许多地质运动是偶然发生的，而不是平滑连续的。

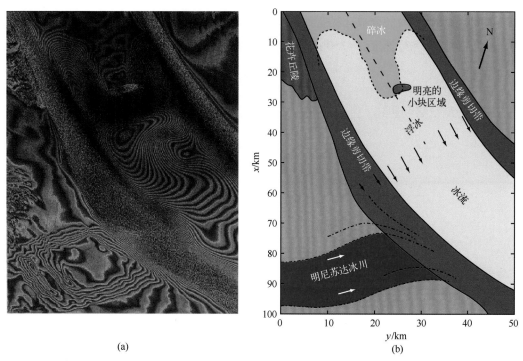

(a)   (b)

图 15.30　由两幅相隔 6 天的 ERS-1 卫星图像得到的南极拉特福德(Rutford)冰川的局部雷达干涉图。
干涉条纹(彩色环)实际上代表冰川流速图,其中一个干涉条纹表示顺着雷达飞行方向有 28 mm 的位
移改变(图片由加州理工学院喷气推进实验室提供)

　　图 15.31 描绘了在获得两幅合成孔径雷达图像的时间内地表的形变,该形变导致
地表沿雷达视线方向改变了 ΔR,像素点 P 在两幅图像上的相位为

$$\phi_1(t_1) = -\frac{4\pi}{\lambda}R_1 + \phi_{\text{scat}_1} \tag{15.93a}$$

$$\phi_2(t_2) = -\frac{4\pi}{\lambda}(R_1 - \Delta R) + \phi_{\text{scat}_2} \tag{15.93b}$$

式中, ϕ_{scat_1} 为 P 点在 t_1 时刻的复散射振幅的相位;类似地, ϕ_{scat_2} 为 P 点在 t_2 时刻的复
散射振幅的相位。

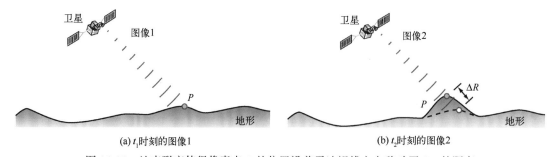

(a) t_1 时刻的图像1   (b) t_2 时刻的图像2

图 15.31　地表形变使得像素点 P 的位置沿着雷达视线方向移动了 ΔR 的距离

如果地表形变对整个像元造成了运动，但是并没有改变像元内的各散射体的相对位置，那么$\phi_{scat_1} = \phi_{scat_2}$。因此，测得的干涉相位为

$$\phi_{int} = \phi_1 - \phi_2 = -\frac{4\pi}{\lambda}\Delta R$$

因此，理论上，通过测量干涉相位，我们能够测量图像上每一个像元的地表在视线方向上的形变。但是，这种测量方法的有效性会受到两个方面的影响：①地表散射体相对位置的改变会导致$\phi_{scat_1} \neq \phi_{scat_2}$；②两次观测之间卫星轨道的偏离。第一个因素与在15.5.5 节中所讨论的时间去相关有关，第二个因素与地形的作用有关。如果两次测量的轨迹之间在交轨方向上存在位移，那么ϕ_{int}就包含了两种成分，一个是由地形所引起的相位，另一个是由地表形变所引起的相位。通过使用多于两条轨道的高精度轨道数据可以将地形的效应和地表形变分离。

图 15.32 显示的是在意大利发生的里氏 6.3 级地震(2009 年 4 月 6 号)引起的地表形变的干涉图像。该图像由 ESA's ENVISAT ASAR 系统获得。图中所示的形变值是沿雷达视线方向的真实形变值的投影分量。

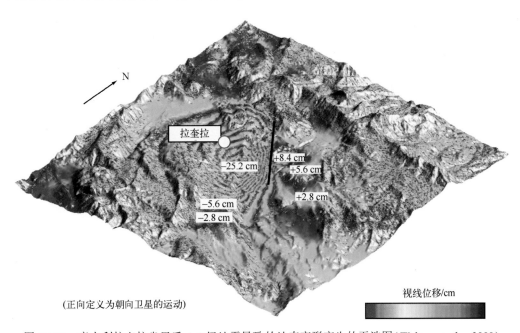

图 15.32　意大利拉奎拉省里氏 6.3 级地震导致的地表变形产生的干涉图(Walters et al., 2009)

15.10　全球双卫星干涉合成孔径雷达覆盖：TanDEM-X 计划

迄今为止，大多数星载干涉合成孔径雷达实验都是利用重复轨道上的单颗卫星来

获得多幅图像形成干涉对。一个重要的例外就是在 15.7 节中描述的航天飞机雷达地形测绘计划(SRTM)，它利用单一平台上的两个天线同时观测地表。由于在该雷达中基线的长度受到物理空间可部署结构的限制，因此该系统的性能也会受到如式(15.74)所描述的限制。在两个独立的且相互关联的轨道上的航空器上安装两个天线，以便于保持观测的同步性，这样就可以得到更长的基线空间间隔(用于地形测量)以及基线时间间隔(用于速度测量，见 15.8 节)。德国航空航天中心(DLR)和 Astrium 集团利用这种方法一起提出并执行了 TanDEM-X 计划。该计划已经在 2010 年发射了卫星。目前已超过其预期的 3 年寿命，TanDEM-X 计划将会多次测量地球 $15 \times 10^8 \text{ km}^2$ 的陆地表面。

在该计划中，两颗相同的 X 波段雷达卫星都对地表进行成像，使得两个雷达能同时观测相同的足迹点。图 15.33 给出了双卫星的结构概念示意图。这几乎消除了干涉合成孔径雷达最大的统计误差来源——时空变化的大气相位延迟。独立放置的两个卫星能够形成较长的空间基线，从而能够更进一步地减小地形产品的误差。该计划产生的数字高程模型具有 12 m 的空间分辨率以及 2 m 的垂直测高精度，甚至超过了在 2000年获得的最好的 SRTM 数据集。

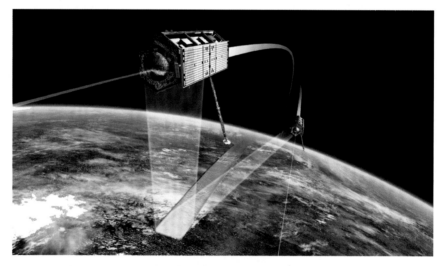

图 15.33 通过双 TerraSAR 卫星组成编队来同时获得数据形成 TanDEM-X 系统的概念图。TanDEM-X系统能够形成较长的交轨基线，且能够有效抑制大气相位畸变，这些特点使得它能够得到测高分辨率为 2 m、空间分辨率为 12 m 的数字高程图

此外，两颗卫星也可以沿轨放置(非交轨)以形成一个时间差进而从太空中测量出海表或河流表面。这个过程最先由 Romeiser 等(2010)利用 TanDEM-X 数据提出。为了使水流以及潮涨潮落可视化，他们记录了在易北河口不同潮汐相位下的水流速度图像。他们反演得到了每秒零点几米的水流测量精度，并且被现场观测和预报水流速度所证实。

15. 11　干涉合成孔径雷达时间序列的应用

　　用于测量地表形变的双航过和三航过干涉测量方法已经演变为了多航过雷达干涉测量。如果得到长时间序列的近重复轨道观测，就能够实现其他的应用。多航过观测的目的是通过平均预测值来提高形变测量的精度或者是观测地表形变随时间变化的趋势，或者上述两种目的都有。许多现存的合成孔径雷达系统都可以常规地生成这样的数据集。通过使用时间序列方法，例如堆叠(stacking)法、小基线子集分析(SBAS)法以及永久散射(PS)法，有可能将由传统干涉合成孔径雷达提供的地表形变估计精度提高一个量级甚至更高。在许多研究中，已经有很多人利用 PS 和 SBAS 方法实现了干涉合成孔径雷达分析达到了毫米级的精度，包括 Ferretti 等 (2007)、Johanson 等 (2009)、Li 等 (2009)以及 Amelung 等 (2008)的研究。

15. 11. 1　堆叠法

　　堆叠技术的处理步骤中包括了对一系列干涉图的配准和叠加(Lyons et al.，2003；Fialko，2006)。在进行堆叠处理时，对干涉图可进行相位解缠绕也可不进行相位解缠绕，并且通常会进行时间间隔尺度变换以保持形变速率。堆叠方法的主要优势是可以减少统计误差。但是，它只能得到单一的平均测量值，而不能反演形变随时间变化的历史过程。图 15.34 给出了堆叠法的一个例子，描述了沿着加利福尼亚州圣安德烈亚斯断层(San Andreas Fault)的平均形变速率，形变从帕克菲尔德(Parkfield)向北到圣胡安包蒂斯塔(San Juan Bautista)。该方法可以监测到相对较小的形变速率，大约为1. 5 cm/a。

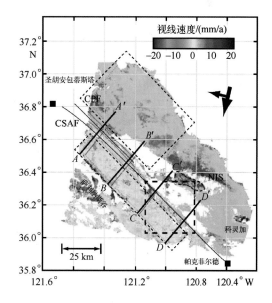

图 15. 34　1992 年 5 月至 2001 年 1 月期间在圣安德烈亚斯断层附近获取的 12 个 ERS 干涉图堆叠之后的结果图。从图中容易看出这个区域的平均位移速率为 1. 5~2. 0 cm/a。由于无法得到有效的位移估计，空间去相关较为严重的区域在图像中用白色表示(Ryder et al.，2008)

15.11.2　小基线子集分析法

> ▶ 小基线子集分析法可以提供地表形变的历史过程信息，而堆叠法只能提供平均形变速率。◀

小基线子集分析法的成功实施需要选择高度相关的时序干涉图。Berardino 等 (2002)首次提出了该技术。在意大利南部，他们通过结合高度相关的干涉图集来获得地面每一个相关点形变的时间演变历史过程。该方法的处理步骤中包括对每一个像元的时间序列干涉相位测量值的空间低通滤波以及时间高通滤波。通过上述步骤即可生成一幅描述整个观测周期内(观测周期接近 10 年)形变观测值的均方根的图像(图15.35)以及在图像中所选择的 3 个点(即 A、B、C 3 点)的形变时间序列图(图15.36)。小基线子集分析法的其他例子在 Pepe 等(2005，2011)和 Reeves 等(2011)的工作中均有涉及。

图 15.35　叠加于观测区域 SAR 振幅图像上的地表形变均方根伪彩色图。图中标出的
A、B、C 3 个点的形变时间演变过程由图 15.36(a)–(c)分别给出(Berardino et al.，2002)

15.11.3　永久散射法

之前提到的技术——堆叠法和小基线子集分析法——都利用具有时间序列的传统干涉图像，因此，它们受干涉合成孔径雷达去相关的限制。由于去相关依赖于地形的种类以及两幅图像的变化，因此只有在干涉合成孔径雷达相位测量可靠的地表点使用小基线子集分析法技术时，地表形变估计结果才会可靠。因此，去相关依旧是对整幅雷达图像进行地表全面覆盖形变监测的障碍。

避免去相关问题的一个方法是确定图像中不闪烁的那些孤立像元，这样便可以保留干涉图在这个时间序列中的高度相关性。例如，建筑、桥梁以及类似的人造结构。如果图像中有大量的永久散射点，那么就可以形成一个高密度的大地测量网络，从而可以进行精度达到毫米级的小尺度形变观测。永久散射技术由一开始以毫米级别的分辨率精确跟踪人造结构的运动(地层下陷)发展而来(Ferretti et al., 2000, 2001, 2004; Colesanti et al., 2003; Adam et al., 2003; Crosetto et al., 2003; Lyons et al., 2003; Werner et al., 2003)。

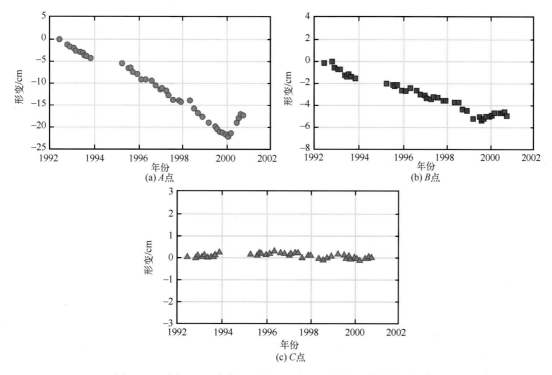

图 15.36　图 15.35 中点 A、点 B 和点 C 3 点的地表形变时间序列

对于同一分辨单元内的大量散射体的统计一般采用瑞利衰落模型来建模。在这个模型中,其功率服从指数形式分布,相位服从均匀分布(参见 5.7 节)。但是,瑞利衰落模型只适用于一个包含大量随机分布的散射体的分辨单元,该模型并不适用于一个分辨单元内有一个或几个散射体主导的情况。例如,主散射体是由两面墙或一面墙和地表形成的角反射器,很像被用作雷达定标仪器的角反射器(参见 13.11.4 节)。

> ▶ 当从相同角度进行重复合成孔径雷达观测时,永久散射结构会表现出永久或不闪烁的状态,使得监测形变的精度可以很高(毫米级)。◀

之后,永久散射技术推广到了其他应用情形并且成功地应用于自然地形,以监测植被覆盖区中火山的形变(Hooper, 2006a; Hooper et al., 2007)。这主要是利用相位随时间变化的函数来识别永久散射体而不是它们的振幅闪烁模式。

永久散射技术在两个方面进行了更进一步的推广与发展。第一是通过最大似然估计法，可以提高在成像场景中永久散射点的可识别度，尤其是对自然地形（Shanker et al.，2007）中永久散射点的识别。这就有助于生成时空分布上更加密集的大地测量网络，来获得更微小尺度的形变量。第二个方面的发展是更精确的相位解缠绕方法（Shanker et al.，2009，2010）。由上述步骤所实现的测量性能提高可以通过图15.37来说明。该图对比了原始永久散射法（Ferretti et al.，2000）、由 Hooper（2006b）提出的改进方法以及由 Shanker 等（2007）提出的最大似然方法这3种方法所识别的永久散射点。图像中的灰色像元代表闪烁像元，彩色像元代表永久散射点。最大似然法不仅能够识别出由其他方法识别出的所有永久散射点，还能够在植被覆盖地区识别出其他方法所不能识别出的更多的永久散射点。

(a) 永久散射振幅色散 (Ferretti et al.，2000)

(b) 像元相位和滤波 (Hooper et al.，2004)

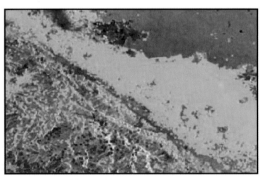

(c) 最大似然法 (Shanker et al.，2007)

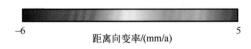

−6　　　　　　　距离向变率/(mm/a)　　　　　　5

图 15.37　永久散射点识别方法比较：（a）Ferretti 等（2000）提出的算法；（b）Hooper 等（2004）提出的算法；（c）Shanker 等（2007）提出的算法。彩色像元表示永久散射点

　　图 15.38(a)给出了将永久散射最大似然法应用于加利福尼亚州的圣安德烈亚斯断层的结果。每一个识别出的永久散射点的颜色代表与其沿雷达视线方向观测得到的位移速率(mm/a)。因此，被称为雷达视向位移速率。在图 15.38(a)中长 20 km 的一块区域，位移速率是关于到断层距离的函数[图 15.38(b)]。在断层线以上的点平均位移速率大约为 6 mm/a，而断层线以下的点朝着相反方向以 1 mm/a 的速率发生位移。

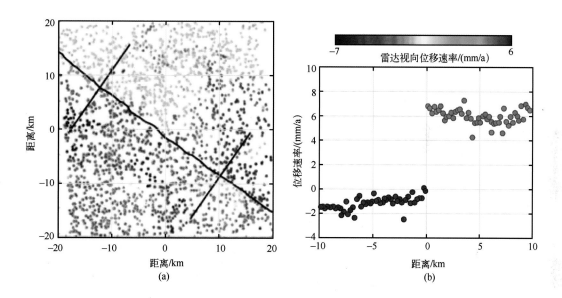

图 15.38　(a)利用"edgelist"相位解缠绕算法得到的圣安德烈亚斯断层平均雷达视向位移速率图；(b)平均雷达视向位移速率是"到断层的距离"的函数。假定，所有的地表位移均是由走滑运动所引起的，且走滑速率的估计值为 22 mm/a(Shanker，2010)

习　题

　　15.1　对于一个星载地形干涉仪，信噪比为 15 dB，垂直基线长度为 500 m，距离为 800 km，波长为 6 cm，那么由噪声引起的高度测量误差有多大？其入射角为 23°。

　　15.2　假设地面是平的，推导入射角为 35°的雷达斜距到水平地距的映射函数。

　　15.3　假设地面是球形，求解题 15.2。

　　15.4　利用下面像元的距离偏移量随距离变化的关系，求出雷达垂直基线分量和平行基线分量。雷达的距离为 850 km，入射角为 25°，斜距像元间隔为 7.5 m。

距离向偏移量/m	测量偏移量/m	距离向偏移量/m	测量偏移量/m
100	−2.8	500	1.7
150	−1.8	550	1.8
200	−1.45	600	2.3
250	−1.1	650	3.2
300	−0.2	700	3.2
350	0.3	750	4.1
400	0.4	800	4.4
450	1.2		

15.5 如果雷达从均匀分布的散射区域散射回的复回波信号服从高斯分布,其均值为 μ_0,证明每一个像元的功率服从指数分布。

15.6 对于一个矩形而非 sinc 函数的脉冲响应,其干涉图相关系数是如何随基线增大而下降的?

15.7 对于某雷达,$\lambda = 12$ cm,脉冲响应为 sinc 函数,带宽为 80 MHz,距离为 700 km,入射角为 30°,计算其临界基线。

15.8 假设某一雷达波长为 1 280 MHz,距离为 750 km,信噪比为 12 dB,干涉合成孔径雷达基线为 2 km,入射角为 35°。假设基线的方向角误差为 0.01°,基线长度误差为 2 m。那么相位误差、基线长度误差以及基线方向角误差对地形测量高度误差的贡献各为多少?

15.9 雷达的信噪比为 10 dB,沿轨基线为 10 m,平台速度为 200 m/s,雷达波长 $\lambda = 24$ cm,入射角为 45°,求能测量得到的最小速度为多少?

从题 15.10 到题 15.14,雷达系统参数参考如下:

轨道高度: 696 000 m

波长: 0.236 057 m

脉冲重复频率: 2 159.827 Hz

采样率 f_s: 16.0 MHz

啁啾斜率: 5.185 185 2×10^{11} Hz/s

脉冲长度: 27.0 μs

V_{eff}: 7 179.4 m/s

r_0: 844 768 m

f_D: 0 Hz

从本书的网址 mrs. eecs. umich. edu 的 Images 路径下下载两个数据文件 image. 1 和 image. 2,每一幅图像都是 3 072 列、14 336 行的复数浮点文件,这些文件都将用于下面的习题。

15.10　将两幅复图像相乘得到干涉图，并展示其相位和干涉条纹。计算并提交干涉图的多视结果（距离向 4 视，方位向 16 视）。

15.11　计算原始图像的偏移量，并画出距离偏移量与距离的关系图。确定平均方位偏移量。

15.12　通过偏移量计算基线的平行分量 $B_\parallel$ 和垂直分量 $B_\perp$，计算基线长度 B 和方向角 α。

15.13　对 image.2 重新采样到 image.1，形成新的干涉图。如果你需要对方位向重新采样，请考虑图像的多普勒中心。

15.14　计算两幅图像由步骤 1 到步骤 4 的相关系数图，对每幅图像进行 4×16 的多视平均值处理。将相关系数图表示为字节文件，其中 0 对应值为 0 的相关系数，而 255 对应值为 1 的相关系数。

第 16 章
雷达海洋遥感

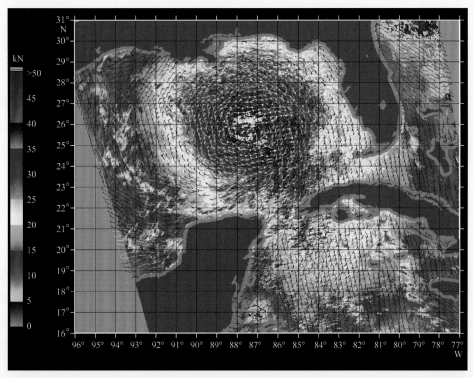

2005 年 8 月 28 日基于 QuikSCAT 卫星搭载的 SeaWinds 散射计数据
获取的飓风"卡特里娜"的近海面风场

海洋面积占地球表面的3/4，主导着全球天气和气候。了解海洋环境状况对天气预报、导航和科学研究非常重要。卫星平台能快速提供覆盖全球的海洋参数，其中散射计和合成孔径雷达(SAR)能提供海浪状态、海表面风、降雨率和海冰状况等重要信息。本章我们研究若干基于测风散射计的海洋微波遥感应用，重点为风和降雨的观测，也研究了极地海冰。另外，还简要讨论了合成孔径雷达测量海面风场的方法。本章结尾解释了怎样利用雷达来探测和绘制溢油分布。

16.1 风矢量散射计

了解海风对准确预报天气和海浪、理解海-气相互作用以及气体交换速度非常重要。然而，传统的现场观测技术(船只、浮标、海岛站、航空器等)在测量海面风时受分辨率限制、多变的精度以及采样不均等问题制约，主动微波遥感提供了一种解决方法。一系列的卫星雷达散射计观测经验表明海面风矢量能从太空中精确测量，雷达还能从太空中测量海洋上的降雨。

在风速平稳的情况下，风和海洋表面之间的摩擦使得水面呈现周期性波形，该周期性波形由波长大约为1 m或更长的重力波组成。叠加在重力波上的波为毛细波，其波长小得多，大约为1 cm，甚至可能更短。图16.1(a)以三维形式展示了重力波的周期性波形，图16.1(b)以二维形式展示了重力波的周期性波形，包括重力波以及叠加在重力波上的毛细波。我们还应当注意，该周期性波形不对称；也就是说，该波形是有偏度的，导致重力波上升部分的斜率小于下降部分的斜率。16.2节将对波谱和偏度进行更多讨论。

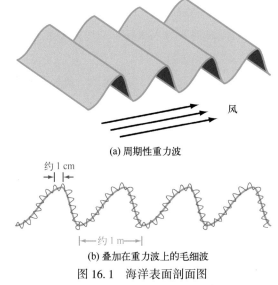

(a) 周期性重力波

约 1 cm

约 1 m

(b) 叠加在重力波上的毛细波

图 16.1 海洋表面剖面图

　　稳定的风作用导致的海况称为完全成长的风浪。在这种条件下，后向散射系数 σ^0 不仅是风速 U 的函数，还是风向（相对于雷达观测方向）的函数，通过如下方式给出：

$$\chi = \phi_{\text{wind}} - \phi_{\text{radar}} \tag{16.1}$$

式中，ϕ_{wind} 和 ϕ_{radar} 为风矢量和雷达观测矢量的方位角，二者都是相对于北向而言的，如图 16.2 所示。这些方向都是由海洋惯例定义的，其中 $\phi_{\text{wind}} = 0°$ 对应于风由南向北吹，顺时针为正，如上所示。角 χ 是风矢量和雷达观测方向之间的相对方位角。

　　在之后的章节中，根据周期性海面形态得到的后向散射系数依赖方位角的关系如下：

$$\sigma^0(\chi) = A + B \cos \chi + C \cos 2\chi \tag{16.2}$$

式中，系数 A、B 和 C 是风速 U 和 3 个雷达参数（入射角 θ、雷达频率 f 和收发极化状态 pq）的函数。对于一组具体的雷达参数，σ^0 是 U 和 χ 的函数。因此，为了测量风速矢量（速度和方向）就必须在海面进行两次及以上不同的观测。最常用的方式是从多个方位角测量海面。图 16.3 展示了 4 种星载风散射计的工作模式。这 4 个模式都包括相对卫星轨迹 45° 和 135° 的观测，其中 3 个还包括 90° 或 115° 处的观测。这意味着卫星沿其轨道行驶经过海洋表面的一个分辨单元时，可以得到该单元沿两个或 3 个方位方向上的观测。这些多方位角测量数据可应用于反演 U 和 χ。前文表 1.2 总结了这些系统的雷达参数，图 16.3 展示了这些系统的工作模式。正如在之后章节中所讨论的扫描笔形波束散射计可提供多个方位角的观测。

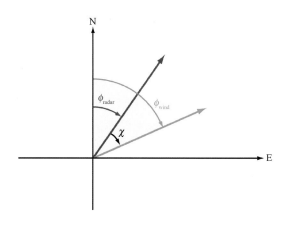

图 16.2　在海洋惯例中，雷达观测方向 ϕ_{radar} 的方位角和风方位角 ϕ_{wind} 都是相对于北向定义的。二者之间的夹角为相对方位角 $\chi = \phi_{\text{wind}} - \phi_{\text{radar}}$

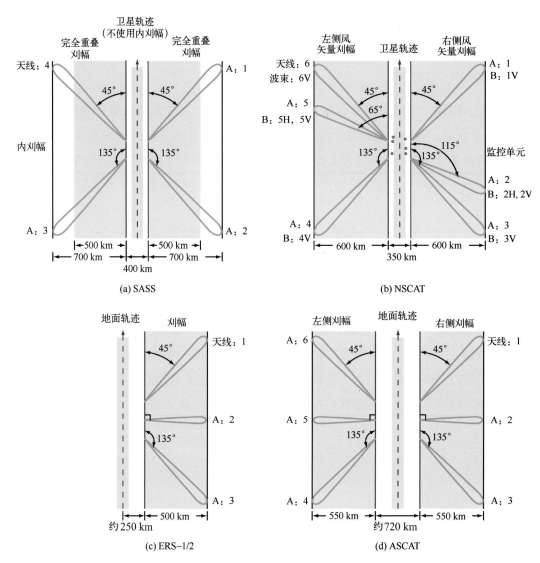

图 16.3　目前仍然在使用的扇形波束风散射计的天线足迹结构图

（a）Seasat 散射计（SASS），1978 年；（b）NASA 散射计（NSCAT），1996—1997 年；

（c）ERS-1/2 AMI，1992—2001 年；（d）高级散射计（ASCAT），2007 年至今

16.2　风和浪模拟

16.2.1　海风

由于温度和压力差异，大气处于持续运动之中，在所有尺度上极度可变。大气中

的动能被摩擦力所耗散。在所谓的能量串级中,大尺度运动驱动相对小尺度的运动,小尺度运动的动能最终通过黏性作用耗散。地球表面的不稳定性和不规则性也产生了小尺度涡旋和扰动,耗散来自较大尺度风场的能量。在定义风场能量谱时,能量串级非常重要。

对大气湍流长期实验观测的统计表明,运动统计量保持相对稳定是湍流最明显的特征。尽管湍流的细节特征呈现出随机运动的特点,但是湍流参数统计量还是稳定的,并且能用于表征湍流。由于湍流是随机的,因此湍流的确定性模型不能很好地模拟它,这就导致了大气运动的湍流模型的发展(Charney,1971)。

> ▶ 风(空气的运动)是具有大小(速度)和方向的矢量。◀

风具有水平分量和垂直分量。温度和湿度在空气垂直运动中的作用尤其重要。当一定体积的空气温度较低,并且湿度更大时,就会比周围的气团密度大,从而下沉。相反,当一定体积的空气湿度较小或温度较高时,其密度就会小于周围的空气,同时也会比周围的空气浮力更大,从而上升。当出现这种情况时,此时大气处于不稳定状态。气团上升时,会因膨胀而降温,密度也会比周围的空气大。这常常能抵消浮力的影响。若一个气团浮力小于周围大气,继而下沉,此时便是稳定状态。若不存在净浮力,则大气处于中性稳定状态。

当风水平吹动时,地球表面的摩擦导致海面风速降低。在对流层的最低区域,受表面影响最大的部分称为表面边界层,该层的顶部可能距离海面数十米至数百米,具体取决于局部稳定状况。

> ▶ 当风吹过海洋表面时,摩擦会将大气中的动量传递到海洋中。这种动量输运称为风应力,并且该力是既有大小又有方向的矢量。◀

对大气或海洋模拟者来说,风应力通常是最重要的参数。风应力取决于风切变、风矢量和海表流矢量之间的差、海洋表面粗糙度以及海-气温差。

在表面边界层内,风速 $U(h)$ 是距离海面高度 h 的函数,可近似表示为(Pedlosky,1979):

$$U(h) = \frac{u_*}{0.4}\left(\ln\frac{h}{Z_0} + \psi\right) \quad (\text{m/s}) \tag{16.3}$$

式中,u_* 为风在海洋表面的摩擦速度;ψ 为表面边界层大气稳定度的函数;Z_0 为海洋表面的粗糙长度。摩擦速度和风应力 τ(单位为 N/m^2)的关系如下(Phillips,1985):

$$u_* = \sqrt{\frac{\tau}{\rho}} \quad (\text{m/s}) \tag{16.4}$$

式中，ρ 为空气密度，单位为 kg/m^3。

> ▶ 注意：在稳定大气中，ψ 的值为正；在不稳定大气中，ψ 的值则为负。当 $\psi=0$ 时，达到中性稳定状态，空气和海洋温度相同。◀

当风在海洋表面吹过很长一段距离时，海洋和大气之间的热传递往往会产生中性稳定状态。或者，风应力还能以固定参照高度的风速 U 表示（Kinsman，1965）：

$$\tau = \rho\, C_D\, (U - U_s)^2 \tag{16.5}$$

式中，U_s 为海表面流速；C_D 为拖曳系数，该系数无单位，取决于稳定度和参考高度。摩擦速度 u_* 还能表述为

$$u_* = \frac{\sqrt{C_{Dn}}\,(U - U_s)}{1 - \sqrt{C_{Dn}}\,\psi/0.4} \tag{16.6}$$

式中，C_{Dn} 为中性大气的拖曳系数。在中性稳定状态（$\psi=0$）下，式（16.6）还原为

$$u_* = \sqrt{C_{Dn}}\,(U - U_s) \tag{16.7}$$

最准确的拖曳系数估计值来自实地观测，是在没有表面活性剂的波浪条件下的平均值。

图 16.4 展示了 C_{Dn} 的测量值与标准参考高度 10 m 处的风速 U_{10} 的关系。一般情况下，当表面粗糙度增加时，拖曳系数随着风速增加而增加。

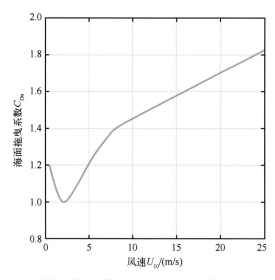

图 16.4　经验海面拖曳系数与距离海面 10 m 高度处的风速的关系

对于中等到强海风而言，大气稳定度的影响很小。然而，风速较小时，大气稳定度非常重要。如图 16.5 所示，中性稳定度时，中等强度海风风速 U_n 与 U_{10} 的比值几乎

一致。然而，风速较小时，该比值受温度影响，因此也受稳定度的影响。风应力决定了海洋和大气之间的动量传递，因此该值也受温度影响。

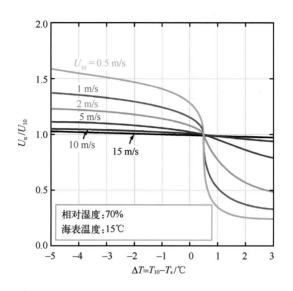

图 16.5　海表温度为 15℃、相对湿度为 70% 时，利用 Liu 等(1979)建立的模型，
得到等效中性稳定度时的风速 U_n 和高度为 10 m 时的实际风速 U_{10} 的比值，
并且该比值是海−气温度差 ΔT 的函数

在所有空间尺度上海表面风都是湍流。在 10~1 000 km 的空间尺度内，风能量谱近似遵循空间波数的幂次关系。该幂次定律模型表示为 αK^{-b}，式中，$K = 2\pi/L$ 为空间谱波数；L 为空间尺度；b 为常数，约等于 5/3(Charney，1971；Leith，1971；Freilich et al.，1986)。参数 α 与平均风速的平方成正比。由于未建模，实际风频谱与理想风频谱有所不同。这种湍流能通过海−气相互作用驱动海洋运动。

16.2.2　海浪

如前所述，风吹过海面的摩擦力会产生大气和海洋湍流，形成了小毛细波或波长为厘米甚至更短的波(Kinsman，1965)。这些波通过非线性相互作用形成了更长的波。波长为 1 cm 至 1 m 的波称为毛细重力波，而波长更长(大于 1 m)的波则称为涌浪或重力波。重力波形成之后，便能长距离传播。

> ▶ 电磁波的相互作用是线性的，而水波的相互作用是非线性的。两个水波相互作用时，会产生波长更长和波长更短的新水波。◀

这使得水波频谱中的能量串级将波能传递到更短或更长的波长上。黏性导致波长最短波的能量耗散。波长最长的波能量损耗方式为波浪破碎或通过波波相互作用将能量传递给波长更短的波。风和海面之间摩擦带来的能量输入产生了水波频谱。对于平稳的风而言，这些过程会产生平衡波谱，称为完全成长的风浪。图 16.6 展示了理想化的与风速相关的波谱图。

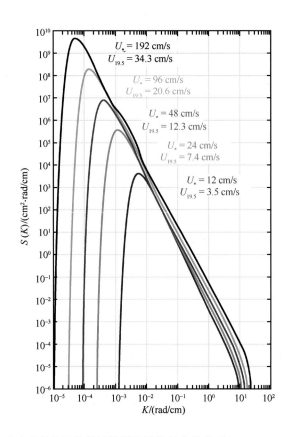

图 16.6　完全成长的风浪的波数谱随波数的变化关系(Bjerkaas et al., 1979)

波谱的精确形态特征取决于风区长度或者风吹过的距离、水表面的黏性(也就是水温度，或者较小程度上为盐度)和海-气之间的温度差异。表面摩擦力受表面活性剂的影响，例如油或其他的生物材料。

16.3　雷达散射

海洋表面的雷达后向散射取决于海面粗糙度和水的介电特性。

▶ 虽然其他因素也会影响后向散射，但由于海面粗糙度主要是由风引起的，因此后向散射与风矢量有关。◀

接下来我们讨论在中等入射角(20°~60°)情况下，雷达后向散射与近海面风矢量之间的关系。这种关系能够利用后向散射测量来获取风速和风向。

开始之前，我们注意到在第 4 章提到，海面的介电常数 ε 取决于水温、是否存在表面膜和盐度等因素。然而，ε 被视作常数，根据具体的雷达波长以及海洋盐度和水温均值，利用 4.2 节给出的表达式可以计算出该常数的值。

在考虑海面散射时，我们可以将海表面当作一个时变、各向异性的倾斜粗糙表面，该表面的粗糙度是由局部风况以及从其他区域传入该区域的波浪造成的。很显然，这与第 10 章讨论的粗糙表面不同，并且复杂得多。

对风驱动海面的研究表明海表面存在各种尺度波长的波。尤其是在大小不等的大尺度波浪上有许多大小不一的毛细波。正如之前提到的，大波可以传播非常长的距离，因此可能与局地风场无关。另一方面，毛细波则与局地风场处于平衡状态。因此，在进行风场遥感时，对毛细波长尤其敏感的雷达波长最适合用于测量局地风场。此外，由于大波的存在，对近垂直入射和近掠射情况下的后向散射存在非常重要的部分，因此只有中等入射角(20°~60°)才适合得到毛细波引起的海表粗糙度。

我们注意到，造成后向散射的物理机制是衍射和非相干散射。与入射波长相当或更小的波长会激活这些机制。在短时间内和局部区域内，海面粗糙度可视为一个静止的随机过程。

▶ 因此，在中等入射角粗糙表面的微波后向散射中，只有与入射雷达波长相当或小于入射雷达波长的粗糙度尺度才是重要的。◀

16.3.1　海表面统计

为了计算后向散射系数 σ^0，需要知道厘米范围粗糙尺度的表面相关函数 $\rho(r, \phi)$ 或者它的傅里叶变换表面谱 $S(r, \phi)$。10.2.2 节提到，当表面上距离为 r 的两点，且二者之间的距离矢量相对于参考方向形成角 ϕ 时，表面相关函数就是这两点表面高度之间的统计相关性的度量。在当前章节中，ϕ 是相对于逆风向的角。Fung 等(2009)研究了多尺度粗糙表面的相关函数，发现无论单个粗糙尺度的相关特性如何，多尺度表面的相关函数都呈指数状。为了证明这一观点，我们假设 5 个粗糙尺度均为高斯相关，并且相互统计独立。在这种条件下，沿着特定方位角 ϕ 的表面相关函数可以写为

$$\rho_s(r) = \sum_{i=1}^{5} s_i^2 \exp\left(-\frac{r^2}{L_i^2}\right) \qquad (16.8)$$

式中，L_i 为第 i 尺度的标准长度；s_i 为尺度长度为 L_i 的表面粗糙度标准差。为了继续说明这一结论，我们随意将 $L_5 = 0.1 L_1$、$L_4 = 0.14 L_1$、$L_3 = 0.2 L_1$、$L_2 = 0.45 L_1$，$s_5^2 = 0.06 s_1^2$、$s_4^2 = 0.15 s_1^2$、$s_3^2 = 0.3 s_1^2$、$s_2^2 = 0.8 s_1^2$。图 16.7 展示了 $s_1 = 0.8$ cm、$L_1 = 10$ cm 时的归一化 $\rho_s(r)$ 的图像。

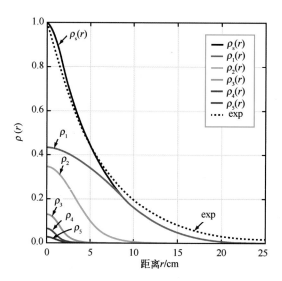

图 16.7　一个多尺度粗糙表面的归一化相关函数图。$\rho_1(r)$ 至 $\rho_5(r)$ 是式 (16.8) 中各项的相关函数，$\rho_s(r)$ 为总相关函数。我们注意到，虽然各项均为高斯相关，但是总的相关函数类似于指数函数。这是由于将多个较小分辨率单元和一个或多个更大尺度的项相加所致

　　虽然 5 个粗糙度均为高斯相关，但是除原点外总的表面相关函数为指数函数。

　　由于增加了几个小得多的分量使得总相关函数在靠近原点处形成一个尖峰，从而使得整体类似于指数函数。为了比较，在图中也绘制出了指数函数 $\exp[-r/(0.6 L_1)]$。除了靠近原点的小范围区域以及尾部的微小偏差外，指数函数和多尺度相关函数非常吻合。由于海面有很多小尺度的粗糙度，因此我们可以预期在毛细波范围内能够利用指数函数很好地拟合海面粗糙度的相关函数。

　　由于任何表面的相关函数都呈中心对称，因此在海洋表面的短波部分，表面相关函数的近似表达为

$$\rho_s(r, \phi) = s^2 \exp\left(-\frac{r}{L_t}\right) \qquad (16.9)$$

式中，L_t 为沿 ϕ 方向的相关长度，$L_t = L_u \cos^2\phi + L_c \sin^2\phi$，其中 L_u 为逆风向（沿 $\phi = 0°$）的相关长度，L_c 为侧风向（$\phi = 90°$）的相关长度；s^2 为表面高度方差。表面相关函数中

的 3 个参数为风速的函数。预计 $L_c > L_u$，并且二者均为风速的递减函数，而 s^2 为风速的递增函数。如 16.3.4 节所讨论的，可以通过实验确定这些参数与风速 U 的关系。

接下来我们来探讨表面偏度。在平稳随机过程中，表面矩与二阶和三阶累积函数有关，二者分别称为相关函数和双相关函数。相关函数和双相关函数的傅里叶变换为频谱和二阶频谱（Mendal，1991）。零均值平稳随机过程 $x(t)$ 的二阶 C_2 和三阶 C_3 累积量如下：

$$C_2(\tau) = E\{x(t)x(t+\tau)\} \qquad (16.10a)$$

$$C_3(\tau_1, \tau_2) = E\{x(t)x(t+\tau_1)x(t+\tau_2)\} \qquad (16.10b)$$

式中，$E\{\cdot\}$ 为统计期望；τ、τ_1 和 τ_2 为延迟；$C_2(\tau)$ 为常见的时间相关函数，用于描述随机过程的协方差；三阶累积方程 $C_3(\tau_1, \tau_2)$ 用来描述随机过程的偏度。

很多科研人员对累积函数进行了早期研究（Longuet-Higgins et al.，1963；Hasselmann et al.，1963；Srokosz et al.，1986；Masuda et al.，1981）。Chen 等（1990）、Fung 等（1991）和 Chen 等（1992）研究了这些公式在雷达散射中的应用。Amar（1989）研究了双相关函数的形式和特性。双相关函数的一阶导数和二阶导数在原点处消失，可以表示为对称函数和反对称函数之和。对称函数决定垂直偏度，而反对称函数则决定水平偏度。由于双相关函数为三阶乘积[见式（16.10b）]，因此相比于时间相关函数（二阶乘积）对散射的影响，对称分量的影响很小，从而在散射计算时，双相关函数的对称分量能忽略不计，我们主要关注反对称函数。

我们很快就会发现，双相关函数的反对称分量使得逆风向的后向散射大于顺风向的后向散射，而在侧风向上，该反对称分量不会影响 σ^0。我们将双相关函数的反对称分量称为偏度函数，其傅里叶变换为二阶谱，该谱完全是虚数。Fung（1994）的附录 7A 总结了 Amar 关于偏度的研究，其中偏度方程的建议形式为

$$S_s(r, \phi) = s^3 \left(\frac{r\cos\phi}{s_0}\right)^3 \exp\left(-\frac{r^2}{s_0^2}\right) \qquad (16.11)$$

式中，s_0 为偏度参数（取决于风速）；r 为分离距离；ϕ 为相对于风向的方位角。

16.3.2　IEM 散射模型

20 世纪 90 年代之前，现有的雷达表面散射模型主要局限于小粗糙尺度的小扰动模型（Fung et al.，1982）和针对大粗糙尺度的基尔霍夫模型（Fung et al.，1991）。海面无风时，相应地也就没有小粗糙度，此时基尔霍夫模型便适用。然而，风引起的表面波尺度小于小扰动模型所能容纳的波长范围，而小扰动模型仅限于比电磁波波长更长的粗糙度尺度（Wentz，1975；Plant，1986，2002）。

Fung 等(1992)发展了一种更通用的方法，可以适应于入射波长相当的粗糙度尺度。他们利用积分方程计算表面电流，从而更好地估计入射电磁波感应的表面电流。他们的模型将小扰动模型和基尔霍夫模型联系了起来，分别作为该模型的最低频率和最高频率情况下的近似。对于垂直和水平两种极化，这个积分方程模型(IEM)表示为表面波谱及其高阶项(累积量)的代数表达式。对于海洋表面的后向散射而言，不包括偏度分量的 IEM 后向散射系数(Fung，1994)形式如下：

$$\sigma_{pp}^{(1)}(\theta, \chi) = \frac{k^2}{2} \exp(-2k^2 s^2 \cos^2\theta) \sum_{n=1}^{\infty} \frac{|I_{pp}^n|^2}{n!} W_n(K, \chi) \qquad (16.12a)$$

式中，垂直极化时，$p = v$；水平极化时，$p = h$；θ 为入射角；χ 为风矢量相对于雷达观测方向的方位角(图 16.2)，且

$$I_{pp}^n = (2k\cos\theta)^n f_{pp} \exp(-k^2 s^2 \cos^2\theta) + \frac{(k\cos\theta)^n}{2} F_{pp}$$

$$f_{vv} = \frac{2\rho_v}{\cos\theta}$$

$$f_{hh} = -\frac{2\rho_h}{\cos\theta}$$

$$F_{vv} = \frac{2\sin^2\theta}{\cos\theta}\left[\left(1 - \frac{\varepsilon\cos^2\theta}{\varepsilon - \sin^2\theta}\right)(1 - \rho_v)^2 + \left(1 - \frac{1}{\varepsilon}\right)(1 + \rho_v)^2\right]$$

$$F_{hh} = \frac{2\sin^2\theta}{\cos\theta}\left[4\rho_h - \left(1 - \frac{1}{\varepsilon}\right)(1 + \rho_h)^2\right]$$

式中，k 为电磁波数；s 为表面均方根高度；ρ_v 和 ρ_h 为菲涅耳反射系数；ε 为表面介电常数，且

$$W_n(K, \chi) = \frac{1}{2\pi}\int_0^{2\pi}\int_0^{\infty} \rho_s^n(r, \phi) e^{-jKr\cos(\chi-\phi)} r\,dr\,d\phi \qquad (16.12b)$$

式中，$\rho_s(r, \phi)$ 为式(16.9)给出的表面相关函数；K 为海表面波数。

下一节中进行计算时，我们针对 $W_n(K, \chi)$ 采用比较简单的近似形式，而不是利用一般的傅里叶变换计算。$W_n(K, \chi)$ 的近似形式与指数相关函数有关，并且成功应用于表面散射计算(Fung，1994)：

$$W_n(K, \chi) = \left(\frac{sL_t}{n}\right)^2\left[1 + \left(\frac{KL_t}{n}\right)^2\right]^{-3/2} \qquad (16.13)$$

式中，$L_t = L_u\cos^2\phi + L_c\sin^2\phi$。需要注意的是，由式(16.13)给出的频谱函数仅近似厘米范围内的波谱的一部分，这是与微波范围内的雷达散射相关的波谱。该波谱并不包括海面波谱的低波数部分和高波数部分。均方根高度 s 和逆风向的相关长度 L_u 以及侧风向的相关长度 L_c 根据雷达测量确定。

表面偏度产生的后向散射系数部分由以下形式给出(Fung，1994)：

$$\sigma_{pp}^{(2)}(\theta，\chi) = \frac{k^2}{2}|f_{pp}|^2\exp(-4k^2s^2\cos^2\theta)\cdot\sum_{n=1}^{\infty}\frac{(-8k^3\cos^3\theta)^n}{n!}B_n(K，\chi)$$

$$+\frac{k^2}{2}\mathrm{Re}(f_{pp}^*F_{pp})\exp(-3k^2s^2\cos^2\theta)\cdot\sum_{n=1}^{\infty}\frac{(-3k^3\cos^3\theta)^n}{n!}B_n(K，\chi)$$

$$+\frac{k^2}{8}|F_{pp}|^2\exp(-2k^2s^2\cos^2\theta)\cdot\sum_{n=1}^{\infty}\frac{(-k^3\cos^3\theta)^n}{n!}B_n(K，\chi) \qquad (16.14)$$

式中，

$$B_n(K，\chi) = \frac{-j}{2\pi}\int_0^{2\pi}\int_0^{\infty}S_s(r，\phi)^n e^{-jKr\cos(\chi-\phi)}r\mathrm{d}r\mathrm{d}\phi \qquad (16.15)$$

其中，$S_s(r，\phi)$ 由式(16.11)给出。σ^0由式(16.12a)和式(16.14)相加得到

$$\sigma_{pp}^0(\theta，\chi) = \sigma_{pp}^{(1)}(\theta，\chi) + \sigma_{pp}^{(2)}(\theta，\chi) \qquad (16.16)$$

16.3.3　与观测数据的比较

与陆地表面不同，海洋表面随时间不断变化，假设小范围区域在短时间内为平稳状态有其合理性，从而也能够利用之前描述的模型。然而，这个平稳性的假设只是个近似，因为在实际中风矢量是空间变化的，并且会在测量过程中变化。不过，简单的散射模型仍然适用。

通过在塔、飞机和卫星上安装雷达，对海洋 σ^0 进行了广泛测量。通过分析这些数据发现变化趋势具有一致性，即在不同频率和入射角条件下，后向散射系数是风速和方位角χ 的函数。

为了说明积分方程模型方法，我们使用 Schroeder 等(1985)在 Ku 波段收集的数据集以及 Masuko 等(1986)在 X 波段收集的数据集。接下来，式(16.16)给出的表面散射模型首先与 Masuko 等收集的频率为 10 GHz、入射角为 52°的 hh 极化数据进行比较。雷达测量是在风速分别为 3.2 m/s、9.3 m/s 和 14.5 m/s 的情况下进行的。

该模型使用的海水介电常数根据第 4 章的模型，由频率和温度决定。假设水温为 20℃，X 波段中海水表面的介电常数估计为 $\varepsilon = 56.2 - j37.4$。与散射有关的粗糙度由频率、入射角以及风速决定。在散射模型中，逆风向的信号强度主要由相关长度 L_u 决定。θ 大于 30°之后，L_u 增加使得 σ^0 减小。侧风向时，σ^0 以类似方式受 L_u 影响。决定逆风和顺风差异的量为 s_0。s_0 的值较大时，会同时导致逆风向上的值大幅增加，而顺风向的值大幅度减小。s_0 通常在 0.1 左右或者更小。最后，在所有方位角中，散射强度随着均方根高度 s 增加或减小。

图 16.8 对该模型与雷达测量进行了比较。积分方程模型参数可通过各种条件下的

数据进行估计(即风速和风向、入射角和方位角、极化方式)。这种情况下，表面均方根高度从风速 $U = 3.2$ m/s 时的 0.13 cm，到 $U = 9.3$ m/s 时的 0.29 cm，再到 $U = 14.5$ m/s 时的 0.35 cm。同时，L_u 相应地从 30 cm 减少为 13 cm 和 9 cm；L_c 从 58 cm 减少为 27 cm 和 25 cm。这 3 个参数随着风速明显增加或减小。而偏度参数则没有明显的变化趋势。风速较大或较小时，$s_0 = 0.06$ cm 最合适；中等风速时，$s_0 = 0.08$ cm 最合适。需要注意的是，风速较大时，s_0 值也较大，但这并不一定意味着逆风和顺风差异也更大，因为风速较高时，后向散射系数也较高。风速为 3.2 m/s 时，逆风和顺风差异为 3.5 dB；风速为 9.3 m/s 时，差异为 3 dB；风速为 14.5 m/s 时，差异则为 0.5 dB。侧风向时不会出现最小雷达回波；相反，最小雷达回波稍微偏向顺风向的位置。风速较低时，这点最为明显。总的来说，积分方程模型与测量数据特性有非常好的一致性。因此，Fung 在式(16.13)中给出的表面谱的函数可以完全表示海面波谱中想要的部分。

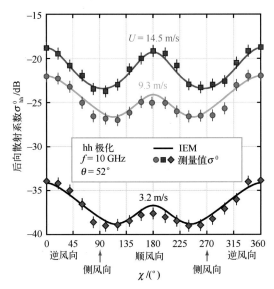

图 16.8　海洋表面 IEM 散射模型模拟结果和 Masuko 等(1986)得到的观测数据集之间的比较。结果明确指出了 σ^0、L_u、L_c、s 随风速的变化。数据表明，风速为 3.2 m/s、9.3 m/s 和 14.5 m/s 时，逆风与顺风差异分别为 3.5 dB、3 dB 和 0.5 dB。需要注意的是，数据中最小雷达回波明显向顺风向偏移，尤其是风速较低时

16.3.4　IEM 参数的经验拟合

图 16.8 说明，若能得到不同频率和入射角情况下关于风速较为完整的数据集，那么建立参数 s、L_u、L_c、s_0 关于风速的经验表达式是可能的。频率为 13.9 GHz、入射角为 40° 时，Schroeder 等(1985)得到了不同风速时的数据集，从而能计算每个模型拟合的误差条。测量数据表明针对某种给定条件，观测到的 σ^0 中波动大于 1 dB，对海洋表

面散射而言，这点并不意外。

利用 Schroeder 等在 vv 极化时得到的数据，风速为 4.2 m/s、5.5 m/s、7.5 m/s、12 m/s、15 m/s 和 19.4 m/s 时，将积分方程模型与每一个数据集匹配，从而确定模型参数 s、L_u、L_c 和 s_0 的值。

当雷达频率为 13.9 GHz、海水温度为 20 ℃ 时，海水介电常数为 $\varepsilon = 46.59 - j38.98$。利用曲线拟合方法将模型和数据拟合得到拟合参数，表 16.1 中列出了这些拟合结果。然后将每个模型参数与风速进行曲线拟合，从而确定这些参数与风速的关系。通过常规的曲线拟合过程，得到了下述关系式：

$$s = -0.007\ 68 + 0.023\ 7U - 0.000\ 587U^2 \tag{16.17a}$$

$$L_u = 24.25 - 1.56U + 0.030\ 2U^2 \tag{16.17b}$$

$$L_c = 33.89 - 0.225U + 0.045\ 3U^2 \tag{16.17c}$$

$$s_0 = 0.090\ 1 - 0.006\ 1U + 0.000\ 346U^2 \tag{16.17d}$$

除 U 的单位为 m/s 外，所有参数的单位均为 cm。

表 16.1　频率为 13.9 GHz、$\theta = 40°$ 时，积分方程模型在 vv 极化情况下的散射模型系数

风速/(m/s)	s/cm	L_u/cm	L_c/cm	s_0/cm
4.2	0.09	19	32	0.085
5.5	0.098	17	31	0.075
7.5	0.165	14	30	0.055
12	0.19	10	26	0.07
15	0.215	9	20	0.08
19.4	0.23	6	13	0.1

将式(16.17a)和式(16.17d)所示的关系式代入积分方程模型可以计算雷达后向散射系数，如图 16.9 所示。在 6 个不同的风速中，其中利用积分方程模型模拟的 5 个风速对应的后向散射系数与观测比较接近；当风速为 7.5 m/s 时，测量值始终大于积分方程模型模拟值。经过仔细地检查，发现偏差产生的原因很有可能是真实风速大于 7.5 m/s，或者雷达测量存在校正误差。

图 16.10 描绘了垂直极化后向散射系数在逆风、顺风和侧风条件下随风速的变化关系。逆风和侧风差 σ^0 随风速的增大略微增大，逆风和顺风差也是如此。

16.3.5　海面风场地球物理模型函数

正如我们所看到的，海面 σ^0 是近海面风矢量的复杂函数。入射角较小时，主要的散射机制为镜面散射，而入射角为中等角度（20°～60°）时，微波后向散射的主要散射机制为布拉格散射，也就是说在雷达波长范围内，回波信号与海洋表面粗糙度成正比。

虽然表面粗糙度和 σ^0 在某些风速条件及雷达频率下会饱和，但一般而言它们还是随着风速增大而增大。

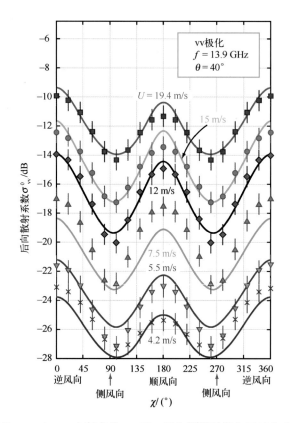

图 16.9　当频率为 13.9 GHz、入射角为 40°时，后向散射系数与风速和方位角的关系。注意，逆风向散射总是大于顺风向散射和侧风向散射，并且后向散射系数总是随风速的增大而增大。图中测量数据来自 Schroeder 等（1985）

一般情况下，我们可以将表面 σ^0 写成雷达参数、观测几何和地球物理特征的函数：

$$\sigma^0 = M(U, \chi, pq, \theta, f, \cdots) \tag{16.18}$$

式中，M 为正演地球物理模型函数（GMF）；U 为风速；$\chi = \phi_{wind} - \phi_{radar}$ 为风向 ϕ_{wind} 和入射雷达信号观测方向 ϕ_{radar} 之间的相对方位角；pq 为极化；θ 为入射角；f 为雷达频率；省略号表示其他地球物理参数，比如水温、空气温度等。通常情况下，U 作为海表面上方 19.5 m 或者 10 m 处的中性稳定条件下的等效风速。

图 16.11 给出了 Ku 波段 GMF 的一些特性，图 16.12 则展示了入射角为 40°时的 C 波段 GMF。虽然 GMF 的细节特征随着雷达频率的变化而变化，但其总体特性在大多数微波波段内都是相似的。我们注意到，海洋表面的 σ^0 主要取决于观测方位角、入射角、风向和风速。

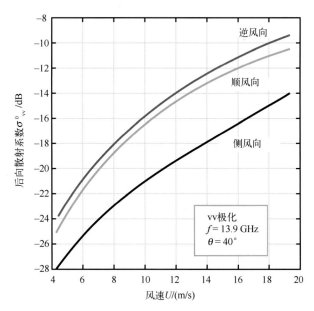

图 16.10 频率为 13.9 GHz 时，后向散射系数随风速的变化，
随着风速的增大，沿逆风向的后向散射增量最大

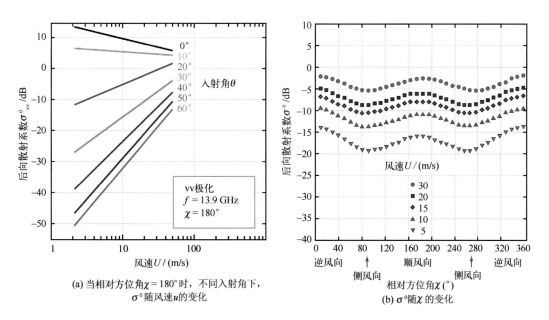

(a) 当相对方位角 $\chi = 180°$ 时，不同入射角下，
σ^0 随风速 u 的变化

(b) σ^0 随 χ 的变化

图 16.11 Ku 波段 SASS-1 地球物理模型函数将海洋表面 σ^0 和近海面风速联系起来：

(a) 当风吹向雷达(逆风向)时，σ^0 在不同入射角下随风速的变化；

(b) 入射角不变时，不同风速下 σ^0 随雷达观测方向和风向之间的相对方位角 χ 的变化

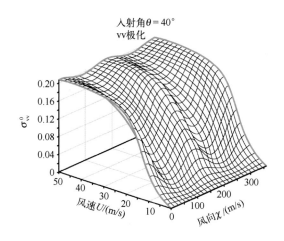

图 16.12　vv 极化且入射角为 40°时，将海洋表面 σ^0 和近海面风联系起来的
C 波段 CMOD5 地球物理模型函数

GMF 散射模型的一个关键特性在于 σ^0 不是风向的单调函数：如图 16.11(b) 所示，σ^0 对风向 χ 呈 $\cos 2\chi$ 依赖关系，使得逆风向的 σ^0 的值略大于顺风向的 σ^0。σ^0 作为 χ 函数的变化形式如下：

$$\sigma^0(\chi) = A + B \cos \chi + C \cos 2\chi \qquad (\text{m}^2/\text{m}^2) \qquad (16.19)$$

系数 A、B、C 取决于风速和 3 个雷达波参数：θ、f 和极化 pq，并且这些系数与风速之间具有幂次关系。也就是说，在具体入射角、雷达频率、极化状态时，3 个参数的变化形式为

$$A \approx c_a U^{\gamma_a}$$
$$B \approx c_b U^{\gamma_b}$$
$$C \approx c_c U^{\gamma_c}$$

式中，γ_a、γ_b、γ_c 在 $1 \sim 2.4$ 范围内变化，具体取决于频率、极化和入射角。系数 c_a、c_b、c_c 取决于雷达参数。γ_a、γ_b、γ_c 对 θ 的关系由图 16.11(a) 中曲线斜率表示。

上面介绍到的散射模型描述了观测 GMF 的一般行为，不过 GMF 的完整解析公式仍然很难确定。然而，推导 M 的经验方法在实际中已经取得了重要的成功。利用雷达后向散射测量数据和时空匹配的浮标、船只和塔测量的现场风矢量数据可以得到近似的 GMF。将测量数据拟合到适当的函数形式中，可以得到 σ^0 和 U、χ 联系起来的经验表达式。经验方法拟合的好坏取决于是否能得到准确的现场风矢量测量数据，这些数据应当能涵盖所需的风况。然而，情况很少如此，因为无法控制风况，因此单个实验一般局限于当前风况。不过，根据这种经验方法还是建立了很多模型函数（Bracalente et al., 1980；Schroeder et al., 1982）。

通过将上述双尺度模型拟合至机载散射计测量数据可得到 Ku 波段 GMF，这是最初广泛运用的被称为 SASS-1 的 GMF。利用最小二乘法，将模型拟合至观测数据中，可以确定模型参数的唯一值(Wentz，1977，1978)。我们发现通过这种方法得到的参数在模型和机载散射计观测数据之间存在很小的残余均方根误差 0.75 dB。最终的 SASS-1 模型(Schroeder et al.，1982)完善了这些结果，调整了列表模型函数系数，从而使其随入射角平稳变化。对于给定的极化，SASS-1 模型函数将 σ^0(单位为 dB)表示为风速 U 的函数：

$$\sigma^0(\mathrm{dB}) = G(\theta, \chi) + H(\theta, \chi) \log_{10} U \qquad (16.20)$$

SASS-1 模型的系数 $G(\theta, \chi)$ 和 $H((\theta, \chi)$ 在 θ 上每隔2°，在 χ 上每隔10°制成表格，结果表明这两个参数随 χ 呈双调和变化，如式(16.19)所示。

基于假设在足够长时间内(3 个月 SASS 观测)风矢量是随天线视角方向高度变化，这样风矢量的两个正交分量的概率分布能够被二元正态概率函数来模拟，Wentz 等(1984，1986)利用 Seasat 卫星散射计(SASS)数据统计建立了 Ku 波段的模型函数，从而得到了风速的瑞利分布。单参数(全球平均风速)的瑞利分布根据气候图集得到。

SASS-2 GMF 模型(Wentz et al.，1984)利用了式(16.19)中相同的函数形式，但系数通过下述方式建立模型：

$$A = a_0 U \alpha_0$$
$$B = A(a_1 + \alpha_1 \log_{10} U)$$
$$C = A(a_2 + \alpha_2 \log_{10} U)$$

式中，系数 a_0、a_1、a_2、α_0、α_1、α_2 为入射角的列表函数。下标为 0 和 2 的系数直接从 SASS 测量的统计数据得出，而下标为 1 的系数则是根据机载散射计测量数据得到(Wentz，1991)。

最近，根据收集到的雷达后向散射测量数据以及通过数值天气预报(NWP)模型预报的风速，建立了 GMF(Freilich et al.，1993)。GMF 局限于特定形式，只有表格形式，混合型 GMF 以这种方式建立起来(Chen et al.，1992；Wentz et al.，1984；Wentz et al.，1999；Hersbach et al.，2007)。这种方法需要极其大的数据集来建立模型，但是可以很容易地合并其他感兴趣的地球物理参数。由于散射计得到的风速通常用作数值天气预报(NWP)模型的输入，而 GMF 根据 NWP 模型得到，因此其一般与 NWP 模型一致。虽然利用函数形式能让模型函数变得稳定，但是利用天气尺度 NWP 风场分析可以得到不需要解析形式的 GMF。

另一方面，NWP 模型也有其误差及局限，包括空间分辨率有限、空间偏差以及极端天气事件定位不准确。当后向散射测量与 NWP 得到的海面风速和方位角匹配时，

NWP 的风速系统函数误差会导致后向散射测量错误分配，在形成初始模型函数估计的区域平均值的计算中存在相应的误差。随机 NWP 速度误差导致后向散射测量错误分配；由于随机误差不是风速的系统函数，其最低阶次的影响较小。然而，随机 NWP 误差会对 GMF 方向依赖出现系统性低估。重要的是，单个 NWP 分析的精度并没有 NWP 的整体系统性分析精度重要；如果没有系统风速或地理造成的误差，分析误差（比如缺少锋面、低压中心错误定位等）只会增加随机误差。基于 NWP 的 GMF 用于建立许多查找表 Ku 波段 GMF（Wentz et al.，1999；Lungu，2006）以及根据函数形式的 C 波段 GMF（Hersbach et al.，2007）。NWP-GMF 方法并不局限于风矢量，还能用于气压模型函数的建立（Patoux et al.，2003）。

表 16.2　C 波段（5.3 GHz）vv 极化模型函数 CMOD5 的系数（Hersbach et al.，2007）

系数	数值	系数	数值
C_1	−0.688	C_{15}	0.007
C_2	−0.793	C_{16}	0.33
C_3	0.338	C_{17}	0.012
C_4	−0.173	C_{18}	22.0
C_5	0.0	C_{19}	1.95
C_6	0.004	C_{20}	3.0
C_7	0.111	C_{21}	8.39
C_8	0.016 2	C_{22}	−3.44
C_9	6.34	C_{23}	1.36
C_{10}	2.57	C_{24}	5.35
C_{11}	−2.18	C_{25}	1.99
C_{12}	0.4	C_{26}	0.29
C_{13}	−0.6	C_{27}	3.80
C_{14}	0.045	C_{28}	1.53

　　与 Ku 波段一样，C 波段模型函数有很久的历史。一个广泛应用的混合型 GMF 案例便是 C 波段 CMOD5 模型函数（Hersbach et al.，2007）。根据表 16.2 定义的系数数值，CMOD5 的函数形式如下：

$$M(U, \chi, \theta) = B_0 \left[1 + B_1 \cos \chi + B_2 (2 \cos^2 \chi - 1) \right]^{1.6} \qquad (16.21)$$

式中，系数 B_i 是利用下述复杂的方程序列以经验形式确定：

$$\chi = \frac{\theta - 40}{25}$$

$$A_0 = C_1 + C_2 \chi + C_3 \chi^2 + C_4 \chi^3$$

$$A_1 = C_5 + C_6 \chi$$

$$A_2 = C_7 + C_8 \chi$$

$$\gamma = C_9 + C_{10} \chi + C_{11} \chi^2$$

$$S_0 = C_{12} + C_{13} \chi$$

$$S = A_2 U$$

$$S_2 = \begin{cases} S_0 & (S_0 > S) \\ S & (S_0 \leqslant S) \end{cases}$$

$$A_4 = \frac{1}{1 + e^{-S_2}}$$

$$A_3 = A_4 \begin{cases} 1 & (S > S_0) \\ \left(\dfrac{S}{S_0}\right)^{S_0(1-A_4)} & (S \leqslant S_0) \end{cases}$$

$$U_0 = C_{21} + C_{22} \chi + C_{23} \chi^2$$

$$D_1 = C_{24} + C_{25} \chi + C_{26} \chi^2$$

$$D_2 = C_{27} + C_{28} \chi$$

$$A = C_{19} - \frac{C_{19} - 1}{C_{20}}$$

$$B = \frac{1}{C_{20} (C_{19} - 1)^{C_{20}-1}}$$

$$B_0 = A_3^{\gamma} 10^{A_0 + A_1 U}$$

$$B_3 = C_{15} U \left(\frac{1}{2} + \chi - \tanh 4[\chi + C_{16} + C_{17}U] \right)$$

$$B_1 = \frac{C_{14}(1 + \chi) - B_3}{e^{0.34(U-C_{18})} + 1}$$

$$U_2 = \begin{cases} \dfrac{U}{U_0} + 1 & \left(\dfrac{U}{U_0} + 1 \geqslant C_{19}\right) \\ A + B \left(\dfrac{U}{U_0}\right)^{C_{20}} & \left(\dfrac{U}{U_0} + 1 < C_{19}\right) \end{cases}$$

$$B_2 = (D_2 U_2 - D_1) e^{-U_2}$$

与之前一样，U 为风速，单位为 m/s；$\chi = \phi_{wind} - \phi_{radar}$ 为风向 ϕ_{wind} 和雷达观测方向 ϕ_{radar} 之间的相对方位角，所有角度单位均为（°）。在距离海面 10 m 高度处中性稳定条件的风速和风向下，CMOD5 能够计算 C 波段指定雷达入射角和方位角时的垂直极

化 σ^0。需要注意的是，CMOD5 的风向是按照气象惯例定义的，其中 0° 对应于从北方吹来的风，顺时针旋转为正。大多数的 Ku 波段 GMF 已经应用了海洋惯例中的风向定义[†]。与 GMF 相关的是建模不确定性因素，通常表述为归一化标准差 K_{pm}，该标准差可能是实际风速的函数。对于一组给定的风速和雷达条件，K_{pm} 描述了 σ^0 的预期变化，并且 K_{pm} 能被当作误差条。对于 C 波段和 Ku 波段，K_{pm} 的典型值分别在 0.14~0.17 的范围内变化。ERS-1/2 和 ASCAT 散射计的风速反演精度大约为 1.8 m/s。

图 16.13 展示了飓风"卡特里娜"的近海面风场图。雷达数据是由 QuikSCAT 卫星上的 SeaWind 散射计于 2005 年 8 月 28 日采集的。

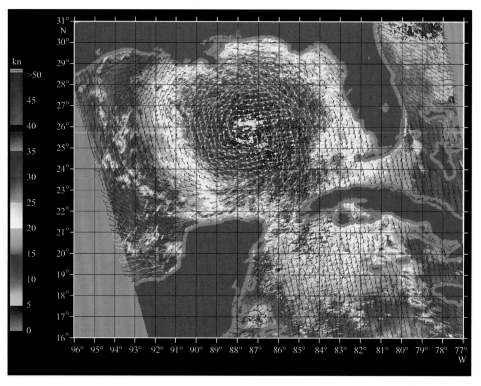

图 16.13　由 QuikSCAT 卫星上的 SeaWind 散射计于 2005 年 8 月 28 日采集的雷达数据反演得到的飓风"卡特里娜"的近海面风场，像素大小为 2.5 km × 2.5 km

16.4　降雨

之前提到，没有雨时，散射计观测到的海洋表面 σ^0 是由风产生的重力毛细波散射造成的。降雨从多个方面影响着观测 σ^0 值。图 16.14 展示了海洋上的风浪和雨对海洋

[†]　在海洋惯例中，0° 对应于吹向北方的风。海洋惯例和气象惯例使用都非常广泛，两者以 180° 为区分。

造成的影响。

> ▶ 首先，降雨会将雷达信号散射出去，从而使得信号变弱。◀

这种双程衰减既会影响射向表面的信号，还会影响从表面散射向雷达的信号。

> ▶ 第二，雷达发射出来的一些信号由雨滴散射返回雷达。◀

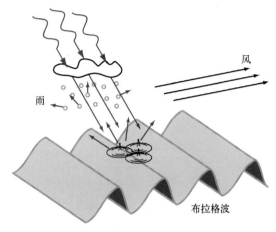

图 16.14　海洋表面风和雨的雷达观测示意图。雨滴撞击海洋表面产生环形波、水柱和飞溅产物，从而减小风产生的布拉格波谱。降雨形成的散射导致表面信号衰减，也增加了自身后向散射分量

接下来会讨论，雨导致的后向散射可能会与表面后向散射混淆。第 8 章详细讨论了雨散射和衰减。这种影响依赖于雷达频率，微波频率越低影响越小。

> ▶ 第三，雨水撞击表面改变了表面粗糙度。降雨会使海面产生波纹或飞溅物等，就像水柱、冠或其他粗糙物体，有利于增强海面后向散射。◀

对于不同的雷达波长、入射角和极化方式，这些飞溅物对后向散射的贡献也不同（Bliven et al.，1993；Bliven et al.，1997）。对 C 波段和 Ku 波段 vv 极化，在所有入射角条件下，来自雨致环形波的后向散射为雨导致的雷达后向散射的主要分量。hh 极化时，当入射角增大时，环形波导致的雷达后向散射减少，而非传播性飞溅物产生的雷达后向散射会增大（Bliven et al.，1989）。

雨滴在水面产生波动，造成重力波谱衰减。这种影响取决于波浪的波长、风速和降雨率（LeMehaute et al.，1990）。强降雨时，雨滴在海面上的净效应使那些波长大于 10 cm 的过渡波长的水波振幅减小，而波长短于 5 cm 的水波振幅增大（Melsheimer et al.，2001）。

两个谱之间的过渡波长定义并不完善，具体取决于降雨率、雨滴大小分布、风速以及降雨的时间变化。在过渡波长区域内，雨滴可能会增大或减小海洋表面上布拉格波的振幅，同时 σ^0 也会相应增大或减小。因此，降雨会增大海面 σ^0 的不确定性和变化性。

最后，如图 16.15 所示，与降雨有关的下降气流会改变局部近海面风矢量场，从而影响 σ^0。这对于对流降雨尤其重要，因为降雨会集中在相对较小的伴随强下降气流和微暴气流区域(通常 1 km 左右)。这种影响对局部风暴状况的依赖性很强。图 16.16 展示了利用 C 波段 SAR 观测到的一个对流降雨案例。注意图中显示出降雨造成的复杂影响。相对于平均风场造成的周围灰度级，亮区则是由于源自降雨散射以及由降雨造成的粗糙海面散射造成的后向散射增强。后向散射较低是由于降雨对表面波谱的抑制以及雨滴导致的信号衰减。

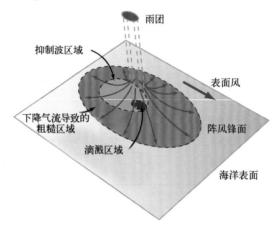

图 16.15　与雨团有关的气流示意图，红色箭头代表受下降气流影响的区域之外的平均风向；蓝色箭头代表下降气流；绿色区域代表海洋表面受雨影响的区域；绿色区域中的紫色区域代表表面波谱受降雨影响以及移动雨团的抑制

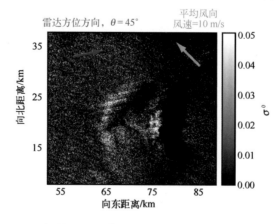

图 16.16　C 波段 SAR 观测到的雨团图像，红色箭头表示雷达方位方向；蓝色箭头表示周围区域的平均风向，相应的风速为 10 m/s；表面雷达信号的入射角大约为 45°

依靠雨的垂直结构以及雷达倾斜观测几何来分析 SAR 后向散射图像非常复杂。图 16.17 说明了对流雨的垂直几何结构。甚至在热带地区，降雨在高海拔高度也是首先形成雪，随着雪花下降，其会在较窄的高度范围内融化。相比于较低海拔高度和较高海拔高度，雪花融化阶段的雷达后向散射会增强，因此大气中的这一部分称为雷达亮带。从该层往下，雨降落到地面。图 16.17 展示了入射角 $\theta = 45°$ 时，雷达观测到的海洋表面。蓝色斜线代表恒定距离的线，其宽度为雷达的距离分辨率。这个斜距分辨率的投影产生地面分辨率 x_0。某一距离单元内的所有后向散射似乎都来自海面。然而，其中不仅包括表面后向散射，还包括在这个距离单元之内海洋表面上雨滴导致的散射。雨造成的散射会使得相应的 SAR 像素中后向散射明显增大，这可能会与海洋表面的散射混淆。由于雷达为距离测量设备，因此海洋表面上雨层导致的散射会在雷达图像上产生水平移位。雨导致的散射可能非常大，尤其是在降雨量较大时。

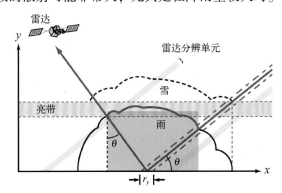

图 16.17　雨团雷达散射几何示意图，蓝条近似于假设平面波传播的雷达脉冲的有效长度

16.4.1　模拟降雨造成的表面影响

在之前的讨论中提到，雨可能对风导致的海洋 σ^0 产生复杂影响，根据降雨率、局部风况和波况以及波长、入射角、相对于风向的方位角等雷达特性，雨会使得雷达测量到的 σ^0 增大或减少。在风散射测量中，降雨效应的变化降低了来自后向散射测量的风估计精度，并且通常会剔除严重雨污染的测量，一般将其称为降雨标记。降雨标记可以利用单独的辐射计测量、天气雷达测量或者仅仅是散射计后向散射测量完成。降雨标记过的后向散射测量可以剔除，也可修正为相当于无雨时的 σ^0 值，或者用于估计降雨率。

设计用于降雨测量的星载雷达传感器，如工作在低入射角(小于 17°)的热带降雨测量卫星-测雨雷达(TRMM-PR)，能够帮助区分海面上方降雨导致的后向散射和海面本身后向散射(Meneghini et al., 1990；Stephens et al., 2007)。特别地，Ku 波段 TRMM-

PR 在 2 m × 2 m 的天线阵中使用了 128 天线单元的电子开关，以推扫式扫描方式在 215 km 宽的刈幅内产生了 49 个入射角不同的固定的 0.5°左右的笔形波束，其水平分辨率约为 4 km（图 16.18）。TRMM-PR 利用脉冲压缩得到了由每个天线波束观测到的散射体的 250 m 垂直分辨率测量。对于不包含表面散射的距离单元，垂向降雨剖面可以直接由距离单元后向散射测量值估算（Iguchi et al., 2000）。针对包含表面散射的距离单元，降雨剖面能修正大气散射和衰减，从而提高表面后向散射测量的精度（Meneghini et al., 1990; Stephens et al., 2007）。

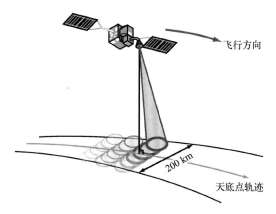

图 16.18　TRMM-PR 测量几何示意图。迅速转动波束以不同的入射角跨越刈幅。航天器沿轨道运行时，这些波束会依次扫描产生刈幅成像

接下来我们集中讨论覆盖面积较大（≥10 km）的散射计。对于这种尺寸的覆盖面积，模拟降雨对 σ^0 影响的一种简单而有效的方法是将降雨视为对不存在雨团时风产生的波场获得的后向散射值的扰动。将通过散射计估计的风场用于全球数值天气预报（NWP）模型这种方法是很合适的。这种模型通常不会明确包含降雨，因此更倾向于无降雨时的风场估计。

我们来探讨一种简单的降雨扰动模型，这种模型包括降雨形成的衰减和后向散射，同时也考虑降雨对海洋表面的影响。该模型并未明显包括波谱抑制。这种简单模型为

$$\sigma_m^0 = (\sigma_w^0 + \sigma_{sr}^0)\, Y_r^2 + \sigma_r^0 \tag{16.22}$$

式中，σ_m^0 为总后向散射；σ_w^0 为风造成的后向散射；σ_{sr}^0 为雨影响表面从而导致的后向散射；Y_r^2 为雨滴双向路径集成传播因数；σ_r^0 为由于降雨增大的有效后向散射。通常该模型简化为

$$\sigma_m^0 = \sigma_w^0\, Y_r^2 + \sigma_{eff}^0 \tag{16.23}$$

且

$$\sigma_{eff}^0 = Y_r^2\, \sigma_{sr}^0 + \sigma_r^0 \tag{16.24}$$

$\sigma_{\mathrm{eff}}^{0}$ 称为有效降雨后向散射。在降雨扰动模型的基础上，一种更普遍的风和降雨的地球物理模型函数（GMF）可以写作

$$\sigma_{\mathrm{m}}^{0} = M(U,\ \chi,\ p,\ \theta,\ f)\ Y_{\mathrm{r}}^{2}(R_{\mathrm{r}}',\ p,\ \theta,\ f) + \sigma_{\mathrm{eff}}^{0}(R_{\mathrm{r}}',\ p,\ \theta,\ f) \qquad (16.25)$$

式中，M 为仅包含风的地球物理模型函数；R_{r}' 为综合降雨量。在散射计模型中，使用了两个与雨有关的量：

R_{r}：表面降雨量，单位为 mm/h；

R_{r}'：综合降雨量，单位为 km·(mm/h)。

后者为在降雨层的垂直范围内积分得到的降雨量。图 16.19 展示了 Ku 波段垂直极化的 Y_{r}^{2} 和 $\sigma_{\mathrm{eff}}^{0}$ 图像。对于 C 波段，$Y_{\mathrm{r}} \approx 1$，图 16.20 展示了 C 波段 $\sigma_{\mathrm{eff}}^{0}$ 作为入射角函数的图像。

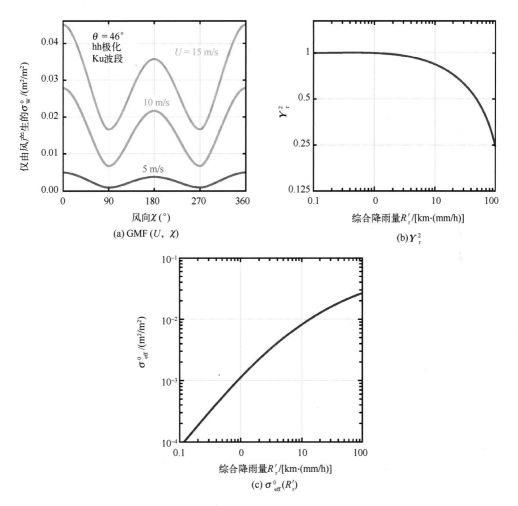

图 16.19　Ku 波段风/降雨情况下的地球物理模型函数示意图

（a）风（传统仅与风有关的地球物理模型函数）；（b）雨衰减；

（c）降雨有效后向散射模型函数（Draper et al.，2004a，2004b）

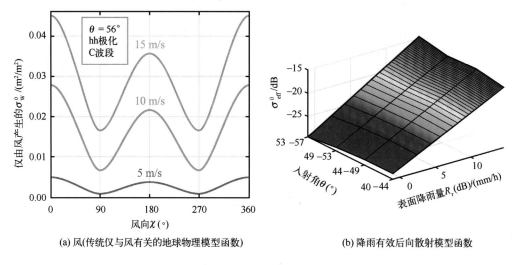

(a) 风(传统仅与风有关的地球物理模型函数)　　(b) 降雨有效后向散射模型函数

图 16.20　C 波段风/降雨地球物理模型函数示意图(Nie et al., 2007)，$R_r(\text{dB}) = 10 \log R_r$

式(16.22)和式(16.23)中的各种参数可以由垂向降雨剖面测量、NWP 风场和 σ^0 的时空匹配数据经验决定。虽然现场(即从浮标或船只)风测量似乎更好，但存在几个问题。首先，满足垂向降雨剖面和后向散射值相对应的观测值非常少。其次，这样的观测值受下降气流的影响，因此不满足雨扰动模型的假设。

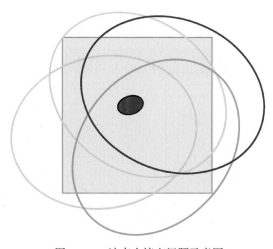

图 16.21　波束内填充问题示意图。
红色区域代表雨团，椭圆代表不同天线波束
观测同一方形区域时的照射区域，该方形区域
代表一个风散射计的风矢量单元

亦可利用 NWP 预测无雨下的局地风场，因此得到扰动模式所预期的风场。然而，这个模式方法的一个复杂因素普遍被称为无规律的束内填充。图 16.21 表明束内填充的问题。尤其是在雷暴等对流条件下，降雨出现在局部为数千米"雨团"中。这种雨团可能远小于雷达覆盖面积，因此不会完全包含或"填充"散射计的覆盖范围。这种情况下，降雨影响随雷达地面足印变化。而这也增加了降雨模型的变化和不确定性。观测降雨剖面的面积和增益加权，同时考虑到之前提到的距离单元效应，有助于减轻束内填充效应(Owen et al., 2011)。

由于降雨影响取决于频率，因此比较 C 波段和 Ku 波段降雨扰动模型具有一定的指导意义。根据降雨扰动模型，总后向散射为由风造成的表面后向散射、降雨在大气中的衰减以及降雨扰动影响的总和。

如图 16.19 所示，对于 Ku 波段，即便降雨率很小信号衰减也可能很大。然而，对于 C 波段，即便降雨率很大信号衰减也非常小。对于 C 波段，只有雨造成的表面影响很重要，而对于 Ku 波段，降雨非常重要，同时表示雨层厚度的亮带高度等因素也很重要（Nielsen et al., 2009；Stephens et al., 2007）。

16.4.2　扰动模型体系

为了进一步比较 C 波段和 Ku 波段，我们考察了降雨散射对风导致的表面散射的相对贡献。图 16.22 展示了 Ku 波段 $\theta = 54°$ 时总后向散射系数 σ_m^0 随仅由风产生的后向散射系数和降雨率 R_r 的变化。如图 16.22 所示，有 3 个不同的后向散射体系。通过计算 $\sigma_{eff}^0 / \sigma_m^0$ 比率的阈值确定这些体系。在体系 1 中，$\sigma_{eff}^0 / \sigma_m^0 > 0.75$；在体系 2 中，$0.25 \leq \sigma_{eff}^0 / \sigma_m^0 < 0.75$；在体系 3 中，$\sigma_{eff}^0 / \sigma_m^0 < 0.25$。在体系 1 中，总后向散射主要为降雨导致的后向散射，而在体系 3 中，降雨影响可以忽略不计。在体系 2 中，降雨导致的后向散射与风产生的后向散射大小相当。在体系 3 中，估计风场时可以忽略降雨，但由于体系 1 中降雨在后向散射中具有主要作用，因此不可能根据后向散射测量估计风场。在体系 2 中，能根据后向散射测量同时估计风场和降雨（Draper et al., 2004b）。根据 Draper 等（2004b）的研究，对于 Ku 波段，若降雨率大于 0.1 km·（mm/h），则大约 14% 的 SeaWinds 后向散射测量在体系 1 中，41% 在体系 2 中，约 44% 在体系 3 中，所有的后向散射测量中，只有不到 8% 的降雨率大于 0.1 km·（mm/h）。

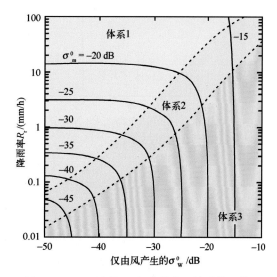

图 16.22　Ku 波段 vv 极化的降雨扰动模型等线图展示了总 σ_m^0 与仅由风产生的 σ_w^0 和降雨率的关系。利用不同颜色标记 3 种后向散射体系，入射角为 54°。该模型源自 SeaWinds 和 TRMM-PR 数据（Draper et al., 2004b）。

体系 1：$\sigma_{eff}^0 / \sigma_m^0 > 0.75$；

体系 2：$0.25 \leq \sigma_{eff}^0 / \sigma_m^0 < 0.75$；

体系 3：$\sigma_{eff}^0 / \sigma_m^0 < 0.25$

对于 C 波段也能确定相似的体系，但由于雷达波长较长，因此降雨对总后向散射影响较小，并且只在降雨率很大时，降雨才非常重要。图 16.23 展示了 C 波段垂直极化不同入射角范围内的 σ_m^0 的图像，其中 σ_m^0 为 σ_w^0 和降雨率的函数。由于入射角增大，体系 1 的面积变小，而体系 3 的面积变大，表明入射角较大时，雨的影响更大（Nie et al.，2006）。对于 C 波段有显著影响的降雨 [>0.8 km·（mm/h）] 发生率低于 3%。Nie 等（2006）发现，针对入射角在 53°～57°范围内的 ERS 散射计后向散射测量大约只有 1.67% 在体系 1 或体系 2 中。

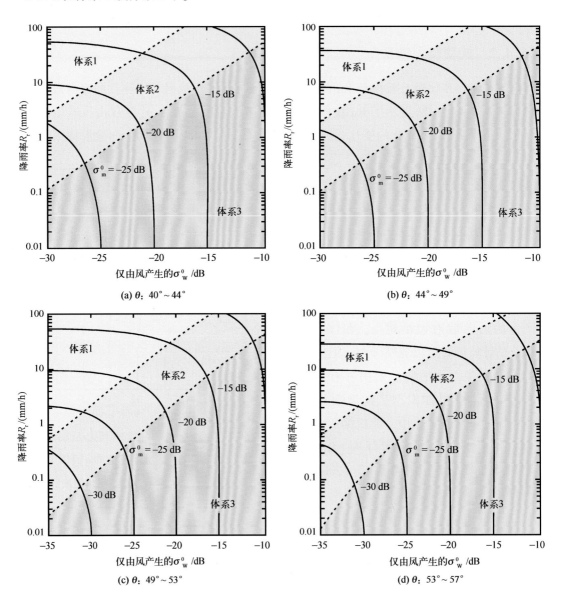

图 16.23 C 波段 vv 极化不同入射角范围内的降雨扰动模型的等值线图，即总后向散射与风产生的后向散射 σ_w^0 和降雨率 R_r 的关系。该模型源自 SeaWinds 和 TRMM-PR 数据（Draper et al.，2004b）。

体系 1：$\sigma_{eff}^0/\sigma_m^0>0.75$；体系 2：$0.25<\sigma_{eff}^0/\sigma_m^0<0.75$；体系 3：$\sigma_{eff}^0/\sigma_m^0<0.25$

16.5　风散射计

卫星雷达散射计用于精确测量地球表面的归一化雷达散射截面 σ^0，而风散射计则是一种专门用于测量近海表面风速及风向的系统。风散射计的设计以及观测几何是根据海洋后向散射与风速和风向关系的地球物理模型函数确定的，这就要求在刈幅的每一点都对 σ^0 进行多次测量。风散射计系统包括将原始测量数据处理为标准的 σ^0 测量数据，最终处理为风矢量。

根据散射计后向散射测量数据估计风速（速度及方向）包括下述步骤：①在观测几何以及风速情况下建立精确的 σ^0 模型（GMF），已在之前章节中讨论了这部分内容；②得到刈幅上每个采样点不同观测角度下 σ^0 的精确测量结果；③实现一种识别和/或校正降雨影响的 σ^0 测量；④利用地球物理模型函数估计（"反演"）每个采样点的风速；⑤采取方法解决估计风速中潜在的风向模糊问题。通常情况下，这需要在几种模糊方向中选择一个最接近真实的风向。

反演风速误差不仅受模型函数的影响，还受后向散射测量数据误差和噪声以及风反演算法和模糊选择算法的影响。虽然风散射计最初用于估计海面风速，但也能应用于陆地以及冰面，包括恶劣天气监控、植被研究、冻结/解冻绘制、海冰监测、冰川追踪以及极地区域的长期气候研究。本节我们主要讨论海表面风速的反演。

16.5.1　散射计观测几何

之前提到，σ^0 对风向 χ 呈现出 $\cos 2\chi$ 依赖关系，因此逆风 σ^0 稍大于顺风 σ^0，并且侧风时 σ^0 的值最小（近似）。由于存在这种特性，仅测量一次 σ^0 并不足以同时估计风速和风向。为了估计风矢量，必须从多个方位角和/或入射角测量 σ^0。之后在 16.8 节中会谈到，σ^0 对风向 χ 的 $\cos 2\chi$ 依赖关系还使得风存在多个可能方向。解决这些可能的"模糊"（有时也称为"多解"）方向，必须采用模糊选择步骤得到风矢量的唯一估计值。

卫星风散射计采用了两种不同方式在多个方位角和/或入射角测量 σ^0。两种方式的差异在于天线类型：扇形波束与笔形波束。此外，可以采用不同信号调制方式将天线足印转化为精确的分辨率单元。可以料想，每种方式都有优势和劣势，需要在设计过程中进行权衡。

16.5.2　扇形波束风散射计

对于扇形波束散射计，地球表面被一个或多个扇形波束天线照射，通过距离压缩或多普勒滤波能使这些扇形波束天线产生细长足印，并分解为一些较小的区域或"分辨率单元"。虽然已经提出旋转式扇形波束的概念(Dong et al.，2010；Lin et al.，2012)，但迄今大多数扇形波束风散射计仍然利用固定天线，如图 16.24 显示的不同的天线结构。前文表 1.2 已对卫星风散射计的历史进行了总结。

▶ 扇形波束散射计系统能探测地面上一个较宽的刈幅(数百千米)，通常位于卫星轨迹的两侧。◀

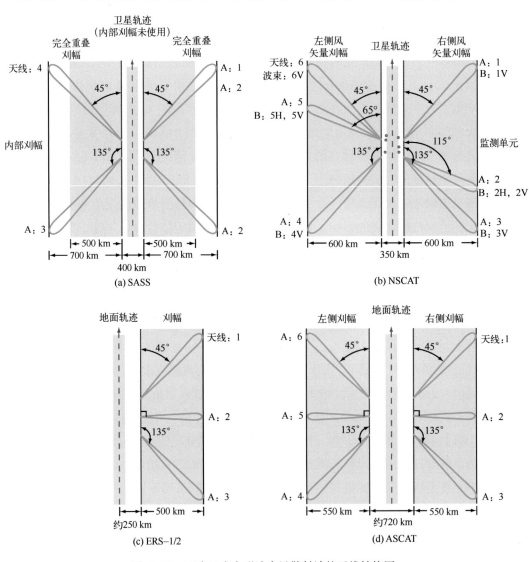

图 16.24　至今已有扇形波束风散射计的天线结构图

稍后会讨论到，在天底点附近存在覆盖盲区。

窄的天线波束和脉冲时间可以得到沿轨分辨率。为了获取交轨分辨率，天线足印被划分为如图 16.25 所示的波束段，获得波束分辨率主要有两种方法：①多普勒滤波；②距离分辨率。

图 16.25(a)将前视天线的天线图叠加在由散射计的运动引起的等多普勒等值线图上。正如第 13 章中讨论的，回波的多普勒滤波能将天线波束的不同部分分离。通过使用多个多普勒滤波，能同时获得多个交轨分辨率元素或单元信息。调整相对于交轨方向的天线方位角(ϕ_a)能影响多普勒带宽和刈幅宽度。由于等多普勒线的结构，多普勒滤波方法只适用于卫星轨迹的任意一边的方位角在 $15° \leqslant | \phi_a | \leqslant 75°$ 范围。

图 16.25(b)在等距轮廓上叠加了天线图。与第 13 章中讨论的一样，回波的距离选通或距离压缩可将天线探测区域分解为沿波束方向的子元素或单元。与多普勒滤波方法不同，距离压缩能适用于任何天线方位角。稍后会讨论到，天线方位角影响风估计的准确性，并且在设置可用刈幅宽度时还需要考虑与照射模式长度的耦合。最少需要两个方位角才能有效估计风，但之后会谈到，增加更多的方位角能大大降低估计的不确定性(Schroeder et al., 1985；Shaffer et al., 1991)。参考图 16.24，前视天线首先观测刈幅中的某一给定点。当航天器沿轨迹运动时，同一点还会被中央天线(若存在)观测到，最后还会被后视天线观测到，从而能在刈幅内，从 2 个或 3 个不同方位角测量每个点的σ^0。第一个多普勒散射计(SASS)在刈幅每边只采用了两个天线方位角[†]，之后的散射计则采用了 3 个波束，改善了针对海风方向的估计，这点之后会讨论到。当第三个方位角基本在正侧面时，风的估算达到最优(Lin et al., 2012)，但多普勒系统不太可能实现这一点，因为多普勒频移在正侧面为 0。在测距系统中使用多普勒系统的优点是，在同样的后向散射观测性能水平上多普勒系统通常需要更小的发射功率。

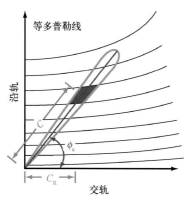

(a) 前视扇形波束风散射计的等多普勒等值线图

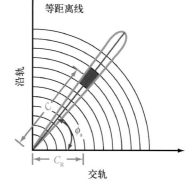

(b) 前视扇形波束风散射计的等距等值线图

图 16.25　前视扇形波束风散射计的等多普勒等值线图和等距等值线图

[†]　由于 SASS 上采用固定的多普勒滤波器，因此其部分刈幅只有一个天线覆盖。

通过图 16.26，我们观察到扇形波束系统的测量入射角在刈幅宽度内变化，并且针对宽刈幅系统，必须考虑地球的曲率。用于估计风矢量的地球物理模型函数是入射角 θ 的函数，因此有必要在刈幅内调整估计算法。

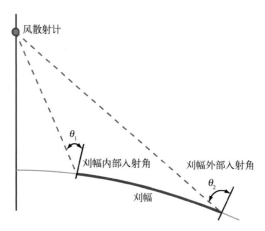

图 16.26　风散射计在刈幅上的入射角变化

此外，σ^0 在星下点时对风向的敏感度为零，并随 θ 单调上升。因此，为了估计风向，测得 σ^0 的入射角必须远大于零。

测量风矢量的最小有效入射角随频率变化，大约为 15°。在一般的扇形波束结构（图 16.24）中，这会导致卫星轨迹存在缺测，在该缺测区域无法估计风。然而，早期 Ku 波段多普勒散射计包括小入射角的观测作为定标工具（Jones et al.，1982；Naderi et al.，1991）。

> ▶ 在 θ 可用范围的大值区，因为入射角较大时 σ^0 的斜距较长，同时 σ^0 的值会有所降低，最大入射角会受到信噪比的限制。◀

测距散射计的斜距分辨率通常固定不变。从观测几何来看（图 16.27），固定的斜距分辨率转化为变化的地面分辨率。假设一个局部球形地球半径为 R_E，并且一个散射计在 H_s 高度运行，利用余弦定律可以计算出卫星天底点和斜距为 R 时的刈幅上点之间的沿波束距离 C。该距离 C 和角度 α 之间的关系为

$$C = \alpha R_E \tag{16.26}$$

且 α 为二次方程的解，确定图 16.27 中的三角形 SEB

$$R^2 = (R_E + H_s)^2 + R_E^2 - 2(R_E + H_s)R_E \cos\alpha \tag{16.27}$$

解式（16.27），得到 α：

$$\alpha = \arccos\left[\frac{(R_E + H_s)^2 + R_E^2 - R^2}{2(R_E + H_s)R_E}\right] \tag{16.28}$$

与此类似，图 16.27 中的 ψ 也由下述二次方程确定：

$$(R_E + H_s)^2 = R_E^2 + R^2 - 2RR_E \cos \psi \qquad (16.29a)$$

解该方程，得到

$$\psi = \arccos \left[\frac{R_E^2 + R^2 - (R_E + H_s)^2}{2RR_E} \right] \qquad (16.29b)$$

局部入射角 θ 通过下述方程得到

$$\theta = \pi - \psi \qquad (16.30)$$

注意：$R > \sqrt{(R_E + H_s)^2 + R_E^2}$ 时的斜距超过了可观测表面。

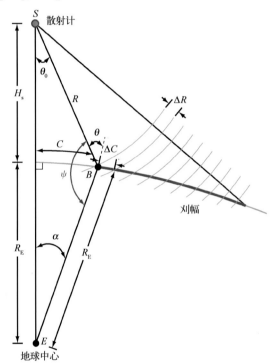

图 16.27　观测几何图

通过图 16.25，根据沿波束距离 C 和天线方位角 ϕ_a 计算得到交轨距离 C_R：

$$C_R = C \cos \phi_a \qquad (16.31)$$

对于给定的 C_R，斜距 R 为

$$R = \sqrt{(R_E + H_s)^2 + R_E^2 - 2(R_E + H_s)R_E \cos\left(\frac{C_R}{R_E \cos \phi_a}\right)} \qquad (16.32)$$

为了辅助在均匀网格中的风的估计，应当在一组固定的交轨距离处测量 σ^0。利用式 (16.32)，我们可以计算出相应的斜距，在该斜距处，测量数据应该能满足均匀网格的标准。更为准确的公式将地球扁率沿天线波束的变化也考虑在内，从而使得 R_E 随纬

度变化，即局部地球半径。R_E 更加准确的值为

$$R_E = R_{EQ}(1 - f\sin^2 l) \tag{16.33}$$

式中，l 为纬度角；f 为地球平坦度；R_{EQ} 为地球赤道半径。针对 WGS84 大地水准面模型而言，$f = 1/298.257$，$R_{EQ} = 6\,378.177\,8$ km。注意：从赤道到两极，R_E 的差异高达 10 km。

图 16.27 展示了沿波束方向的分辨率 ΔC，其与斜距分辨率 ΔR 之间的关系为

$$\Delta C = \Delta R \frac{dC}{dR} \tag{16.34}$$

计算导数，

$$\frac{dC}{dR} = \frac{R_E R}{(R_E + H_s)R_E \sin\alpha} \tag{16.35}$$

因此，

$$\Delta C = \Delta R \frac{R}{(R_E + H_s)\sin\alpha} \tag{16.36}$$

交轨分辨率 ΔC_R 与沿波束的分辨率的关系为

$$\delta C_R = \Delta C \cos\phi_\alpha = \Delta R \frac{R\cos\phi_\alpha}{(R_E + H_s)\sin\alpha} \tag{16.37}$$

注意，在倾斜角较小时（当交轨距离较小时），交轨距离分辨率很粗，但当交轨距离较大时，会变得精细。这表明如果需要维持表面分辨率单元的固定交轨大小和间距，则集成到每个分辨率单元的斜距跨度在刈幅宽度中变化。

利用式(10.24)能对多普勒散射计进行类似分析，从而发现多普勒频移是散射计相对于地球表面像素位置的相对速度的函数。由于轨道几何特性以及运动航天器下方地球会旋转，因此计算多普勒频移非常复杂，所以此处不涉及。我们注意到，图 16.25 (a)中，等多普勒线的排列和间距是沿轨道轨迹变化的。

16.6 σ^0 测量精度

> ▶ 风散射计的一个总体设计目标是将测量信号功率或能量的归一化标准偏差 K_p 最小化。◀

针对一阶，扇形波束散射计的 K_p 通过下述近似表达式给出（Long et al., 1988）：

$$K_p = \frac{1}{\sqrt{N_{looks}}}\left[1 + \frac{2}{SNR} + \frac{1}{SNR^2}\right] \tag{16.38}$$

式中，N_{looks} 为独立视向的数量。对采用数字处理器的多普勒散射计而言：

$$N_{\text{looks}} = N_p \tau B_c \qquad (16.39)$$

式中，N_p 为平均脉冲数量；τ 为发射脉冲长度；B_c 为相对于分辨率单元的带宽。稍后会讨论到 B_c 是根据所需的空间分辨率确定的。为了得到良好的辐射分辨率（小 K_P），则需要 N_p 的值很大，τ 很长。能不受干扰传播的最长脉冲对应于脉冲长度（T_p）加上脉冲前缘从雷达到刈幅的最近点以及返回雷达所需的传播时间。在刈幅最远端的所有回波都接收到之前，不能发射下一个脉冲。此外，还应当包括开关发射机产生的延迟。

图 16.28 展示了多普勒 NSCAT 散射计的时间序列图。该散射计发射 25 个脉冲，并测量每个脉冲的接收能量。接收到的信号包括由地表返回的反射信号和系统噪声。在 25 个脉冲上累积信号+噪声能量测量。然后，系统在 4 个脉冲时间内不发射信号，只接收噪声的能量值。这种方式能利用相同硬件计算信号+噪声测量结果以及只有噪声时的测量结果，从而简化了硬件设计与定标。在地面处理器中，信号+噪声测量结果减去只有噪声时的测量结果可以得到返回信号能量的估计值。图 16.29 对该过程进行了描述。

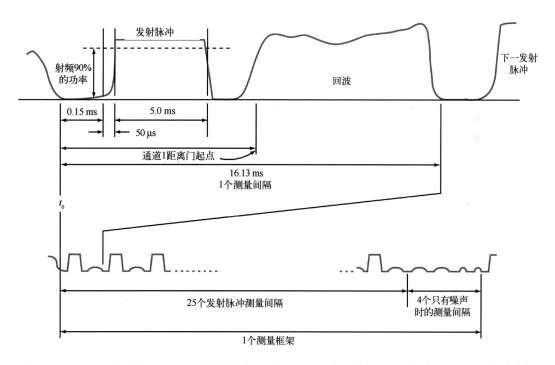

图 16.28　NASA 散射计（NSCAT）采用的发射与接收时间。对于特定波束，收集 25 个发射脉冲中每一脉冲测量到的信号功率。发射机不使用时，通过处理 4 个发射脉冲时间段的噪声能量可以测量只有噪声时的结果。每一天线波束都采用相同时间（4 个单极化天线与 2 个双极化天线）

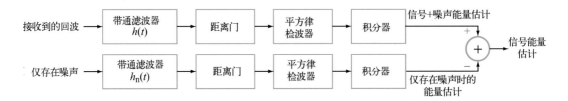

图 16.29 估计散射计信号能量的信号处理流程。噪声能量测量从信号+噪声能量估计中减去之前应用于测量噪声能量的比例因子并未展示

可以累积的脉冲数量（即停留时间）由 PRT 以及卫星轨道速度确定。通常情况下，σ^0 测量是由每个单独的波束按顺序进行测量。若脉冲重复周期为 T、地面轨迹速度为 u，收集集成能量测量结果的最大脉冲数量为

$$N_p \leq \left| \frac{D}{u N_a T} \right| \qquad (16.40)$$

式中，N_a 为天线波束数量；D 为沿轨迹测量间距。根据式（16.38）与式（16.39）得到 K_p 与脉冲数量成反比，沿轨迹测量间距通过式（16.40）约束了脉冲数目，我们发现 K_p 与沿轨测量间距之间存在平衡折中关系：降低沿轨测量间距不利于 K_p 增加，而集成更多脉冲会降低分辨率以及 K_p，同时增加沿轨间距。

针对 NSCAT，需要 25 km 的沿轨测量间距。图 16.28 展示的时序图使得 NSCAT 的 8 个天线波束中每一个均有 25 个信号脉冲以及 4 个噪声脉冲，并产生了 25 km 的沿轨测量间距。

16.6.1 多普勒滤波散射计

多普勒系统中，入射角、斜距以及多普勒频率均相互关联。图 16.30 展示了短脉冲系统以及长脉冲系统的时间-多普勒历史记录。阴影区域展示了观测刈幅回波的多普勒频移。由于卫星到海洋表面的斜距很长，因此刈幅近处到刈幅远处传播时间的变化可能非常大，从而使得时间-多普勒历史图中出现非常明显的弯曲。针对讨论中的扇形波束系统，给定的多普勒频移通常对应于特别短范围的斜距，从而对应于延迟时间的狭窄范围。图 16.30(a)中，在特定的多普勒频率，时间-多普勒历史的水平范围对应于脉冲长度加上传播时间中的细微变化。在长脉冲系统中，与脉冲长度相比，特定多普勒频移处的传播时间变化很小；而在短脉冲系统中，这种变化可能比脉冲长度大得多。虽然测距系统可以使用短脉冲（$\leq 100 \ \mu s$），但是多普勒散射计系统通常使用长脉冲（$\geq 1 \ ms$），从而能够区分精细的多普勒频率。比如，NSCAT 采用 5 ms 长的脉冲，得到了 200 Hz 的多普勒分辨率。精细的多普勒分辨率有助于增加视数，从而降低测量方差 K_p。

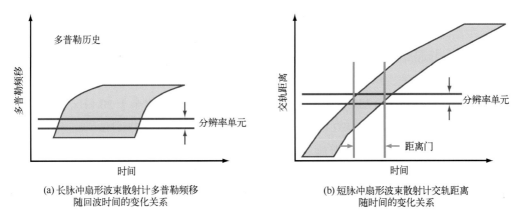

(a) 长脉冲扇形波束散射计多普勒频移
随回波时间的变化关系

(b) 短脉冲扇形波束散射计交轨距离
随时间的变化关系

图 16.30　风散射计信号历史记录

之前提到，返回信号的多普勒滤波能提供交轨分辨率。为了选择多普勒滤波的中心频率和带宽，我们规定了一个名义上的交轨分辨率。通常情况下，沿轨测量间距也是如此。针对每一交轨位置，利用第 13 章讨论的方法确定相对应天线波束照射海表面上的中心的多普勒频率。每一分辨单元的多普勒带宽对应于多普勒中心频率之间的间距。

如图 16.31 所示，与航天器地面轨迹对齐的沿轨/交轨坐标系相比，航天器和地球表面之间的相对运动使得等多普勒等值线稍微远离坐标轴线，因此每个天线的每一分辨率单元都需要不同的多普勒中心频率才能保证同一区域被前置天线与后置天线测量。此外，在整个轨道内，为了保证分辨率单元的交轨距离均固定，这些单元的多普勒中心频率作为时间函数必须一直调整。

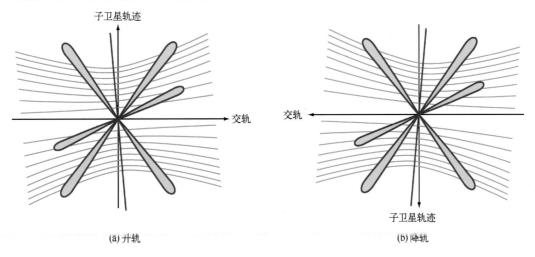

(a) 升轨

(b) 降轨

图 16.31　升轨(北向)赤道交叉与降轨(南向)赤道交叉处星载多普勒散射计的等多普勒线(倾斜)

图 16.32(a)展示了 NSCAT 在 830 km 的近圆轨道运行时，一个前视天线波束在固定交轨距离时对应于分辨率单元的多普勒中心频率。在交轨方向上分辨单元之间的距离为 25 km，其起点在 185 km 处(从最近的用来定标的第一个单元开始往后)。由于轨道几何以及地球扁率，从称为升轨节点的北赤道相交点随时间变化。距离刈幅较远处的中心频率变化接近 100 kHz；距离刈幅较近处的中心频率变化小于 20 kHz。需要注意的是，最大多普勒频移超过 420 kHz，而最小多普勒频移大约为 75 kHz。后视天线的一般特性与前视天线相同，但多普勒频移为负。中心天线的多普勒频移范围较小，因为很难建立一个精确定标的模拟滤波器，能支持中心频率这么大的变化，所以转而使用数字处理器。数字处理器还能灵活转变轨道多普勒频移，从而支持轨道参数变化或调整刈幅(Long et al.，1988)。数字处理器能轻易改变分辨单元的带宽和中心频率，使它们在整个轨迹过程中维持在不变的交轨位置。

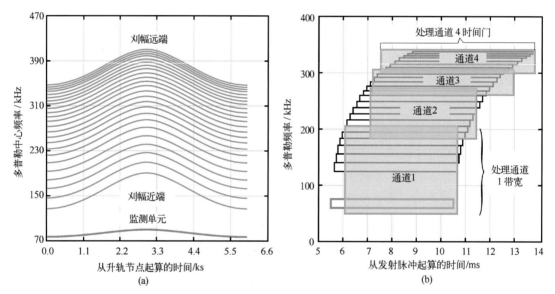

图 16.32　(a)前视雷达每一 25 km 分辨率单元的中心频率与从赤道穿越时的轨道位置；
(b)每一分辨率单元在特定轨道时间的多普勒历史与叠加在数字处理通道的时间/带宽

针对每一通道以及每一脉冲，在对接收到的信号进行距离选通以及数字化之后，数字处理器会计算采样信号的快速傅里叶变换，并通过卷积应用信号处理窗口使频谱泄露最小，然后将每个快速傅里叶变换单元的值进行平方计算信号周期图的方法实现功率的检测。其结果得到窄带信号能量的估计。基于所需的中心频率与带宽，周期图单元相加得到每个分辨单元的能量值。收集多个脉冲的能量测量结果，并传输到地面进行进一步处理。平台处理以及累积使下行数据量最小。

多普勒散射计测量到的特定 σ^0 的近似观测数量 N_{looks} 为

$$N_{looks} = N_p \tau B_c \tag{16.41}$$

利用 NSCAT 参数（$N_p = 25$，$\tau = 5$ ms，且 5 kHz $\leqslant B_c \leqslant$ 20 kHz），我们发现 NSCAT 测量结果提供了大量观测（$625 < N_{looks} < 2\,500$），从而能在信噪比很低时（-15 dB）运行，同时在风速较低时维持能接受的 K_p。通过在较低的信噪比运行，发射功率能保持很低（NSCAT 为 120 W）。

在多普勒系统中，在采用距离选通以及多普勒滤波估计返回能量时，可以利用时间多普勒系列中的曲率来降低系统噪声。由于特定分辨单元的信号只会在接收间隔的很小一部分时间内存在，因此通过距离选通接收信号，从而只有出现所需返回的时间段内的回波用来测量信号功率，在脉冲长度内对信号功率积分来估计信号能量。最好能对每一分辨单元单独进行此操作。然而，在一些情况下，将多个分辨单元的处理合成为多个处理通道中的一个可能更加有利，如图 16.32(b) 所示。在该图中每一散射计分辨率单元的时间−多普勒历史都用一个方框表示。相比于距离刈幅较远的地面分辨率单元，靠近子刈幅的分辨率单元(大小相同)多普勒中心频率较小，而多普勒带宽较大。处理带宽分成了 4 个带宽重叠的频率通道。一个数字处理器对每个分辨单元进行多普勒滤波处理。滤波的中心频率和带宽基于一个上传的表格决定(Long et al.，1988)。我们发现图 16.30(b) 展示的通道距离门比发射脉冲短。根据硬件局限性的选择，短距离门相比于全长距离门会略微降低 K_p。若距离门比信号长度长，则噪声更多，也会使得 K_p 变低。理想情况下，为了优化 K_p，距离门的长度应当与信号相同。相比于在单一通道内处理所有分辨单元，多通道处理具有以下优势：距离门的长度与信号匹配度更好，从而将 K_p 最小化。

图 16.33 展示了射频硬件的框图以及用于处理 NSCAT 信号的数字信号处理器。该框图还展示在设计中使用的多个天线之间选择射频切换的硬件。波束开关由中央计时处理器控制。波束依次循环得到一组信号能量测量结果。波束循环时间与地面轨迹速度同步，从而在固定的沿轨间距(通常为 25 km)处收集特定波束的测量结果。

16.6.2　距离分辨风散射计

距离分辨扇形波束散射计的一些特征与多普勒系统相同，但当选择中心波束方位角时其限制较少，如果需要的话，可以选择直接指向侧面。搭载在 ERS-1/2 卫星上的第一个距离分辨风散射计采用中断连续波脉冲，每个脉冲均长 100 μs，且功率等级为数千瓦。之后的系统(如 ASCAT)采用长脉冲(10 ms)以及带有解调频距离压缩的线性调频(在第 13 章讨论)方式，从而降低了峰值发射功率(到 120 W)，同时能将 K_p 维持在较低水平。在这两种情况中，信号带宽相比于整个刈幅上多普勒频移的范围要大，从而在将数据处理为分辨单元时，降低了补偿多普勒频移的需要。

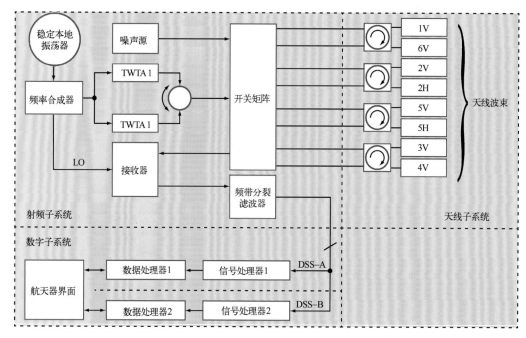

(a) NSCAT 射频子系统

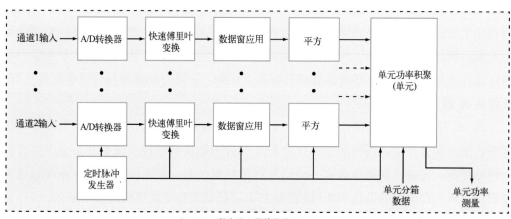

(b) NSCAT数字处理器的信号处理

图 16.33　NSCAT 射频子系统的框图和数字处理器的信号处理流程图

　　在多普勒散射计中，一些脉冲测量结果相加成为某一给定波束的能量测量，脉冲在波束间按顺序排列，从而某一给定波束的测量结果沿航天器地面轨迹均匀分布。由于航天器高度沿轨道变化，为了保持测量结果在交轨方向上固定的位置，将距离单元积聚到的每个测量作为轨道位置的函数进行调整。

　　将接收信号与基带混合后，该信号便数字化了。长脉冲情况中采用了距离压缩。将对应于所需分辨率的距离单元相加，形成功率测量结果，累积的功率测量结果向地面传输，用于进一步处理(Wilson et al.，2005)。

　　天线图和信号处理滤波器一起形成了对测量表面 σ^0 的空间响应图。为了更好地理解多普勒散射计和距离散射计的空间响应图，图 16.34 展示了图 16.25 中分辨单元的放大图。需要注意的是，在这两种情况中，交叉波束响应由窄波束(交叉波束)方向中的天线增益模式决定。针对多普勒滤波系统，多普勒滤波器响应定义为随缓慢变化的宽带天线增益模式叠加的沿波束方向的响应。等多普勒廓线定义为沿波束方向 3 dB 的响应，而窄带波束方向上的天线波束宽度定义为交叉波束方向上 3 dB 的响应。整个空间响应函数是天线和多普勒滤波增益响应的积。

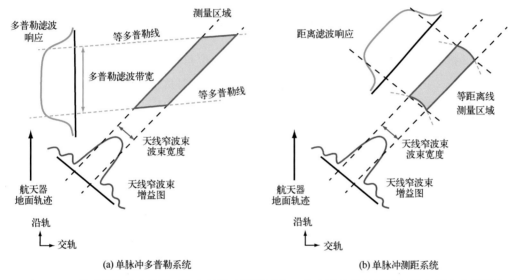

図 16.34　针对单脉冲多普勒系统和单脉冲测距系统，扇形波束散射计测量的空间响应函数的确定方式示意图。阴影区域对应于 3 dB 响应区域。通过计算脉冲集成到测量中的空间响应的平均值得到集成测量的 3 dB 响应区域

　　与此相似，在距离散射计中，天线增益图定义为交叉波束增益图，而距离分辨率滤波或距离压缩增益响应定义为沿波束响应函数。这种响应包括将多个距离单元相加为单一测量结果的影响。足印上多普勒频移的变化可以通过小倾斜距离滤波器响应线来发挥作用。

　　将多个脉冲集成为一个单一测量结果时，尽管集成轨迹区域不一定完全覆盖所需区域，但还是将集成响应的 3 dB 增益响应区域当作测量结果的"分辨率"。利用雷达方程的参数，根据信号能量测量结果计算出表面 σ^0。虽然 σ^0 测量结果能直接用于风的估计，但是利用平滑窗对测量结果进行空间插值，从而能够得到表面均匀空间网格的 σ^0 (Wilson et al.，2005)。这在进行风况估计时大大简化了从不同方位波束获取 σ^0 测量结果，但对重建处理增加了限制(Long，2003)。相比于海洋风场，在陆地以及冰面应用

中，σ^0的变化较慢，一个区域上的多个通道能进行整合，从而填补空间响应函数之间的间隙。利用空间响应函数的知识以及重构技术，有可能得到表面σ^0的高分辨率估计结果（Early et al.，2001；Williams et al.，2011b）。

16.7 扫描笔形波束风散射计

在扫描笔形波束散射计中，窄的笔形波束天线快速扫描观测刈幅。这种方法的优点在于恒定的发射功率下信噪比更高，但缺点在于扫描时停留时间会缩短。因此，相比于扇形波束的设计，扫描笔形波束散射计能获取的观测数据也会减少。之前进行了简要描述，扇形波束系统通常有2个或3个方位角，并且这些角在刈幅上固定不动，与此相比，扫描笔形波束散射计在进行σ^0测量时，方位角分布差异很大。

截至目前，扫描笔形波束风散射计（表1.2）在不同入射角采用了两个天线波束，围绕天底点轴线旋转，如图16.35所示。旋转速度应当满足下述条件：航天器沿着子卫星的轨迹飞行的距离等于每次旋转过程中所预期的沿轨分辨率距离。航天器沿轨迹运行过程中，这两个波束轨迹在表面上形成螺旋状。为了简便起见，图16.36中展示了一个波束。在图16.36中，刈幅宽度的每一点首先在前视方位角ϕ处进行观测，很快（数秒到数分钟之后）再在后视方位角ϕ_a处观测。在不同入射角处的两个波束，在刈幅中的大部分区域，刈幅中每一点都在不同方位角和入射角处观测了4次。方位角和入射角的多样性能提升估计的准确性。由于地球物理模型函数随极化变化，通过混合天线极化，多样性能进一步提升。

扫描笔形波束风散射计系统依赖于窄波束天线，该窄波束天线必须在刈幅上方扫描。虽然可以电子扫描，但历来都是利用机械旋转天线进行扫描的。这需要一个单独的动力补偿系统，因为就像所有朝向天底点的传感器一样，航天器在每个轨道内必须旋转一次，才能保证天线面向地球，如图16.37所示。

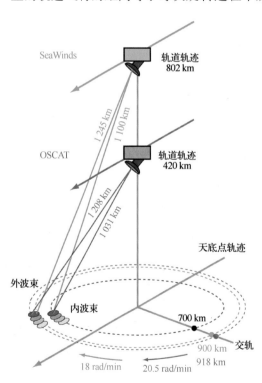

图16.35 NASA的SeaWinds与ISRO的OSCAT这两个扫描笔形波束散射计系统的叠加几何结构图

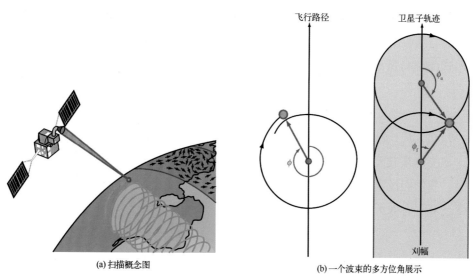

图 16.36　单波束扫描笔形波束散射计的扫描概念图以及一个波束的多个方位角的几何结构

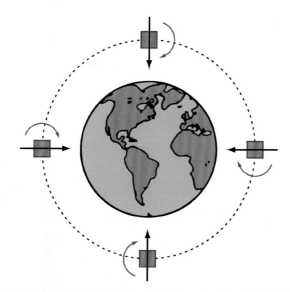

图 16.37　航天器在每一个轨道中必须旋转一次，从而保证其指向向下

　　虽然窄波束天线增益很好，能得到较高的系统信噪比，但在整个刈幅上扫描波束的需要就会减少每次测量的停留时间。如果需要在已知的交轨距离处收集测量数据，或者数据在收集之后要形成网格，那么脉冲时间和积分必须作为天线方位角的函数而变化。

16.7.1　扫描损耗

　　在旋转天线系统中，由于双程传播时间较长（>10 ms），因此天线可以在发射脉冲的发出和接收信号的接收之间旋转相当大的波束宽度，这就使得发射天线图与接收天线图之间出现不一致，从而导致信号增益损耗，称为扫描损耗(图 16.38)。双程增益是发射增益与接收增益(包括旋转偏移)的乘积。将雷达方程写为积分形式便能说明这一点，如式(5.34)所示，发射和接收有不同的天线增益：

$$P_p^t(\theta) = \iint_A \frac{P_q^t G_t(\theta_a^t, \phi_a^t) G_r(\theta_a^r, \phi_a^r) \lambda^2}{(4\pi)^3 R_a^4} \cdot \sigma^0 dA \qquad (16.42)$$

式中，$G_t(\theta_a^t, \phi_a^t)$ 为发射天线增益，在发射脉冲过程中，其几何 (θ_a^t, ϕ_a^t) 能够适用；$G_r(\theta_a^r, \phi_a^r)$ 为接收天线增益，在接收间隙，其几何 (θ_a^r, ϕ_a^r) 能够适用。在列出这个表达式时，我们假设发射脉冲与接收积分足够短，从而在这些时间段中能够假定几何固定不变。双程有效天线增益 G 为

$$G(\theta_a, \phi_a) = G_t(\theta_a^t, \phi_a^t) G_r(\theta_a^r, \phi_a^r) \qquad (16.43)$$

积分天线增益 G_{Int} 为

$$G_{Int} = \iint_A G_t(\theta_a^t, \phi_a^t) G_r(\theta_a^r, \phi_a^r) dA \qquad (16.44)$$

发射天线增益与接收天线增益合理匹配时，G_{Int} 的值最大。假设 G_{Int}^{max} 为最大增益，则扫描损耗 $G_{scan\ loss}$ 便是最大增益与接收到的增益之间的比率(差异单位为 dB)，即

$$G_{scan\ loss} = \frac{G_{Int}^{max}}{G_{Int}} \qquad (16.45)$$

注意：当发射天线增益与接收天线增益相似时，轨迹能合理匹配，$G(\theta_a, \phi_a) \approx G_t^2(\theta_a^t, \phi_a^t)$，扫描损耗为 0 dB。

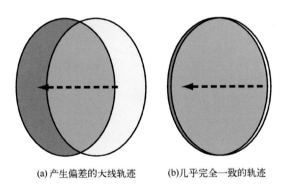

(a) 产生偏差的大线轨迹   (b) 几乎完全一致的轨迹

图 16.38　使用 3 dB 天线方向图观测表面造成的扫描损耗示意图，
虚线箭头表示扫描方向

　　为了将扫描损耗降到最低，信号返回时的接收增益应该与返回信号的方向相匹配。为了降低扫描损耗，通过天线旋转速度 ρ_{rot}(单位：rad/s)以及天线到足印中心的标称斜距 R，利用下述公式可以计算得到所需的方位角间隔 $\Delta\phi_{ant}$(单位：rad)：

$$\Delta\phi_{\text{ant}} = \frac{2R}{c}\rho_{\text{rot}} \tag{16.46}$$

注意：接收波束"滞后"发射波束 $\Delta\phi_{\text{ant}}$，因为信号回波从表面返回时，天线已经旋转了。地球扁率以及轨道偏心率导致标称斜距发生变化，从而使得扫描损耗发生变化。根据信号能量测量结果计算 σ^0 时，一定要考虑扫描损耗的这种变化。

SeaWinds 散射计包括来自发射和接收的单独馈源，这两种馈源的方位角不同，但共用相同的反射面。选择收发方位角的间距，以将扫描损耗最小化。

利用独立的发射和接收馈源可以去掉大多数雷达常用的发射/接收开关。图 16.39 展示了单波束扫描散射计利用单独馈源的简化示意图。注意：单独馈源采用同一反射器时，两种馈源之间的空间必须足够大。否则，就可能需要一个馈源阵列(需要发射/接收开关)。

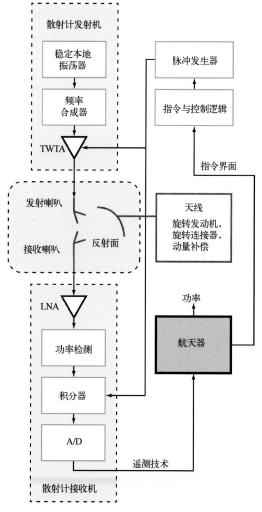

图 16.39　具有单独发射馈源与接收馈源的简单单波束扫描笔形波束散射计示意图

16.7.2 测量精度

笔形波束系统的空间分辨率取决于足印大小。然而，利用距离以及多普勒处理能够获得更高的分辨率。为了了解具有哪种可能性，考虑图 16.40，该图描述了笔形波束天线轨迹在部分旋转过程中观测到的等距离线以及等多普勒线的排列。直接向前观测时，等距离线与等多普勒线基本一致。在前视情况下，距离分辨率与多普勒滤波技术能得到相同结果。这种几何结构能得到最小的独立观测。天线旋转时，等距离线和等多普勒线分离，方位角为 90° 时，二者几乎成直角。这种情况时的观测数量最多。第 13 章中讨论到，脉冲带宽决定距离分辨率 $\mathrm{d}r$，而多普勒分辨率 $\mathrm{d}\omega$ 则与脉冲长度成反比。距离/多普勒几何结构使得测量结果 K_{p} 随方位角变化。处理的细节确实对 K_{p} 的有效值有影响（Yoho et al., 2004）。就 SeaWinds 而言，发射信号先用去调频距离压缩，然后做周期图处理，并线性调频到 377 kHz 的带宽。多个距离单元累积成被称为切片的单独的距离测量结果。与多普勒散射计相同，切片数量及其中心频率调整为轨道时间与旋转角度的函数，从而保持固定的空间分辨率。

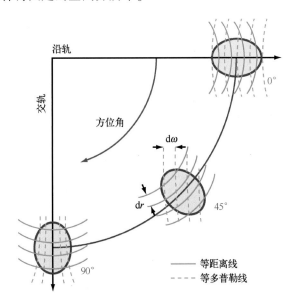

图 16.40　笔形波束扫描散射计的等多普勒线与等距离线之间的关系
是方位角的函数。其他象限可以采用对称方式获得

针对一般笔形波束系统，K_{p} 表示为（Long et al., 1997）：

$$K_{\mathrm{p}} = \frac{1}{\sqrt{N_{\mathrm{p}}\,\tau\, B_{\mathrm{c}}}}\left[\alpha + \frac{\beta}{\mathrm{SNR}} + \frac{\gamma}{\mathrm{SNR}^{2}}\right] \qquad (16.47)$$

式中，N_{p} 为平均脉冲数量；τ 为有效脉冲长度；B_{c} 为有效信号带宽；精确系数 $\alpha \approx O(1)$、

$\beta \approx O(2)$ 和 $\gamma \approx O(1)$ ［见式（16.38）］与调制特性、滤波和信号带宽有复杂的依赖关系。若部分信号被距离门切断，那么有效脉冲长度可能比发射脉冲长度短。信号带宽取决于轨迹上的多普勒信号带宽、发射调制带宽与接收机带宽。由于能同时收集多个距离切片，因此足印被"切片"为子单元。这些子单元以更高的 K_p 产生更高的分辨率。

图 16.41 展示了笔形波束系统的空间响应函数（Ashcraft et al.，2003），共展示了下述两个情况：图 16.41（a）表明了对于整个信号覆盖区上所积累能量的空间响应，图 16.41（b）表明了信号能量在一个单距离切片内的积累情况，图 16.41（c）展示了 3 dB 足印以及所有切片轮廓。虽然该图专门针对 SeaWinds，但 OSCAT 采用了类似的方法。

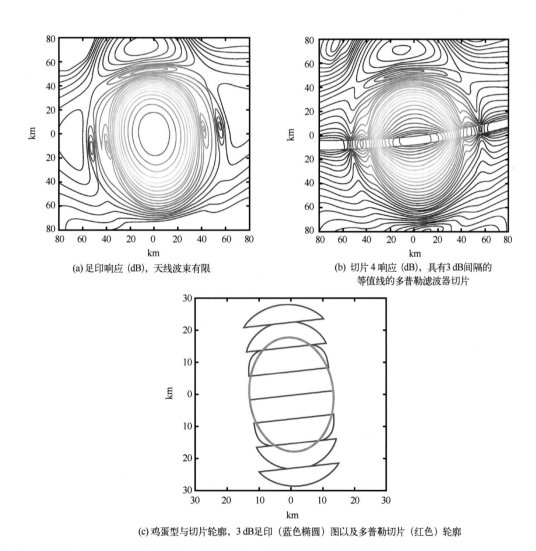

(a) 足印响应 (dB)，天线波束有限

(b) 切片 4 响应 (dB)，具有3 dB间隔的等值线的多普勒滤波器切片

(c) 鸡蛋型与切片轮廓，3 dB足印（蓝色椭圆）图以及多普勒切片（红色）轮廓

图 16.41　SeaWinds 笔形波束散射计的空间响应函数

之前在第13章中讨论到，为了确定信号能量，收集了信号+噪声时的测量结果以及只有噪声时的能量测量结果，并对二者进行了相减。只有噪声信号就相当于雷达工作在辐射计模式，辐射信号在散射计中充当噪声的角色。在第7章中讨论到，辐射信号是由接收机热噪声以及场景的热辐射造成的。因此，雷达噪声功率取决于场景。在扇形波束系统中，场景延伸成大面积，并且该场景比笔形波束扫描系统的场景亮温变化更慢。由于扫描快速运动，从脉冲到脉冲的背景场景温度变化很大。虽然在扇形波束这个情况中，不发射信号，并且在接收间隙测量只有噪声时的能量所造成的不利影响(由于不发射信号)最小，但是这种方式并不适用于笔形波束系统。相反，噪声测量必须与信号+噪声测量同时进行。这可以使用一个双通道基带接收机来完成，其中只有噪声的信道在不相交的带宽中工作，如图16.42(a)所示。注意：传输信号的旁瓣必须进行抑制，从而将只有噪声时，测量带宽中不需要的信号最小化。只有噪声时的测量带宽应当足够大，从而将只有噪声时能量的不确定性最小化。

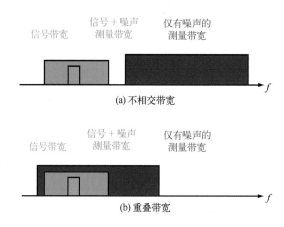

图16.42　用于测量信号功率的频率计划图

设 C_{sn} 是在有效信号带宽 B_r 内收集到的信号+噪声能量测量结果，C_{no} 是在有效噪声带宽 B_n 内收集到的只有噪声时的能量测量结果，其中 $B_n \gg B_r$。由于信号+噪声和只有噪声时的通道独立可能有单独的增益(分别用 g_{sn} 和 g_{no} 表示)，信道增益必须仔细测量并考虑以最小化测量偏差。针对不相交带宽，信号能量测量 C_s 为

$$C_s = \frac{1}{g_{sn}} C_{sn} - \frac{B_r}{g_{no} B_n} C_{no} \qquad (16.48)$$

或者，如图16.42(b)所示，有可能允许单独噪声带宽与信号带宽有重叠。这种情况下，式(16.48)应当修改为

$$C_s = \frac{1}{g_{sn}(B_n - B_r)} C_{sn} - \frac{B_r}{g_{no}(B_n - B_r)} C_{no} \qquad (16.49)$$

在噪声消除中，将偏差最小化对散射计的风估计性能非常关键。σ^0 的偏差导致估计风的偏差。在风散射计中，长期定标和稳定至关重要。

5.5.1 节中首次介绍了窄波束散射计的雷达方程。该方程将发射信号功率与接收信号功率联系起来，同时该方程包括通过照射积分得到的天线方向图的影响。信号能量是信号功率的积分，该信号功率能与表面 σ^0 联系起来，并且在分辨单元上假定为常数：

$$C_s = \frac{1}{X_{cal}} \sigma^0 \tag{16.50}$$

式中，X_{cal} 为照射积分，包括距离选通和滤波。精确公式化取决于采用的信号处理的详细过程（Long et al., 1997；Spencer et al., 1997, 2003）。总体思路可以通过式（16.42）给出的雷达功率方程得到。采用 τ 作为理想信号长度，单脉冲 n 的理想积分信号能量 $C_s(n)$ 可以计算为

$$C_s(n) = \int_{t=0}^{\tau} \iint_A \frac{P_q^t G_t(\theta_a^t, \phi_a^t) G_r(\theta_a^r, \phi_a^r)\lambda^2}{(4\pi)^3 R_a^4} \cdot \sigma^0 \, dA \, dt \tag{16.51}$$

总理想积分信号能量 C_s 是所有收集到的脉冲之和：

$$C_s = \sum_{n=1}^{N_p} C_s(n) \tag{16.52}$$

假设 σ^0 在轨迹上为常数，则该 σ^0 能被从积分中拿出来。这样就能够将信号能量表述为系统空间响应函数 $S(x, y)$ 的积分：

$$C_s = \sigma^0 \iint_A S(x, y) \, dA \tag{16.53}$$

式中，

$$S(x, y) = \sum_{n=1}^{N_p} \int_{t=0}^{\tau} \frac{P_q^t G_t(\theta_a^t, \phi_a^t) G_r(\theta_a^r, \phi_a^r)\lambda^2}{(4\pi)^3 R_a^4} dt$$

$$\approx \tau \sum_{n=1}^{N_p} \frac{P_q^t G_t(\theta_a^t, \phi_a^t) G_r(\theta_a^r, \phi_a^r)\lambda^2}{(4\pi)^3 R_a^4} \tag{16.54}$$

式中，隐含运动导致不同项对脉冲数量形成的依赖。图 16.41 展示了特定 SeaWinds 测量 $S(x, y)$ 的例子。

利用这些结果，式（16.50）中的 X_{cal} 通过下述方式给出：

$$X_{cal} = \iint_A S(x, y) \, dA \approx \tau \sum_{n=1}^{N_p} \iint_A \frac{P_q^t G_t(\theta_a^t, \phi_a^t) G_r(\theta_a^r, \phi_a^r)\lambda^2}{(4\pi)^3 R_a^4} dA \tag{16.55}$$

X_{cal} 的精确计算必须包括信号限幅（由于距离门）、信号耗损（由于滤波）以及通道增益变化的影响。注意：计算 X_{cal} 时必须考虑脉冲之间的运动。

最后，考虑到 C_s 的噪声测量 $\hat{C}_s$，估计的 σ^0 为

$$\hat{\sigma}^0 = \frac{1}{X_{cal}} \hat{C}_s \qquad (16.56)$$

通过不同方位角和/或极化与入射角得到 $\hat{\sigma}^0$ 的测量结果，从而形成风散射计风估计过程中的输入。几何结构以及用于风估计的 K_p 参数与这些 σ^0 测量结果相关。

为了得到式(16.53)，假定 σ^0 为常数。但是，若 σ^0 表面上变化，则观测到的 σ^0 可以根据系统空间响应函数写作

$$\hat{\sigma}^0 = \frac{1}{X_{cal}} \iint_A S(x, y) \, \sigma^0(x, y) \, \mathrm{d}A \qquad (16.57)$$

式中，$\sigma^0(x, y)$ 为随空间变化的后向散射。因此，观测或测量到的 σ^0 是 $\sigma^0(x, y)$ 在照射区域的加权空间平均值，在该区域中，权重函数为空间响应函数。风场梯度、风的锋面以及入射角在足印上的变化和依赖入射角的地球物理模型函数均引起 σ^0 的空间变化。

虽然空间响应函数集中在局部区域(测量足印)，但是该函数在更大的区域内可能非零。观测到的 σ^0 的值可能包括来自一些区域(离测量中心有一定距离)的衰减贡献。这点对于在靠近冰山或海冰区域测量到的 σ^0 很重要，因为海冰的 σ^0 值很大。陆地的 σ^0 可能比海洋的 σ^0 大得多，尤其是风速较低时，因此靠近沿海地区的测量结果可能也会受到影响。在这种情况下，测量值便是海洋贡献与陆地贡献的加权平均值：

$$\hat{\sigma}^0 = \frac{\displaystyle\iint_{ocean} S(x, y) \, \sigma^0_{ocean}(x, y) \, \mathrm{d}A}{\displaystyle\iint_{ocean} S(x, y) \, \mathrm{d}A} + \frac{\displaystyle\iint_{contam} S(x, y) \, \sigma^0_{contam}(x, y) \, \mathrm{d}A}{\displaystyle\iint_{contam} S(x, y) \, \mathrm{d}A} \qquad (16.58)$$

式中，污染可能来自海冰或陆地。污染过的 σ^0 测量结果是指当 σ^0 的测量结果用于风估计时，海冰或地面的贡献足够大，从而使得风估计出现严重误差。在进行风估计之前，这些测量结果必须剔除或修正。一般的掩膜方法是将距离海岸或海冰一定距离的测量结果剔除，或者如果估计污染超过一定的风况依赖阈值，那么应对预期的污染进行评估，并将测量结果剔除。通过风误差与污染的评估可以计算得出一个合适的阈值(Owen et al.，2009)。

16.7.3　降雨的处理

在全球范围内，大约 7% 海洋上的风散射计测量结果可能会受到降雨的影响。降雨会影响表面 σ^0 的估计。由于目前大多数风散射计都在 Ku 波段或 C 波段运行，因此我们集中讨论降雨在这些频率造成的影响。虽然 Ku 波段对降雨更加敏感，但是 C 波段的测量结果也会受到影响。如果降雨对 σ^0 的影响足够大，那么风估计的准确性便会降低。

在 σ^0 测量过程中，若降雨影响淹没了风信号，那么就不可能估计风矢量。在 C 波段和 Ku 波段内，降雨造成的风误差敏感度取决于入射角，入射角较低时敏感度会降低（Figa et al.，2000；Nie et al.，2008）。

在风估计时，有以下 4 种主要方式处理降雨的影响。

（1）检测是否有降雨，并用"标识"进行标记。那么由于降雨污染，应放弃进行风估计；或者在估计风况之前，将受到降雨影响的 σ^0 测量结果剔除。

（2）估计降雨参数，并将 σ^0 测量结果"纠正"为不降雨时的观测值，从而能进行传统的风估计。

（3）利用风/雨地球物理模型函数同时估计风与降雨。

（4）在没有估计降雨参数的情况下根据经验方法估计风。

同时进行辐射计测量对这 4 种方法都有益。一些风散射计平台有这样的辐射计，但不是所有平台都有。注意：扫描笔形波束风散射计系统可以采用其作为辐射计只有噪声时得到的测量结果，这样有助于进行降雨预测（Ahmad et al.，2005）。根据辐射计测量结果能探测降雨，因为雨的亮温比海洋高。根据风速的反演也能探测降雨，因为其与地球物理模型函数（通过检验似然值加以确定）不太吻合（Stoffelen et al.，1997；Figa et al.，2000；Portabella et al.，2001，2002；Mears et al.，2000；Anderson et al.，2012）。

方法（1）通过剔除数据来避免降雨影响。假设精确的雨识别，舍弃测量避免了雨污染的问题。然而，降雨通常与一些感兴趣的气象状况有关（比如飓风、风暴），因此剔除受到降雨影响的数据会限制针对这些情况的研究（Huddleston et al.，2000）。

方法（2）中，纠正 σ^0 需要辅助数据（如联合辐射计的测量结果），从而推断降雨参数，进而计算由于信号衰减、降雨后向散射以及表面散射造成的校正系数（Huddleston et al.，2000；Tournadre et al.，2003；Hilburn et al.，2006；Hristova-Veleva et al.，2006）。

方法（3）中，仅仅使用散射计的数据就能对风/雨进行同时估计。该方法的优势在于能同时估计风和雨。雨估计可以用作一个降雨"标识"。这种方法需要在测量 σ^0 时，选取的方位角足够多，从而能够应用在扫描笔形波束系统的所有刈幅内（Draper et al.，2004a，2004b）；在 C 波段内，该方法仅适用于入射角大于 40° 时的情况（Nie et al.，2008）。由于散射计测量结果中存在噪声，无法准确估计低降雨率的情况，因此这种情况就会被剔除（Nielsen et al.，2009）。

方法（4）尝试在所有情况下估计风矢量。目前，研究人员采用神经网络来运行这种尚在发展的方法（Stiles et al.，2006；Stiles et al.，2010）。

16.8 风矢量反演

风散射计在刈幅中每个取样点的不同方向收集到多个 σ^0 测量结果之后，这些测量结果便用于估计近表面风矢量，有时也称为风反演。实际上，地球物理模型函数求逆得到合适的风矢量也可以解释观测的 σ^0。

通常情况下，σ^0 的观测首先被网格化到一个均匀矩形网格内，横纵坐标分别是沿轨方向和与轨道垂直方向。通常使用的网格间距为 25 km。当把已知的 σ^0 观测赋值到每个网格中心点上，该网格可能为“一个小点”类型。或者可以采用信号重建技术（Williams et al.，2011a），或者测量结果可能空间插值到网格单元中心（Wilson et al.，2005）。

理想情况下，在每个网格单元内（称为风矢量单元，WVC），共收集有多个 σ^0 测量结果，每个都是从不同方位角和/或入射角和/或极化测量到的。这种在刈幅上变化的多样性对风估计算法的性能至关重要。在实际中，σ^0 的测量结果并不与网格完全对齐，得到的是表面 σ^0 的不规则采样。

σ^0 的理想测量结果 $\widehat{\sigma}^0_{\text{ideal}}$ 完全覆盖风矢量单元区域，从而

$$\widehat{\sigma}^0_{\text{ideal}} = \frac{\iint_{\text{WVC area}} \sigma^0(x,\ y)\, \mathrm{d}A}{\text{WVC}_{\text{area}}} \qquad (16.59)$$

也就是说，理想观测到的 σ^0 是 σ^0 在风矢量单元区域的平均值。然而，式（16.57）给出的 σ^0 测量值为面积加权平均值。此外，空间响应足印区域一般与风矢量单元区域并不匹配。例如，图 16.41 展示了 SeaWinds 散射计的某一特定风矢量单元 3 dB 足印的测量结果。σ^0 在风矢量单元区域呈空间变化时，理想的 σ^0 值和实际测量得到的 σ^0 值并不匹配。当风存在空间梯度时，这可能导致风估计存在一些小误差。

16.8.1 无噪声情况下的反演算法

为了深入研究风估计过程，我们最初考虑根据无噪声时的 σ^0 测量结果确定风速和风向。在给定的风矢量单元处收集到多个 σ^0 测量结果。地球物理模型函数将这些值与风矢量关联起来。考虑到这些测量结果及其几何结构与极化，我们想要找出一个风矢量来解译观测到的 σ^0 值。也就是说，在相同的观测几何和极化状态下，根据地球物理模型函数和某一个风矢量可以计算得到与观测相同的 σ^0。图 16.43 至图 16.45 展示了几个几何结构相同时的情况。例如，图 16.43 考虑的观测几何结构是双波束的 SASS 散射计的情况，方位角是 45° 和 135°。图 16.43 中，4 张图中每一张均考虑了一种不同风向。为了得到特定的某张图，利用地球物理模型函数计算 10 m/s 风速和特定风向下每

一个天线波束的 σ^0 值。这些便是没有噪声时的 σ^0 测量结果。根据这些测量结果，使用地球物理模型函数以及几何结构计算得出相同 σ^0 的风速以及风向曲线。对于每一个 σ^0 测量值均有代表风速与风向的类似正弦函数的曲线。对应于两个方位方向测量的曲线相交时，根据该处的风速和风向可以得到有关风矢量的一致估计。然而，需要注意的是仅有两个方位角出现 2~4 个交叉点。由于仅根据 σ^0 测量结果无法确定多个交叉点中哪一个是正确的，因此风估计存在固有模糊。

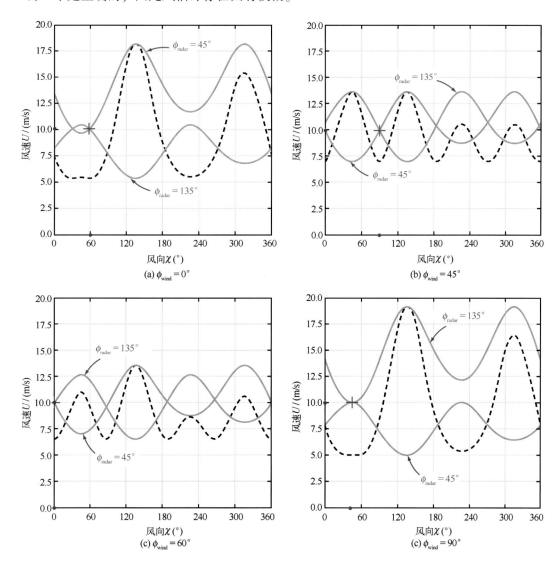

图 16.43　利用 SASS 地球物理模型函数得到的简化风估计实例。实线是各天线波束在 20° 入射角时观测到的不同风向情况下的 10 m/s 风速对应的无噪声 σ^0 值，虚线为任意尺度 I_{q0} 目标函数与风速最小时估计的风向的关系。该实例针对双波束测量几何，与 SASS 几何结构(有两个位于 45° 和 135° 方位角处的天线)类似

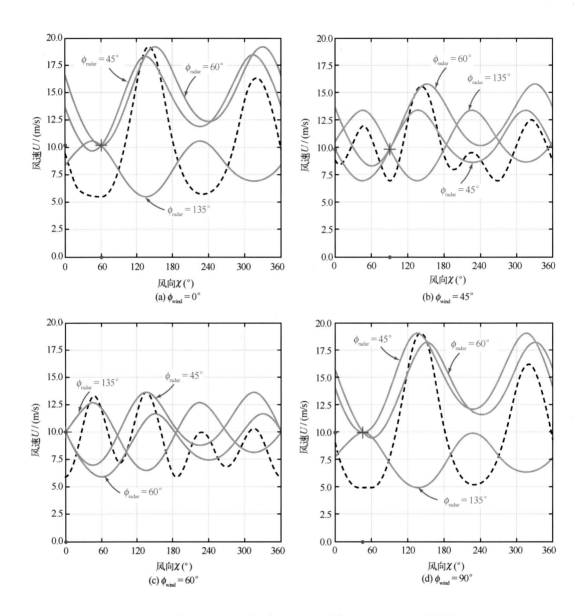

图 16.44　与图 16.43 相同，但针对的是类似于 NSCAT 的几何结构：
位于 45°、60° 以及 135° 方位角处的 3 个天线

为了帮助确定模糊所在的位置，虚线表示两条曲线的均方差。这与之后会介绍到的最小二乘目标函数 L_{LS} 相同。目标函数局部最小值的模糊性以及这些最小值的目标函数值的大小可以用于评价某一模糊性对应于真实风的拟合度或似然度。

重要的是我们应当注意到模糊性的数量以及分布会随测量结果的数量及其几何结构变化。图 16.43 展示了两个方位角时的情况，图 16.44 展示了 3 个方位角时的情况。

图 16.44 利用了类似于 NSCAT 的几何结构(参见图 16.24)，该几何结构的中心波束位于方位角 60°处；而图 16.45 展示了中心波束在方位角 90°处，该方位角是 ERS-1/2 以及 ASCAT 散射计所用的几何结构(参见图 16.24)。增加天线波束会减少精确交点数量，有时会减为一个。然而，作为建议的目标函数，还是有对应于目标函数局部最小值的近似交叉点。我们发现中心波束在 90°处比 60°处的局部最小值少，因此建议 90°的中心波束在风矢量的反演中最优(Stoffelen et al., 1997)。之前提到，扇形波束多普勒散射计无法实现这一点，需要采用测距散射计。

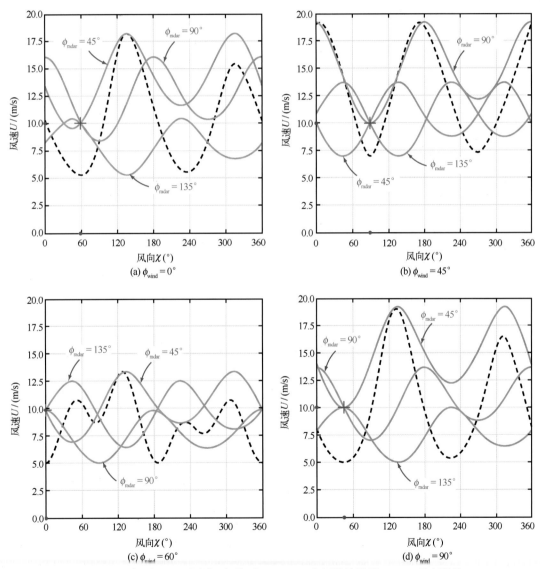

图 16.45　与图 16.43 相同，但针对 ERS-1/2 几何结构以及 ASCAT 几何结构：
位于 45°、90°以及 135°方位角处的 3 个天线

虽然没有展示出来，但是扫描笔形波束系统能在刈幅上形成可变方位几何。该方位几何也能获得曲线的多个交点，并且其特征与扇形波束情况中观测到的交点类似，但交点分布不同。

16.8.2 存在噪声时的反演

截至目前的分析都没有考虑 σ^0 测量中的噪声影响，因此之前小节中描述的简单方法不能运用。我们可以注意到，添加至真实 σ^0 中的噪声具有以下初始效应：通过导致图 16.43 展示的曲线出现移动（图 16.45 上方或下方），同时对曲线振幅的影响较小。根据波束数量，上下移动曲线会导致交点移动到不同方向和速度。纵向移动也会消除或产生交点。此外，目标函数局部最小值发生了变化，使得我们将目标函数的所有局部最小值（即便有些远非全局最小值）保留为可能的风解（模糊性）。

多年来，通过将比较测量结果与地球物理模型函数计算结果的目标函数最小化，建立了一些根据 σ^0 测量结果估计风的方法（Chi et al.，1988）。大多数方法都是基于最大似然或最小二乘估计技术。在最小二乘法中，通过观测和地球物理模型间误差平方和建立一个目标函数 $L_{\mathrm{LS}}(U, \chi)$，在某一风速 U 和风向 χ 下的方程为

$$L_{\mathrm{LS}}(U, \chi) = \sum_{i=1}^{N_{\mathrm{WVC}}} \left[\sigma_i^0 - M(U, \chi, \phi_i, \theta_i) \right]^2$$

式中，N_{WVC} 是在特定位置可以得到的 σ_i^0 测量结果数量。图 16.43 至图 16.45 展示了 $L_{\mathrm{LS}}(U, \chi)$ 的一些例子。

由于目标函数有多个最小值（称为风的模糊解），因此我们无法唯一确定哪个是真实的风矢量，因此必须保留所有的解。因此，散射计的风估算通过两步过程：第一步目标函数的优化，确定风的模糊解；第二步选择其中一个模糊解作为"唯一风矢量估计"，这一步称为"模糊解选择"。

最大似然法技术依赖于 σ^0 测量变化的统计模型（Fischer，1972；Long et al.，1988；Pierson，1989；Long et al.，1991；Yoho et al.，2003；Portabella et al.，2004），根据该模型建立一个目标函数（Chi et al.，1988；Portabella et al.，2006）。风估计是指将目标函数最小化得到的风矢量。与最小二乘法一样，最大似然估计也能产生多个风解，并且这些解必须采用模糊性选择算法才能解决（Schroeder et al.，1985；Shaffer et al.，1991；Stiles et al.，2002；Portabella et al.，2004；Hoffman，1982，1984；Buehner，2002）。

详细的信号模型、风估计技术以及模糊性选择算法并不在本书的讨论之列，读者可以参考相关引用文献。

16.9　海面风的 SAR 成像

利用合成孔径雷达对海表面风进行成像是一个复杂过程，并且有很多理论研究尝试解决观测到的图像。基本的电磁散射问题大部分已经得到了解决，尚未解决的难题是模拟海洋表面运动及其二维描述。

海洋的合成孔径雷达图像具有明显的海浪以及风的特征，由于这些图像的分辨率很高，因此一些研究人员对利用合成孔径雷达数据研究中尺度风特征很感兴趣。风散射计用于从多个方位角测量海面的后向散射，与此不同，合成孔径雷达后向散射则实际上是沿着一个方向观测到的。由于风的地球物理模型函数展现出后向散射对方位角的非唯一依赖，利用合成孔径雷达数据确定风速和风向的方法与风散射计采用的方法不同。

幸运的是，由于合成孔径雷达图像分辨率很高，因此通常能根据图像中的风纹理特征(比如风条纹、风阴影、边界层滚涡或波形)估计风向，虽然通常会出现180°的风向模糊，但根据计算方向谱也能推断风向。利用散射计得到的风向结合风暴结构也可以获得风向，比如出现飓风时，已知相对于飓风眼的位置便能推断局部风向。一旦风向确定，根据合成孔径雷达后向散射图像，利用风的地球物理模型函数可以估计风速。精确测量风需要对合成孔径雷达后向散射测量结果进行仔细定标，因为观测到的 σ^0 对风速和风向非常敏感。

图 16.46 至图 16.48 展示了合成孔径雷达图像中的风特征。图 16.46 中，风从左上吹向右下。岛屿限制了空气流动，因此背风面的风速降低，而岛屿之间的风速变快。由于边界层湍流导致表面 σ^0 发生变化，因此出现了像波纹一样的形状。图 16.47 展示了横跨大气锋面的不同的 σ^0 值，主要原因是大气锋面两侧的风应力不同。图 16.48 展示了一个合成孔径雷达飓风图像的例子。可以看到飓风眼是一个 σ^0 较低的区域，周围的 σ^0 值则比较大。由于衰减以及表面调制，降雨对合成孔径雷达信号的影响导致图像中心出现不规则弧线。在图像右侧，由于风速较小，因而图像较暗。陆地在图像右上方。

图 16.49 展示了利用合成孔径雷达数据得到的业务化风产品，该图说明了利用 C 波段 hh 极化 RADARSAT 数据获取的风速。数值天气预报产品提供了风速反演所需的风向信息在图中用箭头表示。或者也能利用散射计数据确定风向。对于每个图像像素，使用 SAR 观测到的 σ^0 和假定风向一起从模型函数中"查找"(反演)风速。该图中总的气流都是从西北流向东南。阿拉斯加半岛的山阻断了一些区域的风，导致出现低风速阴影，使风以漏斗形式通过关口，产生高速风急流。这些图像通常由几个业务化的 SAR 卫星(比如 RADARSAT-2 与 TerraSAR-X)得到。

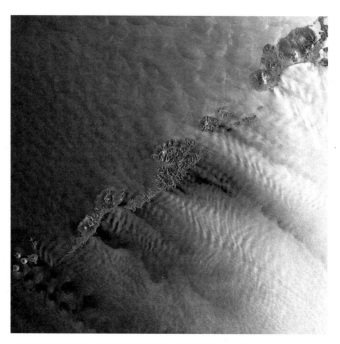

图 16.46　阿留申群岛的 C 波段合成孔径雷达图像。风从左上吹向右下，随着山与岛之间的风速增大，风阴影导致岛的背风面出现暗区。边界层湍流导致岛屿背向的表面后向散射出现像波纹一样的形状（数据由加拿大空间局提供）

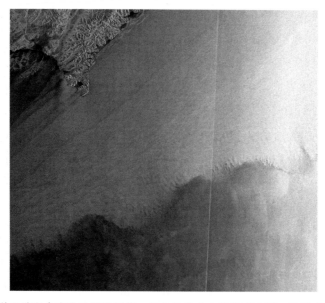

图 16.47　近岸海洋 C 波段合成孔径雷达图像。风条纹从右上延伸至左下，注意由海岸特征导致的风阴影。大气锋面在图的下半部分水平扩展，两边的风况均不相同，导致图中出现后向散射亮度差异。靠近边界的湍流产生大气波动，使得表面后向散射中出现像波浪一样的形状（数据由加拿大空间局提供）

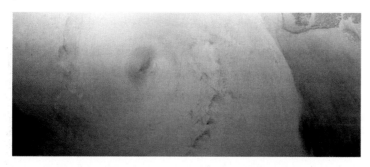

图 16.48　美国东海岸飓风"伊莎贝尔"的 C 波段合成孔径雷达图像。可以看到
中心偏左处的飓风眼，黑色像云一样的是对流雨。右侧海洋中的风条纹清晰可见，
风向沿飓风眼呈逆时针方向（数据由加拿大空间局提供）

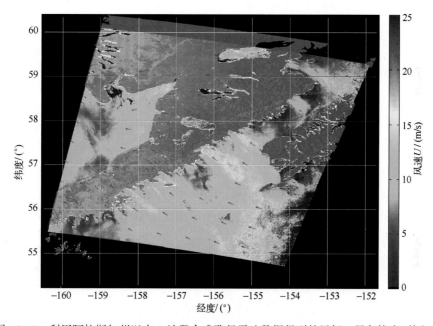

图 16.49　利用阿拉斯加州以南 C 波段合成孔径雷达数据得到的风场。黑色箭头（其方向
根据气象风惯例确定，箭头指向风吹的方向）表明数值天气预报风场经插值后已用于
推断风向。根据 SAR σ^0 值以及假定风向得到风速

16.10　海冰的性质

　　冰冻圈包括海冰、冰盖、雪、冰川以及永久冻土，是地球表面为人们所知晓以及
了解最少的部分（Campbel et al.，1981）。世界上大约 1/9 的海洋被海冰覆盖。对科学应
用、与极地矿产和石油资源探测及运输有关的行业来说，监测海冰非常重要。在极地
海域中航行的船舶若能知晓其即将遇到的海冰类型和范围，那么其航行便有可能更加

安全高效。科学界对绘制海冰分布尤其感兴趣，因为这一指标对气候变化非常敏感，并且能控制海洋与大气之间的热量传输（Weeks，1981；Carsey et al.，1982）。表 16.3 对海冰遥感的信息要求进行了简要概括。

表 16.3　各种作业与研究区域中的重要海冰参数

感兴趣的区域	相关海冰参数
近海作业	范围、类型、厚度、漂移速度、内应力、特性(气温、气压、风速、流速)
气候	范围、厚度
反射率	范围、类型、积雪
隔离	类型、厚度、积雪(气温、风速)
潜热释放	厚度、漂移速度
表面应力	漂移速度、顶部与底部的海冰粗糙度(风速、流速)
海洋混合层	海冰增长率与消融率、漂移速度(流速、水体稳定性)

括号中的参数也很重要，但并不与海冰直接相关。

16.10.1　海冰的自然属性

海冰及其形成很复杂，使得遥感问题也很复杂。影响海冰形成的主要因素包括海水表面的含盐量（即海水盐度与密度）、盐度的垂直分布、表面温度以及海水深度。由于浅水区的海水比深水区的海水更早结冰，因此结冰通常是从海岸线附近开始。若盐水密度超过 24.7%，在顶层开始结冰之前，水体温度必须从顶到底降至水的冰点以下。这是由于温度高于冰点时，水（水含盐量低于 24.7%）的密度最大，进而导致对流。一旦开始结冰，最初的冰盖形成并不考虑盐度。然而，海冰形成及其速率受以下因素的影响：风速、海流与海浪以及冷却速度。

何时开始结冰取决于环境条件。若海洋表面平静并且冷却很快，那么冰会形成小结晶，称为冰花。Weeks 等（1969）指出，纯水最初形成的结晶为小球形，之后迅速变为圆盘状。这些圆盘的最大直径各不相同，大约为几毫米。这些圆盘之后变为树状六角星，这些星形冰晶快速变大，结合在一起形成相对均匀的新冰。

若海洋表面受波浪或水流影响，那么该过程便会有所不同。最初，冷却水面外观呈油性不透明状，称为油脂状冰。进一步结冰之后，油脂状冰发展为尼罗冰或者冰皮，前者外壳具有弹性而后者外壳则脆弱有光泽。吹风时，由于海水运动，海冰大量形成。冰冻出现在海冰中心，之后向外扩展，形成直径达 10 cm 的圆形扁平冰盘。这些盘形冰典型的具有由碰撞引起的凸起边缘和圆形形状。这些冰盘继续发展形成饼状冰。在合适的时间，这些冰盘形成厚度低于 30 cm 的冰盖。在成长阶段，不到 48 h 厚度便可能超过 10 cm，之后成长速度便会减慢。Weeks 等（1969）指出，冰架主体发展成柱状，称为冻结冰，这种冰由大小随深度逐步增加的垂直冰晶组成。风、海流、海浪以及气压通常导致一些冰的变形与漂移，造成冰在一些地方聚集，在另一些地方分散开来。水平压力可能导致冰块堆积成冰脊与冰丘。另外，一块冰可能覆盖另一块冰，称作冰筏(rafting)过程。薄冰的弯曲或破碎同时堆积其上，形成高于表面 6 m 的脊线时便会成脊，该脊线由低于海面 25 m 的龙骨(keel)(成脊过程中的下推冰块组成)支撑。

冰晶形成过程中，浓盐水便会排出。浓盐水比周围的海水温度更低，密度更大，因此大部分浓盐水便会向下排出下沉。冰形成后会包含一些盐水，这些盐水在冰中集中成垂直小块。小块中的盐水比海水中的盐分更集中，并且小块的冰点比海水的冰点低得多。夏季，冰在表面附近融化，盐分消散到上方冰层中，因此第二年以及多年冰靠近表面的地方通常比新冰的盐分含量低得多。多年(MY)冰通常比一年(FY)冰厚得多。

图 16.50 展示了众多海冰类型的照片。Bushuyev 等(1974)为海冰类型建立了一个更加广泛的图集，该图集展示了更多关于不同海冰类型的图片。图 16.51 展示了一些主要海冰类型的示意图。注意多年冰夏季会出现变形。

(a) 饼状冰　　　　　　(b) 尼罗冰与光滑冰　　　　　　(c) 重叠的尼罗冰

(d) 被饼状冰围绕的冰山　(e) 带有融水池和风蚀雪特征的被积雪覆盖的海冰　(f) 开阔水面和各种冰类型

图 16.50　各种海冰类型图片

(图片由美国国家冰雪数据中心的 Ted Scambos，Terry Haran，Alice O'Connor 和 Rob Bauer 提供)

虽然描述海冰的术语很复杂，幸运的是，遥感中大部分复杂语义都是关于非常薄的海冰类型，这些类型对航海以及海上作业都不重要。对海气之间的能量传输产生最重要影响的地方很少有海冰覆盖。在很多应用中，只要遥感器能分辨出冰的存在，通常并不需要能区分这么多种薄冰。海冰厚度是对航海非常重要的参数。能够区分两种主要的海冰类型(一年冰与多年冰)就足以实现很多目标。

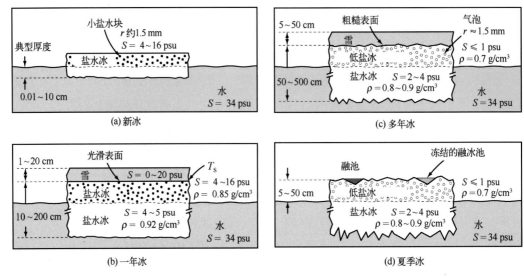

图 16.51　一些主要冰型示意图（Zwally et al.，1983）

　　由于海冰范围大，难以接近，天气恶劣，云和雾以及冬季黑暗因素，因此表征海冰很复杂。此外，受海风与水流影响，大多数海冰都处于不断运动之中。通常情况下，海冰运动从几乎保持静止到每天运动 50 km 不等（Allen et al.，2006）。海冰运动时还会变形，产生冰脊与裂纹。冰上通道（浮冰块之间的无冰水面）打开和关闭。冰盖扭曲后，浮冰形成、旋转、破裂和重组。

　　图 16.52 和图 16.53 展示了一年冰和多年冰的夏季海冰情况。图 16.52 中，第一幅图描绘了融化之前的一年海冰，冰上覆盖着薄薄一层雪。最初，初夏温度上升，使得靠近表面的雪融化。液态水渗透进雪中，开始在雪中以及雪下方形成融冰池。向下渗透的水扩散开来，接触到下方的寒冰后结冰冻住，形成一层粗糙的叠加冰。气温上升之后，雪完全融化，使得叠加冰的表面比一年冰的冬季表面粗糙得多。随着时间推移，冰面融化，在表面留下广阔的融化池（称为融冰池），表面还有一些小冰堆，这些冰堆中叠加冰最厚。夏末时，融化冰窟能让水流走。

　　图 16.53 展示了多年冰的夏季状况。受之前一年夏季影响，多年冰冬季时通常比较粗糙，外形像山丘一样。多年冰表面有相对较大的冰块，同时点缀有平滑表面，这些表面是前一年夏天的融冰池再次冰冻后形成的。整个表面都覆盖不同深度的雪，遮盖住冰（包含又重新结冰的融冰池）的坑陷。

　　初夏时，雪从小丘顶部融化流下来，水积聚在前一年形成的融冰池中。之后，积雪消失，融冰池变深。由于多年冰融化之前的粗糙度，相对于一年冰，仲夏时多年冰被融冰池覆盖的区域更小；一年冰可能几乎被完全覆盖。这种差异可能会对两种夏季冰雷达响应中的相对变化产生重要影响。

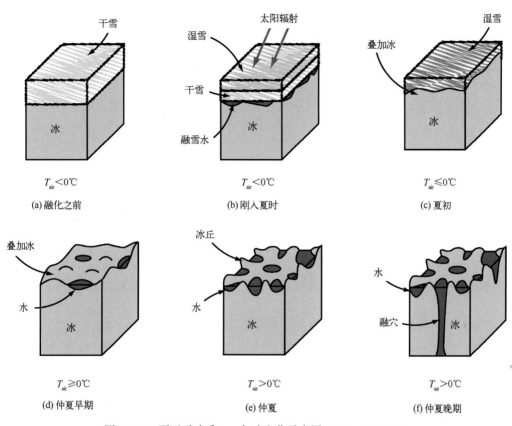

图 16.52　夏天融冰季，一年冰变化示意图(Gogineni，1984)

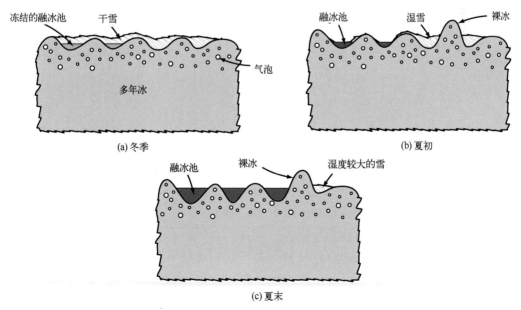

图 16.53　夏天融冰季，多年冰变化示意图(Gogineni，1984)

因为其质量很大，压力冰脊对北极地区的作业非常重要。世界气象组织给出的压力冰脊的定义是指破裂的冰在压力作用下形成的一条破冰线或一堵破冰墙。压力冰脊的上部称为脊帆，下部称为龙骨；龙骨一般比脊帆大得多。新的冰脊通常是由冰的碎片组成，并且斜率通常等于或超过40°。经过风吹雨打的冰脊(尤其是多年冰脊)更圆，侧坡斜率为20°~40°。新形成的冰脊中存在空隙，但夏季时这些空隙在融化过程中会被填满，因此多年冰脊更坚固。利用潜艇声呐以及机载激光雷达可以测量得到的龙骨深度达25 m，而脊帆高度低于6 m。

海冰上方的总降水量很少，而且南极和北极的大部分区域实际上都是降雨沙漠。不过，的确会下雪，春天时海冰上覆盖有一层雪，厚度为0至10 cm，而湿润区域的积雪厚度有数十厘米。积雪开始融化时，雪会对雷达后向散射产生重要影响(尤其是在夏初时)。由于雪的体散射遮蔽，冰型的雷达特征以及被动微波特征可能会出现一些不确定性。

16.10.2　海冰的物理特性

海冰的物理特性变化很大，正如所预期的复杂的形成基础以及涉及的变形过程。然而，一些代表性轮廓图也能指出不同海冰的特征。图16.54根据阿拉斯加北部的现场观测展示了一年冰与多年冰的密度剖面。靠近表面的地方，多年冰的密度比一年冰小得多，部分原因在于，从一年冰转化为多年冰时，小盐水块被空气充满的空隙取代。夏季融化期(多年冰与多年冰+1年的测量结果之间)的影响也很明显。

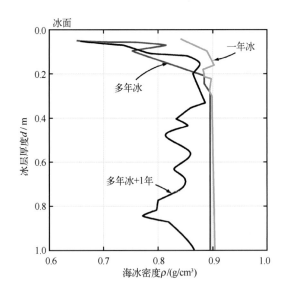

图16.54　一年冰面与多年冰面下的密度与深度的关系，
多年冰+1年这条曲线是在秋季测量得到的(Campbell et al.，1978)

一年冰与多年冰的盐分差异在图 16.55 展示的盐分剖面图中很明显。一年冰表层的盐分含量比多年冰的表层盐分含量高几个数量级，或者比第一个融化季末期的一年冰(刚变为次年冰)的盐分含量高几个数量级。

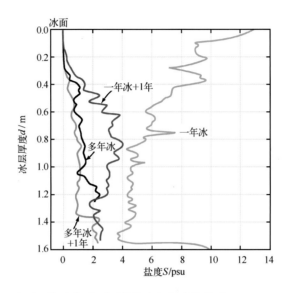

图 16.55　一年冰面与多年冰面下的盐度与深度的关系(Campbell et al.，1978)

16.10.3　海冰的穿透深度

由于海冰是冰、盐、小盐水块以及气泡的混合体，因此海冰的介电特性很复杂(见 4.5 节)。海冰的相对介电常数 ε_{si} 随多个海冰参数变化，其中最重要的参数是盐度与温度。此外，其依赖于频率，并受盐水包裹体大小、形状与方向分布的影响。该常数可能还会依赖于入射波的极化方式以及传播方向(即该常数可能各向异性)。在 1~40 GHz 这一频率范围内，海冰相对介电常数的大多数测量结果都会在 $2.5 \leqslant \varepsilon_{si} \leqslant 8$ 这个相对较小的范围内。与此相反，介电损耗因子 ε_{si} 则包括的值范围较大：从小于 0.01 到大于 1.0。一般而言，ε_{si} 具有以下特性：①随负温度的增大而迅速减小；②随海冰盐度增大而增大；③一年冰的 ε_{si} 通常是多年冰的 3~10 倍，因为一年冰的盐度通常是多年冰的 5 倍。图 16.56 概括了在 10 GHz 以及靠近 10 GHz 处测量得到的介电常数。

图 16.57 展示了雷达信号在海冰中的穿透深度随雷达频率的变化。该图大致展示了一年冰与多年冰之间的巨大差异，同时展示了信号穿透深度随雷达频率增大而减小。前面章节图 4.12 至图 4.16 更详细地展示了海冰的介电特性。

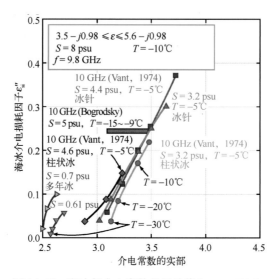

图 16.56　海冰复介电常数的测量值(Kim，1984)

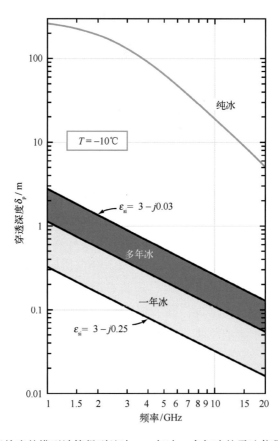

图 16.57　利用第 4 章给出的模型计算得到纯冰、一年冰、多年冰的雷达信号穿透深度随频率的变化

图 16.58 展示了 C 波段以及 X 波段雷达信号在积雪中的穿透深度随雪的湿度的变化。很明显，在冬季，由于雷达信号能够穿透干雪很深，使得干雪对雷达测量海冰结果影响很小。然而在夏季，湿雪的高衰减可能会导致冰面被完全遮盖。

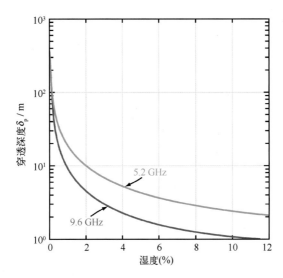

图 16.58　C 波段和 X 波段，雷达信号在积雪中的穿透深度随雪的湿度的变化（Gogineni，1984）

16.11　海冰的雷达散射

根据之前针对海冰的描述，很明显海冰的物理结构很复杂，从冬季到夏季变化相当大。因此，其散射特性也展现出相当大的季节变化。尤其是海冰或覆盖冰层上的雪出现液态水时，会对散射特性产生巨大影响。

下面是关于海冰散射在不同季节的一些一般性评价。图 16.51 展示了冬季冰况示意图。新冰盐度很大，有很多小盐水块。最初形成时，新冰可能光滑，也可能不光滑，但发展到数厘米厚时，这些冰通常特别光滑。针对最薄的冰，σ^0 相对较大，因为冰最薄时，尖峰和丰富的边缘的体散射作出较大贡献。海冰超过数厘米厚之后，偏离天底点的 σ^0 减小，因为冰的导电率较大并且表面光滑，使得大部分能量被反射远离雷达。时间较长的冰会变得粗糙一些，因此 σ^0 随时间增大。一年冰的高盐度使得信号穿透很浅，因此基本上所有散射都源自表面。虽然冬季积雪会导致一些体散射，并且由于雪很干燥，其低衰减率对从冰面接收到的信号影响很小。

多年冰的上层包含很多小气泡或小块，该层第一年时曾被盐水覆盖。由于盐度很低，因此穿透深，并且盐水包裹体导致的体散射也会变大。频率较高时，气泡并不比波长小太多，此时体散射比表面散射大得多。此外，多年冰面起伏，也会产生显著的散射。因此，频率较高时，多年冰的 σ^0 通常比一年冰以及较薄的冰的 σ^0 大得多。由于光滑表面去极化小，因此一年冰的交叉极化表面回波很低。由于多年冰体散射中的去极化效应不及一年冰的表面散射，因此在交叉极化时一年冰和多年冰之间的对比度增强。雪的上部融化在一年冰上会导致雪的衰减和反向散射的增加，但主要是通过引入叠加冰使冰的表面粗糙化。

夏季时，液体水的存在使得信号无法穿透一年冰或多年冰，一层湿雪能遮掩住海冰回波，并形成湿雪回波。如图 16.51 所示，最初一年冰上的上层积雪融化使得衰减增大和后向散射增大，而主要是出现叠加冰之后使得冰面变得粗糙。这个阶段，雪衰减使得多年冰的 σ^0 略微减小。

一年冰上的雪消失后，叠加冰的粗糙表面便暴露在外。此时，一年冰的 σ^0 暂时超过多年冰的 σ^0。进一步融化后，叠加冰大量融化为一层水（融冰池），使得一年冰的 σ^0 大幅度减小。尽管多年冰也会融化(图 16.52)，但水会流向前一年融化的平坦区域，并且大部分冰面继续暴露；这使得多年冰的 σ^0 保持在较高水平，一直到夏末大部分表面被 σ^0 较小的融冰池覆盖。

夏季海冰继续融化，一年冰/多年冰的散射对比恢复正常水平，且多年冰的 σ^0 比一年冰的大，不过冬季时这种对比较小。进入冬季之后，夏季残留下来的冰重新冰冻。曾经属于一年冰的冰失去盐度，特性与多年冰相同，而新的一年冰开始形成。

一年冰脊斜率较陡，盐度较高，棱角锋利，并且还存在能发生多次散射的空隙，雷达图像中的冰脊相当清晰，可能是因为角反射以及多次散射的效果，并且冰脊斜率较大。在低掠射角时，阴影也很明显。多年冰脊一般比较圆，空隙较少，斜率较小，多年冰脊的散射截面更像周围多年冰的散射截面，而与一年冰脊的后向散射不同。因此，它们的对比度比较小，也更难从雷达图像上进行识别。

海冰覆盖区域的无冰水面(冰间湖与冰上通道)大小和范围均不相同。本章之前讨论过，无冰水面的后向散射取决于局部风况，但通常情况下，海水表面的后向散射低于海冰的后向散射。若雷达传感器无法确定只有无冰水面时的特征，使得分辨率单元同时包括无冰水面和海冰，那么相比于完全被海冰覆盖时的情况，观测到的后向散射可能会增大或减小。

研究人员利用散射计、光谱仪以及合成孔径雷达，对海冰后向散射进行了广泛研究。观测结果确认雷达能够检测海冰、区分主要海冰类型(如一年冰与多年冰)、测量冰层厚度并绘制积雪覆盖图。本节针对这些应用提供了例证。

16.11.1　区分海水与海冰

我们首先考虑利用雷达绘制海冰与开阔水面的对比图。图 16.59 与图 16.60 分别展示了冬季和夏季时，一年冰、多年冰以及平静的无冰水面的雷达后向散射典型图。一般情况下，冬季时水的后向散射低于海冰的后向散射。夏季时海冰通常被融冰池与湿雪覆盖，海冰与无冰水面的区别变小。我们还注意到，在 Ku 波段频率中，水的 σ^0 随入射角的衰减比海冰幅度更大。入射角较大时，海冰后向散射与海水后向散射之间的差异最大，表明在入射角较大时利用雷达区分海冰与无冰水面的效果最好。比较夏季图与冬季图，很明显一年冰和多年冰冬季时的特征差异比夏季更大，而平静水面的 σ^0 整年都相似。

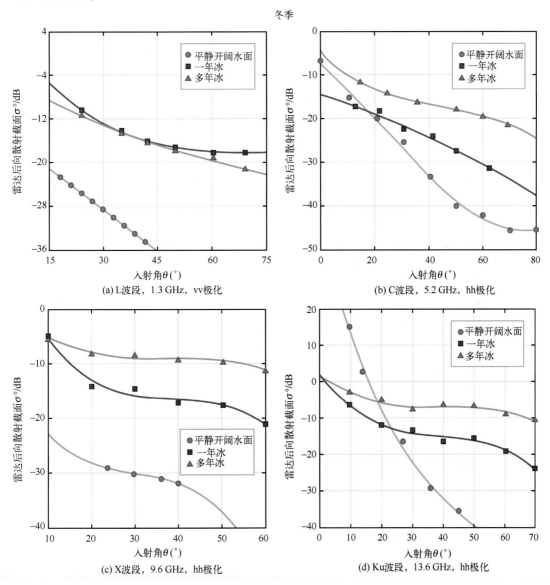

图 16.59　不同频率时，冬季海冰和平静开阔水面的雷达后向散射截面随入射角的变化

（Onstott，1992）

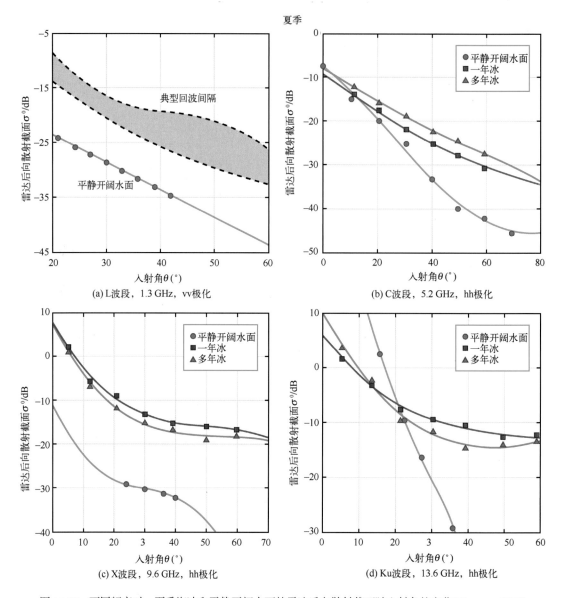

图16.60 不同频率时，夏季海冰和平静开阔水面的雷达后向散射截面随入射角的变化(Onstott，1992)

从开阔水面中区分海冰很困难，原因在于狂风会使得水面变得粗糙，从而使得 $\theta >$ 10°时水面 σ^0 变大。有风时，海水与海冰的后向散射对比变小，使得利用简单的 σ^0-阈值区分海冰与开阔水面变得复杂。

为了在不同海洋条件下增强海冰与开阔水面之间的区别，Wakabayashi 等(2004，2013)探索应用机载和星载合成孔径雷达系统得到极化数据。他们利用数据并且按照式(5.174)定义的雷达目标熵 H_T，比较每种极化组合(hh、vv 和 hv)时的海水 σ^0 与海冰

σ^0 直方图。图 16.61 展示了他们利用 PALSAR 得到的结果。3 个散射系数中，vv 的区分效果最佳，hv 的区分效果最差，但 H_T 最优；水和海冰的 H_T 直方图并不会重叠。Wakabayashi 等（2013）进行了一项重要观测：虽然仅仅根据雷达后向散射很难将海冰从开阔水面中区分开来，但是薄海冰与开阔水面之间的熵的差异甚至比厚海冰与水之间的差异更大，这大大提升了区分海水与海冰的能力。

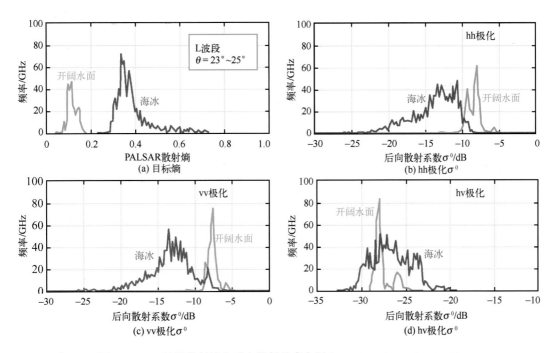

图 16.61　L 波段散射熵和后向散射的直方图（Wakabayashi et al.，2013）

16.11.2　区分不同海冰类型

我们之前便注意到，区分一年冰与多年冰对航海与气候研究非常重要。条件合适时，雷达测量结果能用来区分一年海冰与多年海冰，并且成功率很高。

我们首先考虑冬季时的低频散射。图 16.62 展示了一年厚冰、多年冰和湖冰的 σ^0 与 θ 的关系以及春季冰脊的测量结果（Onstott et al.，1982）。除了 60° 和 70° 外，一年厚冰和多年冰的 σ^0 差异并不明显。需要注意的是，尽管对于大多数 θ，小冰脊上的信号很强，但光滑的湖冰上得到的信号比从海冰上得到的信号弱得多。湖冰的后向散射较小，可能是因为：①表面光滑；②没有小盐水块。雷达频率较低时（比如 L 波段内），穿透进冰中的信号比高频率时深得多，得到更多来自冰层的表面散射，可能包括底冰/海水交界处。此外，一年冰与多年冰之间的散射对比度在低频时较小，因为与波长相比造成体散射的内部空隙和气泡的横截面按比例较小。频率较高时，海冰散射主要是体散射(Gray et al., 1982)，这使得 σ^0 随海冰入射角的衰减相对较平稳，如图 16.59 与图 16.60 所展示的 X 波段和 Ku 波段。冬季时在 Ku 波段内，在所有入射角度(10° ～ 45°)中，多年冰的散射远超过一年冰的散射。针对图 16.60 所展示的夏季测量数据，一年冰的回波相比于冬季时变化并不大，多年冰的体散射被潮湿上层的衰减抑制，因此多年冰回波与一年冰的回波相差无几。我们注意到，夏季的散射测量结果严重受融化期间某一特定点的影响，测量结果便是在该期间进行的。

图 16.63 至图 16.65 展示了春季时，不同频率的雷达区分主要冰型的能力。在这些图中，通过这两种冰型 σ^0 测量值之间的差异，可以计算出对比度。这些图还比较了多年冰与一年冰之间的不同厚度。图 16.63 显示多年冰与一年厚冰之间的差异在 1.5 GHz 时很小，但会随频率的增大而增大。在更高频率情况下，最大对比度出现在 θ 大约为 30°时，相应于 L 波段出现最小对比度。针对入射角较大时的交叉极化信号，一年厚冰与多年冰在 L 波段中的对比度最小，如图 16.65 所示。

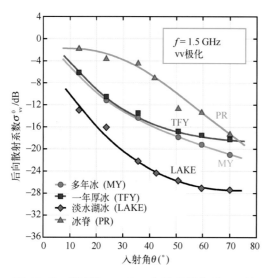

图 16.62 频率为 1.5 GHz 和垂直极化时，一年厚冰、多年冰和湖冰以及冰脊的后向散射系数随入射角的变化(Onstott et al., 1982)

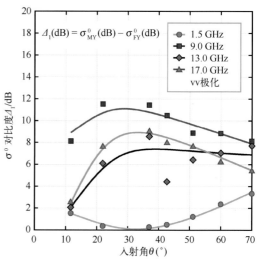

图 16.63 春季时，不同频率和垂直极化情况下，多年冰与一年厚冰的后向散射截面对比度随入射角的变化(Onstott et al., 1982)

16.11.3　测量冰层厚度

针对在 CRREL(美国陆军寒冷地区研究和工程实验室，位于新罕布什尔州汉诺威镇)实验室条件下形成的海冰，随着冰厚在 2~12 cm 这个范围内增大时，其 C 波段后向散射系数呈现出一个大约 8 dB 的动态变化范围(Kwok et al., 1998)。图 16.66 展示了在所有 3 种极化组合以及在 4 个入射角中, 雷达后向散射截面趋势相似。这些趋势表明后向散射主要是体散射, 并且有可能根据测量到的 σ^0 估计冰层厚度。图 16.67 展示了最近在自然海域条件下得到的 C 波段的调查结果。在这个案例中, 纵轴为冰层厚度, 而横轴为交叉极化比[(a): $\sigma_{hv}^0 / \sigma_{hh}^0$; (b): $\sigma_{hv}^0 / \sigma_{vv}^0$]。此外, 极化比为自然单位, 而不是 dB。测量数据主要针对多年冰, 并且海冰厚度的范围为 20~50 cm。

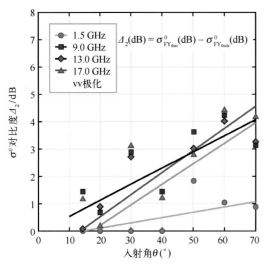

图 16.64 春季时, 在不同频率和垂直极化情况下, 一年薄冰与一年厚冰的后向散射系数对比度随入射角的变化(Onstott et al., 1982)

图 16.65 春季时, 在不同频率和交叉极化情况下, 多年冰与一年厚冰的后向散射系数对比度随入射角的变化(Onstott et al., 1982)

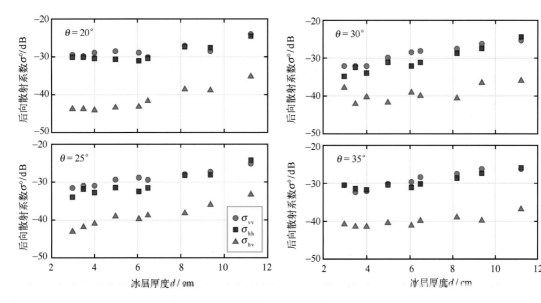

图 16.66 实验室条件下得到的薄冰的 C 波段 σ^0 测量结果(Kwok et al., 1988)

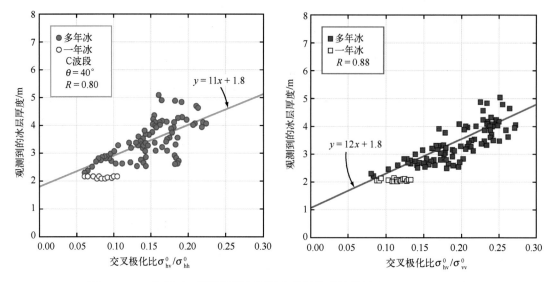

图 16.67　C 波段时，海冰厚度与两种交叉极化比的关系（Kim et al.，2012）

16.11.4　海冰上的积雪

　　冬季时，雪会积聚在海冰上，将海冰与大气隔开。夏季时，这层积雪会融化，并且通常会完全消失。微波频率较低时，干雪基本上是透明的，但频率较高时，这些积雪会导致体散射。Barber 等（1988）测量了海冰上的干雪在多个频率时的影响。频率很高（38 GHz）时，雷达散射回波主要是雪层的雷达散射，如图 16.68 所示。在这幅图中，利用包含表面散射与体散射的辐射传输模型，对测量结果与模型模拟的散射截面进行了比较。我们注意到，θ 值较大时，体散射的影响也更大。

　　由于液态水的介电常数比冰的介电常数大得多，这样会使存在液态水的雪的有效介电常数以及辐射和雷达散射发生显著变化，所以雷达后向散射对雪和冰的冻结/融化过渡非常敏感。为了说明这一点，图 16.69 展示了自由浮标附近 Ku 波段雷达后向散射的多年时间序列图，该浮标还测量了日平均气温。气温高于冰点后，表面的雪和冰层开始融化，使得多年冰的后向散射急剧降低，而一年冰的后向散射增大，一年冰会融化至夏末，秋季时再次冻结。格陵兰岛和南极洲的巨大冰盖中也会出现较强的微波散射冰冻/融化信号。许多研究人员利用这种微波散射的冰冻/融化特征，绘制陆地和冰川的冰冻/融化过渡图（Mortin et al.，2012；Kunz et al.，2006；Nghiem et al.，2001）。

　　在较大面积范围内以及较长的时间段内，卫星散射计的后向散射图像对可视化海冰后向散射的时空变异非常有用。图 16.70 与图 16.71 分别展示了 Ku 波段以及 C 波段北极和南极地区隆冬与夏天时的后向散射图像。冬季时，多年冰比一年冰轻。在这些图中，海洋后向散射依赖于当地风速状况，并且一般 C 波段比 Ku 波段更亮。从冬季到夏季的海冰覆盖差异也很明显。接下来一节将讨论如何将风散射计数据用于绘制海冰范围以及海冰类型。

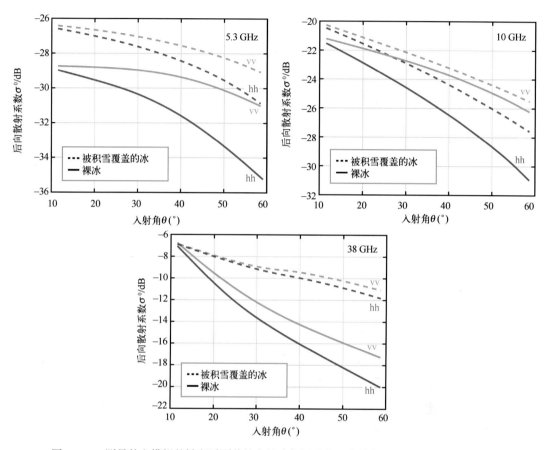

图 16.68　测量的和模拟的被积雪覆盖的含盐冰与裸冰的后向散射系数随入射角 θ 的变化

16.11.5　散射计测量海冰覆盖范围

之前提到，海冰的年内和年际变化都很强。绘制海冰范围对捕捞、航运以及气候科学研究都很有价值。自 20 世纪 90 年代以来，风散射计用于业务化绘制海冰范围。已经发展了许多用于绘制海冰范围的方法（Ezraty et al., 1999；Remund et al., 1999；Haarpainter et al., 2004；Anderso et al., 2005；Haarpainter et al., 2007；Nghiem et al., 2006）。这些方法有很多共同特征，接下来会讨论其中一些。虽然是用 Ku 波段风散射计数据进行说明的，但 C 波段也得到了类似结果。这些方法都是基于海冰和开阔水域的不同经验微波散射特征得到的。

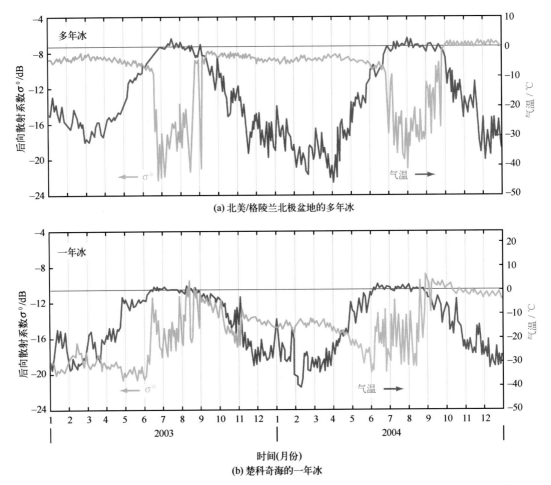

图 16.69　多年冰与一年冰的 Ku 波段后向散射及气温时间序列图。温度数据由浮标测量得到，
而后向散射数据则是通过 QuickSCAT 散射计测量得到（Mortin et al.，2012）

　　因为星载风散射计是极轨运行，也因为这些散射计都有很宽的刈幅，因此它们能提供整个极地区域的后向散射测量数据，其中很多位置每天不止观测一次。虽然扫描散射计通常只在两个入射角处测量 σ^0，但是扇形波束散射计会在一定范围的入射角位置处测量 σ^0。

　　在扇形波束情况中，可以几天内多次通过某一像素的轨道观测估算后向散射相对于入射角的斜率，以特定入射角（比如 $40°$）归一化 σ^0。为了在 $20° \sim 60°$ 这个入射角范围内实现这一目标，σ^0 对入射角的依赖通常通过下述方式建立模型：

$$\sigma_p^0(\mathrm{dB}) = A_p + B_p(\theta - 40°) \tag{16.60}$$

式中，p 为极化；A_p 为 pp 极化时归一化到 $40°$ 的 σ^0。针对多极化散射计，每种极化的 A_p 和 B_p 分别计算。共极化比值 γ 定义为

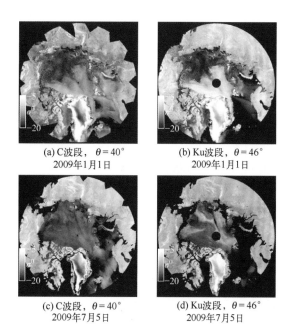

(a) C波段，$\theta = 40°$
2009年1月1日

(b) Ku波段，$\theta = 46°$
2009年1月1日

(c) C波段，$\theta = 40°$
2009年7月5日

(d) Ku波段，$\theta = 46°$
2009年7月5日

图 16.70　根据 2009 年中的一天记录的风散射计测量结果绘制的 C 波段和 Ku 波段观测到的北极区域内的 σ^0 图像，缺口和极点的圆形区域并没有覆盖，条带是由于一天内时间变化而产生的非天然目标

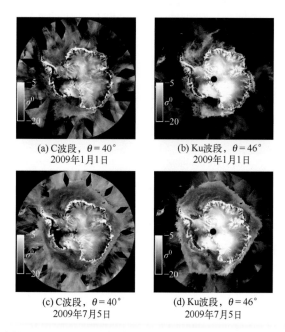

(a) C波段，$\theta = 40°$
2009年1月1日

(b) Ku波段，$\theta = 46°$
2009年1月1日

(c) C波段，$\theta = 40°$
2009年7月5日

(d) Ku波段，$\theta = 46°$
2009年7月5日

图 16.71　根据 2009 年中的一天记录的风散射计测量结果绘制的 C 波段和 Ku 波段观测到的南极区域内的 σ^0 图像，黑色菱形区和极点的圆形区域没有覆盖，条带是由于一天内时间变化而产生的非天然目标

$$\gamma = \frac{A_{\mathrm{v}}}{A_{\mathrm{h}}} \qquad\qquad (16.61)$$

根据传感器固有分辨率或采用重构技术得到的更高分辨率可以用于后向散射的绘制(Early et al.,2001)。图 16.72 展示了根据 6 天的 NSCAT 数据得到的两种极化的 A_p 和 B_p 的例子。注意在这些图像中,海冰的 A_p 和 B_p 一般比海水的大。我们可以利用这一点来绘制海冰范围。

为了区分每个像素是海冰还是海水,结合 γ、A_{h} 以及 B_{h},为图像每个像素构建一个特征向量 V_{fea}:

$$V_{\mathrm{fea}}(n) = \left[\gamma(n) A_{\mathrm{h}}(n) B_{\mathrm{h}}(n) \right] \qquad\qquad (16.62)$$

式中,n 为像素指数。在成像阶段,观测值 V_{h} 和 V_{v} 的方差可能会增大特征向量。

南极洲

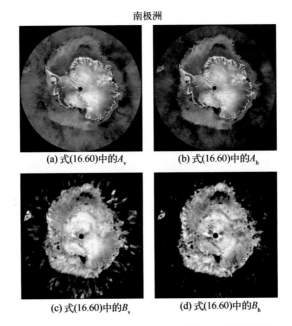

(a) 式(16.60)中的 A_{v} (b) 式(16.60)中的 A_{h}

(c) 式(16.60)中的 B_{v} (d) 式(16.60)中的 B_{h}

图 16.72　根据 NSCAT 数据得到的后向散射图像

对扫描散射计而言,B_p 无法估计,因为 σ^0 是在不同极化时,仅从两个不同入射角测量到的。此时,伪共极化比值 γ' 定义为

$$\gamma' = \frac{\sigma^0_{\mathrm{vv}}}{\sigma^0_{\mathrm{hh}}} \qquad\qquad (16.63)$$

随后的特征向量定义为

$$\boldsymbol{V}_{\mathrm{fea}}(n) = \left[\gamma'(n)\ \sigma^0_{\mathrm{hh}} \right] \qquad\qquad (16.64)$$

　　针对扇形波束散射计以及扫描波束散射计而言，可以利用统计方法分辨海冰或开阔水面的每个像素。尽管 Haarpainter 等（2007）能从图像数据中提取海冰密集度，但我们这里只集中讨论绘制海冰范围。

　　利用特征向量的直方图和判别技术，可以实现简单的分类方案。图 16.73 辅助说明了这一点，该图展示了 γ 和 B_v（特征函数的两个要素）的二维直方图等值线图。为了进行讨论，只采用了一个双元素特征向量，从而使得呈现更加简洁。可以利用陆地掩膜排除陆地上的测量结果，从而使得直方图仅包括海水或海冰的 σ^0 测量结果。直方图的两个峰值对应于开阔水面和海冰的特征。右下的海水峰值展现出更强的空间变化性，所以更加分散，而海冰的峰值则比较窄。

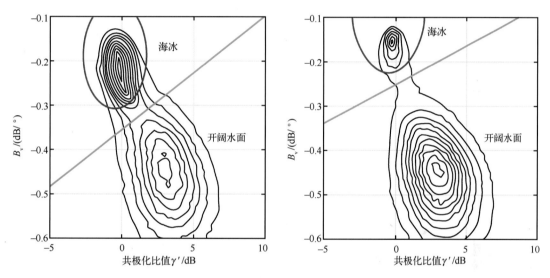

图 16.73　在春季与盛夏时，南极洲两天的 B_v 和 γ' 二维直方图的等值线图，曲线与直线分别代表线性判别与马氏判别的决策边界

　　归一化直方图是对特征向量 $p_{tot}(V_{fea})$ 的概率密度函数（pdf）的估计。若有两类，某一给定像素的总概率密度函数可以写为

$$p_{tot}(V_{fea}) = p_{ice}(V_{fea} \mid ice)p(ice) + p_{ocean}(V_{fea} \mid ocean)p(ocean) \qquad (16.65)$$

式中，若像素为海冰，则 V_{fea} 的条件概率为 $p_{ice}(V_{fea} \mid ice)$；若像素为海水，$V_{fea}$ 的条件概率为 $p_{ocean}(V_{fea} \mid ocean)$。当然，$p(ocean)$ 和 $p(ice)$ 是像素分别为海水和海冰时的先验概率。注意：$p(ocean) = 1 - p(ice)$。一些模型将概率密度函数假定为空间恒定，而在另一些模型中，概率密度函数则被视为空间变化的。针对先验，也采取了不同的应对方法。若没有先验信息，则缺乏相关信息的先验被选为 $p(ocean) = 1/2$。

　　为了区分像素为海水还是海冰，我们可以计算其特征向量到峰值中心的距离（Duda et al., 1973）。对于线性判别，可能得到一条直线、一个平面或是将空间分为两级（每一级均包含有一个峰值)的超平面，之后再根据像素所在区域对其进行区分，以最小化分类误差概率来选择线的位置。图16.73中，该线几乎垂直于两个峰值的连线。若假定条件概率密度函数为高斯概率密度函数，则峰值对应于条件概率密度函数的平均值。若先验的值相似，那么当观测到的特征向量与高斯平均值之间的马氏距离最小时，则误差的概率最小(Duda et al.，1973)。

通过像素分类可以得到一个海冰与海水位置的二值图像。测量噪声和重叠的条件概率密度函数导致像素的错误分类。利用二值图像处理技术可以纠正很多误差(Remund et al.，1999)。比如，区域变大能消除海水和海冰中孤立的误分类区域。图像腐蚀和膨胀技术(Rush，1955)能用于过滤海冰边缘。图16.74展示了一个噪声初始分类以及二值化处理后的结果。

通过比较高分辨率的合成孔径雷达图像，可以验证散射计得到的海冰范围，图16.75中展示了两个案例。在两幅图中，海冰均位于图的左侧，而开阔海面位于右侧。注意图16.75(a)中的风暴特征。

图16.75(b)中，生长的冰边缘非常分散，因此不好确定冰边缘。相比于分辨率较模糊(25 km)的SSM/I辐射计海冰边缘，分辨率较高的散射计数据能提供精度更高的分辨率边缘估计。图16.75(a)中，散射计边缘包含30%的海冰密集度，其线条位于图16.75(b)中5%~30%的海冰密集度之间，这表明主动信号与被动信号对轻微不同的海冰状况都很敏感。

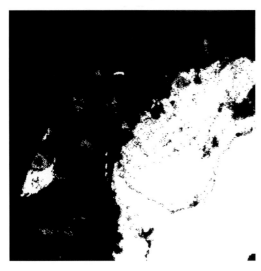

(a) 仅根据马氏距离进行的分类　　　　　　　　　(b) 分类后处理以减少假分类

图16.74　海冰/海水区分案例：白色像素为冰的位置；黑色像素为海水(Remund et al.，2003)

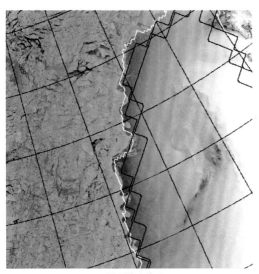 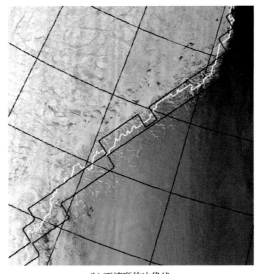

(a) 锐利的冰缘线　　　　　　　　　　　　　　　(b) 不清晰的冰缘线

图 16.75　Radarsat SAR 图像上叠加的利用 QuikSCAT 卫星上的 SeaWinds 散射计反演的
海冰范围(白色)以及 NASA 团队利用 SSM/I 反演的 5%~30%的海冰密集度(黑色)

　　当比较传感器每年的季节性循环时，这变得更加明显。图 16.76 中，比较了
SeaWinds 散射计与 SSM/I 辐射计在一个 10 年周期内测量到的平均海冰范围，该平
均海冰范围为日变化函数。注意：夏季时，若海冰范围最小，则根据散射计得到
的海冰范围对应于根据辐射计得到的较小海冰密集度，而在夏季海冰范围出现高
峰时，散射计得到的海冰范围对应于一个更大的辐射计海冰范围(Meier et al.,
2008)。导致这种差异的具体原因并不确定，可能是由于两种传感器对海冰与海水
的季节性对比度变化。

16.11.6　散射计测量海冰类型

　　之前我们注意到，无论是一年冰还是多年冰均有不同的 σ^0 特征(至少在冬
季)。这种差异可以用于风散射计数据绘制每天的一年海冰与多年海冰。多个研究
人员考虑采用统计方法，利用 Ku 波段风散射计数据绘制多年冰(Swan et al.,
2012；Kwok et al., 2009；Nghiem et al., 2006)。与之前章节描述的海冰范围绘制
相同，这种统计方法利用多年海冰与一年海冰散射之间的差异，但并不需要明确
模拟散射特征。

　　之前，我们通过图 16.70 说明了北冰洋海冰在 C 波段和 Ku 波段的冬季后向散
射特性。在这些图像中，多年冰比一年冰亮。绘制多年冰的一种方式是从每天的

后向散射图像出发，建立每天的 σ^0 直方图。图 16.77 展示了冬季海冰覆盖区域内，$\theta = 54°$ 时，每天的 σ_{vv}^0 直方图变化。冰边缘附近的区域，被称为边缘冰区（MIZ），已被排除。直方图的垂直高度转换为颜色，并在图 16.78（a）中以图像形式展现。注意：冬季时，有两种 σ^0 值不同的冰。图 16.78（b）中，σ^0 值较大的被确认为多年冰，而 σ^0 值较小的被确认为一年冰。夏季时只有多年冰。一年冰 9 月底开始形成，在冬季不断变大，夏末时则因融化而消失。

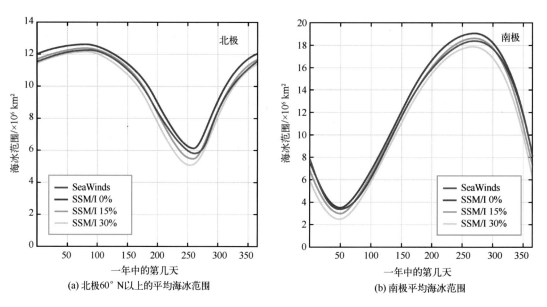

(a) 北极60° N以上的平均海冰范围　　　　　(b) 南极平均海冰范围

图 16.76　1999—2009 年 QuickSCAT 业务化运行范围，北极与南极平均每天总海冰范围。根据 QuikSCAT 卫星上的 SeaWinds 散射计反演的海冰范围，NASA 团队的 SSM/I 辐射计反演的 0%、15%、30%的海冰密集度

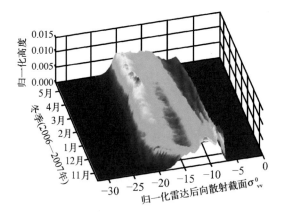

图 16.77　2006—2007 年冬季，Ku 波段 σ_{vv}^0 直方图时间序列，

颜色代表归一化直方图高度（Swan et al.，2012）

因此，从深秋到春天(10 月至翌年 5 月)，根据 σ^0 的值可将冰分为多年冰与一年冰。夏季融化期间，所有冰的 σ^0 均会下降，也就无法区分多年冰与一年冰了。虽然采用了固定阈值，大约在 -13 dB(Kwok et al.，2009；Nghiem et al.，2006)，但利用自适性阈值能得到区别(Swan et al.，2012)。

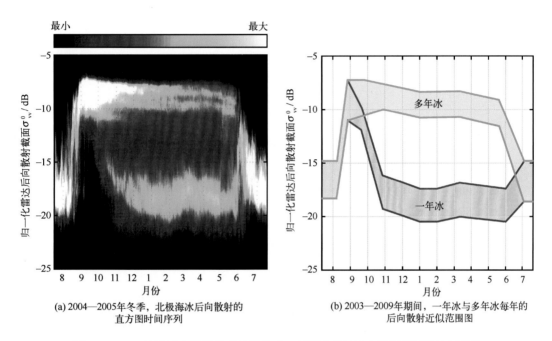

(a) 2004—2005年冬季，北极海冰后向散射的
直方图时间序列

(b) 2003—2009年期间，一年冰与多年冰每年的
后向散射近似范围图

图 16.78　Ku 波段后向散射的季节性演变，每种冰型的后向散射范围取决于季节

(Swan et al.，2012)

图 16.79 基于 QuikSCAT 测量结果总结了 7 年时间内得到的多年冰/一年冰区域覆盖。根据图 16.79(b) 展示的 Ku 波段 σ^0_{vv} 值的时间序列，图 16.79(a) 展示了多年冰覆盖范围与海冰覆盖总范围的比较。应当注意到由于夏季冰会融化，因此其最小海冰范围可能不准确。然而，我们可以发现冬季时多年冰会逐步转化为一年冰。在这期间多年冰变得越来越弱和分散，而一年冰则越来越强。由于研究中的海冰总面积冬季与冬季之间变化并不显著，因此很显然一年冰在这个时间段内逐步取代了多年冰。

这种分类方式的一种局限在于多年冰有时会"看上去像"一年冰，尤其是在边缘冰区，这也是在分析中排除边缘冰区的原因。在某些情况下，若一年冰经历显著的堆积、隆起和(或者)排盐，那么它可能会像多年冰。

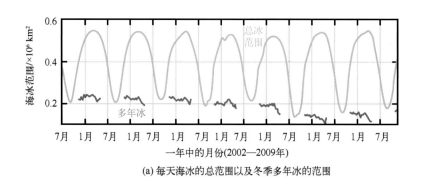

(a) 每天海冰的总范围以及冬季多年冰的范围

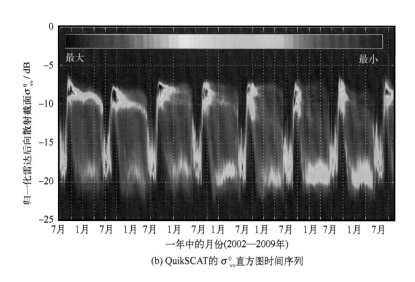

(b) QuikSCAT的 σ_{vv}^0 直方图时间序列

图 16.79　每天海冰的总范围以及冬季多年冰的范围和 QuikSCAT 的 σ_{vv}^0 直方图时间序列

（Swan et al.，2012）

16.12　雷达海冰成像

　　20 世纪 90 年代初以来，卫星合成孔径雷达成像便用于海冰监测。雷达能提供海冰的特征图像，通过建立图像的时间序列，我们可以提取关于海冰的运动信息。从第一颗卫星合成孔径雷达数据，这些就变得显而易见了。利用 Seasat 卫星的合成孔径雷达图像，Leberl 等(1983)指出："①区分系列雷达图像中的同类特征并不困难；②精度完全由轨道数据的精度以及传感器的几何定标决定；③常规雷达测量方法能很好地应用于卫星雷达海冰的测绘；④在缺少轨道数据以及传感器定标数据的地方，地面控制点能用于定标海冰的位置以及运动测量。"他们研究发现海冰运动大约为每天 6.4 km±0.5 km。在比较长的后续研究阶段内，建立了海冰特征的自动跟踪方法，能够观测海冰的运动和形变。读者可以参考大量文献，了解更多通过合成孔径雷达得到的海冰运动理论与应用，包括 Kwok 等（1995，2003，2009）、Liu 等（1997）、Kwok（2004）以及 Kwok 等（2012）。

可选择的海冰合成孔径雷达图像案例很多，但本书仅提供了一个案例，如图 16.80 所示。该图表明雷达能用于海冰细节成像。基于灰度对比，较高频率的图像能更好地区分冰型，但每种类型都会有很大的变化。利用形状和边缘信息，甚至可以在 σ^0 对比度较低的频率中识别冰型。较低的频率能更好地提供冰脊位置，但冰脊在所有频率时都能看到。夏季时得到的图像对比度可能更低。

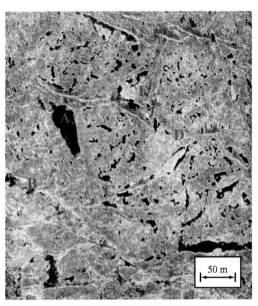

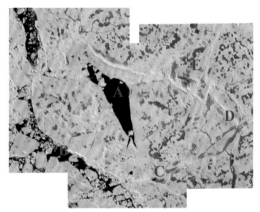

(a) C 波段 hh 极化合成孔径雷达图像　　　　　　　　(b) 光学图像

图 16.80　C 波段 hh 极化合成孔径雷达图像与光学图像对比。
注意，浮冰表面的浅蓝色融冰池在合成孔径雷达图像中是黑色的
A—冰间湖；B—冰间水道；C—带融冰池的冰脊；D、E—后向散射相对较高的融冰池区域

16.13　冰山追踪

冰山由冰川上的大冰块崩解形成。冰川冰是由积雪层形成的，因此由淡水冰构成。源自冰山表面积雪层的体散射使得它们在雷达图像上很亮，除非表面正在融化，此时

冰山与周围海冰或因起风而粗糙的海面之间的 σ^0 的对比度可能很小。

冰山有各种各样的尺寸，从非常大（数十千米）的平顶冰山（主要位于南极洲）到很小（数米）的残碎冰山。根据卫星散射计数据得到的重建 σ^0 图像中，大约 5 km 的平顶冰山均能被看到并被追踪到，如图 16.81 所示。相对于海冰，冰山在 Ku 波段的对比度通常比在 C 波段更好。1999 年，一座 65 mi[①] 长的 B10A 冰山由于云覆盖从光学追踪器上消失了数月后，又重新出现在一个 QuikSCAT σ^0 图像中。该冰山再次被发现，光学图像与 SAR 图像又进行了收集，并在图 16.82 中进行了对比。图 16.83 展示了 30 年来利用卫星散射计追踪冰山的每日位置。

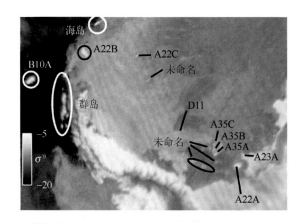

图 16.81　根据 1999 年第 101 天的 QuikSCAT 数据得到的 Ku 波段 σ^0_{hh} 图像（$\theta = 46°$），注释指明图中大型平顶冰山的位置和名称。冰川覆盖南极大陆的陆地变得非常明亮，而海冰有点暗，左上的开阔海域为黑色

合成孔径雷达分辨率较高，并且能穿透云层观测，因此对定位冰山非常有用。大冰山在合成孔径雷达图像中很清晰，但小冰山以及冰山碎片可能很难从图中进行辨别。图 16.84 展示了一幅从南极冰川的末端崩塌下来的巨大片状冰山的 RADARSAT 图像。冰山的大尺度表面纹理是由其母冰川在水下流动造成的。注意周围的海冰。在这幅图中，盛行海流和盛行风均方向向上。阻塞效应使得冰山背风面能形成新海冰以及开阔海域。

由于冰山和海冰的极化特征不同，因此极化合成孔径雷达图像能很有效地将冰山从海冰中分辨出来，至少在冰山足够大时很有效。综合采用光学图像和合成孔径雷达图像可对小冰山进行有效探测。

---

①　1 mi ≈ 1.6 km。——译者注

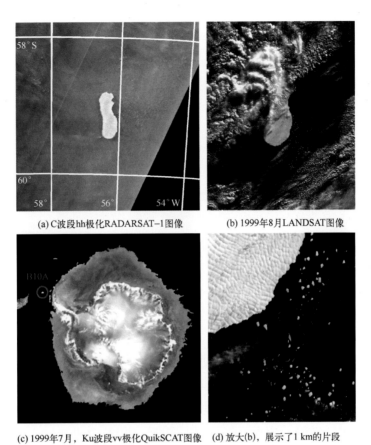

(a) C波段hh极化RADARSAT-1图像　　　　(b) 1999年8月LANDSAT图像

(c) 1999年7月，Ku波段vv极化QuikSCAT图像　　(d) 放大(b)，展示了1 km的片段

图 16.82　南极洲的 B10A 冰山图像［图(a)(b)(d) 由美国国家冰雪中心提供］

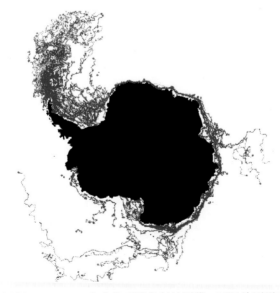

图 16.83　根据 1978—2010 年收集到的散射计图像，可以检测到南极洲冰山，
图中展示了该冰山的每日位置(Stuart et al.，2011)

图 16.84　南极洲一个片状冰山的 C 波段 hh 极化 RADARSAT 图像。该冰山连接陆地，
并没有远离冰川崩解的冰舌(图片由加拿大科学机构提供)

16.14　雷达探测海洋溢油

由于雷达传感器具有全天候全天时的监测能力，因此经常用于对溢油进行远程监测。尽管非常大面积的溢油也能用卫星散射计监测(Lindsley et al., 2012)，但由于合成孔径雷达分辨率较高，因此广泛应用于溢油探测和绘制(Alpers, 2002; Brekke et al., 2005; Girard et al., 2005; Migliaccio et al., 2007, 2011; Solberg et al., 2007; Zhang et al., 2011)。

16.14.1　合成孔径雷达观测海洋溢油

油会改变海水的雷达散射特性，使得测量到的后向散射与不存在油时测量到的后向散射不同。一般说来，溢油表面 σ^0 会减小，在合成孔径雷达图像中呈现为一片黑色区域，周围是更明亮的海洋表面。图 16.85 和图 16.86 展示了包含溢油的合成孔径雷达图像。图 16.85 中的溢油由地质来源油渗漏造成，而图 16.86 中右上方的可见溢油则是由于油井泄漏。溢油也可能来源于船舶的故意倾倒。

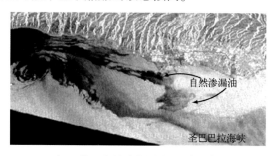

图 16.85　1996 年 1 月，自然渗漏油的 C 波段合成孔径雷达图像

图 16.86　里海一处油井漏油的合成孔径雷达图像(图片由欧空局提供)

基于雷达的溢油探测需要适当的风吹皱水面产生毛细波。风速太低无法产生毛细波,而风速太大则会将油混合进水中。基于之前讨论到的散射理论,后向散射雷达功率大致与表面的海洋短波频谱成正比。油会抑制这些小波的产生。波长较短时,这种抑制更有效(Alpers et al.,1989),因此波长较短的雷达(如 X 波段雷达和 C 波段雷达)在探测溢油时比波长较长的雷达(L 波段或 P 波段)更有效,这个有效性得到了实验验证(Johannessen et al.,1995;Gade et al.,1998)。

我们注意到虽然溢油与海面的低后向散射有关,但会造成黑色区域的低后向散射还有其他来源。这些"相似"状况会与溢油混淆。这些来源包括雨胞、低风速、内波改变的表面波谱。训练有素的专业人员通常能够根据经验区分水面溢油与相似物、可视泄漏特性以及船只、石油平台等人为来源的存在。研究人员建立了自动算法,这依然是个非常活跃的研究领域。合成孔径雷达极化在帮助区分人为导致的水面溢油与相似物时尤其有效(Zhang et al.,2011;Migliaccio et al.,2007,2011)。

16.14.2　散射计观测海洋溢油

2010 年,墨西哥湾发生了漏油事故,覆盖一个足够大的区域,因此利用重建算法,能被欧空局的 MetOp-A 卫星上的高级散射计(ASCAT)观测到。没有溢油时,σ^0 用于确定近表面风矢量。若存在溢油,那么相对于无油条件,观测到的给定风况的 σ^0 会减小。通过比较观测的 σ^0 与利用数值天气预报风场模拟的 σ^0,可以选择一个依赖于入射角的阈值检测并绘制溢油的空间范围(Lindsley et al., 2012)。虽然散射计的空间分辨率远低于合成孔径雷达，但其宽刈幅能提供覆盖频率，从而能进行时间序列分析，如图 16.87 所示。

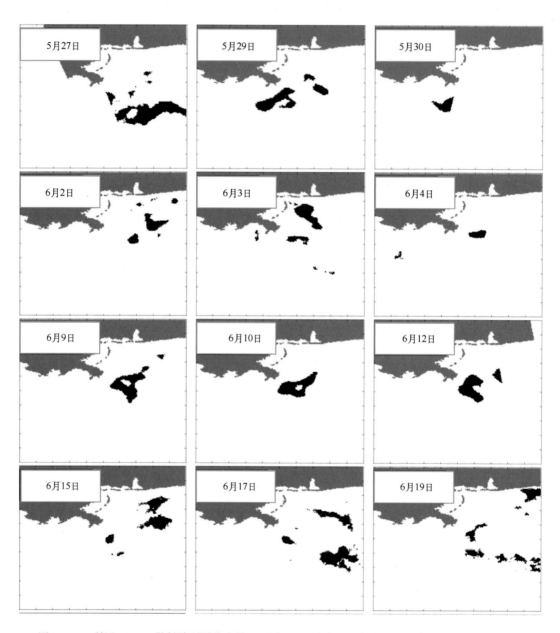

图 16.87　利用 ASCAT 散射计观测获取的 2010 年墨西哥湾漏油事故的时间序列。每幅图像都是左上角所示日期的阈值后向散射误差。由于某些天 ASCAT 可能并不能完全覆盖该区域，因此一些图中出现了一个对角线分布的形状(Lindsley et al., 2012)

习　题

16.1　利用 C 波段 CMOD5 模型函数再现图 16.8。

16.2　利用本书网站上的列表 Ku 波段 NSCAT-1 模型函数以及 C 波段 CMOD5 模型函数，绘制入射角为 45° 和方位角为 0° 时的 σ^0 与风速的关系图。计算地球物理模型函数风速敏感性 U_S，定义如下

$$U_S(U,\ \sigma^0) = \frac{\mathrm{d}U}{\mathrm{d}\sigma^0}\bigg|_{U,\ \sigma^0}$$

注意 $\sigma^0(U)$ 由 GMF 给出。针对 σ^0 中的固定不确定性，由于噪声和定标误差产生的 σ^0 与对应的风速误差有关，大致 $\Delta U = U_S(U,\ \sigma^0)\Delta\sigma^0$。$K_p = 0.02$ 时，计算 ΔU 与风速 U 的关系，并评价速度敏感度。

16.3　由于雨衰减和增加的后向散射，雨会改变表面 σ^0。利用题 16.2 中建立的敏感性函数，确定在 Ku 波段中，速度为 5 m/s、10 m/s、15 m/s 时，确定近似风速误差与降雨率的关系，并评价估计风速对降雨的敏感度。

16.4　针对 Ku 波段雷达，风速为 10 m/s 时，固定降雨率为 10 km·(mm/h)，当雨胞大小为天线轨迹大小的一半时，计算观测到的 σ^0 中的波束填充误差。

16.5　假定地球为球形，并且天线为理想天线图。天线入射角为 55° 时，圆形波束宽度为 0.5° 的 Ku 波段(14 GHz)笔形波束散射计在 800 km 高度中运行，计算 3 dB 天线轨迹大小。

16.6　对于 C 波段(5.3 GHz)重复题 16.5，假设天线大小相同。

16.7　针对题 16.5，绘制几何草图并计算雷达到表面的斜距。

16.8　针对题 16.5，距离雷达最近和最远的天线足印之间的斜距差是多少？发射脉冲为 100 μs 时，最短的可能发射脉冲/接收脉冲的周期是什么？评价最远的发射脉冲/接收脉冲的周期。

16.9　针对题 16.5，飞行时若只有一个单脉冲，那么可能的最高脉冲重复频率是什么？

16.10　针对题 16.5 中描述的散射计参数，假定地面轨迹速度为 7 km/s，那么天底点轨迹运行 25 km 需要多久？

16.11　题 16.10 中，旋转速度是多少才能使得航天器沿轨迹运行 25 km 时，天线旋转一次？计算雷达沿轨迹移动 25 km 时，天线波束方位角的变化。

16.12　笔形波束散射计在入射角为 45°、高度为 800 km、地面轨迹速度为 7.5 km/s 的条件下运行时，绘制作为方位角函数的多普勒频移图。假设地球为不旋转

的球体，考虑 C 波段与 Ku 波段两种状况。

16.13 重复题 16.12，但将地球旋转影响考虑在内，假设轨道倾斜角为 96.5°，绘制赤道处上升轨道与下降轨道的结果。

16.14 对于每个扇形波束天线，在一个固定的交轨距离上，天线方位角相对于散射计地面轨道为 45°、90° 和 135° 的情况下，利用本书网站上的表格与计算机代码，编写一个简单的计算机程序来计算作为风速和方向的函数的 C 波段 σ^0。假设轨道向北移动。针对每一个测量结果，已知相同的 σ^0 观测值及相应的天线波束，绘制风速与风向的关系图。

16.15 利用题 16.14 建立的计算机代码，在风速为 10 m/s 以及两个方向 0° 和 45°（气象惯例）时，将模拟的蒙特卡罗噪声（$K_p = 0.05$）增加到 σ^0 中。计算并绘制两种情况下的 $L_{LS}(U, \psi)$ 目标函数。每种情况下发现了多少局部最优值（假想风）？计算真实风矢量与最接近真实风矢量的假想风之间的风矢量误差。

16.16 根据题 16.15 得到的结果，计算每种真实风矢量蒙特卡罗噪声的 100 种实现方法的均方根误差。风向从 0° 增加到 360°（每次增加 10°）时，重复该问题。这种方法称为 COMPASS 模拟，这种模拟对在特定风速和刈幅位置时预测散射计风性能非常有用。绘制风速与风向均方根误差作为真实风向函数的图。评价均方根误差与方向关系。

16.17 方位角为 45° 和 135° 时，仅利用两个天线重复题 16.15。对结果进行评价。

16.18 在扫描散射计中，由于 σ^0 测量结果的相对方位角并不固定，因为它们位于一个扇形波束天线中。计算作为交轨距离函数的单波束扫描散射计方位角，并绘图。假设入射角恒定为 45°，且表面上的扫描半径为 1 200 km。

16.19 利用题 16.18 中得到的天线方位几何，重复题 16.16 中描述的 COMPASS 模拟分析，并对结果进行评价。

第 ❶❼ 章
卫星高度计

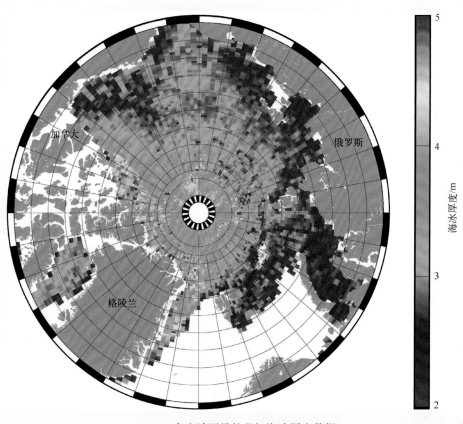

CryoSat 高度计测量的北极海冰厚度数据

星载高度计是一种特别用于测量卫星和地表之间距离的测距雷达。结合精确的轨道信息，能够得到高精度地形。高度计也被用于测量被云覆盖的行星和月球表面的地形(Pettengill et al., 1980；West et al., 2009)，星载高度计在地球应用中表现出色，其海洋地形测量精度已达数厘米甚至更低(Fu et al., 2001)。此外，可利用高度计被反射的回波提取海浪高度和海表面风速信息，从而能够追踪冰盖的演化(Martin et al., 1983)，并测量南半球的冰山分布(Tournadre et al., 2008)。

17.1 引言

星载高度计系统包括天底点指向雷达、卫星、定轨系统、数据处理和分析子系统。图 17.1 展示了一个正在运行的卫星高度计系统。在本章中会讨论其中某些子系统，但主要关注雷达子系统。尽管科学家已提出合成孔径高度计概念(Elachi et al., 1990；Stephens et al., 2002)，但至今大部分星载高度计仍为真实孔径雷达系统。

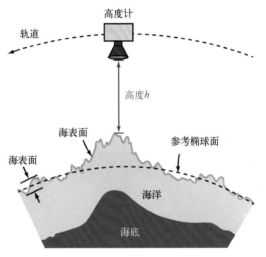

图 17.1　星载高度计

高度计的主要思想是利用雷达信号的飞行时间测量高度。高度计对海表面发射一个调制脉冲，然后测量从脉冲发射到接收海面回波信号之间的时间延迟 t_d。则高度计和海表面之间的距离为

$$h = \frac{ct_d}{2} \tag{17.1}$$

通常地，使用线性调频(LFM)来调制脉冲，并用匹配滤波器对接收信号进行距离压缩(参见第 13 章)。基于峰值检测，测量时间延迟 t_d 的精度 Δt_d 与发射信号带宽 B 有关，即

$$\Delta t_{\mathrm{d}} = \frac{1}{B} \tag{17.2}$$

由此导出测量的高度误差公式，即

$$\Delta h = \frac{c\Delta t_{\mathrm{d}}}{2} = \frac{c}{2B} \tag{17.3}$$

除了由系统的时钟测定 t_{d} 引起的距离误差以外，噪声也会影响脉冲检测，从雷达到海表面之间的大气中信号的传播速度的变化和回波上升沿的不确定性也会引起误差。

式(17.3)给出的表达式显示要提高时间测量的精度需较大的带宽。对于科学应用而言，高度测量精度要求小于或等于数厘米，带宽需达到数千兆赫兹量级。但国际频率配置条例限制高度计信号带宽要小于或等于 320 MHz，具体取决于工作波段。在这种限制的存在下，如何达到所需精度？如下文所述，为了达到所需精度，结合雷达设计、信号模拟和接收波形的信号处理，利用海面散射特性更精准测定传播时间 t_{d}。接收信号取决于天线波束宽度、天线(平台)指向角度、海面粗糙度以及雷达反射率。

为了直观地了解如何利用返回信号特征，我们深入探讨回波细节。接下来研究距离压缩后的有效脉冲长度 τ(有关距离压缩的细节参见第 13 章)，这相当于脉冲的距离分辨率，即 $\Delta h = c\tau/2$。飞行中发射的脉冲如图 17.2(a)所示，红色弧表示有效脉冲长度。高度计发射的信号从发射天线传输到地面，然后反射回卫星。对于平坦的海表面，这一过程发生在卫星的天底点[图 17.2(b)]，这一距离就是所需测量的距离。然而，如果海面存在倾斜，或有地形存在，第一反射点(PoFR)可能不在天底点，如图 17.2 (c)所示，所以通常无法确定所需地点。首要观测的是到达平均海面高度的距离而非峰值高度的距离，所以仅仅确认回波信号的前沿无法满足要求。

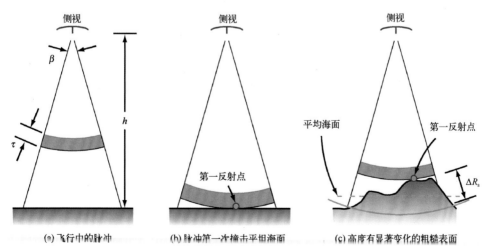

图 17.2　图示为有效脉冲长度 τ 和第一反射点的 3 种情况，
在(c)中，ΔR_{s} 是足印内最大和最小斜距的差异

　　图 17.3 展示了信号首次到达海面后，圆形天线足印的演变随时间的变化。当海面较为平坦时，被观测的区域可能是满圆或是圆形带。首先，脉冲照射一个圆形区域，如图 17.3(a)所示。高度计的测量距离从天底点的 h 变化到波束边沿的 $h_m = h/\cos(\theta_B/2)$，其中 θ_B 为 3 dB 双向天线波束宽度。若 $\tau > h_m - h$，脉冲可以完全照射天线足印，反射信号则来自全天线足印，如图 17.3(b)所示，称为波束受限高度计。若 $h_m - h > \tau$，脉冲无法完全照射足印，反射信号来自一个环状区域，如图 17.3(c)所示，称为脉冲受限高度计。图 17.4(a)和图 17.4(b)给出了上述两种理想情形下的回波波形的功率随时间的变化曲线。

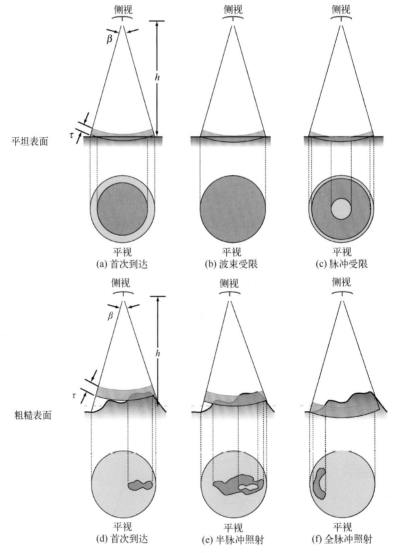

图 17.3　从海表面上方高度 h 处波束宽度为 β 的天线上发射的有效长度为 τ 的脉冲的时间演化：(a)脉冲第一次从海面反射不久后的平坦海面；(b)脉冲充分照射海面时波束受限高度计的情况；(c)脉冲部分照射海面时脉冲受限高度计的情况；(d)-(f)为脉冲部分照射到粗糙海面时脉冲受限高度计的情况

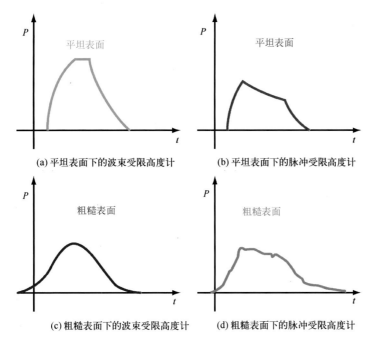

图 17.4　几种理想情形下功率与时间的关系

　　粗糙表面的情况更为复杂，图 17.3(d) 至(f)展示了脉冲受限高度计照射区域的演变情况。足印内的地形变化导致回波功率随时间变化曲线缓慢上升和下降，类噪声变化也是如此。图 17.4(c) 显示了波束受限高度计的回波功率随时间的变化。若足印内存在地形变化，波束受限和脉冲受限高度计的回波均存在类噪声变化，在测量脉冲延迟时间来计算平均海面高度时，必须解决这一问题。

17.2　信号模拟

　　对高度计回波信号的模拟可以实现时间信息的高精度估计，首先考虑海表面模拟，其他表面(包括地表和冰川)也已经使用星载高度计成功地进行了模拟。

17.2.1　海面回波信号模拟

　　对于一阶近似，海表面为平坦面，主要由海浪引起表面粗糙度。海表面风引起小振幅短(波长小于 1 cm)毛细波，相互作用后产生波长更长、振幅更大的重力波(第 16 章有对海浪的详细讨论)。图 17.5 给出了理想的海浪谱。重力波比毛细波具有更多能量，产生海面高度位移的"红"谱。对于完全成长的海况，长波长的峰值位置取决于平均风速。重力波可高达数米，是计算平均海面高度的重要参数。

微波雷达与辐射遥感

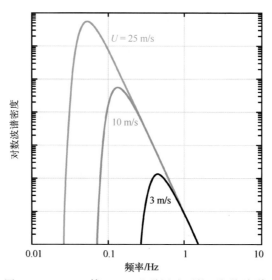

图 17.5　Pierson 等(1964)几种风速下的理想海浪谱,
由于较低波数比较高波数的波能量更大, 波谱形状有时被称作"红"谱

对应的小波斜率, 水面波的表面位移的余弦近似表达式为

$$H(x,\ t) = H_0 \cos\ (Kx - \Omega t) \qquad (17.4)$$

式中, $K = 2\pi/\lambda_w$ 为波数, λ_w 为波长; Ω 为水波的角频率。Ω 和 K 的频散关系为

$$\Omega = \sqrt{gK \tanh(KD)} + \hat{\boldsymbol{K}} \cdot \boldsymbol{U} \qquad (17.5)$$

对于重力波

$$\Omega = \sqrt{B K^3} + \hat{\boldsymbol{K}} \cdot \boldsymbol{U} \qquad (17.6)$$

对于毛细波, g 为重力加速度; D 为水深; $B = 73\ \mathrm{cm^3/s^2}$ 为表面张力和水的密度的比值; $\boldsymbol{U}$ 为平均表面流速; $\hat{\boldsymbol{K}}$ 为传播方向的单位矢量。波谱为 $H(x,\ t)$ 的傅里叶变换。关于 x 的傅里叶变换被称作波数谱, 由 $F(K)$ 表示; 关于 t 的傅里叶变换被称作频率谱, 由 $S(\Omega)$ 表示。根据帕塞瓦尔定理, $F(K)\mathrm{d}K = S(\Omega)\mathrm{d}\Omega$。波谱在 $\Omega = 0$ 时为平均海面高度 $\bar{h}$, 高度方差 $\overline{h^2}$ 为波谱的积分:

$$\overline{h^2} = \iint F(K)\,\mathrm{d}K = \int S(\Omega)\,\mathrm{d}\Omega \qquad (17.7)$$

由于雷达脉冲与海表面运动(位移)相比很短, 所以假设海表面在脉冲反射时间周期内是静止的。最初的直观分析认为, 在 t 时刻来自高度为 $H(\theta,\ \phi)$ 固定海表面的接收信号能够通过二值指示函数 $I(\theta,\ \phi,\ t)$ 得到。在给定地点 θ 和 ϕ 处, 高度在 t 时刻取值正好落在等效脉冲长度 $c\tau/2$ 区间内, 函数取值为 1, 否则为 0, 即

$$I(\theta,\ \phi,\ t) = \begin{cases} 1 & (R_\theta - c[t-\tau)/2 \leqslant H(\theta,\ \phi) \leqslant (R_\theta - ct)] \\ 0 & (\text{其他}) \end{cases} \qquad (17.8)$$

1024

式中，θ 和 ϕ 为波束内的高度角和方位角；R_θ 为从天线到平均海面高度的斜距。对于平坦海表面，在给定时刻，指示函数勾勒了一个圆形或环形区域，如图 17.3(a) 至 (c) 所示。对于粗糙表面，指示函数定义了更复杂的区域，如图 17.3(d) 至 (f) 所示。利用指示函数，给定时刻的瞬时观测面积 $A_I(t)$ 为

$$A_I(t) = \int_0^{2\pi} \int_0^{\pi} I(\theta, \phi, t) R_e^2 \sin\theta \, \mathrm{d}\theta \mathrm{d}\phi \qquad (17.9)$$

式中，R_e 为局地地球半径。

因为海面是随机的，$I(\theta, \phi, t)$ 应为随机表面各种可能情况的平均态，

$$\langle I(\theta, \phi, t) \rangle = \int_{-\infty}^{\infty} H(x, t) I(\theta, \phi, t) \, \mathrm{d}x \qquad (17.10)$$

$$= \int_{R_\theta - c(t-\tau)/2}^{R_\theta - ct/2} H(x, t) \, \mathrm{d}x \qquad (17.11)$$

相应观测面积的平均值为

$$\langle A_I(t) \rangle = 2\pi R_e^2 \int_0^{\pi} \int_{R_\theta - c(t-\tau)/2}^{R_\theta - ct/2} H(x, t) \sin\theta \, \mathrm{d}\theta \mathrm{d}\phi \qquad (17.12)$$

由于历史原因，波高分布由有效波高 $H_{1/3}$ 来表示，即将波列中的波峰到波谷高度按从大到小依次排列，其中最高的 1/3 部分波高的平均值为有效波高。星载高度计的有效波高传统定义为海面高度的标准偏差的 4 次方(Chelton et al.，2001)。

图 17.6 为不同 $H_{1/3}$ 下某特定高度计参数的 $\langle A_I(t) \rangle$。当有效波高增大时，观测区域的面积不再随时间变化。接收能量大约与观测区域面积成正比，所以脉冲前沿的增长时间随有效波高而变化。利用脉冲增长时间对 $H_{1/3}$ 的敏感性，可以通过脉冲增长时间来测定有效波高。

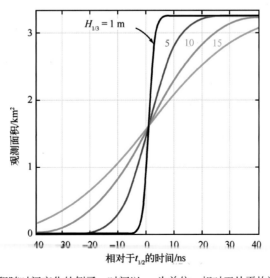

图 17.6 一个平均观测面积随时间变化的例子。时间以 ns 为单位，相对于从平均海面反射的脉冲的中点 $t_{1/2}$

式(17.12)计算了固定随机表面的平均观测面积，但没有包括高度概率密度函数 $p_H(x)$。为了更加精确地计算，需要考虑高度概率密度函数。对于充分大的足印，中心极限定理表明海表面高度能表示成高斯方程：

$$p_H(x) = \frac{1}{(2\pi)^{1/2} s_H} \exp\left\{ -\frac{1}{2}\left(\frac{x}{s_H}\right)^2 \right\} \tag{17.13}$$

式中，s_H 为海表面高度标准偏差。因为 s_H 为有效波高的 1/4，海面高度分布式(17.13)可被改写为

$$p_H(x) = \frac{4}{(2\pi)^{1/2} H_{1/3}} \exp\left\{ -\frac{1}{2}\left(\frac{4x}{H_{1/3}}\right)^2 \right\} \tag{17.14}$$

式中，s_H 替换为 $H_{1/3}/4$。

平均观测面积的预测值等于概率密度函数在距离脉冲响应的卷积，表示为

$$\langle A_I(t) \rangle = p_H(t) * p_\tau(t) * u(t - t_{1/2}) \tag{17.15}$$

式中，$*$ 为卷积；$p_H(t)$ 为海表面高度关于往返时间 $t = 2x/c$ 的概率密度函数；$p_\tau(t)$ 为有效双程系统距离响应函数；$u(t)$ 为单位阶跃函数；$t_{1/2} = 2R/c + t_d$ 为电磁波双程时间，对应半功率点时间。有效双向系统距离响应函数在距离压缩之后通常近似为 sinc 函数（详见第 13 章），即 $p_\tau(t) \approx \text{sinc}^2(t)$，其中 $\text{sinc}(x) = \sin(\pi x)/\pi x$，而非式(17.12)中的"矩形波串"或"矩形"回波。对于特定距离响应函数，式(17.15)能够通过数值方式求解。

根据雷达方程，平均回波功率 $P(t)$ 与时间的关系近似为

$$P(t) = \frac{P_t \lambda^2 G^2(t) \sigma^0}{(4\pi)^3 R^4(t)} \langle A_I(t) \rangle \tag{17.16}$$

式中，$G(t)$ 为天线增益，表示为双向传播时间的函数；σ^0 为足印上平均归一化雷达散射截面。在海洋上空，σ^0 与近海面风速有关，后续 17.3.4 节将作讨论。

正常平台高度 $\overline{H}$ 远远大于足印内由地形导致的距离扰动，因此可以将正常到天底点距离 $\overline{R}$ 用于式(17.16)的分母中。从而将 $P(t)$ 改写为(Chelton et al., 2001)：

$$P(t) = P_0 p_H(t) * p_\tau(t) * P_{FS}(t) \tag{17.17}$$

式中，$P_{FS}(t) = G(t)u(t - t_{1/2})$；常数 P_0 为

$$P_0 = P_t \lambda^2 \sigma^0 / (4\pi)^3 \overline{R}^4 \tag{17.18}$$

因此，接收到的功率相对时间信号为海面高度（表示为双向传播时间）、有效双向系统距离响应以及天线方向图的合成卷积。图 17.7 表示对于 TOPEX/Poseidon 高度计系统结构，$H_{1/3}$ 取两个值时的 $P(t)$。通过波形，计算前沿斜率用于测算 $H_{1/3}$，半功率点用于测算海面高度，具体细节将在 17.4 节中讨论。

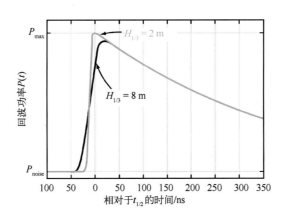

图 17.7　回波功率 $P(t)$ 随时间变化的例子。时间以 ns 为单位，
相对于从平均海面反射的脉冲中点［改绘自 Chelton 等（2001）］

式（17.17）讨论了一个脉冲相对时间的平均功率。然而，由于热噪声和特殊随机海表面使实际单个脉冲充满噪声，为降低噪声影响，发射多个脉冲并取平均值来测算高度和前沿斜率。由于对更多的信号取平均，平均值的噪声等级下降，但由于对不同的脉冲足印取平均，在平均周期内平台的移动降低了沿轨分辨率，从而需要折中噪声等级和沿轨分辨率（特别指出，垂直轨道分辨率取决于天线波束宽度）。与时间有关的平均热噪声信噪比为 $P(t)/kT_{REC}B$，其中 T_{REC} 为接收器噪声温度，B 为接收带宽。单个特定信号的信噪比取决于海面高度，平均多重信号提高了信噪比，例如 TOPEX/Poseidon 高度计对 128 个脉冲取平均。

17.2.2　陆地表面信号模拟

陆地表面的信号模拟比海洋更复杂，因为在很短的距离内表面高度可以产生巨大的变化。科学家发展的海浪统计模型通常无法应用于陆地，并且基本很少用于陆地表面的信号模拟。格陵兰岛和南极冰原相对光滑的表面是典型的例外。该方面工作主要集中于发展优化高度计海洋观测的"重跟踪"算法，以提高陆地观测性能（参见 17.4.2 节）。

除了更多变的高度，陆地表面后向散射也更为复杂多变。

▶ 植被覆盖地区的后向散射很低，引起的低信噪比导致高度测定无法信赖。另一方面，冰川的体散射产生极高的雷达后向散射。◀

高度计在冰原表面的测量用于研究表面高程变化和质量平衡，以更好地理解气候变化。同时，海洋散射仅发生在表面，而微波雷达信号能在植被、雪和冰中穿透至一定的深度，从而导致观测到的脉冲廓线发生扩散。海冰的厚度、粗糙度、积雪覆盖和融化导致其后向散射极其多变。

海洋和冰川散射的主要区别与表面斜率有关：海表面平均斜率很小，格陵兰岛和南极洲的大型冰川的表面斜率却非常大。因此，我们重新讨论脉冲受限高度计（如 17.2 节讨论的），以考虑平均表面斜率的影响。对比图 17.8（a）至（c）和图 17.8（d）至（f），前者表示脉冲受限高度计在光滑平坦表面上的情况，后者表示脉冲受限高度计在非零斜率表面上的运行情况。对于非零平均斜率的表面，初始回波和平均功率点不再恰好位于高度计下方，而是出现了水平移动。如图 17.9 所示，观测高度的垂直位移 Δh 相对天底点的偏移为

$$\Delta h = \Delta l \sin \alpha = (h \sin a) \sin \alpha = h \sin^2\alpha \qquad (17.19)$$

式中，α 为平均表面斜率。当斜率很小时，

$$\Delta h = h\alpha^2 \qquad (17.20)$$

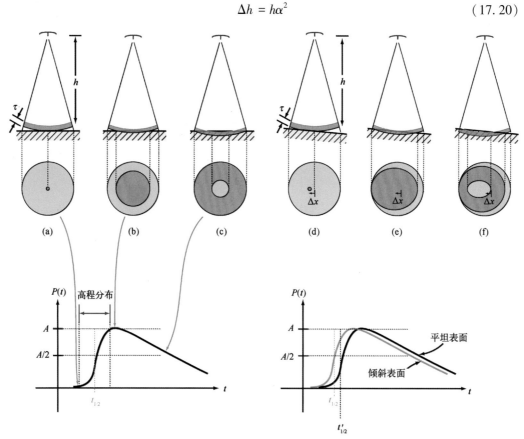

图 17.8 平坦表面(左)和倾斜表面(右)时脉冲受限高度计测量比较，每种情况下的观测时间和平均脉冲波形示意图。在底部，黑线对应于平坦、表面下的波形，蓝线表示倾斜表面下的波形

反射点的水平位移为

$$\Delta x = h \cos \alpha \sin \alpha \qquad (17.21)$$

位移的方向不能仅由单个脉冲确定。初始数字高程模型(DEM)要求估算位移并订正。由于斜率和位移沿高度计轨迹变化,在估算高度时必须进行补偿,所以冰川高度估算算法比海洋高度估算算法复杂得多。高度计测量海面高度时,波束足印内的表面高度的分布决定了回波前沿的平均斜率,如图 17.8 所示。然而,高度计在测量冰川时,观测到的散射信号不仅来自空气和冰的界面,还包括来自埋在表面之下的冰粒的体散射。体散射及其有效散射的表面深度是冰粒体积和密度的函数,它们随季节在时间和空间上变化。雪或冰顶层液态水的形成大大降低了穿透深度,因此高度计测定海冰表面高度时必须要考虑这一因素。

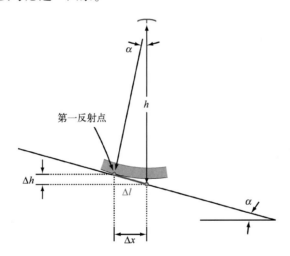

图 17.9　倾斜表面高度误差的几何示意图

17.3　高度估算误差和校正

卫星高度计的目标是通过从平台高度减去雷达到表面的测距来测量表面高度(参见图17.1)。平台高度测量需要高精度定轨技术。下面将会讨论一系列影响雷达距离测量准确度的因素。

17.3.1　精密定轨

定轨是星载高度计系统的一个基础部分,因为定轨产生的任何误差都会直接影响表面高度的估算。定轨的处理细节超出了本书的讨论范围,但核心思想就是在地球重力场中(包括大气拖曳效应和辐射压力)精确模拟轨道轨迹,估算卫星的速度和位置以约束轨道估算值。地球重力场随潮汐和地形(这正是我们试图测量的要素)而变化,所以需要利用迭代算法。飞行的高度计部分初始目标就是更精确地确定重力场,从而促进其他飞行任务的卫星轨道预测能力。这一工作现在仍在进行。

卫星轨道和定轨的动态模拟已是一个成熟的领域(Seeber, 2004; Tapley et al., 2004)。高精度轨道模型使用地球重力场的高阶球谐函数模型,并囊括了大量参数。该模型考虑了例如大气拖曳效应和太阳光照的辐射压力效应等因素。这些因素取决于卫星的飞行姿态、太阳活动以及大气密度。尽管后者在轨道高度上变化十分细微,但存在年变化和日变化,因此在低轨道时也是重要的影响因素。高轨道减弱了高阶重力场项和大气拖曳的影响。部分原因如下,TOPEX/Poseidon 高度计的轨道高度为 1 336 km,而非更普遍的遥感卫星采用的低极轨轨道(700~800 km)。

航天器运动测量是在多个全球地面站网络辅助下进行的,这些地面站使用激光和/或航天器发射的信标信号的多普勒频移测量航天器飞行速度,全球定位系统是另一种工具。全球定位系统利用传统位置测量和载波相位测量一起进行精确确定多普勒。

17.3.2 大气影响

雷达测量所发射信号的飞行时间,这一时间由光速转化为飞行距离。然而,信号在大气中的传播速度与大气条件有关。实际上,通常假设光速为常量,然后做大气影响校正,从而估算一段时间内的飞行距离。其他因素也会影响距离测量的准确度,通过偏差校正来抵消这些影响。

在 17.2 节中介绍的高度计信号模拟中,信号在大气中传播的影响使其更加复杂。如第 9 章讨论,大气密度和厚度的变化以及低层大气中存在的水汽和电离层中的自由电子,相对于真空环境,这些因素改变了波速,导致了信号的折射和延迟。在卫星高度计要求的精度(约 1 cm)级别,必须考虑这些因素随位置和时间而变化的影响。对于这些影响的具体分析超出了本章的讨论范围,但表 17.1 概括了这些因素对卫星高度计高度测量影响的量级。注意到对流层效应随大气湿度和温度廓线而变化,而电离层条件随地点、太阳黑子活动、一天中的时间和季节而变化。

表 17.1　13.6 GHz TOPEX/Poseidon 卫星高度计受大气和海况影响的典型午后校正值
[改绘自 Chelton 等(2001)]

来源	平均校正/cm		随时间变化/cm	
	赤道	中纬度	赤道	中纬度
对流层折射				
干	226	226	0.5	2

续表

来源	平均校正/cm		随时间变化/cm	
	赤道	中纬度	赤道	中纬度
湿	24	10	6	5
电离层折射	12	6	5	2
海况偏差	4	6	1	3

赤道纬度范围：30°S 至 30°N；中纬度：30°—60°S 和 30°—60°N。

由于电离层延迟随频率变化，可以利用在不同频率的高度测量差对电离层延迟进行距离校正。例如，利用三步法计算 TOPEX/Poseidon 高度计估算的距离，包括 Ku 波段和 C 波段。首先，在不考虑大气变化时收集距离估算结果；然后，对这些估算的距离分别进行海况偏差（见下节）校正；最后进行电离层和对流层距离校正。

大气延迟的距离校正 ΔR_{atm} 可以写为

$$\Delta R_{atm} = \frac{ct_{1/2}}{2} - \frac{c}{2}\int_0^{t_{1/2}} \frac{1}{n}\mathrm{d}t = \frac{c}{2}\int_0^{t_{1/2}} \frac{n-1}{n}\mathrm{d}t \qquad (17.22)$$

式中，c 为光在真空中的传播速度；n 为折射率的实部（随高度即随 t 改变，见 9.8 节讨论）。应用两种距离延迟校正，一种适用于在电离层中的传播，另一种适用于对流层：

$$\Delta R_{atm} = \Delta R_{ion} + \Delta R_{trop} \qquad (17.23)$$

对流层的传播是非色散的，因此折射率 n 可在信号带宽内看作常数。相反，电离层为色散介质，即 n 随频率而变。这两层存在区别，所以需要对 n 使用不同的模型。

电离层路径长度

对于微波频率，高度 z 处的电离层折射率的实部 $n'_{ion}(z)$ 与电子数密度 $n_e(z)$（单位：电荷数/m³）有关，近似关系式（Chelton et al.，2001）为

$$n'_{ion}(z) \approx 1 + \frac{40.3}{f^2}n_e(z) \qquad (17.24)$$

式中，f 为频率，单位为 Hz。在参考出处，表达式中 n_e 的单位是电荷数/cm³，所以包含一个量级为 10^6 的因子。等离子体频率 f_p 是电离层内电子振荡的自然频率，它与 n_e 的关系为

$$f_p = (80.6n_e)^{1/2} \qquad (17.25)$$

白昼时的电子密度最大（$n_e \approx 10^{12}$ 电荷数/m³），相应的等离子体频率 $f_p = 9$ MHz。

在高度 R 的垂向传播的电离层路径延迟长度 ΔR_{ion} 随 n'_{ion} 和 1 之差递增，即

$$\Delta R_{ion} = \int_0^R (n'_{ion} - 1)\mathrm{d}z = \frac{40.3}{f^2}\int_0^R n_e(z)\mathrm{d}z = \frac{40.3}{f^2}N_{ed}(z) \qquad (17.26)$$

式中，N_{ed} 为积分的电子密度，单位为电荷数/m^2。N_{ed} 的标准单位是 TECU，表示总电子含量单位，定义为 1 TECU = 10^{16} 电荷数/m^2。因此，

$$\Delta R_{ion} = \frac{40.3}{f^2} \times 10^{16} N_{TECU} \qquad (17.27)$$

式中，N_{TECU} 的单位是 TECU 。在一天当中，N_{ed} 夜间值低至 0.2 TECU，日间值高至 100 TECU。然而，当太阳黑子高度活跃时 N_{ed} 可达 200 TECU。如前文表 1.3 所述，大多数高度计在 C 波段（5.3 GHz）、Ku 波段（13.6 GHz）或 Ka 波段（35 GHz）工作，相对应的典型电离层路径长度 ΔR_{ion} 在表 17.2 中概括。由于 ΔR_{ion} 与 f^2 成反比，它在 35 GHz 时比低频率时小很多。

表 17.2　典型的低电离层路径长度和高电离层路径长度，分别对应于 N_{ed} = 1 TECU 和 100 TECU

频率	低 ΔR_{ion}	高 ΔR_{ion}
C 波段（5.3 GHz）	1.43 cm	143.1 cm
Ku 波段（13.6 GHz）	0.2 cm	21.8 cm
Ka 波段（35 GHz）	0.03 cm	3.3 cm

单频高度计必须依靠独立电子密度积分 N_{TECU} 的测量来确定 ΔR_{ion}。全球 N_{TECU} 分布可以通过全球定位系统测量得到。这样，ΔR_{ion} 可以不用双频高度计测量 N_{TECU} 来确定。

若 R_1 和 R_2 为两个在不同频率 f_1 和 f_2 工作的高度计所测量的距离，则分别有

$$R_1 = R_t + \Delta R_{ion_1} \qquad (17.28a)$$

和

$$R_2 = R_t + \Delta R_{ion_2} \qquad (17.28b)$$

式中，R_t 为真实距离，ΔR_{ion_1} 和 ΔR_{ion_2} 为电离层多余路径长度。R_1 和 R_2 的差为

$$R_2 - R_1 = \Delta R_{ion_2} - \Delta R_{ion_1} = a\left(\frac{1}{f_2^2} - \frac{1}{f_1^2}\right) \qquad (17.29)$$

式中，$a = 40.3 \times 10^6 N_{TECU}$，且

$$\Delta R_{ion_1} = \frac{a}{f_1^2} \qquad (17.30)$$

将式（17.29）代入式（17.30），替换式中的 a

$$\Delta R_{ion_1} = \frac{1}{f_1^2}(R_2 - R_1)\left(\frac{1}{f_2^2} - \frac{1}{f_1^2}\right)^{-1} = \left(\frac{\delta_f^2}{1 - \delta_f^2}\right)(R_2 - R_1) \qquad (17.31)$$

式中，$\delta_f = f_2/f_1$。将式（17.31）代入式（17.28a）得到真实距离 R_t 的计算式

$$R_t = R_1 - \Delta R_{ion_1} = R_1 - \left(\frac{\delta_f^2}{1 - \delta_f^2}\right)(R_2 - R_1) \qquad (17.32)$$

对流层路径长度

根据 9.8 节讨论的，对流层路径延迟 ΔR_{trop} 由对流层延尺分量 ΔR_{d} 和与水汽有关的湿对流层路径延尺分量 ΔR_{v} 组成：

$$\Delta R_{\text{trop}} = \Delta R_{\text{d}} + \Delta R_{\text{v}} \tag{17.33}$$

精确测量海面气压可以使 ΔR_{d} 的不确定度低于 1 cm，通过使用 20 GHz 通道的俯视星载微波辐射计的测量也能使 ΔR_{d} 的不确定度达到 1 cm（参见 9.8 节）。

17.3.3　海况偏差和电磁偏差

高度计回波信号是来自表面的镜面后向散射。回波的形状取决于波致粗糙面的镜面回波的高度分布。对于给定表面的局部镜面平面，后向散射功率正比于表面的局部曲率半径。因此，来自波谷的后向散射信号比来自波峰的大。这会低估表面高度，即平均散射表面高度比平均表面高度低，如图 17.10 所示。这一高度偏差，取决于风场，通常称为电磁偏差。此外，海浪的波形通常是不对称和倾斜的，即表面高度的均值和中值不同，这会引起偏度误差。电磁偏差和偏度误差的和称为海况偏差。为精确测量实际表面高度，必须校正海况偏差。

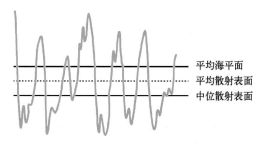

图 17.10　平均海平面高度图解

电磁偏差取决于许多表面性质。然而，由于电磁偏差必须由高度计回波估算，电磁偏差的校正传统地表示为关于有效波高 $H_{1/3}$ 的表达式，如

$$\Delta R_{\text{EM}} = -bH_{1/3} \tag{17.34}$$

式中，b 为无量纲常数，通过实验确定常数 b，它与风速和有效波高 $H_{1/3}$ 有关。图 17.11 给出了 b 在 Ku 波段随这些参数的变化情况（Chelton et al.，2001）。

科学家已经发展了许多测定 b 的理论方法，如 Elfouhaily 等（2000），但实际上已证明 b 的经验估算更胜一筹，部分原因是经验测量包括了所有与 $H_{1/3}$ 线性相关的效应，因此也包含了偏度误差校正。将高度计测量散射海面高度与其他传感器如浮标测量的平均表面高度结果对比，可以进行经验估算。

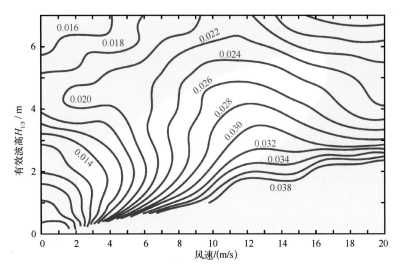

图 17.11　使用式(17.34)经验估计海况偏差系数 b(无量纲)，
白色区域为大于 99% 的风速/$H_{1/3}$ 的区域 (Chelton et al.，2001)

17.3.4　有效波高

如上所述，高度计回波的波形与有效波高 $H_{1/3}$ 有关，可通过回波前沿的斜率(图17.7)得到。有效波高是海表面大波的测量值，用于对某些高度偏差项进行参数化。由前沿斜率得到的 $H_{1/3}$ 的值取决于信号模型的假设。实际上 $H_{1/3}$ 是作为距离跟踪系统的一部分在卫星上测定的(见17.4.4节)；然而，通过地面处理，考虑波形形状对其他模型参数的依赖性，可以提高 $H_{1/3}$ 的估算准确度。

$H_{1/3}$ 的高度计测量结果要用外海浮标测量进行验证。由于高度计测量本质上是足印内的瞬时空间平均，而浮标测量是单点的时间平均，所以验证是很复杂的。许多验证研究表明，高度计估算的有效波高的均方根误差为 25~45 cm。

17.3.5　风速

来自高度计信号观测的后向散射功率取决于由雷达方程[式(17.16)]确定的后向散射系数 σ^0。由测量的信号计算表面 σ^0 要求对发射能量和天线增益进行精确定标，以及对接收机增益进行补偿。如上所述，平均面积可由波形确定。同时必须考虑由于大气效应产生的信号衰减。精确地设计和定标后，σ^0 的测量精度可达到十分之几分贝。

如第 16 章所述，在海洋表面，σ^0 与近表面风速有关。对于天底点视向高度计，表面光滑时，σ^0 在低风速时最大，随着风应力作用于表面，粗糙度增加，引起信号散射方向偏离高度计观测方向，σ^0 相应减小。近表面风速与 σ^0 的关系称为地球物理模型函数。科学家已经发展了理论和经验的高度计地球物理模型函数。Freilich 等（1994）发展的 Ku 波段地球物理模型函数写为

$$\sigma^0 = 12.40 - 0.245\ 9U + 8.956 \exp(-0.959\ 3U) \qquad (17.35)$$

式中，U 为海面上方 10 m 高度处的中性稳定风速。该模型与其他地球物理模型函数十分吻合。基于最小二乘法或最大似然估计方法，根据 σ^0 求解该方程可得到风速 U 的反演值，风速精度为 1.67 ~ 1.75 m/s（与海洋测风浮标上的风速计相比的均方根误差）（Chelton et al., 2001）。

17.3.6　地形

"海平面"是一个广泛使用的误称。海表面在各尺度上均存在显著的高度变化。在近似空间尺度上，海表面地形可写为

$$h = h_{geod} + h_{dyn} + h_{tide} + h_{atm} \qquad (17.36)$$

式中，h_{geod} 为相对参考椭球体的大地水准面起伏；h_{dyn} 为海流引起的动力地形表面高度；h_{tide} 为潮汐高度，h_{atm} 为大气压强引起的表面高度。表 17.3 概括了在不同时间和空间尺度的海表面高度扰动的量级。图 17.12 是一幅著名图片，展示了卫星高度计在大西洋墨西哥湾流的横截面上观测的海表面高度，图中标注了高度计轨迹的关键特征。

表 17.3　海洋地形变化尺度

来源	高度量级	空间尺度/km	时间尺度
海山/测深	±1 ~ 20 m	100 ~ 200	—
潮汐	1 ~ 16 m，由位置决定	100 ~ 1 000	数小时
大尺度海流	1 m	100	数月
中尺度海流	1 m	100	数天
沿岸风	数米	10 ~ 100	数天
大尺度风(厄尔尼诺/拉尼娜)	10 cm	10 000	数月
压力场	数厘米	100	数小时
海啸深海	数厘米	1 ~ 2	数秒

海表面是基于局地重力场的等势面，并因潮汐、风和浪而改变。等势面确定了大地水准面，也对应着平均海平面。一阶近似时，大地水准面即为参考椭球面，而高阶项则来源于地球重力场的非均匀性以及局地物质质量分布。这些高阶项称作波动，会导致等位势面与参考椭球面的距离最多相差 100 m。

随时间的变化是由月亮和太阳之间的潮汐引力以及风和流引起的。海洋潮汐在不同地点的差别很大且随时间变化，在某些海域其变化量可达数米。

风和大气压力梯度也能改变海表面，海流能够抬升或降低海表面。例如，长风区

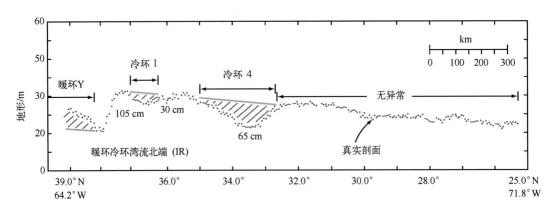

图 17.12　横跨墨西哥湾流的海洋地形。被称为"冷环"的小尺度涡旋会产生小尺度的变化。墨西哥湾流造成了斜坡 [改绘自 Cheney 等 (1981)]

的风推动海水拍打海岸，导致浅水区域的海面高度产生数米的变化。数十厘米的风生海面地形的变化是周期性厄尔尼诺或拉尼娜事件的标志。洋流能使海表面高度的变化达到 1 m。大尺度的大气压力梯度能够抬升或降低海表面。

星载雷达的主要目的之一就是精确测量海表面地形的变化，从而获取洋流信息。其关键在于合适的空间和时间采样，这取决于轨道(17.4.3 节)。图 17.13 是 TOPEX/Poseidon 测量的海洋地形示例，利用测量的高度减去大地水准面、潮汐和大气效应后可估算动力地形。这些因素的不确定性使得海表面动力地形的空间尺度相当大。

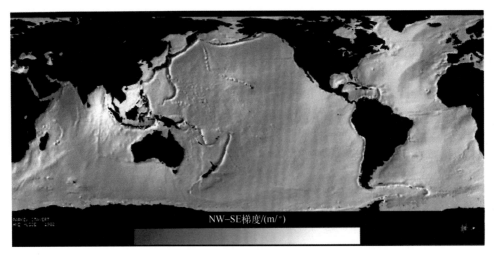

图 17.13　Seasat 卫星高度计测量的海洋地形(美国国家航空航天局提供)

17.3.7　海洋测深

海洋测深是对海底地形进行测量。卫星高度计已经能够成功地测量海底地形，并对曾经未知的海底山脉和其他海底特征进行定位。Dixon 等（1983）总结了利用高度计测量预测海底地形的基本理论，详细的分析论述超出了本章的讨论范围，但基本思想是将观测的重力场与海底地形的变化相关联。因为海洋的密度基本恒定，所以主要关注点是地壳的密度、厚度和沉积物密度及载重的变化。根据卫星重力测量得到的短波长地形，利用舰载测深声呐来限制其长波的深度（Smith et al.，1994；Sandwell et al.，2001）。

17.4　传感器的实用考虑因素

成本和航天器条件限制了卫星高度计的可用功率、重量、尺寸以及数据下行负载量。这些都需要综合权衡高度计的配置、性能和表现。

17.4.1　距离压缩和去斜率

高度计信号模拟在前几节被描述为距离压缩的信号。实际上，典型的高度计利用线性调频来发射脉冲。这样的发射信号称为线性调频信号。接收到的信号乘以延时的发射信号线性调频并进行滤波。这个过程称为去斜率或者是解线性调频，用来减少信号的带宽。解线性调频信号的距离压缩通过信号抽样以及离散傅里叶变换（见第 13 章）得到。离散傅里叶变换的输出被描述成"频域"，但这仅仅对于去斜率信号时是正确的。离散傅里叶变换仅仅是完成了在去斜率之前的距离压缩，因此输出实际上是在时间域的距离压缩。正如第 13 章所述，有效的距离分辨率与线性调频信号的带宽成反比。例如，一个发射频率 320 MHz 的带宽 B 产生一个有效的双程传播时间分辨率 $\Delta t = 1/B = 3.125$ ns。

在线性调频信号模型中，对于带宽为 B 的发射信号的缓变率为 α，并且发射脉冲长度为 τ，则

$$\alpha = \frac{B}{\tau} \tag{17.37}$$

当采用去斜率时，在调频脉冲发射的开始时刻和去斜率信号开始时刻之间的时间延迟 t_d 确定了去斜率信号的中心频率。这与双程传输距离 $R_d = ct_d$ 相一致。距离 $R_0 = R_d + \Delta R$，其中 $\Delta R > 0$，对应去斜率信号的频率 f_0：

$$f_0 = \alpha(R_0 - R_d) \tag{17.38}$$

因此，R_0 能够从 f_0 中计算得到：

$$R_0 = R_d + \frac{f_0}{\alpha} \tag{17.39}$$

距离压缩离散傅里叶变换的离散频率产生一系列 f_0 的值，输出为相对于距离的返回信号。离散的离散傅里叶变换格点，通常称为距离门，是波形采样值。离散傅里叶变换输出是 17.2 节中模拟的信号波形。注意到，通过调整 t_d，能够改变基础距离 R_0 和与之相对应的去斜率信号的频率。去斜率信号的离散傅里叶变换产生距离压缩信号。

17.4.2 距离跟踪

在设计星载数字处理器时，实际要考虑限制去斜率信号的采样时间，以及对每个脉冲进行采集和分析的采样次数。通过动态调整 t_d 和相对于表面的距离 R_0，能够维持一个窄的范围，从而限制需要被采样的去斜率信号的长度，该信号需要计算离散傅里叶变换和其他处理步骤。利用自动跟踪装置(ATU)进行时间设置，该装置可以通过执行一个算法来进行回波分析。

在一些例子中，通过离散步骤粗调整 t_d 来调整时间，在计算离散傅里叶变换之前通过采用去斜率信号的频率漂移来进行细调整。该方法过去已用于 TOPEX/Poseidon 高度计上(Chelton et al., 2001)。

当个别脉冲很嘈杂时，在利用自动跟踪装置进行分析之前会对多个脉冲进行平均。为了使信噪比最大，典型的高度计将会使用极高的脉冲重复频率，可以达到 20 kHz。相对于单一脉冲，平均脉冲可以提高信噪比并减少必须处理的数据量。

由于下行链路数据量的限制，阻碍卫星向地面发送平均脉冲。相反地，由自动跟踪装置确定的时间被下传至地面，并且在进一步处理之后可以作为高度计测量值的基础。然而，被选中的平均脉冲部分周期性地被传至地面进行后期处理。为了简化存储，通过相邻距离门取平均来降低波形采样分辨率。下传后的平均脉冲的地面处理称为重跟踪。由于在地面上可以实行更复杂的分析，重跟踪能够提高地形高度的估算精度。专门的重跟踪算法被应用于冰川冰(Martin et al., 1983)和识别冰山信号(Tournadre et al., 2008)。

所设计的在轨自动跟踪装置为实时运行。因此，自动跟踪装置的信息不是很复杂，这表明它或许不能精确获取表面高度，尤其是在陆地海洋交界处，这能导致海面跟踪失锁。自动跟踪装置必须再次获取、再次定位在其分析窗口的表面回波。在此期间，反馈时间是不准确的，并且这不适用于地形测量。在此期间下传数据的地面重跟踪也不能恢复计算。

自动跟踪装置的详细说明以及地面再跟踪算法不在本书的研究范围之内。Zieger 等于 1991 年发表的文章详细介绍了 TOPEX/Poseidon 星载自动跟踪装置算法，Rodriguez 等(1994)一文中介绍了 TOPEX/Poseidon 地面重跟踪方面的问题。本节仅讨论卫星自动跟踪装置的基本原理。

最初，自动跟踪装置扫描各种可能的范围粗略地选择距离。图 17.14 中定义了一组前门、中门和后门。这些宽度不同的波形采样门用于定位半功率点宽度 $t_{1/2}$。每一个门值是其所覆盖的波形采样门的均值。

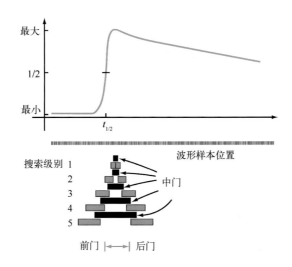

图 17.14　高度计自动跟踪装置使用的平均"门"的概念图解。顶部展示了预计的高度计波形形状和由垂线指示的波形样本位置。底部展示了早期、中期和晚期"门"的几个搜索级别的跨度范围，跨度范围覆盖的波形样本包括在"门"平均值中

波形前沿斜率，正如之前所提到的与波高有关，通过前门和后门的差值计算得到。该斜率一开始由最宽的门计算得到，随后，由更窄的门来确定，这取决于 $H_{1/3}$ 的估算值。中门恰好位于中心时，中门的值应该是峰值平均值的一半。如果值太高或者太低，需要调整时间，使波形在固定门的中心。中门序号是从前门或者后门的序号中二选一，用来确定 $H_{1/3}$。为了将噪声降低到最小，由门得到的时间更新需要用过滤器平滑，过滤器的系数取决于设计和所需的敏感度。实际的更新大约每秒 20 次。

正如之前讨论过的，云和雨会引起信号的延迟和衰减，这改变了信号的飞行时间。小的或者是周期性的衰减能够对跟踪器产生额外的噪声，并且降低其性能。天线指向误差会改变波形的形状并且会通过改变中门的半衡点从而对估计 t_d 产生偏差。

17.4.3 轨道的考虑

高度计测量卫星到星下点的距离。为了收集全球测量值，卫星的轨道必须覆盖全球。卫星轨道决定了高度计在地球表面的运行轨迹，从而决定了其覆盖范围。卫星轨道受到轨道运动方程的限制，而且卫星需要有足够的太阳光照，以便为卫星和高度计的运行提供动力。其他的轨道考虑因素包括辐射环境和大气阻力。轨道越高，大气负荷越小，但增加的距离测量要求高度计以较高的功率发射信号，进而维持较大的信噪比。轨道高度同时也影响卫星的相对地表速度，较低的低轨道意味着地表的速度更快。

Parke 等（1987）详细论述了高度计轨道设计问题。为了达到目的，影响轨道几何结构的主要因子是轨道高度、轨道离心率以及轨道倾角。通常来讲，更倾向于低离心率小于 0.001 的圆轨道。轨道倾角决定了能够被观测到纬度的范围。对于一个天底点视向传感器，比如高度计，能够观测的最大的纬度值与轨道倾角 i 有关，关系为 $|\text{lat}_{max}| = 90° - |90° - i|$。注意，除非高度计是成像仪器，否则它提供的高度测量仅仅覆盖卫星轨道正下方非常窄的范围，其余地方观测不到。

特定的轨道参数组合能够使得卫星精确地、周期性地重复轨道，这对于大多数高度计应用都是比较理想的，因为可以对固定点进行长期观测。重复的轨道会产生对某一个固定地点的重复采样，包括各个轨道相交点，如图 17.15 所示。这些交叉点对高度计的校准以及潮汐观测很有帮助。对于一个具有精确重复轨道的高度计，对一个给定的地点几天采样一次，这意味着对当地潮汐高度的变化（主要周期为每天一次或两次）的采样不足。因此，潮汐高度在高度计每个测高点的高度测量中都会发生混淆。利用潮汐成分与地球自转率和月球周期的谐波关系可以解决这种混淆现象。如果有足够长时间的观测序列，潮汐高度变化就能够被估算出来，并且潮汐混淆现象能够被分离出来，这样不至于潮汐高度混淆发生在 0 值附近，对应于平均海面高度。确保这一点为选择轨道参数提供另一套约束条件，这里不考虑其细节。

高度计已经在各轨道上飞行，其中最为普遍的是 TOPEX/Poseidon 以及 Jason 后续星使用的 1 336 km 轨道。选择该轨道是为了提供潮汐的时空高精度采样，同时满足高度和覆盖范围的需求。从高度观测值中减去测得的潮汐以改善海面动力地形的质量。

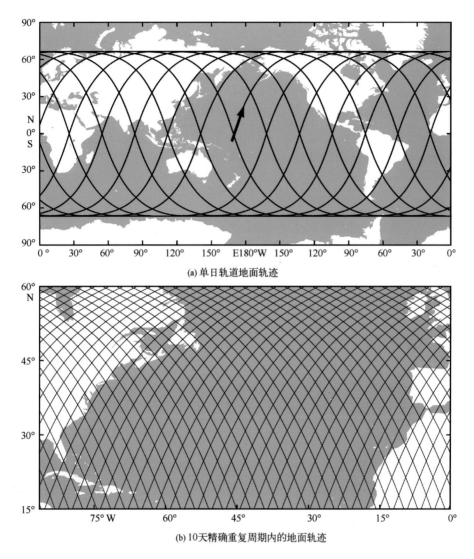

(a) 单日轨道地面轨迹

(b) 10天精确重复周期内的地面轨迹

图 17.15　TOPEX/Poseidon 轨道空间地面覆盖图（Chelton et al.，2001）

17.5　合成孔径高度计

　　高度计的沿轨分辨率取决于天线波束宽度以及在脉冲积分过程中为估算高度而
传播的距离。利用合成孔径技术可以获得较高的沿轨分辨率，这减小了天线的长度，
增加了信号处理的复杂度。第 14 章中发展的通用理论能够应用于合成孔径雷达高度
计（SARA）。SARA 提高了沿轨分辨率但是并不影响交轨分辨率。

对于 SARA，必须考虑表面地形变化对脉冲重复频率(PRF)的限制。为了确保来自两个不同脉冲的信号不被同时接收到，脉冲重复频率的上限 f_p 为

$$f_p < \frac{c}{2\Delta R_s} \tag{17.40}$$

式中，ΔR_s 为轨道足印上最大斜距变化，包括地形变化和斜率[图 17.2(c)]。注意到斜距变化范围遍及足印覆盖区域，包括交轨，必须将其考虑到 ΔR_s 的计算中。偏离天底点观测角度产生的斜率会增大 ΔR_s。方便起见，忽略交轨变化以及地球曲率，ΔR_s 的近似表达式为

$$\Delta R_s = H_s + h\alpha\beta + \frac{h\beta^2}{8} \tag{17.41}$$

式中，H_s 为平均斜率附近的地形变化；β 是天线波束宽度；h 为卫星高度；α 为平均表面倾斜角度。而且，由于 H_s 远小于其他项，因此可以忽略。利用 $\beta \approx \lambda/l$，其中，l 为天线沿轨长度，得到

$$R_s \approx \frac{h\lambda}{l}\left(\alpha + \frac{\lambda}{8l}\right) \tag{17.42}$$

得到脉冲重复频率约束条件

$$f_p < \frac{cl}{2h\lambda(\alpha + \lambda/8l)} \tag{17.43}$$

正如第 13 章中所述，脉冲重复频率必须至少达到天线每移动自身长度的一半就有一个脉冲，即 PRF$\geq$2u/l，其中，u 为平台移动速度。利用脉冲重复频率的最小值求解 l，我们发现当 α 为小值时

$$l^3 > \frac{4h\lambda^2 u}{c} \tag{17.44}$$

同时，α 为大值时

$$l^2 > \frac{4h\lambda u\alpha}{c} \tag{17.45}$$

这些表达式确定了天线尺寸的最小值。正如对低轨的数值实验，对于低频高度计($\lambda=0.2$ m，$h=300$ km，$u=7$ km/s 以及 $\alpha=0.4$)，从上两式中得到天线长度最小值 $l > 0.1$ m。注意到，使用 $l=0.1$ m 需要脉冲重复频率为 70 kHz。

17.6 宽刈幅或成像高度计

传统高度计只能沿星下点轨迹测量高度，其交轨分辨率由天线波束宽度决定。为了提供更宽的测量刈幅，需要多波束或者单波束在交轨方向扫描，或者干涉仪(干涉合

成孔径雷达）也可以测量地形。在本节，
我们仅简单介绍宽刈幅高度计或者成像高
度计。干涉仪在第 15 章中已讨论。

可以使用单独的天线、带有单个反
射器的多个馈电装置或有源天线同时提
供多个波束。天线能进行机械或电子化
扫描。机械扫描可借鉴辐射计方案（第 7
章），多种电子波束操控方案均可实现。
对于所有方案，空间分辨率都取决于地
面上的天线观测区域。图 17.16 说明了
宽刈幅高度计几何构型。

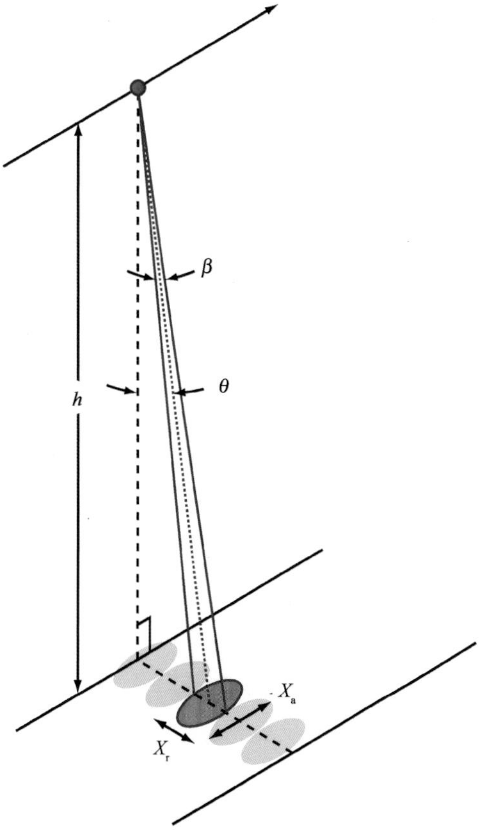

单波束扫描的设计需要考虑额外的因
素，因为卫星沿轨迹移动与天线波束沿轨
迹分辨率相对应的距离期间，波束必须扫
描到所有交叉轨道为止。某真实孔径波束
的沿轨分辨率 X_a 约为

$$X_a = 2h \tan \beta/2 \approx h\beta \approx \frac{h}{\lambda/l}$$

(17.46)

如果在刈幅范围内有 N_B 个波束位置，
当卫星在沿轨方向移动的距离为 X_a 时，需
要监测每个波束的位置。每个波束的最大停滞时间为

图 17.16 宽刈幅扫描高度计的几何示意图，
只展示了卫星轨道的一侧，实际上传感器对
两边都进行观测

$$t_{dwell} < \frac{X_a}{u N_B}$$ (17.47)

注意，该限制并没有包括波束切换时间。对于较小的 X_a 和较大的 N_B 所对应的高分
辨率系统，由于发射信号和接收信号之间存在长时间时间延迟，故 t_{dwell} 和 t_d 比较接近，
所以需要仔细地设计扫描和时间控制方案。需要注意的是，利用合成孔径技术可以放
宽式(17.47)中的限制条件，进而提高沿轨分辨率。

注意，高度计天线波束偏离天底点时对地形有倾斜效应，如图 17.17 所示的例子。
在 17.2.2 节中考虑的斜率分析适用并且信号模型必须适宜每一个波束位置。偏离天底
点位置需要更多的卫星姿态信息来避免在高度估算时产生的人为斜率误差。

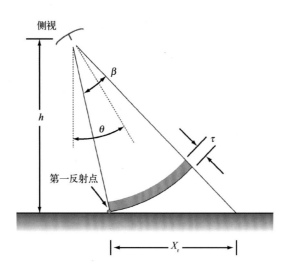

图 17.17　偏离天底点的高度计几何示意图

17.7　CryoSat-2 卫星

地球上的冰冻水部分被称为冰冻圈。CryoSat-2 是一个卫星任务，其目的是测绘格陵兰岛以及南极洲的冰盖厚度和测量极地海洋浮冰的厚度(eoportal.org)。CryoSat-2 在 2005 年 10 月发射失败之后，又于 2010 年 4 月发射成功，并且已经有了很多关于南极洲的发现，包括一个巨大火山口的识别(该火山口有可能是冰层 3 km 下的一个湖泊突然干涸之后遗留下来的遗迹)(欧洲空间局，CryoSat 公告，2013 年 7 月 2 日)。

CryoSat-2 上的主要测量仪器由合成孔径雷达/双天线干涉仪/高度计组成，称为合成孔径干涉雷达高度计(SIRAL)。图 17.18 所示是概念图，展示了卫星的 15 km 足印和 250 m 沿轨分辨率。其工作频率为 13.575 GHz，距离分辨率为 45 cm。表 17.4 概述了仪器参数，图 17.19 展示了 2011 年 3 月北极圈海冰厚度图。在水面以上冰层的厚度可达 5 m，然而 SIRAL 的工作频率，其穿透深度只有数厘米，因此利用该传感器来直接测量海冰的厚度是不可能的。雷达高度计测量的是海冰出水高度，也就是水面之上的海冰厚度。如果知晓海冰出水高度和水面之下海冰厚度的比例，可以估算出总的海冰厚度。通过重复周期的观测，CryoSat-2 可以提供每月的海冰厚度分布，使得气候科学家能够监测北极和南极地区含冰量的演化。

图 17.18　CryoSat-2 卫星搭载的 SIRAL 概念图(欧洲空间局)

表 17.4　CryoSat-2 卫星搭载的 SIRAL 仪器的说明书(欧洲空间局)

参数	值
射频频率	13.575 GHz(单频 Ku 波段雷达)
脉冲带宽	320 MHz(仅在 SARIn 中有 40 MHz 用于追踪)
脉冲重复频率	LRM 中 1.97 kHz, SAR 和 SARIn 中 17.8 kHz；用于多普勒处理的相干脉冲传输
突发模式脉冲重复频率	LRM 中 1 970 Hz, SAR 中 85.7 Hz, SARIn 中 21.4 Hz
脉冲/突发	LRM 为 N/A, SAR 和 SARIn 中为 64
脉冲持续时间	50 μs
定时	LRM 为规律的脉冲重复频率, SAR/SARIn 为突发模式
样品/脉冲	LRM 和 SAR 中是 128, SARIn 是 512
射频峰值功率	25 W
天线大小	2 个 1.2 m×1.1 m 的反射器并排放置
天线波束宽度(3 dB)	1.08°(沿轨)×1.2°(交轨)
天线足印	15 km
距离分辨率	大约 45 cm
沿轨分辨率	250 m(SAR/SARIn)
数据率	LRM 为 50 kbit/s, SAR 为 12 Mbit/s, SARIn 为 2×12 Mbit/s
仪器质量(带天线)	70 kg(非冗余)
仪器功率	149 W

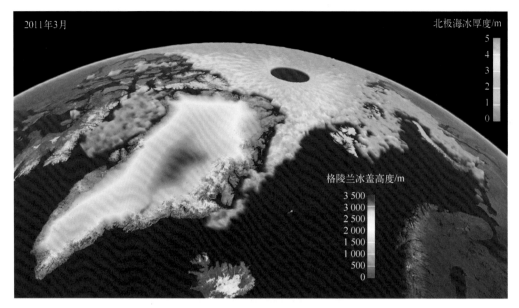

图 17.19　利用 CryoSat-2 卫星搭载的 SIRAL 观测数据反演的北极海冰分布(欧洲空间局)

习　题

17.1　对于天线直径为 1 m，工作频率为 Ku 波段(14.6 GHz)和 C 波段(5.4 GHz)，轨道高度为 820 km 的卫星高度计，请绘制其有限波束的足印。对于每个例子，有效距离分辨率为多少？

17.2　在题 17.1 中，如果使用 320 MHz 带宽线性调频脉冲，有限脉冲的距离分辨率为多少？对于 Ku 波段，假设表面光滑平坦，请按比例绘制表面上几个测距单元的空间覆盖草图。

17.3　对于题 17.2，如果最多 64 个采样门，则能够估算的表面高度的最大范围是多少，假设 64 个测距单元是固定的。

17.4　对题 17.1 和题 17.2 中所用的 Ku 波段雷达，请绘制高度误差 Δh 随卫星倾斜角的变化曲线。

17.5　对题 17.1，如果要求光滑平坦表面的天底点能够包含在足印中，卫星允许的最大倾斜角是多少？

第 18 章
海洋辐射遥感

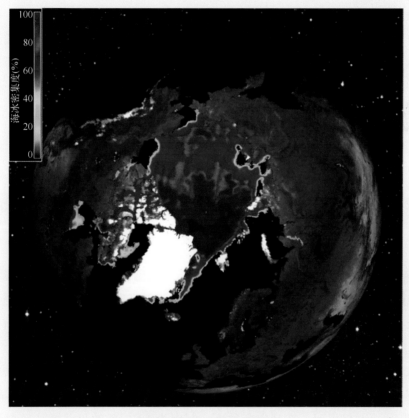

辐射计观测北极海冰密集度

　　1978 年发射的 Nimbus-7 卫星为研究者们提供了综合评价微波辐射技术监测海表动力环境的机遇。该卫星携带多通道微波扫描辐射计(SMMR)，该载荷由 Nimbus-7 SMMR 实验团队(Gloersen et al., 1984)设计，其目的是实现海表温度、海面风场、海洋上空的大气水蒸气、海冰密集度、海冰年龄、海冰辐射温度以及地表积雪覆盖的全天候观测。SMMR 包括 5 个频率(6.6 GHz、10.7 GHz、18 GHz、21 GHz 和 37 GHz)的微波辐射计，并且利用振荡偏置抛物反射面获取地表图像。之后，搭载于 DMSP Block 5D，类似于 SMMR 的微波辐射计在 1987 年、1990 年、1991 年、1995 年、1997 年、1999 年以及 2003 年相继发射。搭载于 TRMM 卫星、Aqua 卫星、ADEOS 和 Coriolis 卫星上的微波辐射计也于 1997 年、2002 年、1996 年和 2003 年相继发射(表 1.4)。本章旨在研究微波辐射与前述各海洋参数之间的关系以及如何利用多频率或多通道辐射观测反演这些参数。所列的海洋参数缺少海洋盐度，对海洋盐度的测量需要使用比 SMMR 所用最低频率更低的辐射计观测。因此，欧洲空间局于 2009 年发射了土壤湿度和海洋盐度卫星(SMOS)，其主载荷为 1.4 GHz 频率的微波成像辐射计。

18.1　海面亮温

　　星载辐射计以入射角 θ 通过水平分层的大气层观测地球表面来测量 p 极化亮温，其公式由式(6.113)给出，将其改写成如下形式：

$$T_B^p(\text{satellite}) = Y_a(T_B^p + T_{SS}^p) + T_{UP} \tag{18.1}$$

式中，T_B^p 为在不考虑大气的前提下，p 为极化海表亮温；T_{SS}^p 为 p 极化大气下行辐射亮温(T_{SKY})被海表向上散射的部分；T_{UP} 为大气上行辐射亮温；Y_a 为大气单向透射率。海表最重要的物理量是 T_B^p，因为其直接与海表参数有关。式(18.1)右边的所有变量都是 θ 的函数。

　　与大气相关的物理量 Y_a、T_{SKY}、T_{UP} 能够通过海表上方的大气状态信息进行估算，大气卫星传感器可以提供这些信息。此外，可以通过估算 T_{SKY} 和地表反射率获取合理精确的 T_{SS}^p。举例说明，在晴空条件下，频率为 18 GHz 的星载微波辐射计以入射角 $\theta = 50°$ 观测海表面，海表温度为 $T_s = 290$ K。如下所示，由于风速和相对于天线波束方向的风向的共同作用，海洋的 h 极化亮温变化范围为 80~100 K。当 $T_B^h = 80$ K 时，辐射率为

$$e^h = \frac{T_B^h}{T_s} = \frac{80}{290} = 0.276$$

在晴空条件下，$T_{SKY} \approx 15$ K。则表面散射贡献为

$$T_{SS}^h \approx (1 - e^h)T_{SKY} \approx (1 - 0.276) \times 15 = 10.9 \text{ K}$$

如果我们重复计算最大可能值 $T_B^h = 100$ K，最终得到 $T_{SS}^h = 9.83$ K。因此，最大可能误差量级为 1.1 K。

> ▶ 这个例子旨在说明确实可以将卫星辐射计测量的亮温转换为海表亮温，误差大约为 1 K。◀

接下来，将注意力集中在如何将 T_B^p 与海洋表面的地球物理参数联系起来，包括物理温度、盐度、粗糙度谱(与风矢量有关)，以及是否存在海冰或溢油。

18.1.1　谱敏感度

亮温是大气和海洋表面的地球物理参数的函数。在时空变化方面，最重要的变量为海表温度 T_s、海表风速 u、海表盐度 S、综合可降水量 h_v 以及云液态水路径 h_L(见9.6节)。可以将 T_B^p 写成如下形式：

$$T_B^p = T_B^p(f, \theta; T_s, u, S, h_v, h_L) \tag{18.2}$$

式中，由两组变量组成：①传感器参数：微波频率 f，入射角 θ，天线极化方式 p；②一系列地球物理变量，包括 5 个之前列出的地球物理参数。T_B^p 与大气变量之间的关系已经在第 8 章和第 9 章进行了研究，是 f 和 θ 的函数。T_B^p 与 3 个海洋参数的关系在接下来的章节中研究，它是这 3 个传感器变量的函数。通过以上研究，对传感器参数进行谨慎选择，从而提高辐射观测技术的反演能力。Wilheit 等(1980)依据 SMMR 仪器所选择的频率阐明了这一过程。图 18.1 展示的是 5 个地球物理参数(记为 g_i)的敏感度 $\partial T_B^p / \partial g_i$ 的图谱。为了能够在同样的范围内展示，我们对这些敏感度谱曲线进行了归一化处理，曲线描绘的是频率为 f 时，参数 g_i 的递增引起 T_B^p 的递增。频率轴线的箭头表示 SMMR 的频率通道。海表盐度的敏感度曲线表明，当频率在 4 GHz 以上时，海表盐度对 T_B^p 的影响变得微不足道。这也解释了为什么 SMMR 不能测量海表盐度。海表温度敏感度($\partial T_B^p / \partial T_s$)，在 5 GHz 附近有一个峰值，这与 SMMR 的 6.6 GHz 通道很类似。类似地，10.7 GHz、21 GHz 以及 37 GHz 通道也有可能被认为分别是测量风速、综合可降水量以及云液态水路径的主要通道。事实上，每一个通道(包括 18 GHz 通道)都包含我们所讨论的每一个地球物理参数的一些信息。因此，在实际算法中会利用多个通道而不是单一通道观测反演上述地球物理参数。实际上，SMMR 有 10 个通道，一个水平极化通道以及一个垂直极化通道(每个通道都有 5 个频率)，反演算法使用所有通道观测。

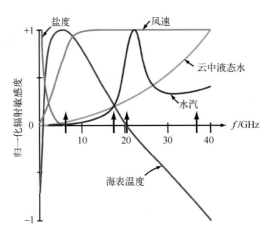

图 18.1 归一化辐射敏感度谱 $Q_{g_i}/(Q_{g_i})_{max}$，其中 $Q_{g_i} = \partial T_B^p / \partial g_i$，$g_i$ 为各种地球物理参数。频率轴线的箭头表示的是 SMMR 各通道的频率。对给定参数最重要的频率范围被定义为正值 (Wilheit et al.，1980)

18.1.2 光滑表面的亮温

在我们研究由风引起的海表粗糙度影响之前，先来考虑一种光滑、平静水表面的简单情况。对于镜面表面，亮温 T_B^p 和散射温度 T_{SS}^p 都以镜面菲涅耳反射率 (Γ^p) 定义：

$$T_B^p = e^p T_s = (1 - \Gamma^p) T_s \qquad (18.3a)$$

以及

$$T_{SS} = \Gamma^p T_{SKY} \qquad (18.3b)$$

Γ^v 和 Γ^h 的表达式参见前文 2.8 节。

图 18.2 展示了 4 种微波频率下镜面表面的亮温随入射角的变化，该图是利用 4.2 节中的盐水介电模型计算得到的。任何镜面表面辐射率的基本特征如下：对于水平极化，e^h 随着入射角 θ 的增大而减小；对于垂直极化，e^v 随着入射角 θ 的增大而增大，直到入射角 θ 达到布儒斯特角 θ_B，随后 e^v 在 θ_B 到 90°之间急剧下降。

图 18.3 展示了 3 种观测条件下 T_B^p 的谱变化特征，在 p=h 时，θ=0°和 θ=50°；在 p= v 时，θ=50°。为了便于比较，采用两组绘图，其中一组是纯水，另一组是 36 psu* 的盐水，这是海水的典型盐度值。当频率为 1 GHz 时，纯水和海水的亮温 T_B^p 差异相当大。然而，该差异随着频率的增大而急剧减小，当频率大于 4 GHz 时，这种差异可忽略不计。这种特征是海水介电常数 ε_w 对频率依赖的反应。在 18.2 节中将会讨论 T_B^p 与海水盐度的关系。

------

* psu(实用盐标)等于 1‰ (每 1 kg 的水内溶解固体盐的克数)。

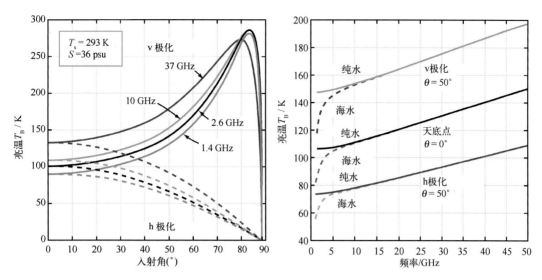

图 18.2　4 种微波频率下镜面表面的亮温随入射角的变化　图 18.3　20℃ 的纯水和海水亮温随频率的变化

18.1.3　海水的穿透深度

式(18.3)的表达式是一个均匀温度廓线的半无限水介质模型。从严格意义上讲，海水并不具有均匀的温度分布。但是，作为大部分辐射的主要来源，表层水确实非常接近这一条件。

> ▶ 理由很简单：微波穿透海水的深度大约只有 1 cm。◀

图 18.4(a)给出了在 1.4 GHz 频率下，穿透深度 δ_p 随海水盐度变化的曲线图。而图 18.4(b)给出了在海水温度为 20℃ 时，δ_p 随频率变化的曲线。这些图形是以 4.1 节和 4.2 节中的介电模型为基础得到的。对于海水，δ_p 从 1 GHz 的 0.5 cm 降低至 10 GHz 的 1 mm。对于淡水，在 1 GHz 时，δ_p 为 5 cm，但是随着频率的增大而急剧降低，并且最后在 10 GHz 时降低到与海水相近。

18.2　海表温度和盐度测量

远程监测海表温度和盐度时空变化的能力有助于研究和模拟海洋环流以及海洋与大气之间的能量交换。Blume 等(1977)指出，卫星热红外辐射计(TIR)自 20 世纪 60 年代末就已经提供了海表温度图。然而，反演的温度准确度取决于当时的云层覆盖条件。与此相反，在微波区域中，云衰减的影响要弱得多，特别是在低于 10 GHz 的频率。

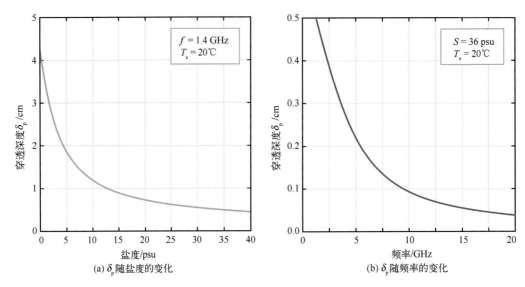

图 18.4　当频率为 1.4 GHz 时，穿透深度随海水盐度的变化和盐度为 36 psu 时，
穿透深度随频率的变化

海表亮温 T_B^p 是海表温度 T_s（经常被称为 SST）、盐度 S、表面粗糙度以及海表面存在的泡沫的函数。T_B 的敏感度与风产生的表面粗糙度和泡沫的变化有关，而且随着频率的增大而增大直到频率达到 10 GHz，基本上在此之后趋于平直（图 18.1）。

> ▶ 对于海表温度和盐度的测量，在低频率下更加合适。这是因为低频率可以抑制与风相关的影响 T_B 的因素，从而降低由这些因子产生的不确定性。该不确定性与利用辐射计测量的亮温反演海表温度 T_s 和盐度 S 有关。◀

18.2.1　盐度的敏感性分析

如果暂时忽略表面粗糙度的影响，海洋的辐射亮温由式（18.3a）给出：

$$T_B^p = (1 - \Gamma^p) T_s \tag{18.4}$$

表达式中，对于 $p = v$ 和 $p = h$ 的镜面反射率 Γ^p 可通过表 2.5 获得。反射率和入射角度 θ 与水的介电常数 ε_w 有关。后者与海表温度 T_s、盐度 S（通常被称为海表盐度，SSS）以及微波频率 f 有关，详细关系描述见 4.2 节。通过保持 4 个变量（θ, f, T_s, S）中的 3 个不变就可以计算出 T_B^p 相对于第四个变量的变化。图 18.5 是 T_s 取不同值，且垂直入射和频率为 1.4 GHz 时，T_B 随海表盐度 S 的变化关系图。

p 极化盐度敏感度 Q_S^p 定义为

$$Q_S^p = \frac{\partial T_B^p}{\partial S} \tag{18.5}$$

其对应于 T_B^p 关于 S 的曲线斜率。一般来讲，T_B^p 关于 S 呈非线性变化，并且盐度敏感度 Q_S^p 非常依赖于海表温度 T_s。图 18.5 中给出的曲线表明，Q_S 在 $T_s = 0℃$ 时最小，在 $T_s = 30℃$ 最大。

对于开阔大洋，盐度平均值大约为 32.5 psu，它的变化范围很少低于 30 psu 或者高于 38 psu。假设 $T_s = 20℃$，并且定义 Q_S^p 是 T_B^p 关于 S 的函数在 $S = 30$ psu 和 $S = 38$ psu 之间的线性斜率值。图 18.6 展示了 $p = h$ 时 $\theta = 0°$ 和 $\theta = 40°$ 以及 $p = v$ 时 $\theta = 40°$ 的 Q_S^p 随 f 的变化曲线。从这 3 条曲线可以看出，对于所有曲线，$|Q_S^p|$ 在 1 GHz 时最大，随着频率的增大而迅速减小。实际上，当频率大于 5 GHz 时，$Q_S^p \approx 0$。此外，在 3 种传感器参数条件下，v 极化且入射角为 50° 时，盐度变化的敏感度最高。

之前的分析以平静海面为假设前提，即海表没有粗糙度，但这是不现实的。如下所述，从 T_B 数据中反演海表盐度 S，必须引入海表温度 T_s 和风速 u 的校正因子。通过其他微波辐射计通道能得到用于估算 T_s 和 u 的校正因子。

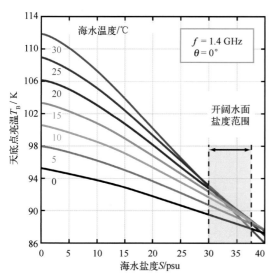

图 18.5　在平静海面条件下，当频率为 1.4 GHz 时，天底点亮温随海水盐度的变化

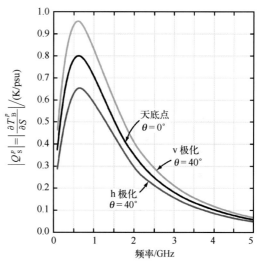

图 18.6　$T_s = 20℃$ 和 $S = 35$ psu 条件下，盐度敏感度绝对值随频率的变化（Le Vine et al.，2010）

18.2.2　海表温度的敏感性分析

亮温 T_B^p 取决于物理温度 T_s，不仅如式（18.4）所示，而且还通过 Γ^p 和 T_s 的依赖关系间接表现出来。图 18.7 给出了在不同的 S 值下 T_B 随对应的 T_s 的变化图。该图是 Vine 等（2010）利用 Klein 等（1977）的介电模型计算得到的，结果与 4.2 节中的模型结果相吻合（$f = 1.4$ GHz）。如果设定盐度为 32.5 psu，且当 T_s 为 0~30℃ 时，T_B^p 可近似认

为是 T_s 的线性函数，那么可以得到图 18.8 所示的谱图，其斜率就是海表温度敏感度：

$$Q^p_{T_s} = \frac{\partial T^p_B}{\partial T_s} \tag{18.6}$$

式中，T^p_B 与 T_s 的单位为 K；$Q^p_{T_s}$ 无量纲。根据图 18.8 中给出的结果，$Q^p_{T_s}$ 有可能是正值、是负值或者是 0，这取决于传感器参数 (f, θ, p)。根据之前对盐度敏感度 Q^p_s 的讨论，当频率大于 5 GHz 时，我们几乎可以消除盐度 S 对频率的依赖。这就是 SMMR 仪器其中一个通道频率选择 6.6 GHz 的主要原因，随后的通道替换也是基于这个考虑。我们也注意到，在 1.4 GHz 附近，$Q^p_{T_s} \approx 0$。

> ▶ 选择 6.6 GHz 作为通道的主要目的是测量 T_s。在图 18.8 中，$Q^p_{T_s}$ 在 6.6 GHz 附近宽阔范围内的中心处有一个最大值，在 3 组传感器参数下，垂直极化且当入射角 $\theta = 50°$ 时，盐度敏感度最高。◀

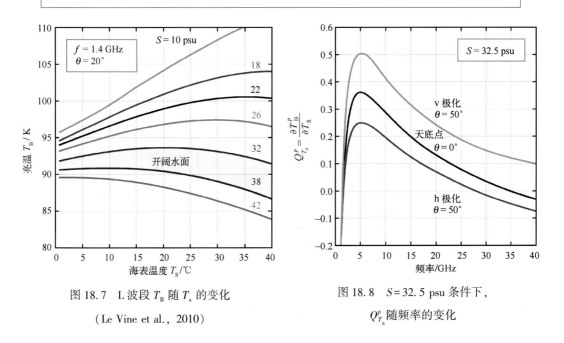

图 18.7　L 波段 T_B 随 T_s 的变化

(Le Vine et al., 2010)

图 18.8　$S = 32.5$ psu 条件下，

$Q^p_{T_s}$ 随频率的变化

18.2.3　海表温度的卫星测量

1978 年发射的卫星 Nimbus-7 搭载了 SMMR 仪器，首次为研究者们利用星载辐射计微波观测发展和测试海表温度反演算法提供了机遇。正如之前提到的，结合图 18.8，亮温对海表温度的敏感度在 6.6 GHz 附近有一个宽阔的范围的，该区域中心敏感度最大。1978 年之前，唯一在 10 GHz 频率以下辐射观测地球海洋的卫星是 1968 年和 1970 年发射的 Cosmos 243 及 Cosmos 384 搭载的频率为 3.5 GHz 的辐射计，以及 1973 年发射的 Skylab 上搭载的频率为 1.4 GHz 的辐射计。由于 Cosmos 辐射计只成功获取了很短一段时间的数据，因此无法利用这些数据对海表温度的敏感度进行全面的定量评估。Skylab 辐射计在 1973—1974 年的观测表明亮温 T_B 基本上与海表温度 T_s 无关(Lerner et al.，1977)。这一结果也证实了图 18.8 中所展示的理论计算结果，表明盐度约为 35 psu 且频率为 1.4 GHz 时，亮温对海表温度的敏感度 $Q_{T_s} \approx 0$。

SMMR 的 5 个通道的频率范围介于 6.6~37 GHz。6.6 GHz 的通道(水平和垂直极化)完全适合提供海表温度信息。利用 SMMR 观测数据建立海表温度反演算法是 20 世纪 80 年代早期大量文章和报告的主题(Wilheit et al.，1980；Hofer et al.，1981；Lipes，1982；Pandey et al.，1983；Milman et al.，1983；Prabhakara et al.，1983)。在这些算法中，Wilheit 等(1980)发展了第一个将统计反演技术(9.3.5 节)应用于模拟数据集的算法。该数据集是在各种海洋和大气条件下，利用一组辐射传输模型产生的。该算法是利用 SMMR 发射前的仪器校准常数发展的。将船舶收集的数据与 SMMR 算法反演的海表温度值进行比较，结果表明，大约在 20℃ 时，有一个较大的偏差，并且关于船舶测量有一个较大的方差(Milman et al.，1983)。随后利用 SMMR 改进后的校准常数和适用于产生模拟数据集的物理模型对该算法进行了修正。Milman 等(1985)将这个新的版本称之为第二版，如下：

$$T_s = T_s' - 1.34 - 0.2[7.5 - T_s'(1 - 0.025T_s')] \tag{18.7a}$$

$$T_s' = 1.7T_B^v(6.6) - 0.37T_B^h(6.6) + \frac{56[285 - T_B^h(10.7)]}{285 - T_B^v(10.7)}$$

$$- \frac{245[285 - T_B^h(18)]}{285 - T_B^v(18)} - 326\ln[280 - T_B^v(18)]$$

$$+ 370\ln[280 - T_B^h(18)] - 11\ln[280 - T_B^h(21)] - 3\theta_i - 73.15$$

$$\tag{18.7b}$$

式中，T_s 为反演的海表温度，单位为℃ ；T_s' 为校正之前的海表温度，单位为℃，由于辐射率对海表温度有明显依赖关系，因此需要进行校正；T_B^v 和 T_B^h 分别是测量的垂直极化和水平极化通道部分的亮温；θ_i 为入射角，一般情况下为 50°，并且对于 SMMR 天线的圆锥形扫描方式而言只改变零点儿度。在 SMMR 的 10 个通道内，6.6 GHz 垂直极化通道是测量海表温度最重要的通道。

> ▶ 选择该频率(6.6 GHz)是因为它接近亮温对海表温度敏感度的峰值(图 18.8)，并且 SMMR 的垂直极化辐射率在 50° 入射角时可以近似认为与风速无关。 ◀

Wilheit 等(1980)使用的方法起初是为了发展海表温度算法，后来成为构建其他算法的基础。各种海表温度算法之间的主要区别在于：①从 SMMR 的 10 个通道中依次选择最重要通道的具体方法；②用于消除系统误差的校正类型，可能取决于一天中的时间也有可能在不同的时间段而存在差异（Milman et al.，1985）。

图 18.9 给出了 18 702 组 SMMR 反演的 T_s 值与船测值的比较结果（船测值与 SMMR 观测值的时空匹配窗口为 75 km 和 24 h 以内）。式（18.7）给出了修正的算法，Milman 等（1985）称之为第四版。海表温度反演的均方根误差为 1.79℃。在其他的研究中，海表温度的反演精度在 1~1.5℃（Hofer et al.，1981；Lipes，1982；Pandey et al.，1983），这些研究涉及少量的观测、较短的时间周期和/或较有限的地理区域。如今，全球海表温度可由先进甚高分辨率辐射计（AVHRR）红外观测获得，或者通过红外和微波辐射计联合观测获得。AVHRR 辐射计包含 6 个红外通道，波长范围在 0.6~12 μm，天底点空间分辨率约为 1 km（NOAASIS. NOAA. gov）。图 18.10 给出了一个全球海表温度示例图。

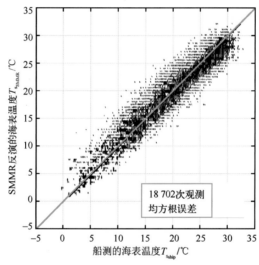

图 18.9　SMMR 反演的海表温度与船测的海表温度对比散点图（Milman et al.，1985）

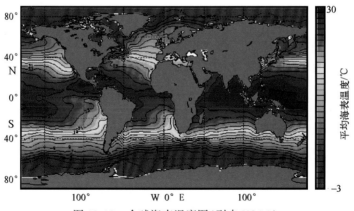

图 18.10　全球海表温度图（引自 NOAA）

18.2.4　海表盐度的卫星测量

正如前面所提到的，结合图 18.6 和图 18.8 可以看出，亮温 T_B^p 在 L 波段（1.4 GHz）对海表盐度有非常强的敏感度，同时对海表温度的敏感度很低。图 18.11 给出了船舶传感器测量的盐度时间变化廓线与利用电子扫描稀疏孔径辐射计（ESTAR；Le Vine et al.，2001）测量的 1.4 GHz 亮温反演的盐度结果比较（Le Vine et al.，2010）。因为 NASA 航空器的飞行轨迹沿着船舶的航行路径，所以卫星盐度反演值可以与船舶观测值进行比较。辐射计反演的盐度廓线与现场观测的盐度廓线吻合较好。

迄今，已有两个 L 波段卫星辐射计可以用于测量海表盐度，第一个是于 2009 年发射的 SMOS（土壤湿度和海洋盐度）卫星（Font et al.，2004，2010）；第二个是于 2011 年发射的 Aquarius 卫星（Lagerloef et al.，2008）。第三个是预计于 2014 年发射的 SMAP（土壤湿度主动被动探测）卫星，也搭载一个 L 波段微波辐射计。盐度卫星的预期目标是测绘开阔大洋的盐度空间分布图，其精度为 0.2 psu。SMOS 算法使用了迭代收敛技术，力求将测量的亮温与基于假设的初始盐度的正演模型计算的亮温之间的误差达到最小。不断迭代调整假设的盐度值，直至得到令人满意的收敛结果（Zine et al.，2008）。图 18.12 展示了全球海表盐度分布示意图。

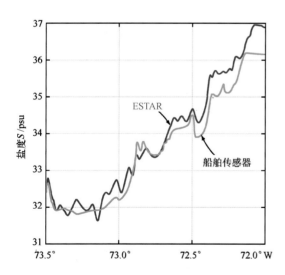

图 18.11　船舶传感器测量的盐度与利用 ESTAR 沿船舶航行路径测量的亮温反演的盐度比较（Le Vine et al.，2010）

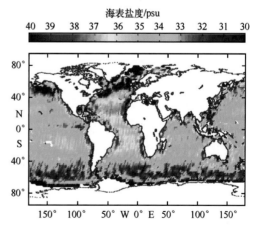

图 18.12　利用 SMOS 测量的一周（2010 年 4 月 27 日至 5 月 4 日）全球海表盐度分布示意图（Font et al.，2010）

18.3 海面风矢量测量

18.3.1 方位角变化

正如前面 16.1.3 节中所提到的，风力作用引起水表面产生非对称波纹。这是因为沿逆风方向观测的海表后向散射比顺风方向更大。图 18.13 中的方位角 ϕ 定义为相对于风向的角度。$\phi=0°$对应于天线波束沿着风矢量 $\boldsymbol{u}$ 的方向（逆风）；$\phi=180°$时，意味着天线波束与风矢量相反的方向（顺风）。

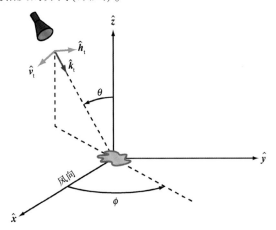

图 18.13　方位角 ϕ 的示意图。$\phi=0°$对应于天线波束沿着风向（逆风）；$\phi=180°$时，意味着顺风向

▶ 风生海浪的表面不对称导致雷达后向散射和亮温的方向性依赖。◀

20 世纪 90 年代早期，Dzura 等（1992）和 Wentz（1992）的实验观测证明了 h 极化和 v 极化亮温都具有随 ϕ 周期性变化的特征，即使在垂直入射条件下，两种极化亮温随角度变化的特征也不相同。正是由于这些早期报告，后人进行了大量的理论和实验研究，旨在检验亮温矢量 $\boldsymbol{T}_B$ 的 4 个斯托克斯参数对方向的依赖性（Yueh et al.，1994，1995，1997，2010；Gasiewski et al.，1994；Germain et al.，2002；Piepmeier et al.，2001a，2001b；Yueh，1997；Yueh et al.，2012）。回顾 6.9 节，$\boldsymbol{T}_B$ 定义如下：

$$\boldsymbol{T}_B = \begin{bmatrix} T_B^v \\ T_B^h \\ T_B^3 \\ T_B^4 \end{bmatrix} = K \begin{bmatrix} \langle |E_v|^2 \rangle \\ \langle |E_h|^2 \rangle \\ 2\mathrm{Re}\langle E_v E_h^* \rangle \\ 2\mathrm{Im}\langle E_v E_h^* \rangle \end{bmatrix} \tag{18.8}$$

式中，$K = \lambda^2 / (k\eta_0 B)$，其中 k 为玻尔兹曼常数，η_0 为自由空间的固有阻抗，B 为辐射计带宽。图 18.14 中的曲线代表了在参考方向上，T_B 值的偏差 ΔT_B。图 18.14 展示了海面 5 m 高度处、风速为 11 m/s 时，T_B 的 4 个分量随角度 ϕ 的变化关系。该图将机载辐射计沿着 30° 入射角测量的 19 GHz 数据与使用 Yueh（1997）发展的双尺度模型的计算结果进行了对比。经飞行获取测量数据，但入射角始终保持 30° 不变。注意到图 18.14 中的曲线对应于

$$\Delta T_B^v = T_B^v(\phi) - T_B^v(45°) \qquad (18.9a)$$

$$\Delta T_B^h = T_B^h(\phi) - T_B^h(45°) \qquad (18.9b)$$

$$T_B^3 = T_B^3(\phi) \qquad (18.9c)$$

$$T_B^4 = T_B^4(\phi) \qquad (18.9d)$$

在平静海面条件下，$T_B^3 = T_B^4 = 0$，T_B^v 和 T_B^h 有可能是 50~250 K 之间的任何值，它们取决于 T_s 和 θ（范围在 0°~65°）的值。因此，为了说明有风条件下方位角的变化，图 18.14 中给出了 $\phi = 45°$ 时 T_B^v 和 T_B^h 的值。

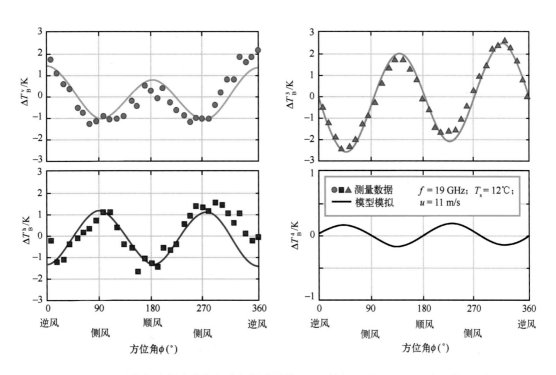

图 18.14　理论斯托克斯参数与机载辐射计沿着 30° 入射角测量的 19 GHz 亮温结果比较，二者均为方位角 ϕ 的函数（Yueh, 1997）

图 18.14 除了说明 T_B 的 4 个斯托克斯参数的测量值与模拟值具有较好的一致性，图中亮温随方位角的变化关系还能说明以下现象：①v 极化亮温 T_B^v 在 $\phi = 0°$（逆风）时达到最大，在 $\phi = 90°$（侧风）时达到最小，在 $\phi = 180°$（顺风）时达到第二个峰值，但比逆风时的峰值小；②T_B^h 近似是 T_B^v 的镜像；③T_B^3 在 $\phi = 135°$ 和 315° 时有两个不相等的极大值，在 45° 和 225° 时有两个不相等的极小值；④T_B^4 计算值非常小，其振幅约为 0.2 K（在已公布的实验中没有做过这种测量）。

在 Germain 等（2002）的独立研究中，将机载辐射计测量的 19.35 GHz 亮温数据与利用 Yueh（1997）的双尺度模型模拟的结果进行了比较。由于模型中引入了遮蔽效应，当近天底点入射时，该效应并不重要，但也许会影响大入射角下的辐射测量。图 18.15 给出了 $\theta = 55°$ 以及 $u = 9$ m/s 条件下的机载辐射计测量亮温和模拟结果。

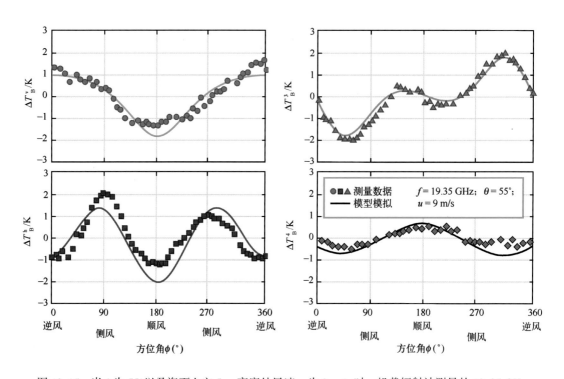

图 18.15　当 θ 为 55° 以及海面上空 5 m 高度处风速 u 为 9 m/s 时，机载辐射计测量的 19.35 GHz 亮温与理论模型模拟结果对比（Germain et al.，2002）

18.3.2　风速依赖性

利用 SSMI 卫星在 $\theta = 53°$ 条件下测量的 19 GHz 和 37 GHz 数据以及美国浮标数据中

心提供的浮标观测数据，Wentz(1992)发展了一个半经验模型。在该模型中，T_B^v 和 T_B^h 是风速 u 大小以及其方向 ϕ 的函数。该模型同时也包含了对大气衰减以及辐射贡献的校正。对于两种频率和较大的风速范围，该模型都能较好地拟合观测数据(图 18.16)。基于该模型，利用 SSMI 测量的 T_B^v 和 T_B^h(37 GHz)可以反演风速 u，如果不进行风向校正，风速反演的均方根误差为 1.6 m/s；如果将从亮温观测中计算的风向引入反演算法，则风速均方根误差降低至 1.3 m/s。Wentz 的结果建立在 3 321 个模型反演值与浮标观测值比较结果的基础上。Meissner 等(2002)升级了 Wentz(1992)的模型。

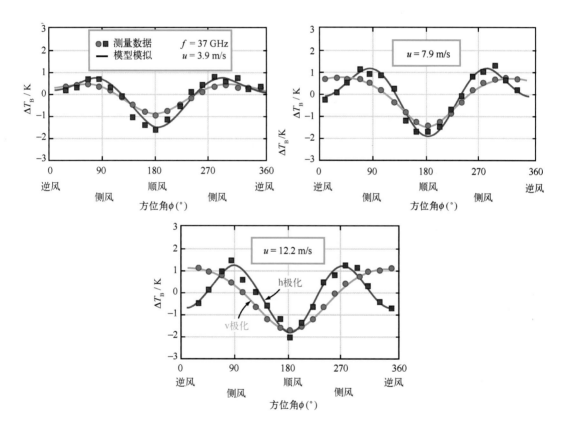

图 18.16　3 种不同风速条件下，半经验模型预测的 ΔT_B^v 和 ΔT_B^h 与 SSMI 测量数据对比

(Wentz，1992)

Chang 等(1998)利用神经网络算法反演 u 和 ϕ。图 18.17 展示了他们利用 SSMI 测量的 37 GHz 亮温数据反演的结果，结果表明，u 的均方根误差为 0.965 m/s，ϕ 的均方根误差为 19.55°。

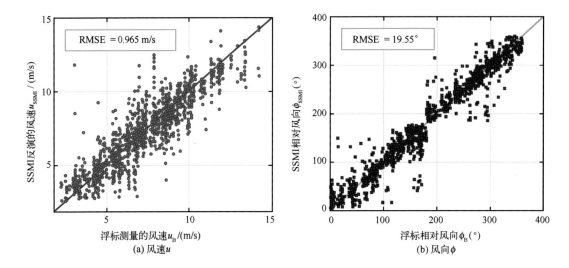

图 18.17　利用神经网络算法和 SSMI 卫星观测的 37 GHz $T_{\mathrm{B}}^{\mathrm{v}}$ 和
$T_{\mathrm{B}}^{\mathrm{h}}$ 数据反演的风矢量与浮标测量的风矢量对比散点图(Chang et al., 1998)

18.3.3　WindSat 反演算法

2003 年 1 月发射的 Coriolis 卫星，携带了新一代版本的 SMMI 和 AMSR 传感器，称为 WindSat。该辐射计有 5 个工作频率，在 6.8~37 GHz，采用固定入射角(大约为 53°)的圆锥扫描方式。在 5 个频率中有 3 个通道(分别是 10.7 GHz、18.7 GHz 和 37 GHz)用于测量 T_{B} 的 4 个斯托克斯参数，空间分辨率的量级大约为 30 km。更多细节可以在 Gaiser 等(2004)的文章中查阅。

模型(Yueh et al., 2006)给出了 4 个斯托克斯参数对 ϕ 的依赖性：

$$T_{\mathrm{B}}^{\mathrm{v}} = T_{\mathrm{B0}}^{\mathrm{v}} - T_{\mathrm{B1}}^{\mathrm{v}} \cos \phi + T_{\mathrm{B2}}^{\mathrm{v}} \cos 2\phi \tag{18.10a}$$

$$T_{\mathrm{B}}^{\mathrm{h}} = T_{\mathrm{B0}}^{\mathrm{h}} + T_{\mathrm{B1}}^{\mathrm{h}} \cos \phi + T_{\mathrm{B2}}^{\mathrm{h}} \cos 2\phi \tag{18.10b}$$

$$T_{\mathrm{B}}^{3} = T_{\mathrm{B1}}^{3} \sin \phi + T_{\mathrm{B2}}^{3} \sin 2\phi \tag{18.10c}$$

$$T_{\mathrm{B}}^{4} = T_{\mathrm{B1}}^{4} \sin \phi + T_{\mathrm{B2}}^{4} \sin 2\phi \tag{18.10d}$$

式中，ϕ 为辐射计波束视向与风向之间的角度；$T_{\mathrm{B0}}^{\mathrm{v}}$ 和 $T_{\mathrm{B0}}^{\mathrm{h}}$ 为无风时($u=0$)v 极化和 h 极化亮温。式(18.10)中其余的系数都是风速 u 的函数。诸多经验模型尝试将这些系数与风速 u 联系在一起，通过模型反演获取 u 和 ϕ(Yueh et al., 2006；Brown et al., 2006；

Meissner et al.，2006；Smith et al.，2006）。这些算法是以 WindSat 辐射计数据与浮标数据和其他来源数据构成的验证数据集为基础。利用 WindSat 数据反演的风速 u 的误差量级大约是 1 m/s。ϕ 的误差依赖于 u，在低风速时比较大，但是当 $u>7$ m/s 时，其误差小于 20°。

WindSat 官方反演算法利用频率和极化通道的各种组合来反演风矢量，包括与水汽和云量变化有关的大气影响修正。唯一没有用于风速反演的通道是 6.6 GHz 通道，该通道主要用于测量海表温度 T_s。图 18.18 给出了利用 WindSat 辐射计 3 天观测数据反演的全球海洋风速和风向分布图。

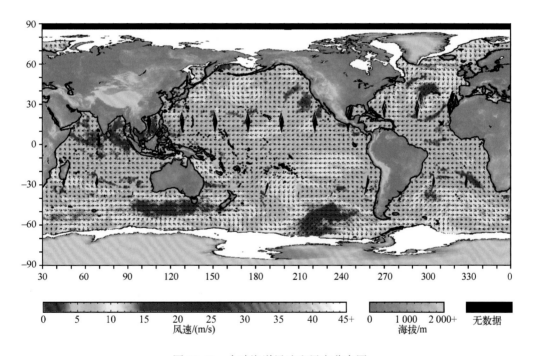

图 18.18 全球海洋风速和风向分布图

Aquarius 和 SMAP 卫星都使用了雷达和辐射计的组合，都在 L 波段下运行（雷达工作频率为 1.26 GHz，辐射计工作频率为 1.41 GHz）。这激发了科学家研究 σ^0 和 T_B 对风速和风向的依赖性的兴趣。Yueh 等（2012）在式（18.10a）所示的角度函数的基础上利用机载观测数据发展了针对 σ^0 和 T_B 的模型。图 18.19 展示了 T_B^v、T_B^h、σ_{vv}^0 和 σ_{hh}^0 在 5 种风速下随方位角变化的曲线。

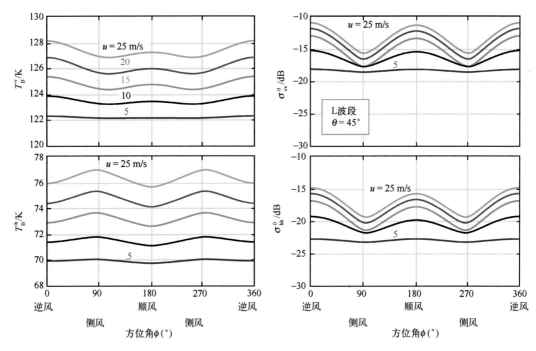

图 18.19　$\theta = 45°$ 条件下，L 波段 T_B 和 σ^0 随方位角的变化（Yueh et al.，2012）

18.4　海冰类型和密集度测量

搭载在 DMSP 卫星上的 SMMI 辐射计仪器始于 1987 年，并且它们的继承者搭载在 Aqua 和 ADEOS-II 卫星上的 AMSR 辐射计（表 1.4），这些辐射计已经提供了北极地区和南极地区可靠的海冰空间分布信息。从多频率辐射数据中提取出来的两个主要信息是海冰类型（一年冰和多年冰）以及海冰密集度。海冰的物理特性在 16.10 节中有所描述，这与雷达后向散射对海冰的响应有联系。在本节中，我们研究了微波辐射率与海冰相关的物理和介电参数之间的关系，以及与微波频率的关系。如下所述，因为辐射率频率梯度（de/df）是辨别开阔水面（OW）和海冰以及一年冰和多年冰最重要的参数，将会在本节后对反演算法进行简要的概述，并且会给出海冰分布的图像样例。

18.4.1　相干与非相干辐射率

考虑到图 18.20 中所示的空气-冰结构，天底点视向辐射计测量的辐射率与以下参数有关：①海冰层的介电常数 $\varepsilon_i = \varepsilon_i' - j\varepsilon_i''$；②水的介电常数 $\varepsilon_w = \varepsilon_w' - j\varepsilon_w''$；③冰层厚度 d；④微波频率 f；⑤冰层反照率 a；⑥空气-海冰和海冰-海水边界的粗糙度。

如果将边界假定为平面，对以下 3 个方面进行进一步计算：

(1)相干辐射率：如果空间是内含冰块的非均质(由于空气或者盐水液体)量级小于 λ，那么可以假定介质是均质的，且反照率 $a=0$。在该条件下，可以使用 12.12.1 节中的相干辐射率来计算 e_{coh}；

(2)$a<0.2$ 时，非相干辐射率：如果波长使得反照率不为零，但是小于 0.2，可以使用 12.12.2 节中的式(12.69)来计算非相干辐射率 e_{inc}；

(3)$a>0.2$ 时，非相干辐射率：如果 $a>0.2$，必须采用辐射传输方程的数值解。

在图 18.20 中，展示了当频率为 1 GHz 时，e_{coh} 和 e_{inc} 随冰层厚度 $d(a\approx0)$ 的变化关系。正如预期的那样，e_{coh} 是随着 d 的阻尼振荡变化的，而 e_{inc} 却不是。在两个模型中，由海冰和海水发出的辐射在两个界面之间经历了多次反射。然而，对于相干模型，在计算功率之前先引入电场，多次反射的贡献是相干相加的；但是对于非相干模型，则直接将其功率分量相加，因而多次反射的贡献是非相干相加的。

Hallikainen(1983)利用一个稍微复杂但是更加真实的模型来分析频率在 0.5~1 GHz 的辐射测量值。该模型将冰层划分为大量的离散层，每一层都有自己的介电常数和温度，并且包括冰层上面的雪层。图 18.21 展示了当频率为 0.61 GHz 时，Hallikainen 模型的计算值与辐射计亮温的观测值比较。模型理论与辐射计测量之间的一致性说明了相干辐射率模型在该低频率条件下的适用性。

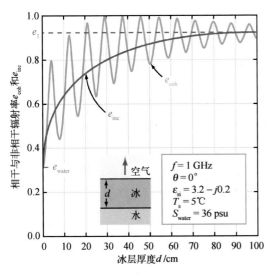

图 18.20　频率为 1 GHz 时，海冰相干和非相干辐射率随冰层厚度的变化

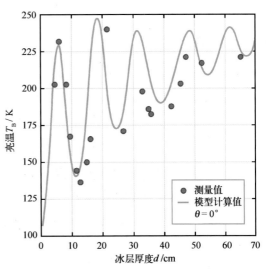

图 18.21　频率为 0.61 GHz 时，低盐度实验结果与分层模型比较图(Hallikainen，1983)

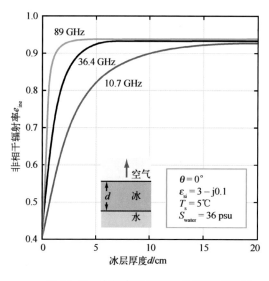

图 18.22　多频率下海冰的非相干辐射率
随冰层厚度的变化

为了检验在高频率条件下辐射率与冰层厚度之间的依赖性，使用非相干辐射率模型，这主要由于冰层中的非均质性在短波处显得更加重要。图 18.22 给出了在频率为 10.7 GHz、18.7 GHz、36.5 GHz 和 89 GHz(全部是 AMSR 的通道)且海冰盐度为 1 psu 时对应的结果。实际上，当频率大于 10.7 GHz、$d >$ 15 cm 时，冰类似于不透明的介质。冰盐度是多年冰的特征，多年冰的损耗远小于年轻类型的冰。因此，除非使用频率远小于 1 GHz 的辐射计，否则无法利用观测的亮温确定冰层厚度。由于小于 1 GHz 的频率在辐射测量中并不实用，因此在卫星平台上考虑这种应用是不现实的。然而，依据 18.7 GHz 通道极化比以及 18.7 GHz 和 36.5 GHz 通道的谱梯度比有可能区分不同的海冰类型(这两个参数都在 18.4.5 节中定义)。因此，利用轨道高度上的辐射测量值就可以绘制较厚多年冰的位置。

18.4.2　机载观测

科学家于 1967 年和 1970 年利用 NASA Convair 990 机载辐射计首次测量了海冰的微波辐射(Wilheit et al.，1971)。这两个观测实验区域横跨北冰洋巴罗角、阿拉斯加，并且微波观测所在高度为 10 km。在 1967 年的观测实验中，只有一个工作频率为 19.35 GHz 的辐射计。但是，在 1970 年的观测实验中，一共使用了 9 个辐射计。从辐射计观测数据中得出的结论主要有：①海冰和海水辐射率存在较大差异；②"新"冰(一年冰)和"老"冰(多年冰)辐射率之间的对比度随频率的增大而增大。图 18.23 展示了 5 种频率对应的一年冰和多年冰的天底点辐射率。图中所示的 37 GHz 辐射率是利用偏离天底点 45°的双极化观测计算得到的。图中底部展示了 $\Delta e_{iw} = e_{FY} - e_{sw}$ 的变化曲线，用于表示一年冰与海水之间辐射率的差值；$\Delta e_{FM} = e_{FY} - e_{MY}$ 的变化曲线则表示一年冰和多年冰之间辐射率的差值。

根据图 18.23，e_{FY} 基本与频率无关。相反地，e_{MY} 随着频率的增加而迅速减小，从频率为 10.69 GHz 时的 0.89 减小到频率为 31.4 GHz 时的 0.72。这些趋势由 NASA 团队在 1971 年(Gloersen et al.，1973)以及美国海军研究实验室(NRL)团队在 1973 年(Tooma et al.，1975)和 1977 年(Troy et al.，1981)通过额外的测量实验证实。1977 年

卫星观测包括高度 200~600 m 的多频率通道测量，如图 18.24 所示。对于一年冰，图 18.23 和图 18.24 展示的两组测量结果非常吻合。对于多年冰层，图 18.23 中的值与图 18.24 中的平均值并不吻合，但它们确实在标明的竖线范围内，每条竖线代表相对于测量平均值的标准偏差。唯一的例外是由 Troy 等(1981)测量的 31 GHz 辐射率，$e_{MY} = 0.81 \pm 0.05$，并且 Wilheit 等(1971)得到的平均值 $e_{MY} = 0.72$。这种偏差可能是由于 Troy 等观测区域(多年冰层)的小块两年冰所引起的。两年冰的辐射率介于一年冰和多年冰之间。

1995 年和 1997 年机载 4 频辐射计(中心频率分别为 24 GHz、50 GHz、89 GHz 和 157 GHz)波罗的海飞行实验测

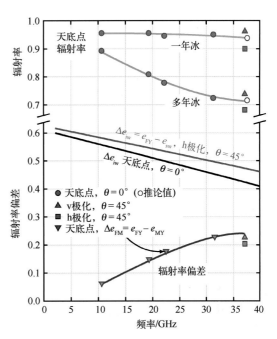

图 18.23　一年冰和多年冰的天底点辐射率
(Wilheit et al., 1971)

量了毫米波谱范围内的天底点辐射率。该系统属于英国气象局遥感分部。图 18.25 中总结了由 Hewison 等(1999)和 Hewison 等(2002)报道的结果，这些测量结果证实了在早期观测实验中测量的谱响应的总体特征。

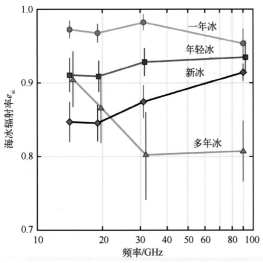

图 18.24　4 种冰型在 14~90 GHz 范围内的天底点辐射率。竖线表示的是数据中±1 的标准偏差。为避免重叠，符号稍有移位(Troy et al., 1981)

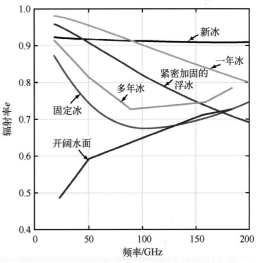

图 18.25　开阔水面和 5 种海冰的辐射率谱随频率的变化(Hewison et al., 2002)

18.4.3 海冰辐射率模型

决定海冰辐射特征的主要因素是：①海冰的厚度；②冰层的介电常数和温度廓线；③在冰层上方可能存在的所有的雪层厚度，不论是干雪还是湿雪；④冰体的非均质性和各向异性。18.4.1 节中已讨论了冰层厚度对辐射率的影响，并且得到结论：频率在 10 GHz 以上，冰层看起来（电磁学）半无限深。下面讨论其他因素。

海冰类型

总的来讲，不同类型的海冰有不同的介电特性。一部分是由于盐度和密度的差异，另一部分原因是不同类型的海冰表面的物理温度不同。与新冰表面相比，多年冰较厚的表面能更好地与下面的暖水隔绝，因此多年冰的表面温度可能比新冰更低。此外，温度差异会影响冰的盐水体积分数，进而影响海冰混合物的介电常数。

本节考虑 4 种海冰类型：新冰、年轻冰、一年冰以及多年冰。从技术上讲，虽然前两种类型是一年冰的分支，但在接下来的分析中，由于它们显著不同的辐射率而被看作不同类型的冰。表 18.1 给出了 4 种类型的海冰表面物理温度 T_s、盐度 S_i 以及冰密度 ρ_i 的典型值。即将介绍的模型结果中使用了这些参数。考虑到空间分辨率，对大于 10 GHz 频率比较感兴趣。因此，只研究冰层的表层和近表层，这是由于之前证明的，海冰的穿透深度数量级只有数厘米甚至更小，这取决于冰的类型和微波的频率。因此，来自冰层下方的海水的辐射贡献可以被忽略。目前假设冰面光滑裸露（即无雪覆盖），故冰体均质。对于新冰和年轻冰，这些假设是合理的，但并不适用于一年冰和多年冰。已经成形的一年冰基本上都覆盖着 10~20 cm 的雪层，这改变了冰的辐射特性（雪的辐射效应稍后解释）。多年冰同样有可能有雪层覆盖。此外，多年冰不是均质的。多年冰的密度比其他类型的冰更低（表 18.1），这是因为在夏季，由于盐水从多年冰中流失，因此多年冰包含许多空气泡，这些空气泡会引起体散射。

表 18.1　4 种海冰典型的物理和电学参数

参数	新冰	年轻冰	一年冰	多年冰
深度范围/cm	<10	10~30	30~100	>100
海冰盐度/psu	15	10	5	1
海冰表面温度/℃	−5	−8	−13	−18
海冰密度 ρ_i/(g/cm³)	0.87	0.87	0.87	0.77
海水盐度/psu	86	126	164	197
盐水体积分数	0.152	0.067	0.023	0.004

参数	新冰	年轻冰	一年冰	多年冰
10 GHz 海冰介电常数	$5.65 - j2.25$	$4.03 - j0.81$	$3.32 - j0.23$	$2.77 - j0.03$
30 GHz 海冰介电常数	$4.09 - j1.52$	$3.46 - j0.58$	$3.15 - j0.17$	$2.74 - j0.02$
100 GHz 海冰介电常数	$3.39 - j0.67$	$3.17 - j0.26$	$3.06 - j0.08$	$2.73 - j0.01$
10 GHz 吸收系数 $\kappa_a/(\mathrm{Np/m})$	194	84	27	3.8
30 GHz 吸收系数 $\kappa_a/(\mathrm{Np/m})$	466	195	60	8.1
100 GHz 吸收系数 $\kappa_a/(\mathrm{Np/m})$	755	309	92	12.0

为了推导一个海冰辐射的简单模型，假设一个光滑裸露的表面，并且是均质半无限的冰体，在这种情况下，辐射率为

$$e^p(\theta) = 1 - \Gamma^p(\theta) \tag{18.11}$$

式中，$\Gamma^p(\theta)$ 为镜面反射率。为了计算表18.1中4种冰类型的 $\Gamma^p(\theta)$，利用式(4.45)给出的折射介电混合模型(其中 $\alpha = 1/2$)：

$$\sqrt{\varepsilon_{si}} = v_b \sqrt{\varepsilon_b} + v_i \sqrt{\varepsilon_i} + (1 + v_i + v_b) \sqrt{\varepsilon_{air}} \tag{18.12}$$

式中，v_b 为盐水的体积分数；v_i 为冰的体积分数；ε_b、ε_i、ε_{si} 以及 ε_{air} 分别为盐水、纯冰、海冰以及空气的介电常数。这个简单的模型与一年冰的介电常数实测值有很好的一致性(Gloersen e al., 1981)。冰和盐水的体积分数 v_i 和 v_b 通过海冰密度 ρ_{si} 彼此相关：

$$\rho_{si} = \rho_i v_i + \rho_b v_b \tag{18.13}$$

式中，$\rho_i = 0.916$ g/cm³ 为纯冰的密度；$\rho_b \approx 1$ g/cm³ 为盐水的密度。给定冰的温度和盐度，盐水体积分数 v_b 能够通过4.5.2节的模型计算得到，并且 ε_b 的表达式由式(4.47)给出。众所周知，$\varepsilon_{air} = 1 + j0$；对于冰，我们采用 $\varepsilon_i = 3.15 + j0$($\varepsilon_i$ 的虚数部分实际上是 10^{-3} 数量级，但是忽略它并不会对 ε_{si} 的计算值产生显著影响)。通过上述过程得到表18.1给出的技术参数：海水盐度 S_b，海水和冰的体积分数以及在 10 GHz、30 GHz、100 GHz 的吸收系数 κ_a。图18.26展示了通过式(18.12)计算的介电常数与频率的函数关系。4种冰类型的介电常数曲线的相对标高是它们相对倾斜度的直接结果。

图18.27展示了新冰、年轻冰、一年冰天底点辐射率谱曲线图，这些辐射率是根据式(18.11)和图18.26给出的介电曲线计算得到的。图18.27中的点和相关竖线是Troy 等(1981)测量的 14 GHz、19 GHz、31 GHz、90 GHz 的辐射率的均值和标准偏差(±1)。对于新冰、年轻冰，该计算曲线与实测数据吻合良好。一年冰的曲线基本与频率不相关，而是与数据所显示的趋势一致。它的值在 0.92 左右，而实测数据一般为 0.97。正如我们接下来将看到的情况，在计算 年冰的辐射率时，可以通过在冰上加一层雪来调节这种差异。

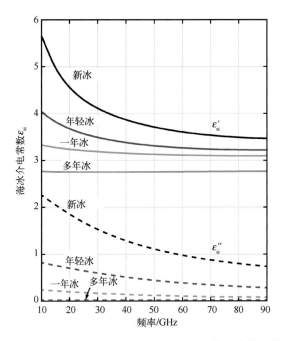

图 18.26　通过式(18.12)和表 18.1 给出的技术参数计算的
4 种海冰的介电常数随频率的变化

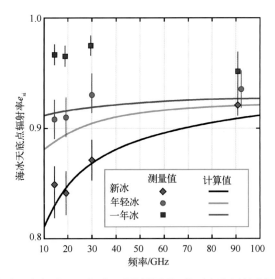

图 18.27　新冰、年轻冰、一年冰(无雪层覆盖)的天底点辐射率随频率的变化，
为了比较，图中也给出了由 Troy 等(1981)测量的辐射率

一年冰上的雪层

海冰上的雪层会影响海冰亮温观测。为了理解这点，考虑厚度为 d 的雪层覆盖在一年冰上。这两个因子的组合，即不均匀的雪表面(例如，d 的波动是空间位置的函数)与雪层中冰晶的少量体散射结合在一起，证明了使用非相干辐射率模型计算雪–冰混合物的辐射率是正确的。

利用式(12.71)，在天底点($\theta = 0°$)位置的非相干辐射率为

$$e = \frac{(1 - \varGamma_{12})(1 - \varGamma_{23}\,Y^2)}{1 - \varGamma_{12}\varGamma_{23}\,Y^2} \tag{18.14}$$

式中，$\varGamma_{12}$ 和 $\varGamma_{23}$ 分别为空气–雪和雪–冰界面的反射率；Y 为雪层的单向透射率。对于垂直入射，

$$\varGamma_{12} = \left| \frac{\sqrt{\varepsilon_s} - 1}{\sqrt{\varepsilon_s} + 1} \right|^2 \tag{18.15a}$$

$$\varGamma_2 = \left| \frac{\sqrt{\varepsilon_{si}} - \sqrt{\varepsilon_s}}{\sqrt{\varepsilon_{si}} + \sqrt{\varepsilon_s}} \right|^2 \tag{18.15b}$$

$$Y = e^{-\kappa_a d} \tag{18.16}$$

式中，κ_a 为雪吸收系数。图 18.26 给出了一年冰雪层的介电常数 ε_{si}。本节采用的假设是干雪，且密度为 $0.3\ \mathrm{g/cm^3}$，从而使得 $\varepsilon_s' \approx 1.6$(参见 4.6.1 节)。从图 4.18 中可以看出，频率 9.375 GHz 对应的介电损耗因子为 $\varepsilon_s'' \approx 4.8 \times 10^{-4}$。简洁起见，本节假设 ε_s 的两个部分都与频率无关。由于 $\varepsilon_s''/\varepsilon_s' \ll 1$，则可以利用关系

$$\kappa_a \approx \frac{2\pi}{\lambda_0} \frac{\varepsilon_s''}{\sqrt{\varepsilon_s'}} \tag{18.17}$$

式中，λ_0 为真空中的波长。

图 18.28 展示了一年冰层(其上覆盖一层雪)的天底点辐射率随雪深厚度 d 的变化关系。变化在自然界中几乎是二态的，当 $d = 0$ 时，无雪冰层的辐射率为 $e = e_{FY} = 0.915$；当 $d \geq 2\ \mathrm{cm}$ 时，$e \approx 0.955$，并且随着深度 d 的增大而缓慢增大。图中虚线为自由外推的结果，这主要是由于式(18.14)并不适用 d 小于 $\lambda_0/2$ 的情况。由于 e 本来就与 d 无关，所以在计算辐射率时，可选择一个合理的 10 cm 厚度值。图 18.29 展示了计算结果，图中还给出了由 Troy 等(1981)以及 Wilheit 等(1971)报道的测量数据。总的来讲，计算得到的曲线和实测数据之间有较好的吻合度。其中，尤其重要的是：①模型很简单；②结果与 2 cm $\leq d \leq$ 30 cm 的雪深基本不相关；③结果与很大范围内(从 0.2g/cm³ 至 0.7 g/cm³)的积雪密度不相关。现在已经发展了很多复杂的模型，

读者可以参考 Tjuatja 等（1992）、Nghiem 等（1995）和 Golden 等（1998）查阅更多细节。

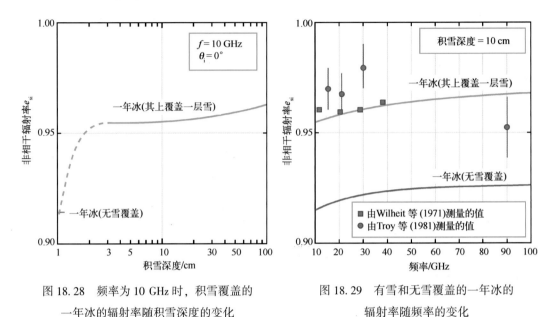

图 18.28　频率为 10 GHz 时，积雪覆盖的
一年冰的辐射率随积雪深度的变化

图 18.29　有雪和无雪覆盖的一年冰的
辐射率随频率的变化

多年冰

多年冰的辐射模拟远比一年冰更难。多年冰的穿透深度比一年冰更大，并且内含尺度与波长相当的空气泡。这些因素要求将冰同时作为散射介质和吸收介质来模拟。简单起见，将多年海冰当作具有平面上边界的非均质介质来模拟。假设空气泡引起的散射符合瑞利相函数，图 18.30 给出的曲线是通过雷达传输方程的数值解得到的。天底点辐射率曲线如图 18.30(a) 所示，与 Troy 等（1981）以及 Wilheit 等（1971）报道的数据有很好的吻合度。图 18.30(b) 给出了 $\theta=50°$ 的曲线，对水平极化和垂直极化，其结果都与之前类似。

本节比较了测量值与理论计算值的结果，旨在通过举例子辅助理解和解释海冰的辐射观测。

▶ 由于待定类型海冰之间的物理和介电参数差异很大，因此不可能提供一套唯一的曲线来描述海冰的辐射特征。◀

除非多年冰和一年冰之间有明显的区别，很难定义一个标准来有效地区分两种类型。部分原因是海冰的物理特性是一个随时间和地点变化的函数（比如温度、盐度和密度），且介电和传播参数变化也是如此。此外，冰层上面有可能存在雪层，雪层的厚度、密度以及晶体平均尺寸可能是变化的，并且雪有干湿之分。这些变化的最终结果是，可能无法通过测量或理论确定所有条件下都能一致区分不同类型的独特辐射特性。

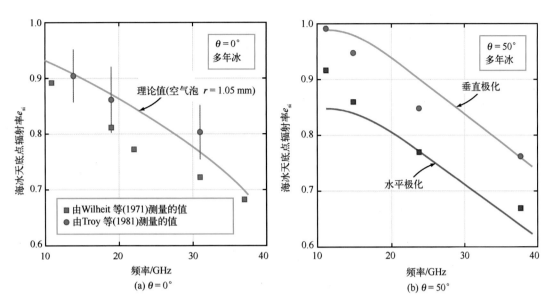

图 18.30　多年冰天底点辐射率测量值与理论值对比图

> ▶ 如果冰上覆盖一层雪，不可能区分不同类型的冰。因为当频率大于 10 GHz 时，湿雪的穿透深度的量级仅仅为数厘米。表面融冰池的穿透深度甚至更低。◀

18.4.4　卫星观测

冰冻圈，包括海冰、冰盖、雪、冰川以及永冻层，是地球表面人们所了解的最少的部分（Campbell et al.，1981）。此外，在北极和南极等冰封地区进行地表调查困难且费用昂贵，这些区域实际上被 Campbell 等（1981）称之为"观测边缘"所包围。为了穿透该障碍，需要从卫星平台上重复获得天气尺度图像。然而，可见光和红外传感器在极区的作用有限，因为这些地区一年中有很多时间是黑暗的，而且经常被云层覆盖。幸运的是，主动和被动微波系统已被证明是可靠的海冰传感器。

从地球大气层以外的地方对海表面进行观测，海面亮温可以表达为

$$T_{\mathrm{B}}(\text{satellite}) = T_{\mathrm{B}} \mathrm{e}^{-\tau \sec \theta} + \Gamma T_{\mathrm{SKY}} \mathrm{e}^{-\tau \sec \theta} + T_{\mathrm{UP}} \qquad (18.18)$$

式中，τ 为大气总不透明度；T_{SKY} 和 T_{UP} 分别为大气下行和上行辐射亮温；Γ 为表面反射率；T_{B} 为天线视场内海表亮温的平均值。在极区，大气相对干燥，τ 很小以致可以进行线性化：$\mathrm{e}^{-\tau} \approx 1 - \tau$。

于是，$T_B(\text{satellite})$ 的表达式可以写成

$$T_B(\text{satellite}) = T_B + [\Gamma T_{SKY} + T_{UP} - \tau \sec\theta(T_B + \Gamma T_{SKY})] \qquad (18.19)$$

辐射计卫星常用频率为 19.35 GHz，上式第二项的幅度在 4 K（海冰）和 14 K（开阔水面）之间变化，并且 T_B 的范围在 120 K（海洋）和 240 K（一年冰）之间变化（Carsey，1982）。

通常，某一视场对应的亮温可能包括开阔水面、一年冰以及多年冰的贡献：

$$T_B = a_{sw}e_{sw}T_{sw} + a_{FY}e_{FY}T_{FY} + a_{MY}e_{MY}T_{MY} \qquad (18.20)$$

式中，下标 sw、FY 和 MY 分别为海水、一年冰以及多年冰；T_{sw}、T_{FY} 和 T_{MY} 为物理温度；a 为 3 种要素的区域密集度（FOV 的分数）：

$$a_{sw} + a_{FY} + a_{MY} = 1 \qquad (18.21)$$

在一些例子中，如果有足够的多频率和多极化观测值来分离各种各样的类型，那么考虑超过 3 种类型也是可行的。

Comiso（1983）利用 SMMR 北极地区约一年的观测数据，对海冰辐射率的谱、时间和空间变化进行了广泛的分析。对于每一个 SMMR 通道，辐射率通过该通道测得的亮温 T_B 和冰的温度 T_i 的比值得到，即

$$e = \frac{T_B}{T_i}$$

在 Comiso（1983）的论文中，冰的温度 T_i 通过温度/湿度红外辐射计（THIR）测得的亮温估算得到。该辐射计与 SMMR 一起搭载在 Nimbus-7 卫星上。为了确定一年冰和多年冰有效的辐射率值，Comiso 利用来自大面积包含已知的一年冰和多年持续结冰的特定区域的数据生成了隆冬日的直方图。图 18.31 中展示了这些直方图。根据对已知冰类型特定区域的辐射测量结果，一年冰和多年冰的标签标识了一年冰和多年冰的有效辐射率值。除了 10.7 GHz 以外的所有通道，直方图中不包括 10.7 GHz 通道水平极化辐射率低于 0.7 的数据点。使用这一条件以排除或尽量减少任何受水污染的数据点，从而限制一年冰、多年冰和混合物（一年冰和多年冰的混合）的分布。对于 10.7 GHz 的直方图，要求 18 GHz 通道水平极化辐射率大于 0.7，从而排除了受水干扰的像素。标签 I/W 指的是冰-水混合物，识别出未被此辐射率滤波器排除的像素的辐射率范围。

> ▶ 微波频率 f 的重要作用在图 18.31 所示的直方图中清晰可见。注意到：① 辐射率 e 总动态范围随着频率的增大而增大；② 辐射率差值（$\Delta e_{FM} = e_{FY} - e_{MY}$）从 6 GHz 的 0.05 增加到 37 GHz 的 0.21；③ 在极化方面，动态范围和辐射率差值在统计学上没有显著差异。◀

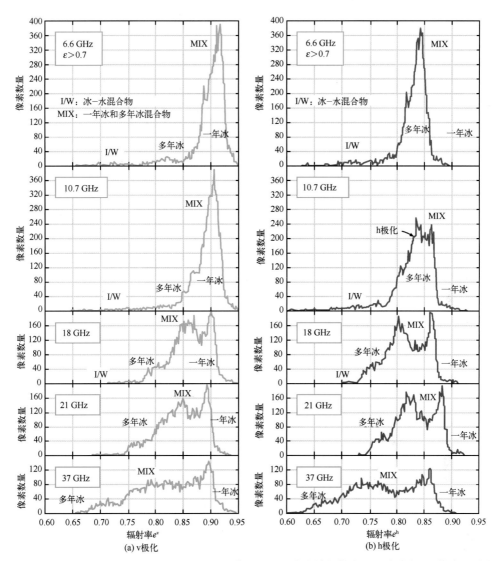

图 18.31　在大约一年的时间里 SMMR 所有通道观测的海冰有效辐射率的区域分布（以像素为单位）

（Comiso，1983）

　　为了检验辐射率的空间变化，Comiso 绘制了聚类图，图 18.32 给出了一个例子。其他频率和极化方式的组合结果可以在 Comiso（1983）的论文中查阅。聚类图阐明了利用一组特定通道可以很好地区分各种冰的类型。一些来自聚类、标记的冰-水混合物的数据应该对应于二年冰，因为之前测定的二年冰辐射率（Tooma et al.，1975）都在所包围的椭圆范围内。Comiso 等（1984）利用这种聚类技术，对积雪覆盖的敏感性进行了研究，尤其是在春季来临时。该研究是在可获取冰表面温度的区域内开展的。图 18.33 显示了积雪覆盖特征变化引起的多年冰辐射率的时间变化。Comiso 等（1984）研究表明，考虑一年冰的辐射率变化，可以比单独使用 18 GHz 或 37 GHz 通道亮温更准确地获取海冰的密集度。

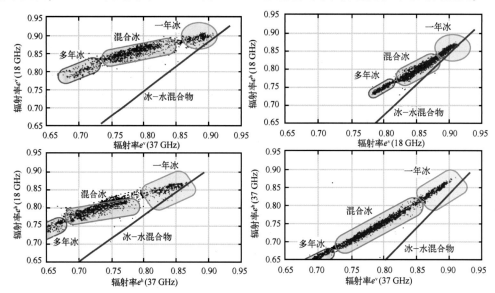

图 18.32 使用 18 GHz 和 37 GHz 两种极化通道观测的辐射率谱(Comiso，1983)

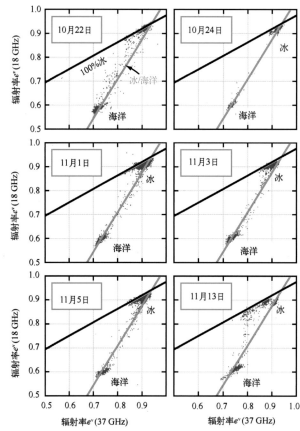

图 18.33 使用 1981 年 10 月 22、24 日和 11 月 1、3、5、13 日，18 GHz 和 37 GHz
垂直极化辐射率谱的聚类分析(Comiso，1984)

18.4.5　海冰算法

尽管一年冰的亮温一般比多年冰要高，尤其在频率大于 30 GHz 时更加明显，并且任何类型的冰都比开阔水面的亮温要高。由于辐射计的视场(FOV)通常包括不止一种类型的表面，因此对辐射计测量结果的解译变得复杂。利用单频观测，较低的空间分辨率观测会导致海冰密集度(某一海域被海冰覆盖的百分比)估算产生不确定性。举例来说，给定密集度的高亮温一年冰和开阔水面能够表现出与密集度显著不同的多年冰和开阔水面相同的总亮温。如果在观测视场的特定时间和地理位置同时存在这两种类型的冰，那么这种不确定性问题就会变得更加严重。

Tooma 等(1975)认为利用不同类型冰亮温的谱性质的差异可以减小海冰类型和密集度不确定性的程度。他们使用频率为 19.34 GHz 和 31 GHz 的天底点视向机载辐射计，收集了多种海冰类型的辐射计数据，并发展了一个简单有效的方法来辨别一年冰和多年冰。该方法使用一个二维矢量区分开阔水面和新冰，该矢量的两个分量分别是 19.34 GHz 和 31 GHz 通道亮温的均值和差值(图18.34)。他们还观测到两个一年冰的区域，即平均亮温大约为 245 K 的区域，通常与脊状一年冰有关；另一个平均亮温约为 235 K 的区域，通常与光滑的一年冰有关。同样地，微波观测也区分出了两种形式的多年冰。这些区域也存在二年(SY)冰和更老的多年冰。

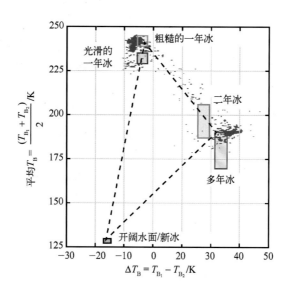

图 18.34　使用双频被动微波辐射测量划定均质冰形态大致区域的理想化示意图，T_{B1} 和 T_{B2} 分别是 19.3 GHz 和 31 GHz 天底点亮温(Tooma et al., 1975)

图 18.34 中矩形代表 5 种典型的均匀或者是近似均匀的冰的类型(Tooma et al., 1975)。对于更加复杂的冰条件，视场中可能包括多种冰的类型，亮温的平均值和偏差取决于不同类型冰的相对密集度。如果视场仅包括 4 种类型(开阔水面、新冰、一年冰和多年冰)中的两种，两个频率的亮温矢量沿着图中虚线三角形的周长得到各点。给定点的位置依赖于冰类型的特性和相对密集度。即使许多点偏离三角形的边界，分布的整体形状和数据点的密度都支持 Tooma 等(1975)得到的结论。正如接下来所讨论的，这种通用方法构成了许多海冰绘图算法的基础。

Cavalieri(1994)提出了一个算法，该算法以两个辐射率计算的参数为基础：

$$PR = \frac{T_B^v(f_1) - T_B^h(f_1)}{T_B^v(f_1) + T_B^h(f_1)} \quad (18.7\ GHz\ 极化比) \qquad (18.22a)$$

$$SG = \frac{T_B^v(f_2) - T_B^v(f_1)}{T_B^v(f_2) + T_B^v(f_1)} \quad (谱梯度) \qquad (18.22b)$$

式中，$f_1 = 18.7\ GHz$；$f_2 = 36.5\ GHz$。利用极化比(PR)和谱梯度(SG)作为坐标轴，图 18.35 给出了 1996 年 2 月 15 日在北极地区测量海冰的谱梯度散点图(Markus et al., 2002)。由式(18.22)定义的算法并由此改良的版本(Markus et al., 2002；Cavalieri et al., 2010；Kongoli et al., 2011)被用来绘制海冰密集度图，如图 18.36 所示。

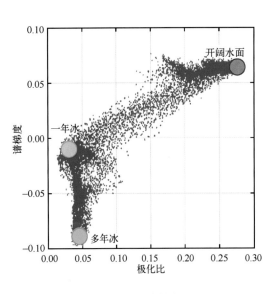

图 18.35　海冰散点图

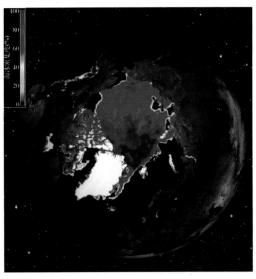

图 18.36　微波辐射计观测的北极地区海冰密集度
(由伊利诺伊大学提供)

18.5　溢油探测

在字典中，浮油是指漂浮在水面上的油膜。水面浮油有时是由海洋环境中的有机物质自然产生的，也可能是人为油污染的结果，通常是意外泄漏或故意倾倒造成的。美国海岸警卫队是负责在美国通航海域执行反污染法律法规的机构。为了履行该职责，美国海岸警卫队发展了机载溢油监测系统（Maurer et al., 1977），旨在利用传感器系统全天时全天候业务化监测：①水面浮油；②溢油量-面积和大致厚度；③辨认并记录排放来源；④评估溢油清理工作；⑤收集有关重大泄漏的频率和程度的数据。这个最具有商业性的溢油监测系统利用了多传感器的组合（光学传感器、雷达以及微波辐射计）。Leifer 等（2012）的文章对利用机载和星载传感器探测和测量溢油进行了全面的总结。

18.5.1　溢油覆盖水表面的辐射率

水表面覆盖一层油会通过两个方面影响海表辐射率：①可能会改变水介质的能量传输；②如果海洋表面很粗糙，表面的一层油膜可能会抑制较小波的结构，从而减小表面粗糙度，导致辐射率的量级减小（Edgerton et al., 1971；Hollinger, 1974）。目前，假设平静水面上覆盖一层均匀的油膜。由于油类物质的成分是均匀的，因此式（12.67）给出的相干辐射率模型适用于计算被油膜覆盖的水面辐射率。

溢油引起的 p 极化亮温增量为

$$\Delta T_{\mathrm{B}}^{p} = (e_{\mathrm{oil}}^{p} - e_{\mathrm{w}}^{p}) T_{\mathrm{s}} \tag{18.23}$$

式中，e_{oil}^{p} 为油-水混合物的 p 极化相干辐射率；e_{w}^{p} 为纯水的 p 极化辐射率。e_{oil}^{p} 的表达式通过联立式（12.67）和式（12.68）得到，其中间层为油膜，介电常数为 $\varepsilon_{2} = \varepsilon_{\mathrm{oil}}$，底层为水层，介电常数为 $\varepsilon_{3} = \varepsilon_{\mathrm{w}}$。对于纯水，$\varepsilon_{\mathrm{w}}^{p} = 1 - \Gamma^{p}$，其中，$\Gamma^{p}$ 为水的反射率。根据 Hollinger（1974）的研究，"大部分油的介电常数 $\varepsilon_{\mathrm{oil}}'$ 的实部约为 2.1，范围为 1.8~2.6。油的介电常数 $\varepsilon_{\mathrm{oil}}''$ 的虚部往往很小，通常小于 0.02，除非比重为 40 的原油或者船用 C 级燃油，它们的介电常数的虚数部分会高达 0.3"。Hollinger 的评估是以 Edgerton 等（1970）、Howard 等（1967）和 von Hippel（1954）发布的数据为基础的。

图 18.37 展示了频率为 20 GHz 时，对于几种入射角 θ 和天线极化 p 的组合，亮温增量 ΔT_{B} 随油厚度的变化关系。该图显示了振荡特征，并且其空间周期是在油层中的波长 $\lambda \approx \lambda_{0} / \sqrt{\varepsilon_{\mathrm{oil}}'}$ 和角度 θ 的函数。对于水平极化 ΔT_{B} 随着入射角的增大而增大，对于垂直极化则呈现完全相反的变化特征。几项实验研究（Edgerton et al., 1970；Edgerton et al., 1971；Brown et al., 1998）发现水平极化对浮油具有较强的敏感度。

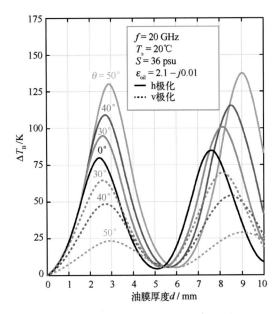

图18.37 对于各种天底角和极化配置组合，
频率为 20 GHz 的亮温增量随油厚度的变化

Hollinger（1974）通过实验证实了之前描述过的相干辐射率模型，他测量了已知体积增量向水箱表面添加油后水箱的亮温。图 18.38 给出了频率为 19.34 GHz 和 69.75 GHz 对应的 Hollinger 的实验结果样例。对于两个频率，实验测量的亮温增量值 ΔT_B 与理论计算结果很吻合。Lääperi 等（1982）报道了 4.95 GHz、11.6 GHz 以及 37 GHz 类似结果。这种测量表明微波辐射计观测不仅能够用于探测溢油的存在，还可以用于估算油膜的厚度，使用两个或多个频率亮温观测，可以消除亮温增量 ΔT_B 与厚度 d 的周期性相关的不确定性。图 18.39 给出了一个例子，图中纵横坐标

分别表示频率为 4.95 GHz 和 16.5 GHz 的亮温 T_B，图中连续的曲线以 d 为参数，始于 $d=0$ mm，终于 $d=19$ mm。对于 $d \leqslant 15$ mm，只有一对模糊解存在：$d=7.2$ mm 和 $d=13$ mm 给出了相同的亮温组合（Lääperi et al.，1982）。

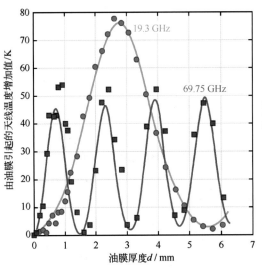

图18.38 当频率为 19.3 GHz 和 69.75 GHz 时，由于 2 号燃油在测试槽中的光滑水面上扩散导致的亮温增量随油膜厚度的变化。图中曲线表示观测值的最佳似合（Hollinger，1974）

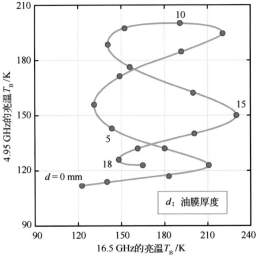

图18.39 频率组合为 4.95 GHz 和 16.5 GHz 对应的模糊解分布图（Lääperi et al.，1982）

18.5.2　机载观测

为了证明利用微波辐射计测量油膜厚度的可行性，美国海军研究实验室与海岸警卫队合作，利用多频率成像辐射计进行一系列人为控制石油泄漏的机载观测（Hollinger et al.；1973；Hollinger，1974；Troy et al.，1977）。图 18.40 展示了一种数据表示方式以及油厚等值线估算值的例子。

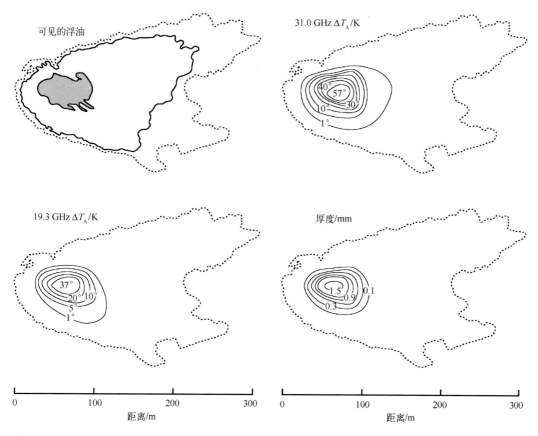

图 18.40　左上图是由 630 加仑的 2 号燃油受控泄漏后造成的海面浮油的彩色照片追踪图。红色表示的是浮油，以便能够明显地识别出稠密的油覆盖区域。外面实线是可见浮油的边界，里面的实线是彩色浮油的边界，交叉阴影区域是稠密区。图中显示了测量的 19.3 GHz 和 31.0 GHz 天线温度，与可见浮油的轮廓相叠加。图中还展示了由微波数据得出的浮油厚度等值线（Hollinger et al.，1973）

德国 Optimare 公司使用的 3 频（18.7 GHz、36.5 GHz 以及 89 GHz）扫描辐射计包含 6 个通道，该仪器测量溢油厚度的范围是 0.05～3 mm。当其飞行高度为 300 m 时，其 4°瞬时视场在天底点半径为 20 m，并且随着波束扫描角度的增大，半径也随之增大。

  Brown 等(1998)考虑使用宽波段辐射计代替多频辐射计，其工作频率范围为 26~40 GHz。图 18.41 比较了油膜覆盖水域测量的亮温谱和基于相干辐射率模型的理论计算结果。他们的研究结果证实了早期的结论，即水平极化相较于垂直极化，油水之间的对比度更大。

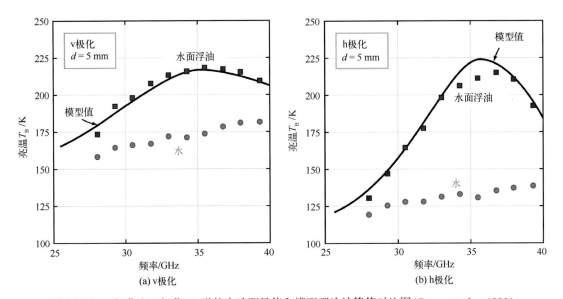

图 18.41　v 极化和 h 极化 T_B 谱的实验测量值和模型理论计算值对比图(Brown et al., 1998)

附录 A 符号、物理量和单位

符号	物理量	国际单位	符号	物理量	国际单位
A	面积	m^2	$h(t)$	脉冲响应	—
A	衰减率	—	h	水平极化	—
a	吸收率	—	h_v	综合可降水量	cm
a	温度垂直梯度	K/km	h_L	云液态水路径	cm
a	单次散射反照率	—	$\boldsymbol{H}$	磁场强度	A/m
A_i	复合馈电系数	V	$\boldsymbol{H}(\omega)$	系统频率响应	—
A_u	去极化因子	—	H_T	目标熵	—
B	带宽	Hz	I, i	电流	A
B	基线长度	m	I	亮度强度	$W/(m^2 \cdot sr)$
B	生物量	kg/m^2	$J( )$	贝塞尔函数	—
c	真空中光传播速度	m/s	$\boldsymbol{J}$	电流密度(单位体积)	A/m^2
$\boldsymbol{C}$	散射协方差矩阵	m^2	J_a	吸收源函数	$W/(m^2 \cdot sr)$
$C( )$	菲涅耳余弦积分	—	J_s	散射源函数	$W/(m^2 \cdot sr)$
D	方向性(天线)	—	k	波数	rad/m
d	距离或长度	m	k	玻尔兹曼常数	J/K
ε	能量(工作)	J	$\hat{\boldsymbol{k}}$	波矢量	—
$\boldsymbol{E}$	电场强度	V/m	l, L	长度	m
e	辐射率	—	l	相关长度	m
F	辐射强度(归一化)	—	L	损耗因数	—
f	频率	Hz	$\mathscr{L}$	传播因子	—
$\mathcal{F}$	傅里叶变换	—	m	均方根斜率	—
f_D	多普勒频率	Hz	$\boldsymbol{M}$	穆勒矩阵	m^2
g	电导	S	M_v	水汽总量	kg/m^2
G	增益(能量)	—	m_w	云中水含量	g/m^3
h, H	高度	m	m_v	雪或土壤体含水量	—
h	普朗克常数	$J \cdot s$	M_w	植被含水量	kg/m^2

符号	物理量	国际单位	符号	物理量	国际单位
n	折射指数	—	T	温度	K 或℃
N	折射率	—	$\mathcal{T}$	失真矩阵	—
p, P	功率	W	T_A	天线温度	K
p	同极化比	—	T_B	亮温	K
P_H	极化基座	—	T_N	噪声温度	K
p	压强	N/m^2	Y	层透射率	—
$\boldsymbol{p}$	天线极化矢量	V/m	$\mathbb{T}$	透射率(边界)	—
$P(x < x')$	累计概率	—	$\boldsymbol{T}$	边界透射率矩阵	—
$p(t)$	脉冲波形	V	$\boldsymbol{u}$	速度	m/s
$p(x)$	概率密度函数	(units of x)$^{-1}$	u_p	相速度	m/s
q	电荷	C	v	垂直极化	—
q	交叉极化比	—	V	视觉函数	W/(m$^2 \cdot$ sr)
Q	截面	m^2	v, V	电压	V
R	电阻	Ω	W	雪水当量	cm
R	距离	m	W_x	x 的权重函数	m^{-1}
$\boldsymbol{R}$	失真矩阵	—	Z	反射率因子	m^3
r	径向距离，半径	m	$\boldsymbol{Z}$	阻抗	Ω
r	交叉相关	—	Z_x	$z(x)$ 的斜率	—
γ	空间分辨率	m	α	衰减常数	Np/m
$\boldsymbol{R}$	边界反射率矩阵	—	α	倾角	rad 或(°)
S	散射振幅	m	α	辅角	rad 或(°)
S	盐度	psu	β	波束宽度	rad 或(°)
$S()$	菲涅耳正弦积分	—	β	相位常数(波数)	rad/m
S_n	信噪比	—	Γ	反射率	—
S	散射矩阵	m	γ	传播常数	m^{-1}
S	功率密度	W/m^2	δ_p	穿透深度	m
s	均方根高度	m	δ	相位角	rad 或(°)
s_x	x 的标准偏差	units of x	$\delta()$	脉冲函数	—
T	周期	s	δ_s	皮层深度	m
T	色调(数字)	—	ε	介电常数	

续表

符号	物理量	国际单位	符号	物理量	国际单位
ε_0	自由空间介电常数	F/m	ρ_v	水蒸气密度	g/m^3
η	本征阻抗	Ω	σ	电导率	S/m
η_a	孔径效率	—	σ	雷达散射截面	m^2
η_b	天线波束效率	rad 或(°)	σ^0	雷达散射系数	—
θ	入射角或高度角	rad 或(°)	τ	透射系数	—
κ_e	消光系数	m^{-1}	τ	光学厚度	—
κ_s	散射系数	m^{-1}	τ	弛豫时间	s
κ_a	吸收系数	m^{-1}	τ	脉冲长度	s
λ	波长	m	ψ	旋转角	rad 或(°)
μ, μ_0	磁导率	H/m	ψ	相位角	rad 或(°)
μ_x	x 的平均值	units of x	$\psi(\boldsymbol{R}, \boldsymbol{R}_i)$	散射相函数	m/sr^{-1}
ξ	天线辐射效率	—	ϕ	方位角	rad 或(°)
ξ	效率	—	χ	椭圆角	rad 或(°)
ρ	反射系数	—	Ω	立体角	sr
ρ	密度	g/cm^3	ω	角频率	rad/s
ρ_v	电荷密度(单位体积)	C/m^3	ω	角速度	rad/s

附录 B　名称和缩略语词汇

缩写	英文	中文
A/D	Analog to digital	模拟/数字
ac	Alternating current	交流电
ACM	Association for Computing Machinery	计算机协会
ADEOS	Advanced Earth Observing Satellite	高级对地观测卫星
AGARD	Advisory Group for Aerospace Research and Development	航空航天研究与发展咨询委员会
AGC	Automatic gain control	自动增益控制
AIRS	Atmospheric Infrared Sounder	大气红外探测仪
AIRSAR	Airborne synthetic-aperture radar	机载合成孔径雷达
ALOS	Advanced Land Observation Satellite	高级陆地观测卫星
AMAP	Architectural plant model	建筑植被模型
AMSR	Advanced Microwave Scanning Radiometer	高级微波扫描辐射计
AMSU	Advanced Microwave Sounding Unit	高级微波探测装置
AN/APQ-97	Model number：K-band side-looking radar by Westinghouse Electric	型号：西屋电气 K 波段侧视雷达
ANFIS	Adaptive-Network-Based Fuzzy Inference Systems	基于自适应网络的模糊推理系统
ARC	Active radar calibrator	主动式雷达定标器
ARTEMISS	An Algorithm to Retrieve Temperature and Emissivity	温度和辐射率反演算法
ASAR	Advanced Synthetic Aperture Radar	高级合成孔径雷达
ASCAT	Advanced Scatterometer aboard Metop Satellites	气象业务化卫星上搭载的高级散射计
ASI Agenzia	Spaziale Italiana（Italian Space Agency）	意大利空间局
ATMP	Precipitation retrieval algorithm developed for ATMS	高级微波探测仪降雨反演算法
ATMS	Advanced Technology Microwave Sounder	高级微波探测仪

续表

缩写	英文	中文
ATU	Automatic tracking unit	自动跟踪装置
AVHRR	Advanced Very High Resolution Radiometer	高级甚高分辨率辐射计
AWG	Arbitrary waveform generator	任意波形发生器
BPF	Bandpass filter	带通滤波器
BSA	Backscatter alignment convention	后向散射基准
BW	Bandwidth	带宽
C-MOD5	A widely used C-band GMF	广泛使用的 C 波段地球物理模型函数
CARABAS	Coherent All-Radio Band Sensing	相干全无线电频段传感器
CCIR	Comite Consultatif International de Radio Communications (French：International Radio Consultative Committee)	国际无线电咨询委员会
CFO	Complete freeze-over	完全冻结
CHAMP	Challenging Minisatellite Payload, German small satellite mission	挑战性小卫星载荷(德国小卫星计划)
CNES	Centre National d'Etudes spatiales (French National Center for Space Studies)	法国国家空间研究中心
COBE	Cosmic Background Explorer	宇宙背景探索
COHO	Coherent oscillator	相干振荡器
Cold FET	Cold field-effect transistor	冷场效应晶体管
Comstar	Series of U. S. domestic telephone satellites	美国系列电话卫星
CONAE	Comision Nacional de Actividades Espaciales (Argentine National Space Activities Commission	阿根廷国家空间活动委员会
COSMIC	Constellation Observation System for Meteorology, Ionosphere, and Climate	用于气象、电离层和气候研究的星座观测系统
COSMO-SkyMed	Constellation of small satellites for the Mediterranean basin observation	用于地中海海盆观测的小卫星星座
CRC	Chemical Rubber Company (scientific reference publisher)	化学橡胶公司(科学参考出版社)
CRESDA	China Center for Resources Satellite Data and Application	中国资源卫星数据和应用中心
CrIMSS	Crosstrack Infrared and Microwave Sounding Suite	交轨红外和微波探测套件

缩写	英文	中文
CrIS	Crosstrack Infrared Sounder	交轨红外探测仪
CryoSat-2 ESA	satellite dedicated to ice-cap research	欧洲空间局专用于冰盖研究的卫星
CSA	Canadian Space Agency	加拿大空间局
CYGNSS	Cyclone Global Navigation Satellite System	气旋全球导航卫星系统
CW	Continuous-wave radar	连续波雷达
CZCS	Coastal Zone Color Scanner	海岸带水色扫描仪
D/A	Digital-to-analog converter	数-模转换器（DAC）
D3M	Double-Debye dielectric model	双德拜介电模型
dc	Direct current	直流电
DDM	Delay Doppler map	延迟多普勒图
DEM	Digital Elevation Model or Digital Elevation Measurement	数字高程模型或数字高程测量
demux	Demultiplexer	多路信号分离器
DFT	Discrete Fourier transform	离散傅里叶变换
DLR	German Aerospace Center（Deutsches Zentrum für Luft-und Raumfahrt e. V.）	德国航空航天中心
DMSP	Defense Meteorological Satellite Program	美国国防气象卫星计划
DOF	Degrees of freedom	自由度
DQD	Digital quadrature demodulator	数字正交解调器
DSP	Digital signal processing	数字信号处理
DSS	Digital subsystem	数字子系统
E-SAR	P- and L-band airborne SAR system operated by DLR	德国航空航天中心 P 波段和 L 波段机载合成孔径雷达系统
EADS	European Aeronautic Defence and Space Company	欧洲航空防务及航天公司
EM	Electromagnetic	电磁
EMSL	European Microwave Signature Laboratory	欧洲微波信号实验室
ENR	Excess noise ratio	超噪比
Envisat	Environmental Satellite（ESA）	环境卫星
EOS	Earth Observing System	对地观测系统

续表

缩写	英文	中文
ERB	Earth radiation budget	地球辐射收支
ERIM	Environmental Research Institute of Michigan	密歇根环境研究所
ERS	European Remote Sensing satellites or Earth Resources Satellite	欧洲遥感卫星或地球资源卫星
ESA	European Space Agency	欧洲空间局
ESCAT	ESA ERS scatterometer aboard ERS-1 and ERS-2	欧洲空间局地球资源卫星 ERS-1 和 ERS-2 上搭载的散射计
ESMR	Electrically Scanning Microwave Radiometer	电子微波扫描辐射计
ESTAR	Electronically Steered Thinned Aperture Radiometer	电子扫描稀疏孔径辐射计
ETM	Enhanced Thematic Mapper	增强型专题制图仪
FEM	Finite element method	有限元方法
FET	Field-effect transistor	场效应晶体管
FFMLP	Feedforward Multilayer Perceptron	前向多层感知器
FFT	Fast Fourier Transform	快速傅里叶变换
FIA	Forest inventory and analysis	森林资源与分析
FM	Frequency modulation	频率调制
FMCW	Frequency-modulated continuous-wave radar	调频连续波雷达
FOV	Field of view	视场
FSA	Forward Scattering Alignment convention	前向散射基准原则
FY/FYI	First-year ice	一年冰
GACM	Global Atmospheric Composition Mission	全球大气组分卫星观测任务
GEOS-3	Geodynamics Experimental Ocean Satellite altimeter	地球动力学实验海洋卫星高度计
Geosat	Geodetic Satellite	大地测量卫星
GeoSTAR	Geostationary Synthetic Thinned Array Radiometer demonstrator instrument	地球静止合成稀疏孔径辐射计演示仪器
GIFTS	Geosynchronous Imaging Fourier Transform Spectrometer	地球同步成像傅里叶变换光谱仪
GLONASS	Russian Globalnaya Navigatsionnaya Sputnikovaya Sistema satellites	俄罗斯全球导航卫星系统

缩写	英文	中文
GMF	Geophysical model function	地球物理模型函数
GNSS	Global Navigation Satellite System	全球导航卫星系统
GNSS-R	GNSS Reflectometry	全球导航卫星系统反射仪
GNSS-RO	GNSS Radio Occultation	全球导航卫星系统无线电掩星
GOM	Geometric-optics model	几何光学模型
GPS	Global positioning system	全球定位系统
GRACE	Gravity Recovery and Climate Experiment	重力测量与气候实验卫星
GSR	Ground-based scanning radiometer	地基扫描辐射计
GUI	Graphical user interface	图形用户界面
HAMSTRAD	H_2O Antarctica Microwave Stratospheric and Tropospheric Radiometer	南极平流层和对流层微波辐射计
HES	Hyperspectral Environmental Suite	高光谱环境套件
HIRS	High-Resolution Infrared Radiation Sounder	高分辨率红外辐射探测仪
HJ-1A, -1B, -1C	Huanjing series of Chinese satellites for disaster and environmental monitoring	中国灾害和环境监测系列卫星
HPA	High-power transmit amplifier	高功率发射放大器
HRRR	High Resolution Rapid Refresh model	高分辨率快速刷新天气模式
I/Q	In-phase and quadrature-phase	同相和正交相位
I/W	Ice-water mixtures	冰-水混合物
I^2EM	Improved IEM scattering model	改进的积分方程方法电磁散射模型
ICW	Interrupted continuous wave	中断连续波
IEM	Integral equation model	积分方程模型
IF	Intermediate frequency	中频
IFFT	Inverse fast Fourier transform	快速傅里叶逆变换
IFOV	Instantaneous field of view	瞬时视场
IFSAR	Interferometric synthetic-aperture radar	干涉合成孔径雷达
IGRF	International Geomagnetic Reference Field	国际地磁参考场
INS	Inertial navigation system	惯性导航系统

续表

缩写	英文	中文
InSAR	Interferometric synthetic-aperture radar	干涉合成孔径雷达
IP	Internet protocol suite	互联网协议组
IPR	Impulse response function	脉冲响应函数
IPWV	Integrated precipitable water vapor	综合可降水量
IR	Infrared	红外
ISA	International Standard Atmosphere	国际标准大气
ISAR	Inverse synthetic-aperture radar	逆合成孔径雷达
ISLR	Integrated sidelobe ratio	积分旁瓣比
ISO	International Standards Organization	国际标准组织
ISRO	Indian Space Research Organisation	印度空间研究组织
ITU	International Telecommunication Union	国际电信联盟
JAXA	Japanese Aerospace Exploration Agency	日本宇宙航空研究开发机构
JERS	Japanese Earth Resources Satellite	日本地球资源卫星
JPL	Jet Propulsion Laboratory	喷气推进实验室
JPSS	Joint Polar Satellite System	联合极地卫星系统
KARI	Korea Aerospace Research Institute	韩国航天研究所
KOMPSAT	Korean multipurpose satellite (a. k. a. Ariring)	韩国多用途卫星
LAI	Leaf area index	叶面积指数
LANDFIRE	Landscape Fire and Resource Management Planning Tools Project	景观防火和资源管理规划工具项目
Landsat	Series of satellites dedicated to acquisition of satellite imagery of Earth	获取地球卫星影像的系列卫星
LCX	L-band, C-band, X-band	L 波段，C 波段，X 波段
LEOMAC	Low-Earth Orbit Multi-spectral Atmospheric Composition mission	低轨多光谱大气组分探测卫星任务
LFM	Linear FM	线性调频
LFMCW	Linear FMCW	线性调频连续波
LHC	Left-hand circular	左旋圆

缩写	英文	中文
LIMS	Limb Infrared Monitor of the Stratosphere	平流层红外监测仪
LNA	Low-noise receive amplifier	低噪声接收放大器
LO	Local oscillator	本地振荡器
LOS	Line of sight	视线
LPF	Low-pass filter	低通滤波器
LUT	Lookup tables or load under test	查找表
LWP	Liquid-water path	液态水路径
MAP	Maximum a posteriori despeckling	最大后验去噪
MetOp	Meteorological Operational Satellite Program of Europe	欧洲气象业务卫星计划
MIMICS	Michigan Microwave Canopy Scattering Model	密歇根微波冠层散射模型
MIMO	Multiple-input and multiple-output	多输入多输出
MIR	Midinfrared or microwave interferometric radiometer	中红外或微波干涉辐射计
MIRAS	Microwave Imaging Radiometer with Aperture Synthesis	合成孔径微波成像辐射计
MIT	Massachusetts Institute of Technology	麻省理工学院
MIX	Mixture of FY and MY ice	一年冰和多年冰混合物
MIZ	Marginal ice zone	海冰边缘区
MLS	Microwave limb sounder	微波临边探测仪
MMSE	Minimum mean-square error	最小均方根误差
MO	Melt onset	开始融化
MODIS	Moderate Resolution Imaging Spectroradiometer	中分辨率成像光谱仪
MPM	Millimeter-wave propagation model	毫米波传播模型
MSS	Multispectral scanners	多光谱扫描仪
MSU	Microwave sounding unit	微波探测装置
MTI	Moving Target Indicator	运动目标指示器
mux	Multiplexer	多路复用器
MWR	Microwave radiometer	微波辐射计
MY	Multiyear (ice; has survived one melt season)	多年冰

续表

缩写	英文	中文
NASA	National Aeronautics and Space Administration	美国航空航天局
NAST-M	NPOESS Airborne Sounder Testbed-Microwave	NPOESS 机载探测仪试验台
NBCS	National Biomass and Carbon Dataset	国家生物量和碳数据集
NEMS	Nimbus E Microwave Spectrometer	Nimbus E 微波光谱仪
NES	Noise equivalent σ^0	等效噪声 σ^0
NESDIS	NOAA National Environmental Satellite, Data, and Information Services	美国国家海洋和大气管理局国家环境卫星、数据和信息服务
NEXRAD	Next-Generation Radar (WSR-88D: Weather Surveillance Radar, 1988, Doppler)	下一代雷达(天气监测雷达,多普勒)
NGAS	Northrop Grumman Aerospace Systems	诺思罗普·格鲁曼航空航天系统
Nimbus	U. S. meteorological research satellite series	美国气象研究系列卫星
NIR	Near-infrared	近红外
NLCD	USGS National Land Cover Dataset	美国地质调查局国家陆地覆盖数据集
NMM3D	Numerical method-of-moment 3-D	三维矩量数值方法
NOAA	National Oceanic and Atmospheric Administration	美国国家海洋和大气管理局
NODS	NASA Ocean Data System, at JPL	美国航空航天局海洋数据系统,喷气推进实验室
NPOESS	National Polar-Orbiting Operational Environmental Satellite System	国家极轨运行环境卫星系统
NRL	U. S. Naval Research Laboratory	美国海军研究实验室
NRSCC	National Remote Sensing Center of China	中国国家遥感中心
NSCAT	NASA scatterometer aboard Japanese satellite, Midori (a. k. a. ADEOS)	搭载在日本卫星上的美国航空航天局散射计
NSIDC	U. S. National Snow and Ice Data Center	美国国家冰雪数据中心
NSOF	NOAA Satellite Operations Facility	美国国家海洋和大气管理局卫星运行设施
NWP	Numerical weather prediction	数值天气预报
Oceansat	Indian satellite series	印度系列卫星
OCM	Ocean Colour Monitor instrument aboard Oceansat	海洋卫星搭载的水色监测仪器

续表

缩写	英文	中文
OMT	Orthomode Transducer	正交模转换器
OSCAT	Oceansat-2 Scatterometer	海洋卫星-2 散射计
OW	Open water	开阔水面
PA	Power amplifier	能量放大器
PALS	Passive active L-band system	被动主动 L 波段系统
PALSAR	Phased Array type L-band Synthetic Aperture Radar	L 波段相控阵合成孔径雷达
PARC	Polarimetric ARC	极化有源雷达校准器
PATH	Precipitation and All-Weather Temperature and Humidity	降雨和全天候温度湿度
PAZ	Spanish radar satellite	西班牙雷达卫星
PCA	Point of closest approach or principal components analysis	最邻近点方法或主成分分析
pdf	Probability density function	概率密度函数
PiSAR	Japanese airborne, polarimetric, L-band SAR	日本机载极化 L 波段合成孔径雷达
PoFR	Point of first reflection	第一反射点
POLARSCAT	LCX Polarimetric Scatterometer	L 波段、C 波段和 X 波段极化散射计
PolSCAT	Polarimetric Ku-band Scatterometer	Ku 波段极化散射计
PORTOS	Five-frequency radiometer on French ARAT aircraft and associated datasets	法国 ARAT 飞机搭载的 5 频辐射计及相关数据集
Poseidon	CNES solid-state nadir-pointing radar altimeter	法国国家空间研究中心固态天底点雷达高度计
PPI	Plan-position indicator	平面位置显示器
PR	Polarization ratio	极化比
PRF	Pulse repetition frequency	脉冲重复频率
PRISM	Polarimetric Radar Inversion for Soil Moisture	极化雷达反演土壤湿度
PRN	Pseudorandom noise	伪随机噪声
PS	Persistent scattering	永久散射
PSD	Power spectral density	功率谱密度
PSR	Polarimetric scanning radiometer	极化扫描辐射计

续表

缩写	英文	中文
PTOST	Pacific THORpex Observing System Test	太平洋 THORpex 观测系统测试
QuikSCAT	NASA Quick Scatterometer satellite	美国航空航天局卫星散射计
RADARSAT	Pair of Canadian remote sensing satellites	加拿大雷达遥感卫星
RADSCAT	Radiometer/Scatterometer flown on Skylab (a. k. a. S-193)	天空实验室搭载的辐射计/散射计
RAM	Random-access memory	随机存取存储器
RAR	Real-aperture radar	真实孔径雷达
RASAM	radio-scatterometer	无线电-散射计
RCS	Radar cross section	雷达散射截面
RDA	Range-Doppler algorithm	距离-多普勒算法
RF	Radio frequency	射频
RFI	Radio frequency interference	射频干扰
RHC	Right-hand circular	右旋圆
RISAT	Radar Imaging Satellite: Series of Indian radar imaging reconnaissance satellites	雷达成像卫星：印度雷达侦察系列卫星
rms	Root-mean-square error/deviation	均方根误差/偏差
rmsd	Root-mean-square deviation	均方根偏差
rmse	Root-mean-square error	均方根误差
RT	Radiative transfer models	辐射传输模型
RVI	Radar Vegetation Index	雷达植被指数
S193	Skylab Microwave Radiometer/Scatterometer and Altimeter (a. k. a. RADSCAT)	天空实验室微波辐射计/散射计和高度计
S194	Skylab L-band Radiometer	天空实验室 L 波段辐射计
S^2RT	Single-scattering radiative transfer model	单次散射辐射传输模型
S^2RT/R	S^2RT model with Rayleigh particles	瑞利粒子单次散射辐射传输模型
SAM	Stratospheric aerosol measurement	平流层气溶胶测量
SAMS	Stratospheric and Mesospheric Sounder	平流层和中间层探测仪
SAOCOM	Satelite Argentino de Observacion con Microondas (Argentine Microwaves Observation Satellite)	阿根廷微波观测卫星

续表

缩写	英文	中文
SAPARC	Single-antenna PARC	单天线极化有源雷达校准器
SAR	Synthetic-aperture radar	合成孔径雷达
SARA	SAR altimetry	合成孔径雷达高度计
SASS	Seasat-A Scatterometer System	Seasat-A 散射计系统
SBAS	Small baseline subset analysis	小基线子集分析
SBUV/TOMS	Solar Backscatter Ultraviolet/Total Ozone Mapping Spectrometer	太阳紫外后向散射/臭氧测量光谱仪
SCAMS	Scanning Microwave Spectrometer	微波扫描光谱仪
scanSAR	Scanning SAR	扫描合成孔径雷达
SD^{2}M	Single-Debye dielectric model	德拜介电模型
Seasat	NASA/JPL first satellite designed for remote sensing of the Earth's oceans	美国航空航天局/喷气推进实验室第一颗地球海洋观测卫星
SeaWinds	NASA scatterometer aboard QuikSCAT satellite	美国航空航天局 QuikSCAT 卫星搭载的散射计
SEE	Standard error of estimate	标准计算误差
Sentinel	ESA satellite series	欧洲空间局系列卫星
SFO	Code for San Francisco International Airport	圣弗朗西斯科国际机场代码
SG	Spectral gradient	谱梯度
SIR	Shuttle Imaging Radar	航天飞机成像雷达
SIR-C/X-SAR	Spaceborne Imaging Radar-C/X-band Synthetic-Aperture Radar	星载成像雷达 C/X 波段合成孔径雷达
SIRAL SAR	Interferometric Radar Altimeter	干涉雷达高度计
SLAR	Side-looking airborne radar	机载侧视雷达
SLC	Scan line corrector	扫描线校正器
SMAP	Soil Moisture Active Passive mission and instrument	土壤湿度主被动遥感卫星
SMART	Soil Moisture Assessment Radar Technique	基于雷达技术的土壤湿度评估
SMEI	Solar Mass Ejection Imager	太阳质量抛射成像仪
SMILES	Superconducting Submillimeter-Wave Limb Emission Sounder	超导亚毫米波边缘辐射仪

缩写	英文	中文
SMMR	Scanning Multichannel Microwave Radiometer	多通道微波扫描辐射计
SMOS	Soil Moisture and Ocean Salinity mission	土壤湿度和海洋盐度卫星
SNR	Signal-to-noise ratio	信噪比
SPIE	International Society for Optics and Photonics	国际光学和光子学会
SPM	Small-perturbation model	小扰动模型
SRTM	Shuttle Radar Topography Mission	航天飞机雷达地形测绘计划
SSB	Single-sideband	单边带
SSM/I or SSMI	Special Sensor Microwave/Imager	专用微波传感器/成像仪
SSM/T	Special Sensor Microwave Atmospheric Temperature Profiler	专用微波大气温度廓线仪
SSMIS	Special Sensor Microwave Imager/Sounder	专用微波成像仪/探测仪
SSS	Sea-surface salinity	海表盐度
SST	Sea-surface temperature	海表温度
SSU	Stratospheric Sounding Unit	平流层探测单元
STALO	Stable local oscillator	稳定本地振荡器
STC	Sensitivity time control	敏感度时间控制
Suomi NPP	U. S. Suomi National Polar-Orbiting Partnership	索米美国国家极地轨道伙伴卫星
SY	Second-year ice	二年冰
TanDEM-X	TerraSAR-X add-on for Digital Elevation Measurement	陆地合成孔径雷达卫星数字高程测量附加装置
TBSCAT	Two-stream radiative transfer model	双流辐射传输模型
TCP	Transmission Control Protocol	传输控制协议
TDBP	Time-domain backprojection	时域反投影
TECU	Total electron content unit	总电子含量单位
TEM	Transverse electromagnetic	横向电磁
TerraSAR-X	Earth observation satellite (DLR and EADS)	地球观测卫星(德国航空航天中心和欧洲航空防务及航天公司)
THIR	Temperature/Humidity Infrared Radiometer	温度/湿度红外辐射计

缩写	英文	中文
THORpex	The Observing-System Research and Predictability Experiment	观测系统研究和预测实验
TIR	Thermal infrared radiometers	热红外辐射计
TIROS	Television Infrared Observation Satellite	电视红外线观测卫星
TMR	TOPEX Microwave Radiometer	TOPEX 微波辐射计
TOPEX	NASA nadir-pointing radar altimeter	美国航空航天局天底点雷达高度计
TOVS	TIROS Operational Vertical Sounder	电视红外线观测卫星业务垂直探测仪
TR or T/R	Transmit-receive switch	发射-接收开关
TRM	Transmit/receive module	发射/接收模块
TRMM	Tropical Rain Mapping Mission	热带降雨测量卫星
TRMM-PR	TRMM Precipitation Radar	热带降雨测量卫星-降雨雷达
TropSat	Earth observation satellite mission dedicated to global tropics	全球热带地球观测卫星任务
TVB	Tinga-Voss-Blossey formulas	Tinga-Voss-Blossey 公式
TWTA	Traveling wave tube amplifier	行波管放大器
UARS	Upper Atmosphere Research Satellite	上层大气探测卫星
UAV	Unmanned aerial vehicle	无人驾驶航空器
UAVSAR	Uninhabited aerial vehicle synthetic-aperture radar	无人驾驶航空器合成孔径雷达
UK-DMC	U. K. Space Agency's Disaster Monitoring Constellation	英国航天局灾害监测星座
UPS	Uninterruptible power supply	不间断电源
URSI	International Union of Radio Science	国际无线电科学联合会
USDA	United States Department of Agriculture	美国农业部
USGS	United States Geological Survey	美国地质调查局
VCO	Voltage-controlled oscillator	压控振荡器
VHF	Very High Frequency	甚高频
VIWV	Vertically integrated water vapor	垂向水汽总量
WindSat	Wind microwave radiometer	微波测风辐射计
WMAP	Wilkinson Microwave Anisotropy Probe	威尔金森微波各向异性探测器
WVC	Wind vector cell	风矢量单元
XFMR	Transformer	变压器
ZRT	Zeroth-order radiative transfer	零阶辐射传输

附录 C　数学公式

三角关系

$$\sin(x \pm y) = \sin x \cos y \pm \cos x \sin y$$

$$\cos(x \pm y) = \cos x \cos y \mp \sin x \sin y$$

$$2 \sin x \sin y = \cos(x-y) - \cos(x+y)$$

$$2 \sin x \cos y = \sin(x+y) + \sin(x-y)$$

$$2 \cos x \cos y = \cos(x+y) + \cos(x-y)$$

$$\sin 2x = 2 \sin x \cos x$$

$$\cos 2x = 1 - 2 \sin^2 x$$

$$\sin x + \sin y = 2 \sin\left(\frac{x+y}{2}\right) \cos\left(\frac{x-y}{2}\right)$$

$$\sin x - \sin y = 2 \cos\left(\frac{x+y}{2}\right) \cos\left(\frac{x-y}{2}\right)$$

$$\cos x + \cos y = 2 \cos\left(\frac{x+y}{2}\right) \cos\left(\frac{x-y}{2}\right)$$

$$\cos x - \cos y = -2 \sin\left(\frac{x+y}{2}\right) \sin\left(\frac{x-y}{2}\right)$$

$$\cos(x \pm 90°) = \mp \sin x$$

$$\cos(-x) = \cos x$$

$$\sin(x \pm 90°) = \pm \cos x$$

$$\sin(-x) = -\sin x$$

$$e^{jx} = \cos x + j \sin x$$

$$\sin x = \frac{e^{jx} - e^{-jx}}{2j}$$

$$\cos x = \frac{e^{jx} + e^{-jx}}{2j}$$

$$\sqrt{j} = \frac{1+j}{\sqrt{2}}$$

$$\mathrm{d}\Omega = \sin\theta\,\mathrm{d}\theta\mathrm{d}\phi$$

$$\left|1+\mathrm{e}^{jx}+\mathrm{e}^{j2x}+\cdots+\mathrm{e}^{j(N-1)x}\right|^2 = \left[\frac{\sin(Nx/2)}{\sin(x/2)}\right]^2$$

小量近似

对于 $|x| \ll 1$，

$$(1\pm x)^n \approx 1\pm nx$$

$$(1\pm x)^2 \approx 1\pm 2x$$

$$\sqrt{1\pm x} \approx 1\pm\frac{x}{2}$$

$$\frac{1}{\sqrt{1\pm x}} \approx 1\mp\frac{x}{2}$$

$$\mathrm{e}^x = 1+x+\frac{x^2}{2!}+\cdots \approx 1+x$$

$$\ln(1+x) \approx x$$

$$\sin x = x-\frac{x^3}{3!}+\frac{x^5}{5!}+\cdots \approx x$$

$$\cos x = 1-\frac{x^2}{2!}+\frac{x^4}{4!}+\cdots \approx 1-\frac{x^2}{2}$$

$$\lim_{x\to\infty}\frac{\sin x}{x} = 1$$

附录 D   有用的参考书

Balanis, C. A. (2008). *Modern Antenna Handbook*. Wiley & Sons.

Barton, D. K. (1975). *Radars*, *Vol.* 5: *Radar Clutter*. Artech House.

Blackwell, W. J. and F. W. Chen (2009). *Neural Networks in Atmospheric Remote Sensing*. Artech House.

Born, M. and E. Wolf (1965). *Principles of Optics*: *Electromagnetic Theory of Propagation*, *Interference and Diffraction of Light*. Oxford: Pergamon Press.

Burke, B. F. and F. Graham-Smith (2002). *An Introduction to Radio Astronomy*. Cambridge University Press.

Carrara, W. G., R. S. Goodman, and R. M. Majewski (1995). *Spotlight Synthetic Aperture Radar*: *Signal Processing Algorithms*. Artech House.

Cloude, S. (2009). *Polarisation*: *Applications in Remote Sensing*. Oxford University Press.

Cumming, I. G. and F. H. Wong (2005). *Digital Processing of Synthetic Aperture Radar Data*: *Algorithms and Implementation*. Artech House.

Curlander, J. C. and R. N. McDonough (1991). *Synthetic Aperture Radar*: *Systems and Signal Processing*. Wiley-Interscience.

Elachi, C. (1988). *Spaceborne Radar Remote Sensing*: *Applications and Techniques*. IEEE Press.

Fu, L. -L. and A. Cazenave (2001). *Satellite Altimetry and Earth Sciences*: *A Handbook of Techniques and Applications*. Academic Press.

Fung, A. K. (1994). *Microwave Scattering and Emission Models and Their Applications*. Artech House.

Fung, A. K. and K. S. Chen (2010). *Microwave Scattering and Emission Models for Users*. Artech House.

Hanssen, R. F. (2001). *Radar Interferometry*: *Data Interpretation and Error Analysis*. Remote Sensing and Digital Image Processing. Kluwer Academic.

Ishimaru, A. (1978). *Wave Propagation and Scattering in Random Media*. Academic Press.

Ishimaru, A. (1991). *Electromagnetic Wave Propagation*, *Radiation*, *and Scattering*. Prentice Hall.

Janssen, M. A. (ed.) (1993). *Atmospheric Remote Sensing by Microwave Radiometry*. Wiley &

Sons.

Lee, J. -S. and E. Pottier (2009). *Polarimetric Radar Imaging*: *From Basics to Applications*. CRC Press.

Massonnet, D. and J. -C. Souyris (2008). Imaging with Synthetic Aperture Radar. CRC Press.

Mätzler, C. (2006). *Thermal Microwave Radiation*: *Applications for Remote Sensing*. IET.

Meischner, P. (2004). *Weather Radar*: *Principles and Advanced Applications*. Springer.

Oliver, C. and S. Quegan (2004). *Understanding Synthetic Aperture Radar Images*. SciTech.

Raemer, H. R. (1997). *Radar Systems Principles*. CRC Press.

Richards, M. A. (2005). *Fundamentals of Radar Signal Processing*. McGraw-Hill.

Richards, M. A., J. A. Scheer, and W. A. Holm (2010). *Principles of Modern Radar*. SciTech.

Sihvola, A. H. (1999). *Electromagnetic Mixing Formulas and Applications*. IEE.

Skolnik, M. I. (1980). *Introduction to Radar Systems*. McGraw-Hill.

Thompson, A. R., J. M. Moran, and G. W. Swenson (1994). *Interferometry and Synthesis in Radio Astronomy*. Krieger Publishing Company.

Tinbergen, J. (1996). *Astronomical Polarimetry*. Cambridge University Press.

Tsang, L., J. A. Kong, and R. T. Shin (1985). *Theory of Microwave Remote Sensing*. Wiley & Sons.

Ulaby, F. T. and M. C. Dobson (1989). *Handbook of Radar Scattering Statistics for Terrain*. Artech House.

Ulaby, F. T. and C. Elachi (1990). Radar Polarimetry for Geoscience Applications. Artech House.

Ulaby, F. T., E. Michielssen, and U. Ravaioli (2010). *Fundamentals of Applied Electromagnetics*. Prentice Hall.

Ulaby, F. T., R. K. Moore, and A. K. Fung (1981). *Microwave Remote Sensing*: *Active and Passive*, *Vol. I—Fundamentals and Radiometry*. Artech House.

Ulaby, F. T., R. K. Moore, and A. K. Fung (1982). *Microwave Remote Sensing*: *Active and Passive*, *Vol. II—Radar Remote Sensing and Surface Scattering and Emission Theory*. Artech House.

Ulaby, F. T., R. K. Moore, and A. K. Fung (1986). Microwave Remote Sensing: Active and Passive, Vol. III—Volume Scattering and Emission Theory, Advanced Systems and Applications. Artech House.

Ulaby, F. T. and A. E. Yagle (2013). *Engineering Signals and Systems*. NTS Press.

Van Zyl, J. J. and Y. Kim (2011). *Synthetic Aperture Radar Polarimetry*. Wiley & Sons.

参 考 文 献

Adam, N., B. Kampes, M. Eineder, J. Worawattanamateekul & M. Kircher (2003). The development of a scientific permanent scatterer system. In International Society for Photogrammetry and Remote Sensing Hannover Workshop. Hannover, Germany.

Ahmad, K. A., W. L. Jones, T. Kasparis, S. Wiechecki Vegara, I. S. Adams & J. D. Park (2005). Oceanic rain rate estimates from the QuikSCAT Radiometer: A Global Precipitation Mission pathfinder. Journal of Geophysical Research, 110(D11), D11101.

Ahmad, K. A., W. L. Jones & T. Kasparis (2006). QuikSCAT Radiometer (QRad) Rain Rates Level 2B Data Product. In IEEE International Geoscience and Remote Sensing Symposium (pp. 4126–4129). 31 July–4 August, Denver, CO.

Allen, C. T. & F. T. Ulaby (1984). Modeling the Polarization Dependence of the Attenuation in Vegetation Canopies. In IEEE International Geoscience and Remote Sensing Symposium. 27–30 August, Strasbourg, France.

Allen, C. T., B. Brisco & F. T. Ulaby (1984). Modeling the Temporal Behavior of the Microwave Backscattering Coefficient of Agricultural Crops. Lawrence, KS: Technical Report 360–21, Remote Sensing Laboratory, University of Kansas Center for Research, Inc.

Allen, J. R. & D. G. Long (2006). Microwave observations of daily Antarctic sea-ice edge expansion and contraction rates. IEEE Geoscience and Remote Sensing Letters, 3(1), 54–58.

Alpers, W. (2002). Remote sensing of oil spills. In Maritime Disaster Management Symposium (pp. 19–23).

Alpers, W. & H. Hühnerfuss (1989). The damping of ocean waves by surface films: A new look at an old problem. Journal of Geophysical Research, 94(C5), 6251–6265.

Amar, F. (1989). Directional Random Sea Surface Generation. M.S. Thesis, University of Texas at Arlington, Arlington, TX.

Ambach, W. & A. Denoth (1980). Dielectric behaviour of snow: a study versus liquid water content. Ft. Collins, CO: NASA Conference Publication 2153.

Amelung, F., D. L. Galloway, J. W. Bell, H. A. Zebker & R. J. Laczniak (1999). Sensing the ups and downs of Las Vegas: InSAR reveals structural control of land subsidence and aquifer–system deformation. Geology, 27(6), 483–486.

Amelung, F., S. Jónsson, H. A. Zebker & P. Segall (2000). Widespread uplift and "trapdoor" faulting on Galápagos volcanoes observed with radar interferometry. Nature, 407(6807), 993–996.

Amelung, F., N. Gourmelen & S. Baker (2008). InSAR time-series: Results from Kilauea volcano, Hawaii, and the Eastern California Shear Zone. In Fall Meeting of the American Geophysical Union.

Anderson, C., J. Figa, H. Bonekamp, J. J. W. Wilson, J. Verspeek, A. Stoffelen & M. Portabella (2012). Validation of Backscatter Measurements from the Advanced Scatterometer on MetOp-A. Journal of Atmospheric and Oceanic Technology, 29(1), 77-88.

Anderson, H. S. & D. G. Long (2005). Sea ice mapping method for SeaWinds. IEEE Transactions on Geoscience and Remote Sensing, 43(3), 647-657.

Arcone, S. A., A. J. Gow & S. McGrew (1986). Structure and dielectric properties at 4.8 and 9.5 GHz of saline ice. Journal of Geophysical Research, 91(C12), 14281-14303.

Armstrong, R. L. & M. J. Brodzik (2002). Hemispheric-scale comparison and evaluation of passive-microwave snow algorithms. Annals of Glaciology, 34(1), 38-44.

Ashcraft, I. S. & D. G. Long (2003). The spatial response function of SeaWinds backscatter measurements. Proceedings of SPIE, 5151, 609-618.

Askne, J. I.. H. & B. G. Skoog (1983). Atmospheric Water-Vapor Profiling by Ground-Based Radiometry at 22 and 183 GHz. IEEE Transactions on Geoscience and Remote Sensing, 21(3), 320-323.

Assur, A. (1960). Composition of sea ice and its tensile strength. Wilmette, IL: U.S. Army Corps of Engineers Snow, Ice and Permafrost Research Establishment.

Atkinson, P. M. & A. R. L. Tatnall (1997). Introduction to neural networks in remote sensing. International Journal of Remote Sensing, 18(4), 699-709.

Atlas, D. (1964). Advances in Radar Meteorology. In H. E. Landsberg & J. van Mieghem (Eds.), Advances in Geophysics (Vol. 10). New York: Elsevier.

Attema, E. P. W. (1991). The Active Microwave Instrument on-board the ERS-1 satellite. Proceedings of the IEEE, 79(6), 791-799.

Attema, E. P. W. & F. T. Ulaby (1978). Vegetation modeled as a water cloud. Radio Science, 13(2), 357-364.

Aumann, H. H., M. T. Chahine, C. Gauter, M. D. Goldberg, E. Kalnay, L. M. McMillin, ⋯ J. Susskind (2003a). AIRS/AMSU/HSB on the Aqua Mission: Design, Science Objectives, Data Products, and Processing Systems. IEEE Transactions on Geoscience and Remote Sensing, 41(2), 253-264.

Aumann, H. H., F. W. Chen, L. Chen, S. Gaiser, D. Hagan, T. Hearty, ⋯ D. C. Tobin (2003b). Validation of AIRS/AMSU/HSB Core Products for Data Release Version 3.0 (E. Fetzer, Ed.). Technical Report D-26538, NASA JPL, Caltech, Pasadena, CA.

Backus, G. E. & F. Gilbert (1970). Uniqueness in the inversion of inaccurate gross earth data. Philosophical Transactions of the Royal Society of London. Series A, Mathematical and Physical Sciences, 266(1173), 123-192.

Baghdadi, N., E. Saba, M. Aubert, M. Zribi & F. Baup (2011). Evaluation of Radar Backscattering Models IEM, Oh, and Dubois for SAR Data in X-Band Over Bare Soils. IEEE Geoscience and Remote Sensing Letters, 8(6), 1160-1164.

Balanis, C. A. (1989). Advanced Engineering Electromagnetics. New York: Wiley & Sons. Balanis, C. A. (2008). Modern Antenna Handbook (Constantine A. Balanis, Ed.). Hoboken, NJ: Wiley & Sons.

Barber, D. G., A. K. Fung, T. C. Grenfell, S. V. Nghiem, R. G. Onstott, V. I. Lytle, ⋯ A. J. Gow (1998).

The Role of Snow on Microwave Emission and Scattering over First-Year Sea Ice. IEEE Transactions on Geoscience and Remote Sensing, 36(5), 1750-1763.

Barnes, R. M. (1986). Antenna Polarization Calibration Using In-Scene Reflectors. Report TT-65, MIT Lincoln Laboratory, Lexington, MA.

Barrett, A. H. & E. Lilley (1963). Mariner-2 Microwave Observations of Venus. Sky & Telescope, 25(4), 192-195.

Barrick, D. E. & C. T. Swift (1980). The Seasat microwave instruments in historical perspective. IEEE Journal of Oceanic Engineering, 5(2), 74-79.

Barrow, W. L. & L. J. Chu (1939). Theory of the Electromagnetic Horn. Proceedings of the IRE, 27(1), 51-64.

Barthel, J., K. Bachhuber, R. Buchner & H. Hetzenauer (1990). Dielectric spectra of some common solvents in the microwave region. Water and lower alcohols. Chemical Physics Letters, 165(4), 369-373.

Barton, D. K. (1975). Radars Vol. 5 - Radar Clutter. (D. K. Barton, Ed.). Norwood, MA: Artech House.

Basharinov, A. E., A. S. Gurvich, S. T. Yegorov, A. A. Kurskaya, D. T. Matvyev & A. M. Shutko (1971). The results of microwave sounding of the Earth's surface according to experimental data from the satellite Cosmos 243. Space Research, 11.

Batelaan, P. E., R. M. Goldstein & C. T. Stelzried (1973). Improved Noise - Adding Radiometer for Microwave Receivers.

Batlivala, P. P. & F. T. Ulaby (1976). Radar Look Direction and Row Crops. Photogrammetric Engineering & Remote Sensing, 42(2), 233-238.

Beal, R. C. (1980). Spaceborne Imaging Radar: Monitoring of Ocean Waves. Science, 208 (4450), 1373-1375.

Bechor, N. B. D. & H. A. Zebker (2006). Measuring two-dimensional movements using a single InSAR pair. Geophysical Research Letters, 33(16), L16311.

Beckmann, P. & A. Spizzichino (1963). The scattering of electromagnetic waves from rough surfaces. Oxford: Pergamon Press.

Berardino, P., G. Fornaro, R. Lanari & E. Sansosti (2002). A New Algorithm for Surface Deformation Monitoring Based on Small Baseline Differential SAR Interferograms. IEEE Transactions on Geoscience and Remote Sensing, 40(11), 2375-2383.

Bergen, K. M., M. C. Dobson, L. E. Pierce & F. T. Ulaby (1998). Characterizing Carbon Dynamics in a Northern Forest Using SIR-C/X-SAR Imagery. Remote Sensing of Environment, 63(1), 24-39.

Berkowitz, R. S. (Ed.) (1965). Modern Radar: Analysis, Evaluation, and System Design. New York: Wiley & Sons.

Bespalova, Y. A., V. M. Veselov & V. Y. Gershenzon (1982). Determining surface wind velocity by measurements of polarization anisotropy of natural and scattered microwave radiation. Issledovanie Zemli iz Kosmosa, 1, 87-94.

Best, A. C. (1950). The size distribution of raindrops. Quarterly Journal of the Royal Meteorological Society, 76(327), 16-36.

Bindlish, R., T. J. Jackson, A. J. Gasiewski, M. Klein & E. G. Njoku (2006). Soil moisture mapping and AMSR-E validation using the PSR in SMEX02. Remote Sensing of Environment, 103(2), 127-139.

Birkeland, P. W. (1974). Pedology, weathering, and geomorphological research. New York: Oxford University Press.

Bishop, C. M. (2007). Pattern Recognition and Machine Learning. Springer.

Bitar, A. A., D. Leroux, Y. H. Kerr, O. Merlin, P. Richaume, A. Sahoo & E. F. Wood (2012). Evaluation of SMOS Soil Moisture Products Over Continental U.S. Using the SCAN/SNOTEL Network. IEEE Transactions on Geoscience and Remote Sensing, 50(5), 1572-1586.

Bjerkaas, A. W. & F. W. Riedel (1979). Proposed model for the elevation spectrum of a wind-roughened sea surface. Technical Report APL-TG-1328-I-31, Applied Physics Laboratory, Johns Hopkins University, Laurel, MD.

Black, H. D. (1978). An Easily Implemented Algorithm for the Tropospheric Range Correction. Journal of Geophysical Research, 83(B4), 1825-1828.

Blacksmith, P., R. E. Hiatt & R. B. Mack (1965). Introduction to radar cross-section measurements. Proceedings of the IEEE, 53(8), 901-920.

Blackwell, W. J. (2011). Hyperspectral microwave atmospheric sounding using neural networks. In Signal and Image Processing for Remote Sensing. CRC Press.

Blackwell, W. J. & F. W. Chen (2009). Neural Networks in Atmospheric Remote Sensing. Norwood, MA: Artech House.

Blanchard, A. J. & J. Rochier (1987). Bistatic Radar Cross Section Measurement Facility. In IEEE International Geoscience and Remote Sensing Symposium (Vol. 1, pp. 545-548). 18-21 May, Ann Arbor, MI.

Blanchard, B. J. & A. T. C. Chang (1983). Estimation of Soil Moisture from Seasat SAR Data. Water Resources Bulletin, 19(5), 803-810.

Bliven, L. F. & J. P. Giovanangeli (1993). An experimental study of microwave scattering from rain- and wind-roughened seas. International Journal of Remote Sensing, 14(5), 855-869.

Bliven, L., J. P. Giovanangeli & G. Norcross (1989). Scatterometer Directional Response During Rain. In IEEE International Geoscience and Remote Sensing Symposium (Vol. 3, pp. 1887-1890). 10-14 July, Vancouver, Canada.

Bliven, L. F., P. W. Sobieski & C. Craeye (1997). Rain generated ring-waves: Measurements and modelling for remote sensing. International Journal of Remote Sensing, 18(1), 221-228.

Blume, H. J. C. (1977). Noise Calibration Repeatability of an Airborne Third-Generation Radiometer (Letters). IEEE Transactions on Microwave Theory and Techniques, 25(10), 852-855.

Blume, H. J. C., M. Kendall & J. C. Fedors (1977). Sea-surface temperature and salinity mapping from remote microwave radiometric measurements of brightness temperature. NASA Technical Paper 1077, Langley Research Center, Hampton, VA.

Boerner, W. M. (1981). Use of Polarization in Electromagnetic Inverse Scattering. Radio Science, 16(6), 1037-1045.

Bolten, J. D., V. Lakshmi & E. G. Njoku (2003). Soil Moisture Retrieval Using the Passive/Active L- and

S-Band Radar/Radiometer. IEEE Transactions on Geoscience and Remote Sensing, 41(12), 2792-2801.

Born, M. & E. Wolf (1965). Principles of Optics: Electromagnetic Theory of Propagation, Interference and Diffraction of Light. Oxford: Pergamon Press.

Borwein, P. & R. Ferguson (2005). Polyphase sequences with low autocorrelation. IEEE Transactions on Information Theory, 51(4), 1564-1567.

Bouvet, A., T. Le Toan & L. -D. Nguyen (2009). Monitoring of the Rice Cropping System in the Mekong Delta Using ENVISAT/ASAR Dual Polarization Data. IEEE Transactions on Geoscience and Remote Sensing, 47(2), 517-526.

Bracalente, E., D. Boggs, W. Grantham & J. Sweet (1980). The SASS^1 scattering coefficient σ° algorithm. IEEE Journal of Oceanic Engineering, 5(2), 145-154.

Bradley, G. A. & F. T. Ulaby (1981). Aircraft radar response to soil moisture. Remote Sensing of Environment, 11, 419-438.

Breit, G. & M. A. Tuve (1926). A Test of the Existence of the Conducting Layer. Physical Review, 28(3), 554-575.

Brekke, A. (1997). Physics of the Upper Polar Atmosphere. Chichester, UK: Wiley & Sons.

Brekke, C. & A. H. S. Solberg (2005). Oil spill detection by satellite remote sensing. Remote Sensing of Environment, 95(1), 1-13.

Brown, E. R., O. B. McMahon, T. J. Murphy, G. G. Hogan, G. D. Daniels & G. Hover (1998). Wide-Band Radiometry for Remote Sensing of Oil Films on Water. IEEE Transactions on Microwave Theory and Techniques, 46(12), 1989-1996.

Brown, S. T., C. S. Ruf & D. R. Lyzenga (2006). An emissivity-based wind vector retrieval algorithm for the WindSat polarimetric radiometer. IEEE Transactions on Geoscience and Remote Sensing, 44(3), 611-621.

Brunfeldt, D. R. & F. T. Ulaby (1984a). Measured microwave emission and scattering in vegetation canopies. IEEE Transactions on Geoscience and Remote Sensing, 22, 520-524.

Brunfeldt, D. R. & F. T. Ulaby (1984b). Active Reflector for Radar Calibration. IEEE Transactions on Geoscience and Remote Sensing, 22(2), 165-169.

Brunfeldt, D. R. & F. T. Ulaby (1986). Microwave Emission from Row Crops. IEEE Transactions on Geoscience and Remote Sensing, 24(3), 353-359.

Buckley, E. F. (1960). Stepped-Index Luneburg Lenses. Electronic Design, 8, 86-89.

Buckreuss, S., R. Werninghaus & W. Pitz (2008). The German satellite mission TerraSAR-X. In IEEE Radar Conference (pp. 1-5).

Buehner, M. (2002). Assimilation of ERS-2 scatterometer winds using the Canadian 3D-var. Atmosphere-Ocean, 40(3), 361-376.

Bürgmann, R., M. E. Ayhan, E. J. Fielding, T. J. Wright, S. McClusky, B. Aktug, … A. Turkezer (2002). Deformation during the 12 November 1999 Düzce, Turkey, Earthquake, from GPS and InSAR Data. Bulletin of the Seismological Society of America, 92(1), 161-171.

Burke, B. F. & F. Graham-Smith (2002). An Introduction to Radio Astronomy. Cambridge, UK; New York: Cambridge University Press.

Burke, W. J., T. J. Schmugge & J. F. Paris (1979). Comparison of 2.8- and 21-cm microwave radiometer observations over soils with emission model calculations. Journal of Geophysical Research, 84(C1), 287.

Bush, T. F. & F. T. Ulaby (1975). Fading Characteristics of Panchromatic Radar Backscatter from Selected Agricultural Targets. IEEE Transactions on Geoscience Electronics, 13(4), 149-157.

Bush, T. F., F. T. Ulaby, T. Metzler & H. Stiles (1976). Seasonal Variations of the Microwave Scattering Properties of Deciduous Trees as Measured in the 1-18 GHz Spectral Range. Technical Report 177-60, Remote Sensing Laboratory, University of Kansas, Lawrence, KS.

Bushuyev, A. V., N. A. Volkov & V. S. Loshchilov (1974). Atlas of Ice Formations. Leningrad, USSR: Gidrometeoizdat.

Bussey, H. E. (1967). Measurement of RF Properties of Materials: A Survey. Proceedings of the IEEE, 55(6), 1046-1053.

Campbell, C. K. (1978). Free-Space Permittivity Measurements on Dielectric Materials at Millimeter Wavelengths. IEEE Transactions on Instrumentation and Measurements, 27(1), 54-58.

Campbell, M. J. & J. Ulrichs (1969). Electrical Properties of Rocks and Their Significance for Lunar Radar Observations. Journal of Geophysical Research, 74(25), 5867-5881.

Campbell, W. J. & P. Gudmansen (1981). The application of microwave remote sensing for snow and ice research. In K. R. Carver (Ed.), 1st IEEE International Geoscience and Remote Sensing Symposium (pp. 951-957). 8-10 June, Washington, DC.

Campbell, W. J., J. Wayenberg, J. B. Ramseyer, R. O. Ramseier, M. R. Vant, R. Weaver, ⋯ T. G. Farr (1978). Microwave remote sensing of sea ice in the AIDJEX Main Experiment. Boundary-Layer Meteorology, 13(1-4), 309-337.

Carrara, W. G., R. S. Goodman & R. M. Majewski (1995). Spotlight Synthetic Aperture Radar: Signal Processing Algorithms. Norwood, MA: Artech House.

Carsey, F. D. (1982). Arctic Sea Ice Distribution at End of Summer 1973-1976 From Satellite Microwave Data. Journal of Geophysical Research, 87(C8), 5809-5835.

Carsey, F. D., R. O. Ramseier & W. F. Weeks (1982). Sea Ice Mission Requirements for the U.S. FIREX and Canada RadarSat Programs. Report based on Bilateral Ice Study Team Workshop, 11-13 February, 1981, Comwall, Ontario, Canada.

Carver, K. R. (1975). Antenna and Radome Loss Measurements for MFMR and PMIS. Technical Report PA00817, Physical Science Laboratory, New Mexico State University, Las Cruces, NM.

Castel, T., A. Beaudoin, N. Floury, T. Le Toan, Y. Caraglio & J. -F. Barczi (2001). Deriving Forest Canopy Parameters for Backscatter Models Using the AMAP Architectural Plant Model. IEEE Transactions on Geoscience and Remote Sensing, 39(3), 571-583.

Cavalieri, D. J. (1994). A microwave technique for mapping thin sea ice. Journal of Geophysical Research, 99(C6), 12561-12572.

Cavalieri, D. J., T. Markus, D. K. Hall, A. Ivanoff & E. Glick (2010). Assessment of AMSR-E Antarctic Winter Sea-Ice Concentrations Using Aqua MODIS. IEEE Transactions on Geoscience and Remote Sensing, 48(9), 3331-3339.

CCIR (1981). Attenuation by Precipitation and Other Atmospheric Particles. ITU; Draft Report 721 (MOD F), Document 5/5046-E, Committée Consultative Internationale de Radio, Geneva, Switzerland.

Chandrasekhar, S. (1960). Radiative Transfer. New York: Dover. Chang, P. S. & L. Li (1998). Ocean surface wind speed and direction retrievals from the SSM/I. IEEE Transactions on Geoscience and Remote Sensing, 36(6), 1866-1871.

Chang, A. T. C. & J. C. Shiue (1980). A comparative study of microwave radiometer observations over snowfields with radiative transfer model calculations. Remote Sensing of Environment, 10(3), 215-229.

Chang, A. T. C., P. Gloersen, T. J. Schmugge, T. T. Wilheit & H. J. Zwally (1976). Microwave Emission from Snow and Glacier Ice. Journal of Glaciology, 16(74), 23-39.

Chang, A. T. C., J. L. Foster, D. K. Hall, A. Rango & B. K. Hartline (1982). Snow water equivalent estimation by microwave radiometry. Cold Regions Science and Technology, 5(3), 259-267.

Chang, A. T. C., J. L. Foster & D. K. Hall (1987). Numbus-7 SMMR Derived Global Snow Cover Parameters. Annals of Glaciology, 9, 39-44.

Charney, J. G. (1971). Geostrophic Turbulence. Journal ofthe Atmospheric Sciences, 28(6), 1087-1095.

Chelton, D. B., J. C. Ries, B. J. Haines, L. -L. Fu & P. S. Callahan (2001). Satellite Altimetry. In L. Fu & A. Cazenave (Eds.), Satellite Altimetry and Earth Sciences. Academic Press.

Chen, C. W. & H. A. Zebker (2001). Two-dimensional phase unwrapping with use of statistical models for cost functions in nonlinear optimization. Journal of the Optical Society of America A, 18(2), 338.

Chen, F. W. & D. H. Staelin (2003). AIRS/AMSU/HSB Precipitation Estimates. IEEE Transactions on Geoscience and Remote Sensing, 41(2), 410-417.

Chen, K. S. & A. K. Fung (1990). A Bragg Scattering Model for the Sea Surface. In Ocean 90 Conference (pp. 249-252).

Chen, K. S., A. K. Fung & D. A. Weissman (1992). A backscattering model for ocean surface. IEEE Transactions on Geoscience and Remote Sensing, 30(4), 811-817.

Chen, K. S., T. -D. Wu, L. Tsang, Q. Li, J. Shi & A. K. Fung (2003). Emission of rough surfaces calculated by the integral equation method with comparison to three-dimensional moment method simulations. IEEE Transactions on Geoscience and Remote Sensing, 41(1), 90-101.

Chen, L., J. Shi, J. -P. Wigneron & K. -S. Chen (2010). A Parameterized Surface Emission Model at L-Band for Soil Moisture Retrieval. IEEE Geoscience and Remote Sensing Letters, 7(1), 127-130.

Cheney, R. E. & J. G. Marsh (1981). SEASAT altimeter observations of dynamic topography in the Gulf Stream region. Journal of Geophysical Research, 86(C1), 473-483.

Chi, C. -Y. & F. K. Li (1988). A comparative study of several wind estimation algorithms for spaceborne scatterometers. IEEE Transactions on Geoscience and Remote Sensing, 26(2), 115-121.

Choudhury, B. J. & A. T. C. Chang (1981). On the angular variation of solar reflectance of snow. Journal of Geophysical Research, 86(C1), 465.

Choudhury, B. J., T. J. Schmugge, A. Chang & R. W. Newton (1979). Effect of Surface Roughness on the Microwave Emission From Soils. Journal of Geophysical Research, 84(C9), 5699-5706.

Christensen, E. L., N. Skou, J. Dall, K. W. Woelders, J. H. Jørgensen, J. Granholm & S. N. Madsen

(1998). EMISAR : An Absolutely Calibrated Polarimetric L- and C-band SAR. IEEE Transactions on Geoscience and Remote Sensing, 36(6), 1852-1865.

Chu, L. J. (1940). Calculation of the Radiation Properties of Hollow Pipes and Horns. Journal of Applied Physics, 11(9), 603-610.

Chu, T. S. & D. C. Hogg (1968). Effects of precipitation on propagation at 0.63, 3.5, and 10.6 microns. Bell System Technical Journal, 47(5), 723-759.

Chuah, H. T., K. Y. Lee & T. W. Lau (1995). Dielectric Constants of Rubber and Oil Palm Leaf Samples at X-Band. IEEE Transactions on Geoscience and Remote Sensing, 33(1), 221-223.

Cimini, D., E. R. Westwater, A. J. Gasiewski, M. Klein, V. Y. Leuski & J. C. Liljegren (2007a). Ground-Based Millimeter- and Submillimeter-Wave Liquid Water Contents. IEEE Transactions on Geoscience and Remote Sensing, 45(7), 2169-2180.

Cimini, D., E. R. Westwater, A. J. Gasiewski, M. Klein, V. Y. Leuski & S. G. Dowlatshahi (2007b). The Ground-Based Scanning Radiometer: A Powerful Tool for Study of the Arctic Atmosphere. IEEE Transactions on Geoscience and Remote Sensing, 45(9), 2759-2777.

Cimini, D., G. Visconti & F. S. Marzano (2010). Integrated Ground-Based Observing Systems. Berlin, Germany: Springer-Verlag.

Clarizia, M. P. (2012). Investigating the Effect of Ocean Waves on GNSS-R Microwave Remote Sensing Measurements. Ph.D. Thesis, 258 pp, University of Southhampton, UK.

Cloude, S. R. (1992a). Recent Developments in Radar Polarimetry: A Review. In AMPC Asia-Pacific Microwave Conference (Vol. 2, pp. 955-958).

Cloude, S. R. (1992b). Uniqueness of target decomposition theorems in radar polarimetry. In W. M. Boerner, L. A. Cram, W. A. Holm, D. E. Stein, W. Wiebeck, W. Keydel, ⋯ H. Brand (Eds.), Direct and Inverse Methods in Radar Polarimetry, Part 1, NATO-ARW (pp. 267-296). Norwell, MA: Kluwer Academic.

Cloude, S. R. & E. Pottier (1995). The concept of polarization entropy in optical scattering. Optical Engineering, 34(6), 1599-1610.

Cloude, S. R. & E. Pottier (1996). A review of target decomposition theorems in radar polarimetry. IEEE Transactions on Geoscience and Remote Sensing, 34(2), 498-518.

Cobb, S. (2004). Weather Radar Development Highlight of National Severe Storms Laboratory's First 40 Years. NOAA Magazine Online. NOAA. Retrieved from http://www.magazine.noaa.gov/stories/mag151.htm

Cofield, R. E. & P. C. Stek (2006). Design and Field-of-View Calibration of 114-660 GHz Optics of the Earth Observing System Microwave Limb Sounder. IEEE Transactions on Geoscience and Remote Sensing, 44(5), 1081-1166.

Colesanti, C., A. Ferretti, C. Prati & F. Rocca (2003). Monitoring landslides and tectonic motions with the Permanent Scatterers Technique. Engineering Geology, 68(1-2), 3-14. Colliander, A., S. Chan, S. -B. Kim, N. Das, S. H. Yueh, M. Cosh, ⋯ E. G. Njoku (2012). Long term analysis of PALS soil moisture campaign measurements for global soil moisture algorithm development. Remote Sensing of Environment, 121, 309-322.

Collin, R. E. (1959). Properties of Slotted Dielectric Interfaces. IRE Transactions on Antennas and Propagation, 7(1), 62-73.

Collins, M. J. & J. M. Allan (2009). Modeling and Simulation of SAR Image Texture. IEEE Transactions on Geoscience and Remote Sensing, 47(10), 3530-3546.

Collins, M. J. & J. Huang (1998). Uncertainties in the estimation of ACF-based texture in synthetic aperture radar image data. IEEE Transactions on Geoscience and Remote Sensing, 36(3), 940-949.

Colvin, R. S. (1961). A Study of Radio Astronomy Receivers. Report 18, Radioscience Laboratory, Department of Electrical Engineering, Stanford University, Stanford, CA.

Comiso, J. C. (1983). Sea ice effective microwave emissivities from satellite passive microwave and infrared observations. Journal of Geophysical Research, 88(C12), 7686-7704.

Comiso, J. C., S. F. Ackley & A. L. Gordon (1984). Antarctic sea ice microwave signatures and their correlation with in situ ice observations. Journal of Geophysical Research, 89(C1), 662-672.

Compton, R. T. & R. E. Collin (1969a). Open Waveguides and Small Horns. In R. E. Collin & F. J. Zucker (Eds.), Antenna Theory. New York: McGraw-Hill.

Compton, R. T. & R. E. Collin (1969b). Slot Antennas. In R. E. Collin & F. J. Zucker (Eds.), Antenna Theory. New York: McGraw-Hill.

Conrath, B. J. (1972). Vertical Resolution of Temperature Profiles Obtained from Remote Radiation Measurements. Journal of the Atmospheric Sciences, 29(7), 1262-1271.

Cook, C. E. & M. Bernfield (1967). Radar Signals: An Introduction to Theory and Application. New York: Academic Press.

Cooper, B. F. C. (1970). Correlators with two-bit quantization. Australian Journal of Physics, 23, 521-527.

Corbella, I., N. Duffo, M. Vall-llossera, A. Camps & F. Torres (2004). The visibility function in interferometric aperture synthesis radiometry. IEEE Transactions on Geoscience and Remote Sensing, 42(8), 1677-1682.

Cordey, R. A. (1993). On the accuracy of crosstalk calibration of polarimetric SAR using natural clutter statistics. IEEE Transactions on Geoscience and Remote Sensing, 31(2), 447-454.

Costantini, M. (1998). A novel phase unwrapping method based on network programming. IEEE Transactions on Geoscience and Remote Sensing, 36(3), 813-821.

Crane, R. K. (1971). Propagation phenomena affecting satellite communication systems operating in the centimeter and millimeter wavelength bands. Proceedings of the IEEE, 59(2), 173-188.

Crane, R. K. (1981). Fundamental Limitations Caused by RF Propagation. Proceedings of the IEEE, 69(2), 196-209.

Croney, J. & W. D. Delany (1963). A New Type of Omniazimuthal Radar-Echo Enhancer. Microwave Journal, 6, 105-109.

Crosetto, M., A. Arnaud, J. Duro, E. Biescas & M. Agudo (2003). Deformation monitoring using remotely sensed radar interferometric data. In 11th FIG Symposium on Deformation Measurements. Santorini, Greece.

Croswell, W. F. (2007). Slot Antennas. In J. L. Volakis (Ed.), Antenna Engineering Handbook (4th ed.). New York: McGraw-Hill.

Cumming, I. G. & F. H. Wong (2005). Digital Processing of Synthetic Aperture Radar Data: Algorithms and

Implementation. Norwood, MA: Artech House.

Cumming, W. (1952). The Dielectric Properties of Ice and Snow at 3.2 cm. Journal of Applied Physics, 23, 768-773.

Curlander, J. C. & R. N. McDonough (1991). Synthetic Aperture Radar: Systems and Signal Processing. New York: Wiley-Interscience.

Cutrona, L. J. (1970). Synthetic Aperture Radar. In M. I. Skolnik (Ed.), Radar Handbook. McGraw-Hill.

Cutrona, L. J. & G. O. Hall (1962). A Comparison of Techniques for Achieving Fine Azimuth Resolution. IRE Transactions on Military Electronics, 6(2), 119-133.

Cutrona, L. J., W. E. Vivian, E. N. Leith & G. O. Hall (1961). A High-Resolution Radar Combat-Surveillance System. IRE Transactions on Military Electronics, 5(2), 127-131.

Davenport, W. B. & W. L. Root (1958). Introduction to Random Signals and Noise. New York: McGraw-Hill.

Davies, H. & G. G. Macfarlane (1946). Radar echoes from the sea surface at centimetre wave-lengths. Proceedings of the Physical Society, 58(6), 717-729.

De Grandi, G. D., J. -S. Lee & D. L. Schuler (2007). Target Detection and Texture Segmentation in Polarimetric SAR Images Using a Wavelet Frame: Theoretical Aspects. IEEE Transactions on Geoscience and Remote Sensing, 45(11), 3437-3453.

de Loor, G. P. (1956). Dielectric properties of heterogeneous mixtures with a polar constituent (Rijksuniversiteit te Leiden Thesis). Applied Scientific Research, 11(1), 310-320.

de Loor, G. P. (1968). Dielectric Properties of Heterogeneous Mixtures Containing Water. Journal of Microwave Power and Electromagnetic Energy, 3(2), 67-73.

De Roo, R. D. & F. T. Ulaby (1994). Bistatic specular scattering from rough dielectric surfaces. IEEE Transactions on Antennas and Propagation, 42(2), 220-231.

De Roo, R. D., Y. Du, F. T. Ulaby & M. C. Dobson (2001). A semi-empirical backscattering model at L-band and C-band for a soybean canopy with soil moisture inversion. IEEE Transactions on Geoscience and Remote Sensing, 39(4), 864-872.

De Wit, J. J. M., A. Meta & P. Hoogeboom (2006). Modified range-Doppler processing for FM-CW synthetic aperture radar. IEEE Geoscience and Remote Sensing Letters, 3(1), 83-87.

Decker, M. T., F. O. Guiraud & E. R. Westwater (1973). Correction of Electrical Path Length by Passive Microwave Radiometry. In Conference on Propagation of Radio Waves at Frequencies above 10 GHz. 10-13 April, London, UK.

Decker, M. T., E. R. Westwater & F. O. Guiraud (1978). Experimental evaluation of ground-based microwave radiometric sensing of atmospheric temperature and water vapor profiles. Journal of Applied Meteorology, 17(12), 1788-1795.

Decker, M. T., R. G. Strauch & E. R. Westwater (1982). Ground-based remote sensing of atmospheric temperature, water vapor, and wind. In IEEE International Geoscience and Remote Sensing Symposium (Vol. 1). 1-4 June, Munich, West Germany.

Deepak, A. (Ed.) (1977). Inversion Methods in Atmospheric Remote Sounding (p. 638). New York: Academic Press.

Deepak, A. (Ed.) (1980). Remote Sensing of the Atmospheres and Oceans. New York: Academic Press.

Deirmendjian, D. (1969). Electromagnetic Scattering on Spherical Polydispersions. New York: Elsevier.

Deitz, P. & J. G. Constantine (1979). Passive MMW Detection in Snow. In IEEE National Aerospace and Electronics Conference (NAECON) (pp. 371-381). Dayton Convention Center, Dayton, OH.

Deschamps, G. & H. Cabayan (1972). Antenna synthesis and solution of inverse problems by regularization methods. IEEE Transactions on Antennas and Propagation, 29(3), 268-274.

Desnos, Y. L., C. Buck, J. Guijarro, J. L. Suchail, R. Torres & E. Attema (2000). ASAR-Envisat's Advanced Synthetic Aperture Radar - Building on ERS achievements towards future earth watch missions. ESA Bulletin, (102), 91-100.

Dicke, R. H. (1946). The Measurement of Thermal Radiation at Microwave Frequencies. Review of Scientific Instruments, 17(7), 268-275.

DiFranco, J. V. & W. L. Rubin (1968). Radar detection. Information theory series. Englewood Cliffs, NJ: Prentice-Hall.

Dobson, M. C., F. T. Ulaby, M. T. Hallikainen & M. A. El-Rayes (1985). Microwave Dielectric Behavior of Wet Soil-Part II: Dielectric Mixing Models. IEEE Transactions on Geoscience and Remote Sensing, 23 (1), 35-46.

Dobson, M. C., F. T. Ulaby, L. E. Pierce, T. L. Sharik, K. M. Bergen, J. Kellndorfer, ⋯ P. Siqueira (1995a). Estimation of Forest Biophysical Characteristics in Northern Michigan with SIR-C/X-SAR. IEEE Transactions on Geoscience and Remote Sensing, 33(4), 877-895.

Dobson, M. C., F. T. Ulaby & L. E. Pierce (1995b). Land-cover classification and estimation of terrain attributes using synthetic aperture radar. Remote Sensing of Environment, 51(1), 199-214.

Dobson, M. C., L. E. Pierce & F. T. Ulaby (1996). Knowledge-Based Land-Cover Classification Using ERS-1/JERS-1 SAR Composites. IEEE Transactions on Geoscience and Remote Sensing, 34(1), 83-99.

Doerry, A. W., D. F. Dubbert, M. E. Thompson & V. D. Gutierrez (2005). A portfolio of fine resolution Ka-band SAR images: part I, SPIE Defense and Security Symposium, 28 March-1 April. Sandia National Laboratories. Retrieved from http://www.sandia.gov/RADAR/imageryka.html

Dong, X., D. Zhu & W. Lin (2010). A Ku-Band Rotating Fan-Beam Scatterometer: Design and Performance Simulations. In IEEE International Geoscience and Remote Sensing Symposium (pp. 1081-1084). 25-30 July, Honolulu, HI.

Draper, D. W. & D. G. Long (2004a). Evaluating the effect of rain on SeaWinds scatterometer measurements. Journal of Geophysical Research, 109(C12), C02005.

Draper, D. W. & D. G. Long (2004b). Simultaneous wind and rain retrieval using SeaWinds data. IEEE Transactions on Geoscience and Remote Sensing, 42(7), 1411-1423.

Dubois, P. C., J. J. van Zyl & T. Engman (1995a). Measuring Soil Moisture with Imaging Radars. IEEE Transactions on Geoscience and Remote Sensing, 33(4), 915-926.

Dubois, P. C., J. J. van Zyl & T. Engman (1995b). Corrections to "Measuring Soil Moisture with Imaging Radars." IEEE Transactions on Geoscience and Remote Sensing, 33(6), 1340.

Duda, R. O. & P. E. Hart (1973). Pattern Classification and Scene Analysis. New York: McGraw-Hill.

Durden, S. L., J. J. van Zyl & H. A. Zebker (1990). The Unpolarized Component in Polarimetric Radar Observations of Forested Areas. IEEE Transactions on Geoscience and Remote Sensing, 28(2), 268-271.

Dzura, M. S., V. S. Etkin, A. S. Khrupin, M. N. Pospelov & M. D. Raev (1992). Radiometers-Polarimeters: Principles of Design and Applications for Sea Surface Microwave Emission Polarimetry. In IEEE International Geoscience and Remote Sensing Symposium (Vol. 2, pp. 1432-1434). 26-29 May, Houston, TX.

Early, D. S. & D. G. Long (2001). Image Reconstruction and Enhanced Resolution Imaging from Irregular Samples. IEEE Transactions on Geoscience and Remote Sensing, 39(2), 291-302.

Ebert, E. E., J. Janoviak & C. Kidd (2007). Comparison of near real time precipitation estimates from satellite observations and numerical models. Bulletin of the American Meteorological Society, 88(1), 47-59.

Edgerton, A. T. & D. T. Trexler (1970). Oceanographic Applications of Remote Sensing with Passive Microwave Techniques. In 6th International Symposium on Remote Sensing of Environment (Vol. 2, pp. 767-788). 13-16 October, Ann Arbor, MI.

Edgerton, A. T., D. Meeks & D. Williams (1971). Microwave emission characteristics of oil slicks. In Joint Conference on Sensing of Environmental Pollutants. Palo Alto, CA, November 8-10, 1971: American Institute of Aeronautics, Paper No. 71-1071.

Ehrlich, M. & J. Short (1954). Mutual Coupling Considerations in Linear-Slot Array Design. Proceedings of the IRE, 42(6), 956-961.

El-Rayes, M. & F. T. Ulaby (1987). Microwave Dielectric Spectrum of Vegetation-Part I: Experimental Observations. IEEE Transactions on Geoscience and Remote Sensing, 25(5), 541-549.

Elachi, C. (1988). Spaceborne Radar Remote Sensing: Applications and Techniques. New York: IEEE Press.

Elachi, C., K. E. Im & E. Rodríguez (1990). Global digital topography mapping with a synthetic aperture scanning radar altimeter. International Journal of Remote Sensing, 11(4), 585-601.

Elfouhaily, T., D. R. Thompson, B. Chapron & D. Vandemark (2000). Improved electromagnetic bias theory. Journal of Geophysical Research, 105, 1299-1310.

Emerson, W. (1973). Electromagnetic wave absorbers and anechoic chambers through the years. IEEE Transactions on Antennas and Propagation, 21(4), 484-490.

Entekhabi, D., E. G. Njoku, P. E. O'Neill, K. H. Kellogg, W. T. Crow, W. N. Edelstein, ⋯ J. Van Zyl (2010). The Soil Moisture Active Passive (SMAP) Mission. Proceedings of the IEEE, 98(5), 704-716.

Eom, H. J. & A. K. Fung (1984). Backscattering coefficient of a perturbed sinusoidal surface. IEEE Transactions on Antennas and Propagation, 32(3), 291-294.

Escorihuela, M. J., Y. H. Kerr, P. de Rosnay, J. -P. Wigneron, J. -C. Calvet & F. Lemaître (2007). A Simple Model of the Bare Soil Microwave Emission at L-Band. IEEE Transactions on Geoscience and Remote Sensing, 45(7), 1978-1987.

Etkin, V. S., M. D. Raev, M. G. Bulatov, A. V. Smirnov & Y. A. Militsky (1991). Radiohydrophysical Aerospace Research of Ocean. Technical Report IIp-1749, Akademiya Nauk SSSR, Institut kosmicheskikh issledovaniî. (Space Research Institute, Russian Academy of Science), Moscow, Russia.

Evans, S. (1965). Dielectric Properties of Ice and Snow-A Review. Journal of Glaciology, 5(42), 773-792.

Ezraty, R. & A. Cavanié (1999). Construction and evaluation of 12.5-km grid NSCAT backscatter maps over Arctic sea ice. IEEE Transactions on Geoscience and Remote Sensing, 37(3), 1685-1697.

Fante, R. L. (1981). Relationship between radiative-transport theory and Maxwell's equations in dielectric media. Journal of the Optical Society of America, 71(4), 460-468.

Farr, T. G., P. A. Rosen, E. Caro, R. Crippen, R. Duren, S. Hensley, ⋯ D. Alsdorf (2007). The Shuttle Radar Topography Mission. Reviews of Geophysics, 45(2), RG2004.

Fenner, R. G., S. C. Reid & C. H. Solie (1981). A Multifrequency Evaluation of Active and Passive Microwave Sensors for Oilspill Detection and Assessment. In 1st IEEE International Geoscience and Remote Sensing Symposium (pp. 1252-1267). 8-10 June, Washington, DC.

Ferraro, R. R., F. Weng, N. C. Grody, L. Zhao, H. Meng, C. Kongoli, ⋯ C. Dean (2005). NOAA operational hydrological products derived from the Advanced Microwave Sounding Unit. IEEE Transactions on Geoscience and Remote Sensing, 43(5), 1035-1048.

Ferretti, A., C. Prati & F. Rocca (2000). Nonlinear subsidence rate estimation using permanent scatterers in differential SAR interferometry. IEEE Transactions on Geoscience and Remote Sensing, 38(5), 2202-2212.

Ferretti, A., C. Prati & F. Rocca (2001). Permanent scatterers in SAR interferometry. IEEE Transactions on Geoscience and Remote Sensing, 39(1), 8-20.

Ferretti, A., M. Bianchi, C. Prati & F. Rocca (2004). Higher-order permanent scatterers analysis. EURASIP Journal on Applied Signal Processing, 2005(20), 3231-3242.

Ferretti, A., A. Monti-Guarnieri, C. Prati, F. Rocca & D. Massonnet (2007). InSAR Principles: Guidelines for SAR Interferometry Processing and Interpretation (K. Fletcher, Ed.). Noordwijk, The Netherlands: European Space Agency.

Fialko, Y. (2006). Interseismic strain accumulation and the earthquake potential on the southern San Andreas fault system. Nature, 441(7096), 968-971.

Fielding, E. J., M. Talebian, P. A. Rosen, H. Nazari, J. A. Jackson, M. Ghorashi & R. Walker (2005). Surface ruptures and building damage of the 2003 Bam, Iran, earthquake mapped by satellite synthetic aperture radar interferometric correlation. Journal of Geophysical Research, 110(B3), B03302.

Figa, J. & A. Stoffelen (2000). On the assimilation of Ku-band scatterometer winds for weather analysis and forecasting. IEEE Transactions on Geoscience and Remote Sensing, 38(4), 1893-1902.

Figa-Saldaña, J., J. J. W. Wilson, E. Attema, R. Gelsthorpe, M. R. Drinkwater & A. Stoffelen (2002). The advanced scatterometer (ASCAT) on the meteorological operational (MetOp) platform: A follow on for European wind scatterometers. Canadian Journal of Remote Sensing, 28(3), 404-412.

Finkelstein, M. I., V. G. Glushnev, A. N. Petrov & V. Y. Ivashchenkov (1970). Anisotropic attenuation of radio waves in sea ice. Izvestiya, Atmospheric and Oceanic Physics, 6(3), 1975-1976.

Fischer, R. E. (1972). Standard Deviation of Scatterometer Measurements from Space. IEEE Transactions on Geoscience Electronics, 10(2), 106-113.

Font, J., Y. H. Kerr & M. Berger (2000). Measuring Ocean Salinity from Space: the European Space Agency's SMOS Mission. Backscatter, 11(3), 17-19.

Font, J., G. S. E. Lagerloef, D. M. Le Vine, A. Camps & O. -Z. Zanife (2004). The determination of surface salinity with the European SMOS space mission. IEEE Transactions on Geoscience and Remote Sensing, 42 (10), 2196-2205.

Font, J., J. Boutin, N. Reul, P. Spurgeon, J. Ballabrera, A. Chuprin, ⋯ S. Zine (2010). Overview of SMOS Level 2 Ocean Salinity Processing and First Results. In IEEE International Geoscience and Remote Sensing Symposium (pp. 3146-3149). 25-30 July, Honolulu, HI.

Frankenstein, G. & R. Garner (1967). Equations for Determining the Brine Volume of Sea Ice from -0.5℃ to -22.9℃. Journal of Glaciology, 6(48).

Franklin, J. N. (1968). Matrix Theory. Englewood Cliffs, NJ: Prentice-Hall.

Franklin, J. N. (1970). Well - posed stochastic extensions of ill - posed linear problems. Journal of Mathematical Analysis and Applications, 31(3), 682-716.

Fraser, K. S., N. E. Gaut, E. C. Reifenstein & H. Sievering (1975). Interactions Mechanisms—Within the Atmosphere. In R. G. Reeves (Ed.), Manual of Remote Sensing: Interpretation and Applications. American Society of Photogrammetry.

Frater, R. H. & D. R. Williams (1981). An Active "Cold" Noise Source. IEEE Transactions on Microwave Theory and Techniques, 29(4), 344-347.

Freeman, A. & S. L. Durden (1998). A Three-Component Scattering Model for Polarimetric SAR Data. IEEE Transactions on Geoscience and Remote Sensing, 36(3), 963-973.

Freeman, A. & S. S. Saatchi (2004). On the detection of Faraday rotation in linearly polarized L-band SAR backscatter signatures. IEEE Transactions on Geoscience and Remote Sensing, 42(8), 1607-1616.

Freeman, A., C. Werner & Y. Shen (1988). Calibration of Multipolarisation Imaging Radar. In IEEE International Geoscience and Remote Sensing Symposium (Vol. 1, pp. 335-339). 13-16 September, Edinburgh, Scotland.

Freeman, A., M. Alves, B. Chapman, J. Cruz, Y. Kim, S. Shaffer, ⋯ K. Sarabandi (1995). SIR-C Data Quality and Calibration Results. IEEE Transactions on Geoscience and Remote Sensing, 33(4), 848-857.

Freilich, M. H. & P. G. Challenor (1994). A new approach for determining fully empirical altimeter wind-speed model functions. Journal of Geophysical Research, 99(C12), 25051-25062.

Freilich, M. H. & D. B. Chelton (1986). Wavenumber spectra of Pacific winds measured by the SEASAT scatterometer. Journal of Physical Oceanography, 16(4), 741-757.

Freilich, M. H. & R. S. Dunbar (1993). Derivation of satellite wind model functions using operational surface wind analyses—An altimeter example. Journal of Geophysical Research, 98(C8), 14633-14649.

Fu, L. -L. & A. Cazenave (2001). Satellite Altimetry and Earth Sciences: A Handbook of Techniques and Applications. International Geophysics Series. San Diego, CA: Academic Press.

Fu, L. L., E. J. Christensen, C. A. Yamarone, M. Lefebvre, Y. Menard, M. Dorrer & P. Escudier (1994). TOPEX/POSEIDON Mission Overview. Journal of Geophysical Research, 99(C12), 24369-24381.

Fukunaga, K. & W. L. G. Koontz (1970). Application of the Karhunen-Loève Expansion to Feature Selection and Ordering. IEEE Transactions on Computing, 19(4), 311-318.

Fung, A. K. (1994). Microwave Scattering and Emission Models and Their Applications. Norwood, MA: Artech House.

Fung, A. K. & K. S. Chen (1991). Kirchhoff Model for a Skewed Random Surface. Journal of Electromagnetic Waves and Applications, 5(2), 205-216.

Fung, A. K. & K. S. Chen (2009). Microwave Scattering and Emission Models for Users. Norwood, MA: Artech House.

Fung, A. K. & K. S. Chen (2010). Microwave Scattering and Emission Models for Users. Norwood, MA: Artech House.

Fung, A. K. & H. J. Eom (1981). A Theory of Wave Scattering from an Inhomogeneous Layer with an Irregular Interface. IEEE Transactions on Antennas and Propagation, 29(6), 899-910.

Fung, A. K. & K. Lee (1982). A semi-empirical sea-spectrum model for scattering coefficient estimation. IEEE Journal of Oceanic Engineering, 7(4), 166-176.

Fung, A. K., Z. Q. Li & K. S. Chen (1992). Backscattering from a randomly rough dielectric surface. IEEE Transactions on Geoscience and Remote Sensing, 30(2), 356-369.

Fung, A. K., W. Y. Liu, K. S. Chen & M. K. Tsay (2002). An Improved IEM Model for Bistatic Scattering from Rough Surface. Journal of Electromagnetic Waves and Applications, 16(5), 689-702.

Gabriel, P., S. Lovejoy, D. Schertzer & G. L. Austin (1988). Multifractal analysis of resolution dependence in satellite imagery. Geophysical Research Letters, 15(12), 1373-1376.

Gade, M., W. Alpers, H. Hühnerfuss, H. Masuko & T. Kobayashi (1998). Imaging of biogenic and anthropogenic ocean surface films by the multifrequency/multipolarization SIR-C/X-SAR. Journal of Geophysical Research, 103(C9), 18851-18866.

Gail, W. B. (1998). Effect of Faraday rotation on polarimetric SAR. IEEE Transactions on Aerospace and Electronic Systems, 34(1), 301-307.

Gaiser, P. W., K. M. S. Germain, E. M. Twarog, G. A. Poe, W. Purdy, D. Richardson, ⋯ P. S. Chang (2004). The WindSat spaceborne polarimetric microwave radiometer: sensor description and early orbit performance. IEEE Transactions on Geoscience and Remote Sensing, 42(11), 2347-2361.

Galin, N., A. Worby, T. Markus, C. Leuschen & P. Gogineni (2012). Validation of Airborne FMCW Radar Measurements of Snow Thickness Over Sea Ice in Antarctica. IEEE Transactions on Geoscience and Remote Sensing, 50(1), 3-12.

Garrison, J. L., S. J. Katzberg, & M. I. Hill (1998). Effect of sea roughness on bistatically scattered range coded signals from the Global Positioning System. Geophysical Research Letters, 25(13), 2257-2260.

Gasiewski, A. J. (1992). Numerical Sensitivity Analysis of Passive EHF and SMMW Channels to Tropospheric Water Vapor, Clouds, and Precipitation. IEEE Transactions on Geoscience and Remote Sensing, 30(5), 859-869.

Gasiewski, A. J. & D. B. Kunkee (1993). Calibration and applications of polarization-correlating radiometers. IEEE Transactions on Microwave Theory and Techniques, 41(5), 767-773.

Gasiewski, A. J. & D. B. Kunkee (1994). Polarized microwave emission from water-waves. Radio Science, 29 (6), 1449-1466.

Gasiewski, A. J. & J. R. Piepmeier (1996). Polarimetric scanning radiometer for airborne microwave imaging of ocean thermal emission. In Fifth Specialist Meeting on Microwave Radiometry and Remote Sensing of the

Environment. 4-6 November, URSI, Boston, MA.

GE (1973). S193 Microwave Radiometer/Scatterometer and Altimeter Calibration Data Report, Flight Hardware. General Electric Space Systems Division, Valley Forge, PA.

Germain, K. M. S., G. A. Poe & P. W. Gaiser (2002). Polarimetric Emission Model of the Sea at Microwave Frequencies and Comparison with Measurements. Progress in Electromagnetics Research, 37, 1-30.

Ghiglia, D. C. & L. A. Romero (1996). Minimum Lp-norm two-dimensional phase unwrapping. Journal of the Optical Society of America A, 13(10), 1999-2013.

Girard-Ardhuin, F., G. Mercier, F. Collard & R. Garello (2005). Operational Oil-Slick Characterization by SAR Imagery and Synergistic Data. IEEE Journal of Oceanic Engineering, 30(3), 487-495.

Glaister, J., A. Wong & D. A. Clausi (2013). Despeckling of Synthetic Aperture Radar Images Using Monte Carlo Texture Likelihood Sampling. IEEE Transactions on Geoscience and Remote Sensing, 1-11.

Gleason, S., S. Hodgart, C. Gommenginger, S. Mackin, M. Adjrad & M. Unwin (2005). Detection and Processing of bistatically reflected GPS signals from low Earth orbit for the purpose of ocean remote sensing. IEEE Transactions on Geoscience and Remote Sensing, 43(6), 1229-1241.

Gloersen, P. & J. K. Larabee (1981). An Optical Model for the Microwave Properties of Sea Ice. NASA Technical Memorandum 83865, Goddard Space Flight Center, Greenbelt, MD.

Gloersen, P., W. Nordberg, T. J. Schmugge, T. T. Wilheit & W. J. Campbell (1973). Microwave Signatures of First-Year and Multiyear Sea Ice. Journal of Geophysical Research, 78(18), 3564-3572.

Gloersen, P., D. J. Cavalieri, A. T. C. Chang, T. T. Wilheit, W. J. Campbell, O. M. Johannessen, ⋯ R. O. Ramseier (1984). A summary of results from the first Numbus-7 SMMR observations. Journal of Geophysical Research, 89(ND4), 5335-5344.

Glushnev, V. G., B. D. Slutsker & M. I. Finkelstein (1976). Measurement of 8-mm radio-wave attenuation in sea and freshwater ice and in snow. Radiophysics and Quantum Electronics, 19(9), 916-918.

Goggins, W. B. (1967). A Microwave Feedback Radiometer. IEEE Transactions on Aerospace and Electronic Systems, 3(1), 83-90.

Gogineni, S. P. (1984). Radar Backscatter from Summer and Ridged Sea Ice, and the Design of Short-Range Radars. Ph.D. Thesis, University of Kansas, Lawrence, KS.

Golden, K. M., M. Cheney, K. Ding, A. K. Fung, T. C. Grenfell, D. Isaacson, ⋯ D. P. Winebrenner (1998). Scattering Models for Sea Ice. IEEE Transactions on Geoscience and Remote Sensing, 36(5), 1655-1674.

Goldfinger, A. D. (1980). Refraction of microwave signals by water vapor. Journal of Geophysical Research, 85(C9), 4904-4912.

Goldstein, R. M. (1995). Atmospheric limitations to repeattrack radar interferometry. Geophysical Research Letters, 22(18), 2517-2520.

Goldstein, R. M. & H. A. Zebker (1987). Interferometric Radar Measurement of Ocean Surface Currents. Nature, 328(6132), 707-709.

Goldstein, R. M., H. A. Zebker & C. L. Werner (1988). Satellite radar interferometry: Two-dimensional phase unwrapping. Radio Science, 23(4), 713-720.

Goldstein, R. M., H. Engelhardt, B. Kamb & R. M. Frolich (1993). Satellite Radar Interferometry for Monitoring Ice Sheet Motion: Application to an Antarctic Ice Stream. Science, 262(5139), 1525-1530.

Goodberlet, M. A. (2000). Improved Image Reconstruction Techniques for Synthetic Aperture Radiometers. IEEE Transactions on Geoscience and Remote Sensing, 38(3), 1362-1366.

Goodberlet, M. A., C. T. Swift & J. C. Wilkerson (1989). Remote sensing of ocean surface winds with the special sensor microwave/imager. Journal of Geophysical Research, 94(C10), 14547-14555.

Gorelik, A. G., V. V. Kalashnikov, L. S. Raykova & Y. A. Frolov (1973). Radiothermal Measurements of Atmospheric Humidity and the Integral Water Content of Clouds. Izvestiya, Atmospheric and Oceanic Physics, 9, 527-530.

Gower, J. F. R. (1979). The computation of ocean wave heights from GEOS-3 satellite radar altimeter data. Remote Sensing of Environment, 8(2), 97-114.

Graham, L. C. (1974). Synthetic interferometer radar for topographic mapping. Proceedings of the IEEE, 62(6), 763-768.

Grantham, W. L., E. M. Bracalente, W. L. Jones & J. W. Johnson (1977). The SeaSat-A satellite scatterometer. IEEE Journal of Oceanic Engineering, 2(2), 200-206.

Gray, A. L., R. K. Hawkins, C. E. Livingstone, L. D. Arsenault & W. M. Johnstone (1982). Simultaneous scatterometer and radiometer measurements of sea-ice microwave signatures. IEEE Journal of Oceanic Engineering, 7(1), 20-32.

Greffet, J. -J. (1992). Theoretical model of the shift of the Brewster angle on a rough surface. Optics Letters, 17(4), 238-240.

Grody, N. C. (1978). Microwave Radiometry Applied to Synoptic Meteorology and Climatology. In D. H. Staelin & P. W. Rosenkranz (Eds.), High Resolution Passive Microwave Satellites. Cambridge, MA: Applications Review Panel Report, Research Laboratory of Electronics, MIT.

Grody, N. C. (1993). Remote sensing of the atmosphere from satellites using microwave radiometry. In M. A. Janssen (Ed.), Atmospheric Remote Sensing by Microwave Radiometry. New York: Wiley & Sons. ·

Grody, N. C. (2008). Relationship between snow parameters and microwave satellite measurements: Theory compared with Advanced Microwave Sounding Unit observations from 23 to 150 GHz. Journal of Geophysical Research, 113(D22), D22108.

Guiraud, F., J. Howard & D. Hogg (1979). A Dual-Channel Microwave Radiometer for Measurement of Precipitable Water Vapor and Liquid. IEEE Transactions on Geoscience Electronics, 17(4), 129-136.

Gustavsson, A., L. M. H. Ulander, L. E. Andersson, P. O. Frolind, H. Hellsten, T. Jonsson, ⋯ G. Stenstrom (1996). The experimental airborne VHF SAR sensor CARABAS. A status report. In IEEE International Geoscience and Remote Sensing Symposium (Vol. 3, pp. 1877-1880). 27-30 May, Lincoln, NE.

Haarpaintner, J. & G. Spreen (2007). Use of Enhanced-Resolution QuikSCAT/SeaWinds Data for Operational Ice Services and Climate Research: Sea Ice Edge, Type, Concentration, and Drift. IEEE Transactions on Geoscience and Remote Sensing, 45(10), 3131-3137.

Haarpaintner, J., R. T. Tonboe, D. G. Long & M. L. van Woert (2004). Automatic detection and validity of the sea-ice edge: an application of enhanced-resolution QuikScat/SeaWinds data. IEEE Transactions on

Geoscience and Remote Sensing, 42(7), 1433-1443.

Hach, J. -P. (1966). Proposal for a continuously calibrated radiometer. Proceedings of the IEEE, 54(12), 1016-2015.

Hach, J. -P. (1968). A Very Sensitive Airborne Microwave Radiometer Using Two Reference Temperatures. IEEE Transactions on Microwave Theory and Techniques, 16(9), 629-636.

Hagen, J. B. & D. T. Farley (1973). Digital-correlation techniques in radio science. Radio Science, 8(8-9), 775-784.

Hajj, G. A., C. O. Ao, B. A. Iijima, D. Kuang, E. R. Kursinski, A. J. Mannucci, ⋯ T. P. Yunck (2004). CHAMP and SAC-C atmospheric occultation results and intercomparisons. Journal of Geophysical Research, 109(D6), D06109.

Hall, C. D. & R. A. Cordey (1988). Multistatic Scatterometry. In IEEE International Geoscience and Remote Sensing Symposium (Vol. 1, pp. 561-562). 13-16 September, Edinburgh, Scotland.

Hall, D. K., J. L. Foster, A. T. C. Chang & A. Rango (1981). Freshwater Ice Thickness Observations Using Passive Microwave Sensors. IEEE Transactions on Geoscience and Remote Sensing, 19(4), 189-193.

Hall, D. K., J. L. Foster, V. V. Salomonson, A. G. Klein & J. Y. L. Chien (2001). Development of a Technique to Assess Snow-Cover Mapping Errors from Space. IEEE Transactions on Geoscience and Remote Sensing, 39(2), 432-438.

Hall, D. K., R. E. J. Kelly, G. A. Riggs, A. T. C. Chang & J. L. Foster (2002). Assessment of the relative accuracy of hemispheric-scale snow-cover maps. Annals of Glaciology, 34(1), 24-30.

Hallikainen, M. T. (1977). Dielectric properties of NaCl ice at 16 GHz. Report S 107, Helsinki University of Technology, Espoo, Finland.

Hallikainen, M. T. (1978). Measured Permittivities of Snow and Low-Salinity Sea Ice for UHF Radiometer Applications. In URSI National Conference on Radio Science. Stockholm, Sweden.

Hallikainen, M. T. (1980). Dielectric Properties and Passive Remote Sensing of Low-Salinity Sea Ice at UHF Frequencies. Acta Polytechnica Scandinavica, 45.

Hallikainen, M. T. (1983). New low-salinity sea-ice model for UHF radiometry. International Journal of Remote Sensing, 4(3), 655-681.

Hallikainen, M. T. (1992). Review of the Microwave Dielectric and Extinction Properties of Sea Ice and Snow. In IEEE International Geoscience and Remote Sensing Symposium (Vol. 2, pp. 961-965). 26-29 May, Houston, TX.

Hallikainen, M. T., F. T. Ulaby & M. Abdelrazik (1983). Modeling the Dielectric Behavior of Wet Snow in the 4-18 GHz Range. In IEEE International Geoscience and Remote Sensing Symposium. 31 August-2 September, San Francisco, CA.

Hallikainen, M. T., F. T. Ulaby & M. Abdelrazik (1984a). The Dielectric Behavior of Snow in the 3 to 37 GHz Range. In IEEE International Geoscience and Remote Sensing Symposium (pp. 169-176). 27-30 August, Strasbourg, France.

Hallikainen, M. T., F. T. Ulaby, M. C. Dobson & M. A. El-Rayes (1984b). Dielectric Measurements of Soils in the 3 to 37 GHz Band Between -50℃ and 23℃. In IEEE International Geoscience and Remote Sensing

Symposium (pp. 163-168). 27-30 August, Strasbourg, France.

Hallikainen, M. T., F. T. Ulaby, M. C. Dobson, M. A. El-Rayes & L. K. Wu (1985). Microwave dielectric behavior of wet soil - Part I: Empirical models and experimental observations. IEEE Transactions on Geoscience and Remote Sensing, 23(1), 25-34.

Hallikainen, M. T., F. T. Ulaby & M. Abdelrazik (1986). The Dielectric Properties of Snow in the 3 to 37 GHz Range. IEEE Transactions on Antennas and Propagation, 34(11), 1329-1340.

Hallikainen, M. T., F. T. Ulaby & T. E. van Deventer (1987). Extinction Behavior of Dry Snow in the 18- to 90 GHz range. IEEE Transactions on Geoscience and Remote Sensing, 25(6), 737-745.

Hallikainen, M. T., M. V. O. Toikka & J. M. Hyyppa (1988). Microwave Dielectric Properties Of Low-salinity Sea Ice. In IEEE International Geoscience and Remote Sensing Symposium (Vol. 1, pp. 419-420). 13-16 September, Edinburgh, Scotland.

Hansen, R. C. (1964). Aperture Theory. In R. C. Hansen (Ed.), Microwave Scanning Antennas (Vol. 1). New York: Academic Press.

Hanssen, R. F. (2001). Radar Interferometry: Data Interpretation and Error Analysis. Remote Sensing and Digital Image Processing. Dordrecht; Boston; London: Kluwer Academic.

Hanway, J. J. (1971). How a Corn Plant Develops. Special Report No. 48, Cooperative Extension Service, Iowa State University, Ames, IA.

Hardy, W. N., K. W. Gray & A. W. Love (1974). An S-Band Radiometer Design with High Absolute Precision. IEEE Transactions on Microwave Theory and Techniques, 22(4), 382-390.

Hasselmann, K., W. Munk & G. MacDonald (1963). Bispectra of Ocean Waves. In M. Rosenblatt (Ed.), Time Series Analysis (pp. 126-139). New York: Wiley & Sons.

Hasted, J. B. (1973). Aqueous Dielectrics. London: Chapman and Hall. Hauck, B., F. T. Ulaby & R. D. De Roo (1998). Polarimetric bistatic measurement facility for point and distributed targets. IEEE Antennas and Propagation Magazine, 40(1), 31-41.

Hayes, D., U. H. W. Lammers, R. Marr & J. McNally (1979). Millimeter Wave Backscatter from Snow. In Workshop on Radar Backscatter from Terrain. U.S. Army Engineer Topographic Laboratories, Ft. Belvoir, VA, 9-11 January: Remote Sensing Laboratory Technical Report 374-2, University of Kansas Center for Research, Inc.

Haykin, S. (2008). Neural networks and learning machines (3rd ed.). Prentice Hall.

Healy, S. B., J. Wickert, G. Michalak, T. Schmidt & G. Beyerle (2007). Combined forecast impact of GRACE-A and CHAMP GPS radio occultation bending angle profiles. Atmospheric Science Letters, 8(2), 43-50.

Heise, S., J. Wickert, G. Beyerle, T. Schmidt & C. Reigber (2006). Global monitoring of tropospheric water vapor with GPS radio occultation aboard CHAMP. Advances in Space Research, 37(12), 2222-2227.

Hering, W. S. (1965). Atmospheric Composition, Section 6.2. In S. L. Valley (Ed.), Handbook of Geophysics. Office of Aerospace Research, Cambridge Research Laboratories, United States Air Force.

Hersbach, H., A. Stoffelen & S. de Haan (2007). An improved C-band scatterometer ocean geophysical model function: CMOD5. Journal of Geophysical Research, 112(C3), C03006.

Hewison, T. J. & S. J. English (1999). Airborne retrievals of snow and ice surface emissivity at millimeter wavelengths. IEEE Transactions on Geoscience and Remote Sensing, 37(4), 1871-1879.

Hewison, T. J., N. Selbach, G. Heygster, J. P. Taylor & A. J. McGrath (2002). Airborne Measurements of Arctic Sea Ice, Glacier and Snow Emissivity at 24-183 GHz. In IEEE International Geoscience and Remote Sensing Symposium (Vol. 5, pp. 2851-2855). 24-28 June, Toronto, Canada.

Hilburn, K. A., F. J. Wentz, D. K. Smith & P. D. Ashcroft (2006). Correcting Active Scatterometer Data for the Effects of Rain Using Passive Radiometer Data. Journal of Applied Meteorology and Climatology, 45 (3), 382-398.

Hoekstra, P., & P. Cappillino. (1971). Dielectric properties of sea and sodium chloride ice at UHF and microwave frequencies. Journal of Geophysical Research, 76(20), 4922-4931.

Hoekstra, P. & A. Delaney (1974). Dielectric Properties of Soils at UHF and Microwave Frequencies. Journal of Geophysical Research, 79(11), 1699-1708.

Hofer, R. & C. Mätzler (1980). Investigations on Snow Parameters by Radiometry in the 3- to 60-mm Wavelength Region. Journal of Geophysical Research, 85(C1), 453-460.

Hofer, R. & E. G. Njoku (1981). Regression Techniques for Oceanographic Parameter Retrieval Using Space-Borne Microwave Radiometry. IEEE Transactions on Geoscience and Remote Sensing, 19(4), 178-189.

Hoffman, R. N. (1982). SASS wind ambiguity removal by direct minimization. Monthly Weather Review, 110 (5), 434-445.

Hoffman, R. N. (1984). SASS Wind Ambiguity Removal by Direct Minimization. Part II: Use of Smoothness and Dynamical Constraints. Monthly Weather Review, 112(9), 1829-1852.

Hoffmann, J., D. L. Galloway & H. A. Zebker (2003). Inverse modeling of interbed storage parameters using land subsidence observations, Antelope Valley, California. Water Resources Research, 39(2), SBH 5-1~ SBH 5-13.

Hogg, D. C. (1980). Ground-based measurements of microwave absorption by tropospheric water vapor. Proceedings of the International Workshop on Atmospheric Water Vapor, Vail, CO, 11-13 September, 1979, 219-228.

Hollinger, J. P. (1974). The Determination of Oil Slick Thickness by Means of Multifrequency Passive Microwave Techniques. Department of Transportation Report No. CGD-31-75, U.S. Coast Guard, Office of Research and Development, Washington, DC.

Hollinger, J. P. & R. A. Mennella (1973). Oil Spills: Measurements of Their Distributions and Volumes by Multifrequency Microwave Radiometry. Science, 181(4094), 54-56.

Hooper, A. J. (2006a). Persistent Scatterer Radar Interferometry for Crustal Deformation Studies and Modeling of Volcanic Deformation. Ph.D. Thesis, Department of Geophysics, Stanford University, Stanford, CA.

Hooper, A. J. (2006b). Multiple Acquisition InSAR Analysis: Persistent Scatterer and Small Baseline Approaches. In Eos, Transactions, American Geophysical Union (Vol. 87).

Hooper, A. J., H. A. Zebker, P. Segall & B. Kampes (2004). A new method for measuring deformation on volcanoes and other natural terrains using InSAR persistent scatterers. Geophysical Research Letters, 31 (23), L23611.

Hooper, A. J., P. Segall & H. Zebker (2007). Persistent scatterer interferometric synthetic aperture radar for crustal deformation analysis, with application to Volcán Alcedo, Galápagos. Journal of Geophysical Research, 112(B7), B07407.

Hopfield, H. S. (1971). Tropospheric Effect on Electromagnetically Measured Range: Prediction from Surface Weather Data. Radio Science, 6(3), 357-367.

Hornik, K. M., M. Stinchcombe & H. White (1989). Multilayer Feedforward Networks are Universal Approximators. Neural Networks, 4(5), 359-366.

Hottel, H. C., A. F. Sarofim, W. H. Dalzell & I. A. Vasalos (1971). Optical Properties of Coatings. Effect of Pigment Concentration. AIAA Journal, 9(10), 1895-1898.

Howard, D. D., N. A. Thomas & M. C. Licitra (1967). Microwave Monitoring of Sea Water Contamination of Navy Fuel Oils. Report No. 6552, Naval Research Laboratory, Washington, DC.

Hristova-Veleva, S. M., P. S. Callahan, R. S. Dunbar, S. H. Yueh, B. W. Stiles, J. N. Huddleston, ⋯ R. W. Gaston (2006). Revealing the SeaWinds ocean vector winds under the rain using AMSR. Part I: The physical approach. In 14th Conference on Satellite Meteorology and Oceanography. 29 January-2 February, Atlanta, Georgia.

Huang, S., L. Tsang, E. G. Njoku & K. Chen (2010). Backscattering Coefficients, Coherent Reflectivities, and Emissivities of Randomly Rough Soil Surfaces at L-Band for SMAP Applications Based on Numerical Solutions of Maxwell Equations in Three-Dimensional Simulations. IEEE Transactions on Geoscience and Remote Sensing, 48(6), 2557-2568.

Huddleston, J. N. & B. W. Stiles (2000). A multidimensional histogram rain-flagging technique for SeaWinds on QuikSCAT. In IEEE International Geoscience and Remote Sensing Symposium (Vol. 3, pp. 1232-1234). 24-28 July, Honolulu, HI.

Hülsmeyer, C. (1904). Hertzian-wave Projecting and Receiving Apparatus Adapted to Indicate or Give Warning of the Presence of a Metallic Body, such as a Ship or a Train, in the Line of Projection of such Waves. British.

Hunsucker, R. D. & J. K. Hargreaves (2003). The High-Latitude Ionosphere and its Effects on Radio Propagation. New York: Cambridge University Press.

Huynen, J. R. (1970). Phenomenological theory of radar targets. Ph.D. Thesis, Drukkerij Bronder-Offset, N. V., Rotterdam, Netherlands. IEEE (1979). IEEE Standard Test Procedures for Antennas. New York: IEEE Press.

Iguchi, T., T. Kozu, R. Meneghini, J. Awaka & K. Okamoto (2000). Rain-Profiling Algorithm for the TRMM Precipitation Radar. Journal of Applied Meteorology, 39(12), 2038-2052.

Inoue, Y., T. Kurosu, H. Maeno, S. Uratsuka, T. Kozu, K. Dabrowska-Zielinska & J. Qi (2002). Season-long daily measurements of multifrequency (Ka, Ku, X, C, and L) and full-polarization backscatter signatures over paddy rice field and their relationship with biological variables. Remote Sensing of Environment, 81(2), 194-204.

Ioannidis, G. A. & D. E. Hammers (1979). Optimum antenna polarizations for target discrimination in clutter. IEEE Transactions on Antennas and Propagation, 27(3), 357-363.

Ishimaru, A. (1978). Wave Propagation and Scattering in Random Media. New York: Academic Press.

Ishimaru, A. (1991). Electromagnetic Wave Propagation, Radiation, and Scattering. Englewood Cliffs, NJ: Prentice Hall.

Ishimaru, A. & R. L. T. Cheung (1980). Multiple scattering effects on wave propagation due to rain. Annales des Telecommunications, 35(11/12), 373−379.

Ishimaru, A. & Y. Kuga (1982). Attenuation constant of a coherent field in a dense distribution of particles. Journal of the Optical Society of America, 72(10), 1317−1320.

Ishimaru, A., R. Woo, J. W. Armstrong & D. C. Blackman (1982). Multiple scattering calculations of rain effects. Radio Science, 17(6), 1425−1433.

Jackson, D. R. & A. A. Oliner (2007). Leaky−Wave Antennas. In C. A. Balanis (Ed.), Modern Antenna Handbook (pp. 325−367). Hoboken, NJ: Wiley & Sons.

Jackson, T. J. (1993). Measuring surface soil moisture using passive microwave remote sensing. Hydrological Processes, 7(2), 139−152.

Jackson, T. J. & T. J. Schmugge (1991). Vegetation effects on the microwave emission of soils. Remote Sensing of Environment, 36(3), 203−212.

Jakes, W. C. (1951). Gain of Electromagnetic Horns. Proceedings of the IRE, 39(2), 160−162.

Jakes, W. C. (1961). Horn Antennas. In H. Jasik (Ed.), Antenna Engineering Handbook. New York: McGraw−Hill.

Jakowatz, C. V., D. E. Wahl & P. A. Thompson (1996). Ambiguity resolution in SAR interferometry by use of three phase centers. Proceedings of SPIE, 2757(1).

Janssen, M. A. (Ed.) (1993). Atmospheric Remote Sensing by Microwave Radiometry. New York: Wiley & Sons. Jao, J. K. (1984). Amplitude distribution of composite terrain radar clutter and the K−distribution. IEEE Transactions on Antennas and Propagation, 32(10), 1049−1062.

Jarnot, R. F., V. S. Perun & M. J. Schwartz (2006). Radiometric and Spectral Performance and Calibration of the GHz Bands of EOS MLS. IEEE Transactions on Geoscience and Remote Sensing, 44(5), 1131−1143.

Jasik, H. (Ed.) (1961). Antenna Engineering Handbook. New York: McGraw−Hill.

Jehle, M., M. Rüegg, L. Zuberbühler, D. Small & E. Meier (2009). Measurement of Ionospheric Faraday Rotation in Simulated and Real Spaceborne SAR Data. IEEE Transactions on Geoscience and Remote Sensing, 47(5), 1512−1523.

Jezek, K. C. (2003). Observing the Antarctic Ice Sheet Using the RADARSAT−1 Synthetic Aperture Radar. Polar Geography, 27(3), 197−209.

Jin, Y. −Q. (1993). Electromagnetic scattering modelling for quantitative remote sensing. Singapore; River Edge, NJ: World Scientific.

Jin, Y. −Q. & C. Liu (1997). Biomass retrieval from high−dimensional active/passive remote sensing data by using artificial neural networks. International Journal of Remote Sensing, 18(4), 971−979.

Johannessen, J. A., D. R. Lyzenga, R. Shuchman, H. Espedal & B. Holt (1995). Multifrequency SAR observations of ocean surface features off the coast of Norway. In IEEE International Geoscience and Remote Sensing Symposium (Vol. 2, pp. 1328−1330). 10−14 July, Florence, Italy.

Johanson, I. A., R. Bürgmann, A. Ferretti & F. Novali (2009). Variable Creep on the Concord fault from PS-InSAR and SBAS. In Fall Meeting of the American Geophysical Union. Abstract #G23B-0693.

Johnson, J. T. & Y. Y. Cai (2002). A theoretical study of sea surface up/down wind brightness temperature differences. IEEE Transactions on Geoscience and Remote Sensing, 40(1), 66-78.

Johnson, J., L. A. Williams Jr., E. M. Bracalente, F. B. Beck & W. L. Grantham (1980). Seasat-A satellite scatterometer instrument evaluation. IEEE Journal of Oceanic Engineering, 5(2), 138.

Joint Research Centre (n.d.) European Microwave Signature Laboratory (EMSL). Retrieved from http://sta.jrc.ec.europa.eu/index.php/emsl

Jones, L. A., J. S. Kimball, K. C. McDonald, S. T. K. Chan, E. G. Njoku & W. C. Oechel (2007). Satellite Microwave Remote Sensing of Boreal and Arctic Soil Temperatures From AMSR-E. IEEE Transactions on Geoscience and Remote Sensing, 45(7), 2004-2018.

Jones, R. G. (1976). Precise Dielectric Measurements at 35 GHz Using an Open Microwave Resonator. Proceedings of the Institution of Electrical Engineers (IEE), 123(4), 285-290.

Jones, W. L., L. C. Schroeder, D. H. Boggs, E. M. Bracalente, R. A. Brown, G. J. Dome, ⋯ F. J. Wentz (1982). The SEASAT-A satellite scatterometer: The geophysical evaluation of remotely sensed wind vectors over the ocean. Journal of Geophysical Research, 87(C5), 3297.

Jónsson, S., H. A. Zebker, P. Segall & F. Amelung (2002). Fault Slip Distribution of the 1999 Mw 7.1 Hector Mine, California, Earthquake, Estimated from Satellite Radar and GPS Measurements. Bulletin of the Seismological Society of America, 92(4), 1377-1389.

Jordan, R. L. (1980). The Seasat-A synthetic aperture radar system. IEEE Journal of Oceanic Engineering, 5(2), 154-164.

Just, D. & R. Bamler (1994). Phase statistics of interferograms with applications to synthetic-aperture radar. Applied Optics, 33(20), 4361-4368.

Kanagaratnam, P., T. Markus, V. Lytle, B. Heavey, P. Jansen, G. Prescott & S. P. Gogineni (2007). Ultra-wideband radar measurements of thickness of snow over sea ice. IEEE Transactions on Geoscience and Remote Sensing, 45(9), 2715-2724.

Kang, K., C. R. Duguay, S. E. L. Howell, C. P. Derksen & R. E. J. Kelly (2010). Sensitivity of AMSR-E Brightness Temperatures to the Seasonal Evolution of Lake Ice Thickness. IEEE Geoscience and Remote Sensing Letters, 7(4), 751-755.

Kashihara, H., K. Nakada, M. Murata, M. Hiroguchi & H. Aiba (1984). A study of amplitude distribution of space-borne synthetic aperture radar (SAR) data. In International Symposium on Noise and Clutter Reduction (ISNCR-84). Tokyo.

Katzberg, S. J. & J. Dunion (2009). Comparison of reflected GPS wind speed retrievals with dropsondes in tropical cyclones. Geophysical Research Letters, 36(17), L17602.

Katzberg, S. J., R. A. Walker, J. H. Roles, T. Lynch & P. G. Black (2001). First GPS signals reflected from the interior of a tropical storm: Preliminary results from Hurricane Michael. Geophysical Research Letters, 28(10), 1981-1984.

Katzberg, S. J., O. Torres & G. Ganoe (2006). Calibration of reflected GPS for tropical storm wind speed retrievals. Geophysical Research Letters, 33(18), L18602.

Kelley, M. C. (1989). The Earth's Ionosphere: Plasma Physics and Electromagnetics. San Diego, CA: Academic Press.

Kellndorfer, J., W. Walker, K. Kirsch, G. Fiske, J. Bishop, L. LaPoint, ⋯ J. Westfall (2013). NACP Aboveground Biomass and Carbon Baseline Data, V. 2 (NBCD 2000). Data set. Oak Ridge, TN: ORNL DAAC. http://dx.doi.org/10.3334/ORNLDAAC/1161

Kennaugh, E. M. (1951). Effects of the type of polarization on echo characteristics. Antenna Laboratory Report 389-9, Ohio State University, Columbus, OH.

Kennett, R. G. & F. K. Li (1989). Seasat over-land scatterometer data, Part II: Selection of extended area and land-target sites for the calibration of spaceborne scatterometers. IEEE Transactions on Geoscience and Remote Sensing, 27(6), 779-788.

Kerker, M. (1969). The Scattering of Light and Other Electromagnetic Radiation. Physical Chemistry. New York: Academic Press.

Kerr, D. E. (1951). Propagation of Short Radio Waves. MIT Radiation Laboratory Series. New York: McGraw-Hill.

Kerr, D. E. & H. Goldstein (1951). Radar Targets and Echoes. In D. E. Kerr (Ed.), Propagation of Short Radio Waves. New York: volume 13 of MIT Radiation Laboratory Series. McGraw-Hill.

Kerr, Y. H., P. Waldteufel, J. P. Wigneron, S. Delwart, F. Cabot, J. Boutin, ⋯ S. Mecklenburg (2010). The SMOS Mission: New Tool for Monitoring Key Elements of the Global Water Cycle. Proceedings of the IEEE, 98(5), 666-687.

Kidder, S. Q. & A. S. Jones (2007). A Blended Satellite Total Precipitable Water Product for Operational Forecasting. Journal of Atmospheric and Oceanic Technology, 24, 74-81.

Kikuchi, K., T. Nishibori, S. Ochiai, H. Ozeki, Y. Irimajiri, Y. Kasai, ⋯ M. Shiotani (2010). Overview and early results of the Superconducting Submillimeter-Wave Limb-Emission Sounder (SMILES). Journal of Geophysical Research, 115(D23).

Kim, S., B. Kim, Y. Kong & Y. Kim (2000). Radar backscattering measurements of rice crop using X-band scatterometer. IEEE Transactions on Geoscience and Remote Sensing, 38(3), 1467-1471.

Kim, Y. S. (1984). Theoretical and experimental study of radar backscatter from sea ice. Ph.D. Thesis, University of Kansas, Lawrence, KS.

Kim, Y. & J. J. van Zyl (2001). Comparison of forest parameter estimation techniques using SAR data. In IEEE International Geoscience and Remote Sensing Symposium (Vol. 3, pp. 1395-1397). 9-13 July, Sydney, Australia.

Kim, Y. & J. J. van Zyl (2009). A Time-Series Approach to Estimate Soil Moisture Using Polarimetric Radar Data. IEEE Transactions on Geoscience and Remote Sensing, 47(8), 2519-2527.

Kim, Y., T. J. Jackson, R. Bindlish, H. Lee & S. Hong (2012). Radar Vegetation Index for Estimating the Vegetation Water Content of Rice and Soybean. IEEE Geoscience and Remote Sensing Letters, 9(4), 564-568.

Kimura, H. (2009). Calibration of Polarimetric PALSAR Imagery Affected by Faraday Rotation Using Polarization Orientation. IEEE Transactions on Geoscience and Remote Sensing, 47(12), 3943–3950.

Kindt, J. T. & C. A. Schmuttenmaer (1996). Far-infrared dielectric properties of polar liquids probed by femtosecond terahertz pulse spectroscopy. Journal of Physical Chemistry, 100(24), 10373–10379.

King, A. P. (1950). The Radiation Characteristics of Conical Horn Antennas. Proceedings of the IRE, 38 (3), 249–251.

Kinsman, B. (1965). Wind Waves. Englewood Cliffs, NJ: Prentice-Hall. Klein, J. D. & A. Freeman (1991). Quadpolarization SAR calibration using target reciprocity. Journal of Electromagnetic Waves and Applications, 5(7), 735–751.

Klein, L. A. & C. T. Swift (1977). An Improved Model for the Dielectric Constant of Sea Water at Microwave Frequencies. IEEE Journal of Oceanic Engineering, 2(1), 104–111.

Knott, E. F. (1993). Radar Cross Section Measurements. New York: Van Nostrand Reinhold.

Komjathy, A., J. Maslanik, V. U. Zavorotny, P. Axelrad & S. J. Katzberg (2000). Sea ice remote sensing using surface reflected GPS signals. In IEEE International Geoscience and Remote Sensing Symposium (Vol. 7, pp. 2855–2857). 24–28 July, Honolulu, HI.

Kong, J. A., R. Shin, J. C. Shiue & L. Tsang (1979). Theory and Experiment for Passive Microwave Remote Sensing of Snowpacks. Journal of Geophysical Research, 84(B10), 5669–5673.

Kongoli, C., S. -A. Boukabara, B. Yan, F. Weng & R. Ferraro (2011). A New Sea-Ice Concentration Algorithm Based on Microwave Surface Emissivities—Application to AMSU Measurements. IEEE Transactions on Geoscience and Remote Sensing, 49(1), 175–189.

Kostinski, A. B. & W. M. Boerner (1986). On foundations of radar polarimetry. IEEE Transactions on Antennas and Propagation, 34(12), 1395–1403.

Kozu, T., T. Kawanishi, H. Kuroiwa, M. Kojima, K. Oikawa, H. Kumagai, … K. Nishikawa (2001). Development of precipitation radar onboard the Tropical Rainfall Measuring Mission (TRMM) satellite. IEEE Transactions on Geoscience and Remote Sensing, 39(1), 102–116.

Kramer, M. A. (1991). Nonlinear principal component analysis using autoassociative neural networks. AIChE Journal, 37(2), 233–243.

Kraszewski, A. (1978). A Model of the Dielectric Properties of Wheat at 9.4 GHz. Journal of Microwave Power and Electromagnetic Energy, 13(4), 293–296.

Kraus, J. D. (1966). Radio Astronomy (2nd ed.). New York: McGraw-Hill.

Kraus, S. P., J. E. Estes, S. G. Atwater, J. R. Jensen & R. R. Vollmers (1977). Radar Detection of Surface Oil Slicks. Photogrammetric Engineering & Remote Sensing, 43(12), 1523–1531.

Kseneman, M. & D. Gleich (2009). Soil Moisture Estimation with TerraSAR-X. In 16th International Conference on Systems, Signals and Image Processing (pp. 1–4).

Kuga, Y., F. T. Ulaby, T. F. Haddock & R. D. De Roo (1991). Millimeter-wave radar scattering from snow: Part 1—Radiative transfer model. Radio Science, 26(2), 329–341.

Kummerow, C. D., S. Ringerud, J. Crook, D. Randel & W. Berg (2011). An observationally generated a priori database for microwave rainfall retrievals. Journal of Atmospheric and Oceanic Technology, 28(2), 113–130.

Kunkee, D. B, G. A. Poe, D. J. Boucher, S. D. Swadley, Y. Hong, J. E. Wessel & E. A. Uliana (2008). Design and Evaluation of the First Special Sensor Microwave Imager/Sounder (SSMI/S). IEEE Transactions on Geoscience and Remote Sensing, 46(4), 863–883.

Kunz, L. B. & D. G. Long (2006). Melt Detection in Antarctic Ice Shelves Using Scatterometers and Microwave Radiometers. IEEE Transactions on Geoscience and Remote Sensing, 44(9), 2461–2469.

Kuo, C. C., D. H. Staelin & P. W. Rosenkranz (1994). Statistical iterative scheme for estimating atmospheric relative humidity profiles. IEEE Transactions on Geoscience and Remote Sensing, 32(2), 254–260.

Kuria, D., H. Lu, T. Koike, H. Tsutsui & T. Graf (2006). Multi–Frequency Microwave Response to Periodic Roughness. In IEEE International Geoscience and Remote Sensing Symposium (pp. 1744–1747). 31 July–4 August, Denver, CO.

Kursinski, E. R., G. A. Hajj, J. T. Schofield, R. P. Linfield & K. R. Hardy (1997). Observing the Earth's atmosphere with radio occultation measurements using the Global Positioning System. Journal of Geophysical Research, 102(D19), 23429–23465.

Kurum, M., R. H. Lang, P. E. O'Neill, A. T. Joseph, T. J. Jackson & M. H. Cosh (2009). L–Band Radar Estimation of Forest Attenuation for Active/Passive Soil Moisture Inversion. IEEE Transactions on Geoscience and Remote Sensing, 47(9), 3026–3040.

Kwok, R. (2004). Annual cycles of multiyear sea ice coverage of the Arctic Ocean: 1999–2003. Journal of Geophysical Research, 109(C11), C11004.

Kwok, R. & G. F. Cunningham (2012). Deformation of the Arctic Ocean ice cover after the 2007 record minimum in summer ice extent. Cold Regions Science and Technology, 76–77, 17–23.

Kwok, R., D. A. Rothrock, H. L. Stern & G. F. Cunningham (1995). Determination of the age distribution of sea ice from Lagrangian observations of ice motion. IEEE Transactions on Geoscience and Remote Sensing, 33(2), 392–400.

Kwok, R., S. V. Nghiem, S. Martin, D. P. Winebrenner, A. J. Gow, D. K. Perovich, ⋯ E. J. Knapp (1998). Laboratory Measurements of Sea Ice: Connections to Microwave Remote Sensing. IEEE Transactions on Geoscience and Remote Sensing, 36(5), 1716–1730.

Kwok, R., G. F. Cunningham & W. D. Hibler (2003). Sub–daily sea ice motion and deformation from RADARSAT observations. Geophysical Research Letters, 30(23), 2218.

Kwok, R., G. F. Cunningham, M. Wensnahan, I. Rigor, H. J. Zwally & D. Yi (2009). Thinning and volume loss of the Arctic Ocean sea ice cover: 2003–2008. Journal of Geophysical Research, 114(C7), C07005.

Lääperi, A. & E. Nyfors (1982). Microprocessor Controlled Microwave Radiometer System for Measuring the Thickness of an Oil Slick. In IEEE International Geoscience and Remote Sensing Symposium (Vol. 1). 1–4 June, Munich, West Germany.

Lagerloef, G. S. E., F. R. Colomn, D. M. Le Vine, F. J. Wentz, S. H. Yueh, C. S. Ruf, ⋯ C. T. Swift (2008). The Aquarius/SAC–D mission: Designed to meet the salinity remote–sensing challenge. Oceanography, 21(1), 68–81.

Lahtinen, J., A. J. Gasiewski, M. Klein & I. S. Corbella (2003). A calibration method for fully polarimetric microwave radiometers. IEEE Transactions on Geoscience and Remote Sensing, 41(3), 588–602.

Lambrigtsen, B. H., S. T. Brown, T. C. Gaier, L. Herrell, P. P. Kangaslahti & A. B. Tanner (2010). Monitoring the Hydrologic Cycle With the PATH Mission. Proceedings of the IEEE, 98(5), 862–877.

Landau, L. D., E. M. Lifshitz, J. B. Sykes, J. S. Bell & M. J. Kearsley (1975). Electrodynamics of Continuous Media. New York: Pergamon Press.

Lane, J. A. & J. A. Saxton (1952). Dielectric Dispersion in Pure Polar Liquids at Very High Radio Frequencies. III. The Effect of Electrolytes in Solution. Proceedings of the Royal Society of London. Series A, Mathematical and Physical Sciences, 214(1119), 531–545.

Lawrence, H., J. Wigneron, F. Demontoux, A. Mialon & Y. H. Kerr (2013). Evaluating the Semiempirical H–Q Model Used to Calculate the L–Band Emissivity of a Rough Bare Soil. IEEE Transactions on Geoscience and Remote Sensing, 51(7), 4075–4084.

Laws, J. O. & D. A. Parsons (1943). The relation of raindrop size to intensity. Transactions of the American Geophysical Union, 24, 452–460.

Le Vine, D. M. (1999). Synthetic aperture radiometer systems. IEEE Transactions on Microwave Theory and Techniques, 47(12), 2228–2236.

Le Vine, D. M. & S. Abraham (2002). The effect of the ionosphere on remote sensing of sea surface salinity from space: absorption and emission at L band. IEEE Transactions on Geoscience and Remote Sensing, 40(4), 771–782.

Le Vine, D. M., C. T. Swift & M. Haken (2001). Development of the synthetic aperture microwave radiometer, ESTAR. IEEE Transactions on Geoscience and Remote Sensing, 39(1), 199–202.

Le Vine, D. M., G. S. E. Lagerloef & S. E. Torrusio (2010). Aquarius and Remote Sensing of Sea Surface Salinity from Space. Proceedings of the IEEE, 98(5), 688–703.

Leberl, F., J. Raggam, C. Elachi & W. J. Campbell (1983). Sea ice motion measurements from SEASAT SAR images. Journal of Geophysical Research, 88(C3), 1915.

Lee, J. –S. & E. Pottier (2009). Polarimetric Radar Imaging: From Basics to Applications. Boca Raton, FL: CRC Press.

Lee, K. K. (1981). Emission from a Layer of Mie Scatterers. Electrical Engineering. Thesis, Electrical Engineering, University of Kansas, Lawrence, KS, Lawrence, KS.

Lehner, S., J. Schulz–Stellenfleth, B. Schattler, H. Breit & J. Horstmann (2000). Wind and wave measurements using complex ERS–2 SAR wave mode data. IEEE Transactions on Geoscience and Remote Sensing, 38(5), 2246.

Leifer, I., W. J. Lehr, D. Simecek–Beatty, E. Bradley, R. Clark, P. Dennison, ⋯ J. Wozencraft (2012). State of the art satellite and airborne marine oil spill remote sensing: Application to the BP Deepwater Horizon oil spill. Remote Sensing of Environment, 124, 185–209.

Leitao, C. D., N. E. Huang & C. G. Perra (1978). Final Report of GEOS–3 Ocean Current Investigation Using Radar Altimeter Profiling. Technical Momorandum 73280, NASA Wallops Flight Center, Wallops Island, VA

Leith, C. E. (1971). Atmospheric Predictability and Two–Dimensional Turbulence. Journal of the Atmospheric Sciences, 28(2), 145–161.

LeMehaute, B. L. & T. Khangaonkar (1990). Dynamic interaction of intense rain with water waves. Journal of Physical Oceanography, 20(12), 1805–1812.

Lerner, R. M. & J. P. Hollinger (1977). Analysis of 1.4 GHz Radiometric measurements from Skylab. Remote Sensing of Environment, 6(4), 251–269.

Leslie, R. V. & D. H. Staelin (2004). NPOESS Aircraft Sounder Testbed–Microwave: Observations of Clouds and Precipitation at 54, 118, 183, and 425 GHz. IEEE Transactions on Geoscience and Remote Sensing, 42(10), 2240–2247.

Li, J. & P. Stoica (2009). MIMO Radar Signal Processing. Hoboken, NJ: Wiley & Sons.

Li, L., P. Gaiser, M. R. Albert, D. G. Long & E. M. Twarog (2008). WindSat Passive Microwave Polarimetric Signatures of the Greenland Ice Sheet. IEEE Transactions on Geoscience and Remote Sensing, 46(9), 2622–2631.

Li, Z., E. J. Fielding & P. Cross (2009). Integration of InSAR Time–Series Analysis and Water–Vapor Correction for Mapping Postseismic Motion After the 2003 Bam (Iran) Earthquake. IEEE Transactions on Geoscience and Remote Sensing, 47(9), 3220–3230.

Liebe, H. J. (1981). Modeling attenuation and phase of radio waves in air at frequencies below 1000 GHz. Radio Science, 16(6), 1183–1199.

Liebe, H. J. (1985). An updated model for millimeter wave propagation in moist air. Radio Science, 20(5), 1069–1089.

Liebe, H. J., G. Hufford & M. Cotton (1993). Propagation modeling of moist air and suspended water/ice particles at frequencies below 1000 GHz (Presented at the Electromagnetic Wave Propagation Panel Symposium, Palma de Mallorca, Spain, 17–20 Mat 1993). AGARD Conference Proceedings 542.

Lin, C. -C., M. Betto, M. Belmonte Rivas, A. Stoffelen & J. de Kloe (2012). EPS–SG Windscatterometer Concept Tradeoffs and Wind Retrieval Performance Assessment. IEEE Transactions on Geoscience and Remote Sensing, 50(7), 2458–2472.

Lin, Y. C. & K. Sarabandi (1999a). Retrieval of forest parameters using a fractal–based coherent scattering model and a genetic algorithm. IEEE Transactions on Geoscience and Remote Sensing, 37(3), 1415–1424.

Lin, Y. C. & K. Sarabandi (1999b). A Monte Carlo coherent scattering model for forest canopies using fractal–generated trees. IEEE Transactions on Geoscience and Remote Sensing, 37(1), 440–451.

Lindsley, R. D. & D. G. Long (2012). Mapping Surface Oil Extent From the Deepwater Horizon Oil Spill Using ASCAT Backscatter. IEEE Transactions on Geoscience and Remote Sensing, 50(7), 2534–2541.

Lipes, R. G. (1982). Description of SEASAT radiometer status and results. Journal of Geophysical Research, 87(C5), 3385–3395.

Liu, A. K., S. Martin & R. Kwok (1997). Tracking of Ice Edges and Ice Floes by Wavelet Analysis of SAR Images. Journal of Atmospheric and Oceanic Technology, 14(5), 1187–1198.

Liu, Q. & F. Weng (2005). One–dimensional variational retrieval algorithm of temperature, water vapor, and cloud water profiles from advanced microwave sounding unit (AMSU). IEEE Transactions on Geoscience and Remote Sensing, 43(5), 1087–1095.

Liu, W. T. (2002). Progress in Scatterometer Application. Journal of Oceanography, 58(1), 121–136.

Liu, W. T., K. B. Katsaros & J. A. Businger (1979). Bulk Parameterization of Air-Sea Exchanges of Heat and Water Vapor Including the Molecular Constraints at the Interface. Journal of the Atmospheric Sciences, 36(9), 1722-1735.

Livesey, N. J., M. L. Santee, P. C. Stek, J. W. Waters, P. Levelt, P. Veefkind, ⋯ A. Roche (2008). LEO-MAC: A future Global Atmospheric Composition Mission (CACM) concept. In IEEE Aerospace Conference (pp. 1-13).

Long, D. G. (2003). Reconstruction and Resolution Enhancement Techniques for Microwave Sensors. In C. H. Chen (Ed.), Frontiers of Remote Sensing Information Processing. World Scientific.

Long, D. G. & J. M. Mendel (1991). Identifiability in wind estimation from scatterometer measurements. IEEE Transactions on Geoscience and Remote Sensing, 29(2), 268-276.

Long, D. G. & G. B. Skouson (1996). Calibration of spaceborne scatterometers using tropical rain forests. IEEE Transactions on Geoscience and Remote Sensing, 34(2), 413-424.

Long, D. G. & M. W. Spencer (1997). Radar backscatter measurement accuracy for a spaceborne pencil-beam wind scatterometer with transmit modulation. IEEE Transactions on Geoscience and Remote Sensing, 35(1), 102-114.

Long, D. G., C. -Y. Chi & F. K. Li (1988). The design of an onboard digital Doppler processor for a spaceborne scatterometer. IEEE Transactions on Geoscience and Remote Sensing, 26(6), 869-878.

Long, D. G., R. Milliff & E. Rodríguez (2009). The TropSat mission: An observatory for mesoscale convective system processes in the global tropics. In IEEE Radar Conference. Pasadena, CA.

Long, M. W. (1975). Radar Reflectivity of Land and Sea. Lexington, MA: Lexington Books.

Longuet-Higgins, M. S., D. E. Cartwright & N. D. Smith (1963). Observations of the directional spectrum of sea waves using the motions of a floating buoy. In Ocean Wave Spectra (pp. 111-136). Easton, MD.

Lopes, A. (1983). Etude expérimental et théorique de l'atténuation et de la rétrodiffusion des micro-ondes par un couvert de blé. Application a la télédétection (An Experimental and Theoretical Study of Microwave Attenuation and Backscattering from a Wheat Canopy). Thesis, Sabatier University, Toulouse, France.

Lowe, S. T., J. L. LaBrecque, C. Zuffada, L. J. Romans, L. E. Young & G. A. Hajj (2002). First spaceborne observation of an Earth-reflected GPS signal. Radio Science, 37(1), 7-1-7-28.

Luneburg, R. K. (1964). Mathematical Theory of Optics. Berkeley & Los Angeles, CA: University of California Press.

Lungu, T. (2006). QuikSCAT Science Data Product Users Manual Overview and Geophysical Data Products. Pasadena, CA: NASA JPL, Caltech.

Lutz, R., T. T. Wilheit, J. R. Wang & R. K. Kakar (1991). Retrieval of atmospheric water vapor profiles using radiometric measurements at 183 and 90 GHz. IEEE Transactions on Geoscience and Remote Sensing, 29(4), 602-609.

Lyons, S. & D. T. Sandwell (2003). Fault creep along the southern San Andreas from interferometric synthetic aperture radar, permanent scatterers, and stacking. Journal of Geophysical Research, 108(B1), 2047.

MacDonald, F. C. (1956). The Correlation of Radar Sea Clutter on Vertical and Horizontal Polarizations with Wave Height and Slope. IRE Convention Record, Part 1, 29-32.

MacDonald, H. C. & W. Waite (1978). Significance of Dual-Polarized Long Wavelength Radar for Terrain Analysis. Contract No. 954940, JPL, University of Arkansas, Fayetteville, AR.

Macelloni, G., S. Paloscia, P. Pampaloni, F. Marliani & M. Gai (2001). The relationship between the backscattering coefficient and the biomass of narrow and broad leaf crops. IEEE Transactions on Geoscience and Remote Sensing, 39(4), 873–884.

Machin, K. E., M. Ryle & D. D. Vonberg (1952). The Design of an Equipment for Measuring Small Radio-Frequency Noise Powers. Proceedings of the Institution of Electrical Engineers (IEE), 99, 127–134.

Macmillan, S. & S. Maus (2005). International Geomagnetic Reference Field — the tenth generation. Earth, Planets and Space, 57(12), 1135–1140.

Maity, S., C. Patnaik, M. Chakraborty & S. Panigrahy (2004). Analysis of Temporal Backscattering of Cotton Crops Using a Semiempirical Model. IEEE Transactions on Geoscience and Remote Sensing, 42(3), 577–587.

Manninen, A. T. & L. M. H. Ulander (2001). Forestry parameter retrieval from texture in CARABAS VHF-band SAR images. IEEE Transactions on Geoscience and Remote Sensing, 39(12), 2622–2633.

Marconi, S. G. (1922). Radio Telegraphy. Proceedings of the IRE, 10, 215–238.

Markus, T. & S. T. Dokken (2002). Evaluation of late summer passive microwave Arctic sea ice retrievals. IEEE Transactions on Geoscience and Remote Sensing, 40(2), 348–356.

Marliani, F., S. Paloscia, P. Pampaloni & J. A. Kong (2002). Simulating coherent backscattering from crops during the growing cycle. IEEE Transactions on Geoscience and Remote Sensing, 40(1), 162–177.

Marshall, J. S. & W. M. Palmer (1948). The Distribution of Raindrops with Size. Journal of Meteorology, 5(4), 165–166.

Martin, T. V., H. J. Zwally, A. C. Brenner & R. A. Bindschadler (1983). Analysis and Retracking of Continental Ice Sheet Radar Altimeter Waveforms. Journal of Geophysical Research, 88(C3), 1608–1616.

Martin-Neira, M. (1993). A Passive Reflectometry and Interferometry System (PARIS): Application to ocean altimetry. ESA Journal, 17, 331–355.

Massonnet, D. & K. L. Feigl (1998). Radar interferometry and its application to changes in the Earth's surface. Reviews of Geophysics, 36(4), 441.

Massonnet, D, M. Rossi, C. Carmona, F. Adragna, G. Peltzer, K. Feigl & T. Rabaute (1993). The displacement field of the Landers earthquake mapped by radar interferometry. Nature, 364(6433), 138–142.

Masters, D., P. Axelrad & S. J. Katzberg (2004). Initial results of land-reflected GPS bistatic radar measurements in SMEX02. Remote Sensing of Environment, 92(4), 507–520.

Masuda, A. & Y. -Y. Kuo (1981). A note on the imaginary part of bispectra. Deep Sea Research Part A. Oceanographic Research Papers, 28(3), 213–222.

Masuko, H., K. Okamoto, M. Shimada & S. Niwa (1986). Measurement of Microwave Backscattering Signatures of the Ocean Surface Using X-Band and Ka-Band Airborne Scatterometers. Journal of Geophysical Research, 91(C11), 13065–13083.

Mathur, N. C., M. D. Grossi & M. R. Pearlman (1970). Atmospheric Effects in Very Long Baseline Interferometry. Radio Science, 5(10), 1253–1261.

Matsuo, S. (1938). A Direct-Reading Radio-Wave-Reflection-Type Absolute Altimeter for Aeronautics. Proceedings of the IRE, 26(7), 848-858.

Matsuoka, T., S. Fujita & S. Mae (1996). Effect of temperature on dielectric properties of ice in the range 5-39 GHz. Journal of Applied Physics, 80(10), 5884.

Mattioli, V., S. Bonafoni, P. Basili, G. Carlesimo, P. Ciotti, L. Pulvirenti & N. Pierdicca (2010). Neural Network for the Satellite Retrieval of Precipitable Water Vapor over Land. In IEEE International Geoscience and Remote Sensing Symposium (pp. 2969-2963). 25-30 July, Honolulu, HI.

Mätzler, C. (1994). Passive microwave signatures of landscapes in winter. Meteorology and Atmospheric Physics, 54(1-4), 241-260.

Mätzler, C. (1998). Microwave properties of ice and snow. In Solar System Ices (pp. 241-257). Dordrecht, Netherlands: Kluwer Academic.

Mätzler, C. (2006). Thermal Microwave Radiation: Applications for Remote Sensing. Stevenage, UK: Institution of Engineering and Technology.

Mätzler, C. & E. Schanda (1984). Snow mapping with active microwave sensors. International Journal of Remote Sensing, 5(2), 409-422.

Mätzler, C. & U. Wegmüller (1987). Dielectric properties of fresh-water ice at microwave frequencies. Journal of Physics D Applied Physics, 20, 1623-1630.

Mätzler, C., E. Schanda & W. Good (1982). Towards the Definition of Optimum Sensor Specifications for Microwave Remote Sensing of Snow. IEEE Transactions on Geoscience and Remote Sensing, 20(1), 57-66.

Maurer, A. T., A. T. Edgerton & D. C. Meeks (1977). U.S. Coast Guard Airborne Oil Surveillance Systems Status Report. In 11th International Symposium on Remote Sensing of Environment (pp. 1639-1640). 22-29 April, Ann Arbor, MI.

McDonald, K. C. & F. T. Ulaby (1993). Radiative Transfer Modeling of Discontinuous Tree Canopies at Microwave Frequencies. International Journal of Remote Sensing, 14(11), 1097-2128.

McDonald, K. C., M. C. Dobson & F. T. Ulaby (1991). Modeling multi-frequency Diurnal backscatter from a walnut orchard. IEEE Transactions on Geoscience and Remote Sensing, 29(6), 852-863.

McGillem, C. D. & T. V. Seling (1963). Influence of System Parameters on Airborne Microwave Radiometer Design. IEEE Transactions on Military Electronics, 7(4), 296-302.

McMullan, K. D., M. A. Brown, M. Martín-Neira, W. Rits, S. Ekholm, J. Marti & J. Lemanczyk (2008). SMOS: The Payload. IEEE Transactions on Geoscience and Remote Sensing, 46(3), 594-605.

Mears, C. A., F. J. Wentz & D. K. Smith (2000). SeaWinds on QuikSCAT normalized objective function rain flag. Product Description Verson 1.2, Remote Sensing Systems, Santa Rosa, CA.

Mecklenburg, S., M. Drusch, Y. H. Kerr, J. Font, M. Martín-Neira, S. Delwart, ··· R. Crapolicchio (2012). ESA's Soil Moisture and Ocean Salinity Mission: Mission Performance and Operations. IEEE Transactions on Geoscience and Remote Sensing, 50(5), 1354-1366.

Meeks, M. L. & A. E. Lilley (1963). The microwave spectrum of oxygen in the Earth's atmosphere. Journal of Geophysical Research, 68(6), 1683-1703.

Meier, W. N. & J. Stroeve (2008). Comparison of sea-ice extent and ice-edge location estimates from passive microwave and enhanced-resolution scatterometer data. Annals of Glaciology, 48(1), 65-70.

Meischner, P. (2004). Weather Radar: Principles and Advanced Applications. Berlin; New York: Springer.

Meissner, T. & F. J. Wentz (2002). An updated analysis of the ocean surface wind direction signal in passive microwave brightness temperatures. IEEE Transactions on Geoscience and Remote Sensing, 40(6), 1230-1240.

Meissner, T. & F. J. Wentz (2004). The complex dielectric constant of pure water and sea water from microwave satellite observations. IEEE Transactions on Geoscience and Remote Sensing, 49(9), 1836-1849.

Meissner, T. & F. J. Wentz (2006). Ocean Retrievals for WindSat. In IEEE MicroRad (pp. 119-124).

Melbourne, W. G. (2004). Radio Occultations Using Earth Satellites: A Wave Theory Treatment (J. H. Yuen, Ed.). Pasadena, CA: Monograph 6, Deep Space Communications and Navigation Series, Deep Space Communications and Navigation Systems, Center of Excellence, NASA JPL, Caltech.

Melon, P., J. M. Martinez, T. Le Toan, L. M. H. Ulander & A. Beaudoin (2001). On the retrieving of forest stem volume from VHF SAR data: observation and modeling. IEEE Transactions on Geoscience and Remote Sensing, 39(11), 2364-2372.

Melsheimer, C., W. Alpers & M. Gade (2001). Simultaneous observations of rain cells over the ocean by the synthetic aperture radar aboard the ERS satellites and by surface-based weather radars. Journal of Geophysical Research, 106(C3), 4665-4677.

Mendel, J. M. (1991). Tutorial on higher-order statistics (spectra) in signal-processing and system-theory: Theoretical results and some applications. Proceedings of the IEEE, 79(3), 278-305.

Meneghini, R. & T. Kozu (1990). Spaceborne weather radar. Boston, MA: Artech House.

Merzouki, A., H. McNairn & A. Pacheco (2011). Mapping Soil Moisture Using RADARSAT-2 Data and Local Autocorrelation Statistics. IEEE Journal of Selected Topics in Applied Earth Observations and Remote Sensing, 4(1), 128-137.

Meyer, F. J., & J. Nicoll. (2008). The Impact of the Ionosphere on Interferometric SAR Processing. In IEEE International Geoscience and Remote Sensing Symposium (Vol. 2, pp. 391-394). 8-11 July, Boston, MA.

Mie, G. (1908). Beiträge zur Optik trüber Medien, speziell kolloidaler Metallösungen. Annalen der Physik, 330(3),377-445.

Migliaccio, M., A. Gambardella & M. Tranfaglia (2007). SAR Polarimetry to Observe Oil Spills. IEEE Transactions on Geoscience and Remote Sensing, 45(2), 506-511.

Migliaccio, M., F. Nunziata, A. Montuori & W. G. Pichel (2011). A Multifrequency Polarimetric SAR Processing Chain to Observe Oil Fields in the Gulf of Mexico. IEEE Transactions on Geoscience and Remote Sensing, 49(12), 4729-4737.

Miller, C. K. S., W. C. Daywitt & M. G. Arthur (1967). Noise standards, measurements, and receiver noise definitions. Proceedings of the IEEE, 55(6), 865-877.

Milman, A. S. & T. T. Wilheit (1983). Sea surface temperatures from the Nimbus-7 scanning multichannel microwave radiometer. In 1st Workshop on Satellite-Derived Sea Surface Temperature. Pasadena, CA, January 27-28, 1983: NASA JPL, Caltech, May 1, 1983, A1-A20 (JPL Publication 83-34).

Milman, A. S. & T. T. Wilheit (1985). Sea surface temperatures from the scanning multichannel microwave radiometer on Nimbus 7. Journal of Geophysical Research, 90(C6), 11631.

Mo, T., B. J. Choudhury, T. J. Schmugge, J. R. Wang & T. J. Jackson (1982). A Model for Microwave E-mission From Vegetation-Covered Fields. Journal of Geophysical Research, 87(C13), 11229-11237.

Moncrief, F. J. (1980). Side-Looking Radar Will Spot Oil Slicks. Microwaves, 19, 25-26.

Moore, R. K. & J. D. Young (1977). Active microwave measurement from space of sea-surface winds. IEEE Journal of Oceanic Engineering, 2(4), 309-317.

Moran, J. M. & B. R. Rosen (1981). Estimation of the propagation delay through the troposphere from micro-wave radiometer data. Radio Science, 16(2), 235-244.

Moreira, A., P. Prats-Iraola, M. Younis, G. Krieger, I. Hajnsek & K. P. Papathanassiou (2013). A Tutorial on Synthetic Aperture Radar. IEEE Geoscience and Remote Sensing Magazine, 6-43.

Moreira, Alberto & R. Bamler (2010). Foreword to the Special Issue on TerraSAR-X: Mission, Calibration, and First Results. IEEE Transactions on Geoscience and Remote Sensing, 48(2), 603-604.

Mortin, J., T. M. Schrøder, A. W. Hansen, B. Holt & K. C. McDonald (2012). Mapping of seasonal freeze-thaw transitions across the pan-Arctic land and sea ice domains with satellite radar. Journal of Geophysical Research, 117(C8), C08004.

Mott, H. (2007). Remote Sensing with Polarimetric Radar. Los Alamitos, CA; Hoboken, NJ: IEEE Press; Wiley-Interscience.

Naderi, F. M., M. H. Freilich & D. G. Long (1991). Spaceborne radar measurement of wind velocity over the ocean-an overview of the NSCAT scatterometer system. Proceedings of the IEEE, 79(6), 850-866.

Napier, P. J., A. R. Thompson & R. D. Ekers (1983). The very large array: Design and performance of a modern synthesis radio telescope. Proceedings of the IEEE, 71(11), 1295-1320.

Narayan, U., V. Lakshmi & T. J. Jackson (2006). High-Resolution Change Estimation of Soil Moisture Using L-Band Radiometer and Radar Observations Made During the SMEX02 Experiments. IEEE Transactions on Geoscience and Remote Sensing, 44(6), 1545-1554.

Narvekar, P. S., T. J. Jackson, R. Bindlish, L. Li, G. Heygster & P. Gaiser (2007). Observations of land surface passive polarimetry with the WindSat instrument. IEEE Transactions on Geoscience and Remote Sensing, 45(7), 2019-2028.

NASA (1972). Nimbus 5 User's Guide. Greenbelt, MD: The Electrically Scanning Microwave Radiometer (ESMR) Experiment, NASA Goddard Space Flight Center.

Nash, R. T. (1964). Beam Efficiency Limitations of Large Antennas. IEEE Transactions on Military Electronics, 8(3), 252-257.

Nashashibi, A. Y. & F. T. Ulaby (2007). MMW Polarimetric Radar Bistatic Scattering From a Random Surface. IEEE Transactions on Geoscience and Remote Sensing, 45(6), 1743-1755.

Nelson, S. O. (1973). Microwave Dielectric Properties of Grain and Seed. Transactions of the American Society of Agricultural Engineers, 16(5), 902-905.

Nelson, S. O. (1976). Microwave Dielectric Properties of Insects and Grain Kernels. Journal of Microwave Power and Electromagnetic Energy, 11(4), 299-304.

Nelson, S. O. (1978). Electrical Properties of Grain and Other Food Materials. Journal of Food Processing and

Preservation, 2(2), 137–154.

Nelson, S. O. (1979). RF and Microwave Dielectric Properties of Shelled, Yellow–Dent Field Corn. Transactions of the American Society of Agricultural Engineers, 22(6), 1451–1457.

Nelson, S. O. & L. E. Stetson (1976). Frequency and moisture dependence of the dielectric properties of hard red winter wheat. Journal of Agricultural Engineering Research, 21(2), 181–192.

Newton, R. W. & J. W. Rouse (1980). Microwave Radiometer Measurements of Soil Moisture Content. IEEE Transactions on Antennas and Propagation, 28(5), 680–686.

Nghiem, S. V., R. Kwok, S. H. Yueh, J. A. Kong, C. C. Hsu, M. A. Tassoudji & R. T. Shin (1995). Polarimetric scattering from layered media with multiple species of scatterers. Radio Science, 30(4), 835–852.

Nghiem, S. V., K. Steffen, R. Kwok & W. –Y. Tsai (2001). Detection of snowmelt regions on the Greenland ice sheet using diurnal backscatter change. Journal of Glaciology, 47(159), 539–547.

Nghiem, S. V., Y. Chao, G. Neumann, P. Li, D. K. Perovich, T. Street & P. Clemente–Colón (2006). Depletion of perennial sea ice in the East Arctic Ocean. Geophysical Research Letters, 33(17), L17501.

Nicolson, A. M. & G. F. Ross (1970). Measurement of the Intrinsic Properties of Materials by Time–Domain Techniques. IEEE Transactions on Instrumentation and Measurements, 19(4), 377–382.

Nie, C. & D. G. Long (2006). The Effect of Rain on ERS Scatterometer Measurements. In IEEE International Geoscience and Remote Sensing Symposium (pp. 4119–4121). 31 July–4 August, Denver, CO.

Nie, C. & D. G. Long (2007). A C–Band Wind/Rain Backscatter Model. IEEE Transactions on Geoscience and Remote Sensing, 45(3), 621–631.

Nie, C. & D. G. Long (2008). A C–band scatterometer simultaneous wind/rain retrieval method. IEEE Transactions on Geoscience and Remote Sensing, 46(11), 3618–3631.

Nielsen, S. N. & D. G. Long (2009). A Wind and Rain Backscatter Model Derived From AMSR and SeaWinds Data. IEEE Transactions on Geoscience and Remote Sensing, 47(6), 1595–1606.

Njoku, E. G. & J. A. Kong (1977). Theory for passive microwave remote sensing of near–surface soil moisture. Journal of Geophysical Research, 82(20), 3108–3118.

Njoku, E. G., W. J. Wilson, S. H. Yueh, S. J. Dinardo, F. K. Li, T. J. Jackson, ··· J. D. Bolten (2002). Observations of soil moisture using a passive and active low–frequency microwave airborne sensor during SGP99. IEEE Transactions on Geoscience and Remote Sensing, 40(12), 2659–2673.

Nyfors, E. (1982). On the Dielectric Properties of Dry Snow in the 800 MHz to 13 GHz Range. Report S–135, Radio Laboratory, Helsinki University of Technology, Espoo, Finland.

Nyquist, H. (1928). Thermal Agitation of Electric Charge in Conductors. Physical Review, 32(1), 110–113.

Oguchi, T. (1973). Attenuation and phase rotation of radio waves due to rain: Calculations at 19.3 and 34.8 GHz. Radio Science, 8(1), 31–38.

Oh, Y. (2004). Quantitative Retrieval of Soil Moisture Content and Surface Roughness From Multipolarized Radar Observations of Bare Soil Surfaces. IEEE Transactions on Geoscience and Remote Sensing, 42(3), 596–601.

Oh, Y., K. Sarabandi & F. T. Ulaby (1992). An empirical model and an inversion technique for radar scattering from bare soil surfaces. IEEE Transactions on Geoscience and Remote Sensing, 30(2), 370–381.

Oh, Y., K. Sarabandi & F. T. Ulaby (2002). Semi-Empirical Model of the Ensemble-Averaged Differential Mueller Matrix for Microwave Backscattering From Bare Soil Surfaces. IEEE Transactions on Geoscience and Remote Sensing, 40(6), 1348-1355.

Oh, Y., S. Hong, Y. Kim, J. Hong & Y. Kim (2009). Polarimetric Backscattering Coefficients of Flooded Rice Fields at L- and C-Bands: Measurements, Modeling, and Data Analysis. IEEE Transactions on Geoscience and Remote Sensing, 47(8), 2714-2721.

Ohm, E. A. & W. W. Snell (1963). A Radiometer for a Space Communications Receiver. Bell System Technical Journal, 42(5), 2047-2080.

Oliver, C. & S. Quegan (2004). Understanding Synthetic Aperture Radar Images. Raleigh, NC: SciTech. Olsen, R., D. V. Rogers & D. B. Hodge (1978). The aRb relation in the calculation of rain attenuation. Antennas and Propagation, IEEE Transactions on, 26(2), 318-329.

Onstott, R. G. (1990). Polarimetric Radar Measurements of Artificial Sea Ice During CRRELEX'88. Technical Report 196100-23-T, Environmental Research Institute of Michigan.

Onstott, R. G. (1992). SAR and scatterometer signatures of sea ice. In F. D. Carsey (Ed.), Microwave Remote Sensing of Sea Ice (Geophysical Monograph 68) (pp. 73-104). Washington, DC: American Geophysical Union.

Onstott, R. G., R. K. Moore, S. P. Gogineni & C. Delker (1982). Four years of low-altitude sea ice broadband backscatter measurements. IEEE Journal of Oceanic Engineering, 7(1), 44-50.

Orhaug, T. & W. Waltman (1962). A Switched Load Radiometer. Publications of the National Radio Astronomy Observatory, 1, 179-204.

Otoshi, T. Y. (1968). The Effect of Mismatched Components on Microwave Noise-Temperature Calibrations. IEEE Transactions on Microwave Theory and Techniques, 16(9), 675-686.

Owe, M. & A. A. van de Griend (2001). On the relationship between thermodynamic surface temperature and high-frequency (37 GHz) vertically polarized brightness temperature under semi-arid conditions. International Journal of Remote Sensing, 22(17), 3522-3532.

Owen, M. P. & D. G. Long (2009). Land-Contamination Compensation for QuikSCAT Near-Coastal Wind Retrieval. IEEE Transactions on Geoscience and Remote Sensing, 47(3), 839-850.

Owen, M. P. & D. G. Long (2011). Simultaneous Wind and Rain Estimation for QuikSCAT at Ultra-High Resolution. IEEE Transactions on Geoscience and Remote Sensing, 49(6), 1865-1878.

Page, D. F. & R. O. Ramseier (1975). Application of radar techniques to ice and snow studies. Journal of Glaciology, 15(73), 171-191.

Pampaloni, P. & S. Paloscia (1986). Microwave Emission and Plant Water Content: A Comparison Between Field Measurements and Theory. IEEE Transactions on Geoscience and Remote Sensing, 24(6), 900-905.

Pampaloni, P. & S. Paloscia (2000). Microwave Radiometry and Remote Sensing of the Earth's Surface and Atmosphere. Zeist, Netherlands: VSP BV.

Pandey, P. C. & R. K. Kakar (1983). Selection of optimum frequencies for atmospheric electric path length measurement by satellite-borne microwave radiometers. IEEE Transactions on Antennas and Propagation, 31(1), 136-140.

Papoulis, A. (1965). Probability, Random Variables, and Stochastic Processes. New York: McGraw-Hill.

Parke, M. E., R. H. Stewart, D. L. Farless & D. E. Cartwright (1987). On the choice of orbits for an altimetric satellite to study ocean circulation and tides. Journal of Geophysical Research, 92(C11), 11693.

Parmar, R. M., R. K. Arora, M. Venkata Rao & K. Thyagarajan (2006). OCEANSAT 2: mission and its applications. Proceedings of SPIE, 6407(1).

Patoux, J., R. C. Foster & R. A. Brown (2003). Global pressure fields from scatterometer winds. Journal of Applied Meteorology, 42(6), 813-826.

Payne, V. H., J. S. Delamere, K. E. Cady-Pereira, R. R. Gamache, J. -L. Moncet, E. J. Mlawer & S. A. Clough (2008). Air-Broadened Half-Widths of the 22- and 183 GHz Water-Vapor Lines. IEEE Transactions on Geoscience and Remote Sensing, 46(11), 3601-3617.

Pazmany, A. L. (2007). A Compact 183 GHz Radiometer for Water Vapor and Liquid Water Sensing. IEEE Transactions on Geoscience and Remote Sensing, 45(7), 2202-2206.

Pedlosky, J. (1979). Finite amplitude baroclinic waves in a continuous model of the atmosphere. Journal of the Atmospheric Sciences, 36(10), 1908-1924.

Peltzer, G., F. Crampé & P. A. Rosen (2001). The Mw 7.1, Hector Mine, California earthquake: surface rupture, surface displacement field, and fault slip solution from ERS SAR data. Comptes Rendus de l'Academie des Sciences Series IIA Earth and Planetary Science, 333(9), 545-555.

Peng, J. & C. S. Ruf (2008). Calibration Method for Fully Polarimetric Microwave Radiometers Using the Correlated Noise Calibration Standard. IEEE Transactions on Geoscience and Remote Sensing, 46(10), 3087-3097.

Pepe, A., E. Sansosti, P. Berardino & R. Lanari (2005). On the Generation of ERS/ENVISAT DInSAR Time-Series Via the SBAS Technique. IEEE Geoscience and Remote Sensing Letters, 2(3), 265-269.

Pepe, A., P. Berardino, M. Bonano, L. D. Euillades, R. Lanari & E. Sansosti (2011). SBAS-Based Satellite Orbit Correction for the Generation of DInSAR Time-Series: Application to RADARSAT-1 Data. IEEE Transactions on Geoscience and Remote Sensing, 49(12), 5150-5165.

Peplinski, N. R., F. T. Ulaby & M. C. Dobson (1995a). Dielectric Properties of Soils in the 0.3-1.3 GHz Range. IEEE Transactions on Geoscience and Remote Sensing, 33(3), 803-807.

Peplinski, N. R., F. T. Ulaby & M. C. Dobson (1995b). Corrections to "Dielectric Properties of Soils in the 0.3-1.3 GHz Range." IEEE Transactions on Geoscience and Remote Sensing, 33(6), 1340.

Perry, J. W. & A. W. Straiton (1972). Dielectric Constant of Ice at 35.3 and 94.5 GHz. Journal of Applied Physics, 43(2), 731-733.

Pettengill, G. H., D. F. Horwood & C. H. Keller (1980). Pioneer Venus Orbiter Radar Mapper: Design And Operation. IEEE Transactions on Geoscience and Remote Sensing, 18(1), 28-32.

Petty, G. W. (1994). Physical retrievals of over-ocean rain rate from multichannel microwave imagery. Part I: Theoretical characteristics of normalized polarization and scattering indices. Meteorology and Atmospheric Physics, 54(1-4), 101-121.

Phillips, D. L. (1962). A Technique for the Numerical Solution of Certain Integral Equations of the First Kind. Journal of the ACM, 9(1), 84-97.

Phillips, O. M. (1985). Spectral and statistical properties of the equilibrium range in wind-generated gravity waves. Journal of Fluid Mechanics, 156, 505-531.

Piepmeier, J. R. & A. J. Gasiewski (2001a). Digital Correlation Microwave Polarimetry: Analysis and Demonstration. IEEE Transactions on Geoscience and Remote Sensing, 39(11), 2392-2410.

Piepmeier, J. R. & A. J. Gasiewski (2001b). High-Resolution Passive Polarimetric Microwave Mapping of Ocean Surface Wind Vector Fields. IEEE Transactions on Geoscience and Remote Sensing, 39(3), 606-622.

Pierson, W. J. (1989). Probabilities and statistics for backscatter estimates obtained by a scatterometer. Journal of Geophysical Research, 94(C7), 9743-9759.

Pierson, W. J. & L. Moskowitz (1964). A proposed spectral form for fully developed wind seas based on the similarity theory of S. A. Kitaigorodskii. Journal of Geophysical Research, 69(24), 5181-5190.

Plant, W. J. (1986). Two-scale model of short, wind-generated waves and scatterometry. Journal of Geophysical Research, 91(C9), 10735-10749.

Plant, W. J. (2002). A stochastic, multiscale model of microwave backscatter from the ocean. Journal of Geophysical Research, 107(C9), 3120.

Poe, G. A., A. P. Stogryn & A. T. Edgerton (1972). A Study of the Microwave Emission Characteristics of Sea Ice. Final Technical Report 1749R-2, Contract No. 2-35340, Aerojet Electrosystems, Azusa, CA.

Polder, D. & J. H. van Santen (1946). The effective permeability of mixtures of solids. Physica, 12(5), 257-271.

Pollard, B. D., E. Rodríguez, L. Veilleux, T. Akins, P. Brown, A. Kitiyakara, ⋯ A. Prata (2002). The wide swath ocean altimeter: radar interferometry for global ocean mapping with centimetric accuracy. In IEEE Aerospace Conference (Vol. 2, pp. 1007-1020). Big Sky, MT.

Portabella, M. & A. Stoffelen (2001). Rain Detection and Quality Control of SeaWinds. Journal of Atmospheric and Oceanic Technology, 18(7), 1171-1183.

Portabella, M. & A. Stoffelen (2002). Characterization of residual information for SeaWinds quality control. IEEE Transactions on Geoscience and Remote Sensing, 40(12), 2747-2759.

Portabella, M. & A. Stoffelen (2004). A probabilistic approach for SeaWinds data assimilation. Quarterly Journal of the Royal Meteorological Society, 130(596), 127-152.

Portabella, M. & A. Stoffelen (2006). Scatterometer Backscatter Uncertainty Due to Wind Variability. IEEE Transactions on Geoscience and Remote Sensing, 44(11), 3356-3352.

Pozar, D. M. (1997). Microwave Engineering. New York: Wiley & Sons.

Prabhakara, C. & I. Wang (1983). Statistical method to sense sea surface temperature from the Nimbus-7 scanning multichannel microwave radiometer. In 1st Workshop on Satellite-Derived Sea Surface Temperature. Pasadena, CA, January 27-28, 1983: NASA JPL, Caltech, May 1, 1983, B1-B7 (JPL Publication 83-34).

Prakash, R., D. Singh & N. P. Pathak (2012). A Fusion Approach to Retrieve Soil Moisture With SAR and Optical Data. IEEE Journal of Selected Topics in Applied Earth Observations and Remote Sensing, 5(1), 196-206.

Pritchard, M. E. & M. Simons (2004). An InSAR-based survey of volcanic deformation in the southern

Andes. Geophysical Research Letters, 31(15), L15610.

Qi, R. & Y. Jin (2007). Analysis of the Effects of Faraday Rotation on Spaceborne Polarimetric SAR Observations at P-Band. IEEE Transactions on Geoscience and Remote Sensing, 45(5), 1115-1122.

Quegan, S. (1994). A unified algorithm for phase and cross-talk calibration of polarimetric data—theory and observations. IEEE Transactions on Geoscience and Remote Sensing, 32(1), 89-99.

Racette, P., R. F. Adler, A. J. Gasiewski, D. M. Jakson & D. S. Zacharias (1996). An airborne millimeter-wave imaging radiometer for cloud, precipitation, and atmospheric water vapor studies. Journal of Atmospheric and Oceanic Technology, 13(3), 610-619.

Racette, P. E., E. R. Westwater, Y. Han, A. J. Gasiewski, M. Klein, D. Cimini, ⋯ P. Kiedron (2005). Measurement of low amounts of precipitable water vapor using ground-based millimeterwave radiometry. Journal of Atmospheric and Oceanic Technology, 22(4), 317-337.

Raemer, H. R. (1997). Radar Systems Principles. Boca Raton, FL: CRC Press.

Rango, A. (1980). Operational Applications of Satellite Snow Cover Observations. Water Resources Bulletin, 16(6), 1066-1073.

Rawson, R. F. & F. L. Smith (1974). 4-Channel Simultaneous X-L Imaging SAR Radar. In 9th International Symposium on Remote Sensing of the Environment (Vol. 1, pp. 251-271). University of Michigan, Ann Arbor, MI.

Reeves, J. A., R. Knight, H. A. Zebker, W. A. Schreüder, P. Shanker & T. R. Lauknes (2011). High quality InSAR data linked to seasonal change in hydraulic head for an agricultural area in the San Luis Valley, Colorado. Water Resources Research, 47(12), W12510.

Remund, Q. P. & D. G. Long (1999). Sea ice extent mapping using Ku band scatterometer data. Journal of Geophysical Research, 104(C5), 11515-11527.

Remund, Q. P. & D. G. Long (2003). Large-scale inverse Ku-band backscatter modeling of sea ice. IEEE Transactions on Geoscience and Remote Sensing, 41(8), 1821-1833.

Reutov, A. P. & B. A. Mikhaylov (1970). Radiolokatsionnyye Slantsii Bokovogo Obzora [Side-Looking Radar, English translation available from National Technical Information Service, U.S. Department of Commerce, Catalog Number AD-787070]. Soviet Radio.

Ricaud, P., B. Gabard, S. Derrien, J.-P. Chaboureau, T. Rose, A. Mombauer & H. Czekala (2010a). HAMSTRAD-Tropo, A 183 GHz Radiometer Dedicated to Sound Tropospheric Water Vapor Over Concordia Station, Antarctica. IEEE Transactions on Geoscience and Remote Sensing, 48(3), 1365-1380.

Ricaud, P., B. Gabard, S. Derrien, J.-L. Attie, T. Rose & H. Czekala (2010b). Validation of Tropospheric Water Vapor as Measured by the 183-GHz HAMSTRAD Radiometer Over the Pyrenees Mountains, France. IEEE Transactions on Geoscience and Remote Sensing, 48(5), 2189-2203.

Rice, S. O. (1944). Mathematical Analysis of Random Noises. Bell System Technical Journal, 23, 282-352.

Rice, S. O. (1945). Mathematical Analysis of Random Noises. Bell System Technical Journal, 24(1), 46-156.

Rice, S. O. (1951). Reflection of electromagnetic waves from slightly rough surfaces. Communications on Pure and Applied Mathematics, 4(2-3), 351-378.

Richards, M. A. (2005). Fundamentals of Radar Signal Processing. New York: McGraw-Hill.

Richards, M. A., J. A. Scheer & W. A. Holm (2010). Principles of Modern Radar. Raleigh, NC: SciTech. MIT Radiation Lab (1947-1953). MIT Radiation Laboratory Series. New York: McGraw-Hill.

Riegger, S., W. Wiesbeck & A. J. Sieber (1987). On the Origin of Cross-polarization in Remote Sensing. In IEEE International Geoscience and Remote Sensing Symposium (Vol. 1, pp. 577-580). 18-21 May, Ann Arbor, MI.

Riendeau, S. & C. Grenier (2007). RADARSAT-2 Antenna. In IEEE Aerospace Conference (pp. 1-9).

Rignot, E. J. M. (2000). Effect of Faraday rotation on L-band interferometric and polarimetric synthetic-aperture radar data. IEEE Transactions on Geoscience and Remote Sensing, 38(1), 383-390.

Robertson, S. D. (1947). Targets for Microwave Radar Navigation. Bell System Technical Journal, 26(4), 852-869.

Rocken, C., R. Anthes, M. Exner, R. Ware, D. Feng, M. Gorbunov, ··· X. Zou (1997). Analysis and validation of GPS/MET data in the neutral atmosphere. Journal of Geophysical Research, 102(D25), 29849-29866.

Rodgers, C. D. (1976a). The Vertical Resolution of Remotely Sounded Temperature Profiles with a priori statistics. Journal of the Atmospheric Sciences, 33(4), 707-709.

Rodgers, C. D. (1976b). Retrieval of Atmospheric Temperature and Composition From Remote Measurements of Thermal Radiation. Journal of Geophysical Research, 41(7), 609-624.

Rodgers, C. D. (1977). Statistical principles of inversion theory. United States National Aeronautics and Space Administration, Wash., D.C., Conference Publication NASA-CP-114, 117-134.

Rodgers, C. D. (1996). Information content and optimisation of high spectral resolution measurements. Proceedings of SPIE, 2830(1), 136-147.

Rodgers, C. D. (2000). Inverse Methods for Atmospheric Sounding: Theory and Practice. Singapore; River Edge, NJ: World Scientific.

Rodríguez, E. & J. M. Martin (1992). Theory and design of interferometric synthetic aperture radars. IEE Proceedings-F Radar and Signal Processing, 139(2), 147-159.

Rodríguez, E. & J. M. Martin (1994). Assessment of the TOPEX altimeter performance using waveform retracking. Journal of Geophysical Research, 99(C12), 24957.

Rodríguez, E., B. D. Pollard & J. M. Martin (1999). Wide-Swath Ocean Altimetry Using Radar Interferometry. IEEE Transactions on Geoscience and Remote Sensing.

Rogers, A. E. E. & R. P. Ingalls (1969). Venus: mapping the surface reflectivity by radar interferometry. Science, 165(3895), 797-799.

Romeiser, R., S. Suchandt, H. Runge, U. Steinbrecher & S. Grünler (2010). First analysis of TerraSAR-X along-track InSAR-derived current fields. IEEE Transactions on Geoscience and Remote Sensing, 48(2), 820-829.

Rønne, C., L. Thrane, P.-O. Åstrand, A. Wallqvist, K. V. Mikkelsen & S. R. Keiding (1997). Investigation of the temperature dependence of dielectric relaxation in liquid water by THz reflection spectroscopy and molecular dynamics simulation. The Journal of Chemical Physics, 107(14), 5319.

Rosen, P. A., S. Hensley, I. R. Joughin, F. K. Li, S. N. Madsen, E. Rodríguez & R. M. Goldstein (2000). Synthetic Aperture Radar Interferometry. Proceedings of the IEEE, 88(3), 333-382.

Rosenkranz, P. W. (1995). A rapid atmospheric transmittance algorithm for microwave sounding channels. IEEE Transactions on Geoscience and Remote Sensing, 33(5), 1135-1140.

Rosenkranz, P. W. & D. H. Staelin (1988). Polarized thermal microwave emission from oxygen in the mesosphere. Radio Science, 23(5), 721-729.

Rosenkranz, P. W., K. D. Hutchison, K. R. Hardy & M. S. Davis (1997). An Assessment of the Impact of Satellite Microwave Sounder Incidence Angle and Scan Geometry on the Accuracy of Atmospheric Temperature Profile Retrievals. Journal of Atmospheric and Oceanic Technology, 14(3), 488-494.

Ross, R. A. (1966). Radar cross section of rectangular flat plates as a function of aspect angle. IEEE Transactions on Antennas and Propagation, 14(3), 329-335.

Roth, K., R. Schulin, H. Flühler & W. Attinger (1990). Calibration of time domain reflectometry for water content measurement using a composite dielectric approach. Water Resources Research, 26(10), 2267-2273.

Rouse, J. W. (1969). Arctic ice type identification by radar. Proceedings of the IEEE, 57(4), 605-611.

Rowe, A. P. (1948). One Story of Radar. New York: Cambridge University Press.

Ruck, G. T., D. E. Barrick, W. D. Stuart & C. K. Krichbaum (1970). Radar Cross Section Handbook (G. T. Ruck, Ed.). New York: Plenum Press.

Ruf, C. S. (1993). Numerical annealing of low redundancy linear arrays. IEEE Transactions on Antennas and Propagation, 41(1), 85-90.

Ruf, C. S. (1995). Digital correlators for synthetic aperture interferometric radiometry. IEEE Transactions on Geoscience and Remote Sensing, 33(5), 1222-1229.

Ruf, C. S. & J. Li (2003). A Correlated Noise Calibration Standard for Interferometric, Polarimetric and Auto-correlation Microwave Radiometers. IEEE Transactions on Geoscience and Remote Sensing, 41(10), 2187-2196.

Ruf, C. S. & C. Principe (2003). X-Band Lightweight Rainfall Radiometer First Light. In IEEE International Geoscience and Remote Sensing Symposium (Vol. 3, pp. 1701-1703). 21-25 July, Toulouse, France.

Ruf, C. S., C. T. Swift, A. B. Tanner & D. M. Le Vine (1988). Interferometric synthetic aperture microwave radiometry for the remote sensing of the earth. IEEE Transactions on Geoscience and Remote Sensing, 26(5), 597-611.

Ruf, C. S., Y. Hu & S. T. Brown (2006a). Calibration of WindSat Polarimetric Channels With a Vicarious Cold Reference. IEEE Transactions on Geoscience and Remote Sensing, 44(3), 470-475.

Ruf, C. S., S. M. Gross & S. Misra (2006b). RFI detection and mitigation for microwave radiometry with an agile digital detector. IEEE Transactions on Geoscience and Remote Sensing, 44(3), 694-706.

Ruf, C., A. Lyons, M. Unwin, J. Dickinson, R. Rose, D. Rose & M. Vincent (2013). CYGNSS: Enabling the Future of Hurricane Prediction. IEEE Geoscience and Remote Sensing Magazine, 1(2), 52-67.

Rumsey, H. C., G. A. Morris, R. R. Green & R. M. Goldstein (1974). A radar brightness and altitude image of a portion of Venus. Icarus, 23(1), 1-7.

Rush, J. C. (1995). The Image Processing Handbook. Boca Raton, FL: CRC Press.

Ryder, I. & R. Bürgmann (2008). Spatial variations in slip deficit on the central San Andreas Fault from In-SAR. Geophysical Journal International, 175(3), 837–852.

Ryle, M. (1952). A New Radio Interferometer and Its Application to the Observation of Weak Radio Stars. Proceedings of the Royal Society of London. Series A, Mathematical and Physical Sciences, 211(1106), 351–375.

Ryle, M. & A. Hewish (1960). The synthesis of large radio telescopes. Monthly Notices of the Royal Astronomical Society, 120, 220–230.

Saatchi, S., K. Halligan, D. G. Despain & R. L. Crabtree (2007). Estimation of Forest Fuel Load From Radar Remote Sensing. IEEE Transactions on Geoscience and Remote Sensing, 45(6), 1726–1740.

Saillard, M. & D. Maystre (1990). Scattering from metallic and dielectric rough surfaces. Journal of the Optical Society of America, 7(6), 982–990.

Saleh, K., J.-P. Wigneron, P. Waldteufel, P. de Rosnay, M. Schwank, J.-C. Calvet & Y. H. Kerr (2007). Estimates of surface soil moisture under grass covers using L-band radiometry. Remote Sensing of Environment, 109(1), 42–53.

Saleh, K., Y. H. Kerr, P. Richaume, M. J. Escorihuela, R. Panciera, S. Delwart, … J. P. Wigneron (2009). Soil moisture retrievals at L-band using a two-step inversion approach (COSMOS/NAFE'05 Experiment). Remote Sensing of Environment, 113(6), 1304–1312.

Sandberg, G., L. M. H. Ulander, J. E. S. Fransson, J. Holmgren & T. Le Toan (2011). L- and P-band backscatter intensity for biomass retrieval in hemiboreal forest. Remote Sensing of Environment, 115(11), 2874–2886.

Sandwell, D. T. (1991). Geophysical applications of satellite altimetry. Reviews of Geophysics Supplement, 29, 132–137.

Sandwell, D. T. & W. H. F. Smith (2001). Bathymetric Estimation. In L.-L. Fu & A. Cazenave (Eds.), Satellite Altimetry and Earth Sciences (pp. 441–457). Academic Press.

Sarabandi, K. (1992). Derivation of phase statistics from the Mueller matrix. Radio Science, 27(5), 553–560.

Sarabandi, K. & T.-C. Chiu (1996). Optimum Corner ReflectOrs for Calibration of Imaging Radars. IEEE Transactions on Antennas and Propagation, 44(10), 1348–1361.

Sarabandi, K., T. B. A. Senior & F. T. Ulaby (1988). Effect of Curvature on the Backscattering from a Leaf. Journal of Electromagnetic Waves and Applications, 2(7), 653–670.

Sarabandi, K., F. T. Ulaby & M. A. Tassoudji (1990). Calibration of polarimetric radar systems with good polarization isolation. IEEE Transactions on Geoscience and Remote Sensing, 28(1), 70–75.

Sarabandi, K., L. E. Pierce & F. T. Ulaby (1992a). Calibration of a polarimetric imaging SAR. IEEE Transactions on Geoscience and Remote Sensing, 30(3), 540–549.

Sarabandi, K., Y. Oh & F. T. Ulaby (1992b). Performance characterization of polarimetric active radar calibrators and a new single antenna design. IEEE Transactions on Antennas and Propagation, 40(10), 1147–1154.

Sarabandi, K., L. E. Pierce, M. C. Dobson, F. T. Ulaby, J. M. Stiles, T. C. Chiu, ⋯ A. Freeman (1995). Polarimetric Calibration of SIR−C Using Point and Distributed Targets. IEEE Transactions on Geoscience and Remote Sensing, 33(4), 858−866.

Schaber, G. G., C. Elachi & T. G. Farr (1980). Remote sensing data of SP Mountain and SP Lava flow in North−Central Arizona. Remote Sensing of Environment, 9(2), 149−170.

Schaber, G. G., J. F. McCauley, C. S. Breed & G. R. Olhoeft (1986). Shuttle Imaging Radar: Physical Controls on Signal Penetration and Subsurface Scattering in the Eastern Sahara. IEEE Transactions on Geoscience and Remote Sensing, 24(4), 603−623.

Schanda, E., C. Mätzler, K. Künzi, S. Patil & H. Rott (1982). Microwave Sigratures of Mapping of Snow. In International Society for Photogrammetry and RemoteSensing, Commission VII Exhibition. Toulouse France.

Schanda, E., C. Mätzler & K. Künzi (1983). Microwave Remote Sensing of Snow Cover. International Journal of Remote Sensing, 4(1), 149−158.

Schaper, L. W., D. H. Staelin & J. W. Waters (1970). The estimation of tropospheric electrical path length by microwave radiometry. Proceedings of the IEEE, 58(2), 272−273.

Schelkunoff, S. A. (1943). Electromagnetic Waves. New York: D. Van Nostrand Co.

Schelkunoff, S. A. & H. T. Friis (1952). Antennas: Theory and practice. New York: Wiley & Sons.

Schleher, D. C. (1976). Radar Detection in Weibull Clutter. IEEE Transactions on Aerospace and Electronic Systems, 12(6), 736−743.

Schmugge, T. J. (1978). Remote Sensing of Surface Soil Moisture. Journal of Applied Meteorology, 17(10), 1549−1557.

Schmugge, T. J. (1983). Remote Sensing of Soil Moisture: Recent Advances. IEEE Transactions on Geoscience and Remote Sensing, 21(3), 336−344.

Schmugge, T. J. & B. J. Choudhury (1981). A comparison of radiative transfer models for predicting the microwave emission from soils. Radio Science, 16(5), 927−938.

Schmugge, T. J., P. E. O'Neill & J. R. Wang (1986). Passive Microwave. IEEE Transactions on Geoscience and Remote Sensing, 24(1), 12−22.

Schroeder, L. C., W. L. Grantham, J. Mitchell & J. Sweet (1982). SASS measurements of the Ku−band radar signature of the ocean. IEEE Journal of Oceanic Engineering, 7(1), 3−14.

Schroeder, L. C., W. L. Grantham, E. M. Bracalente, C. L. Britt, K. S. Shanmugam, F. J. Wentz, ⋯ B. B. Hinton (1985). Removal of Ambiguous Wind Directions for a Ku−Band Wind Scatterometer Using Three Different Azimuth Angles. IEEE Transactions on Geoscience and Remote Sensing, 23(2), 91−100.

Seeber, G. (2004). Satellite Geodesy: Foundations, Methods and Applications. Berlin, Germany: Walter de Gruyter & Co. Sekhon, R. S., & R. C. Srivastava (1970). Snow Size Spectra and Radar Reflectivity. Journal of the Atmospheric Sciences, 27(2), 299−307.

Seling, T. V. (1964). The application of automatic gain control to microwave radiometers. IEEE Transactions on Antennas and Propagation, 12(5), 636−639.

Senior, T. B. A., K. Sarabandi & F. T. Ulaby (1987). Measuring and modeling the backscattering cross section of a leaf. Radio Science, 22(6), 1109−1116.

Shaffer, S. J., R. S. Dunbar, S. V. Hsiao & D. G. Long (1991). A median-filter-based ambiguity removal algorithm for NSCAT. IEEE Transactions on Geoscience and Remote Sensing, 29(1), 167-174.

Shanker, P. (2010). Persistent scatterer interferometry in neutral terrain. Ph.D. Thesis, Electrical Engineering, Stanford University, Stanford, CA.

Shanker, P. & H. A. Zebker (2007). Persistent scatterer selection using maximum likelihood estimation. Geophysical Research Letters, 34(22), L22301.

Shanker, P. & H. A. Zebker (2009). Sparse Two-Dimensional Phase Unwrapping Using Regular Grid Methods. IEEE Geoscience and Remote Sensing Letters, 6(3), 519-522.

Shanker, P. & H. A. Zebker (2010). The Edgelist Algorithm for Constraining Phase Unwrapped Solutions with Additional Geodetic Information. In IEEE International Geoscience and Remote Sensing Symposium. 25-30 July, Honolulu, HI.

Shannon, C. E. (1948). A Mathematical Theory of Communication. Bell System Technical Journal, 27(3), 379-423.

Sherwin, C. W., J. P. Ruina & R. D. Rawcliffe (1962). Some Early Developments in Synthetic Aperture Radar Systems. IRE Transactions on Military Electronics, 6(2), 111-115.

Shi, J., L. Jiang, L. Zhang, K. -S. Chen, J. -P. Wigneron & A. Chanzy (2005). A Parameterized Multifrequency-Polarization. IEEE Transactions on Geoscience and Remote Sensing, 43(12), 2831-2841.

Sihvola, A. H. (1999). Electromagnetic Mixing Formulas and Applications. London: Institution of Electrical Engineers.

Silver, S. (1949). Microwave Antenna Theory and Design. New York: McGraw-Hill.

Skolnik, M. I. (1980). Introduction to Radar Systems (2nd ed.). New York: McGraw-Hill.

Skoog, B. G., J. I. H. Askne & G. Elgered (1982). Experimental determination of water vapor profiles from ground-based radiometer measurements at 21.0 and 31.4 GHz. Journal of Applied Meteorology, 21(3), 394-400.

Skou, N. & B. Laursen (1998). Measurement of ocean wind vector by an airborne, imaging polarimetric radiometer. Radio Science, 33(3), 669-675.

Slater, P. N. (1980). Remote Sensing: Optics and Optical Systems. Reading, MA: Addison-Wesley.

Slone, A. J. (1995). Improved remote sensing data analysis using neural networks. Electrical Engineering and Computer Science, MIT, Cambridge, MA.

Smith, C. K., M. Bettenhausen & P. W. Gaiser (2006). A Statistical Approach to WindSat Ocean Surface Wind Vector Retrieval. IEEE Geoscience and Remote Sensing Letters, 3(1), 164-168.

Smith, E. K. (1982). Centimeter and millimeter wave attenuation and brightness temperature due to atmospheric oxygen and water vapor. Radio Science, 17(6), 1455-1464.

Smith, E. K. & S. Weintraub (1953). The Constants in the Equation for Atmospheric Refractive Index at Radio Frequencies. Proceedings of the IRE, 41(8), 1035-1037.

Smith, W. H. F. & D. T. Sandwell (1994). Bathymetric prediction from dense satellite altimetry and sparse shipboard bathymetry. Journal of Geophysical Research, 99(B11), 21803-21824.

Snider, J. B. (1972). Ground-Based Sensing of Temperature Profiles from Angular and Multi-Spectral Microwave Emission Measurements. Journal of Applied Meteorology, 11(6), 958–967.

Snider, J. B., F. O. Guiraud & D. C. Hogg (1980). Comparison of cloud liquid content measured by two independent ground-based systems. Journal of Applied Meteorology, 19(5), 577–579.

Solberg, A. H. S., C. Brekke & P. O. Husøy (2007). Oil Spill Detection in Radarsat and Envisat SAR Images. IEEE Transactions on Geoscience and Remote Sensing, 45(3), 746–755.

Sollner, M. & H. Suss (1996). Design and first experimental results of a full-polarimetric quasioptical radiometer system at 90 GHz with high spatial, radiometric and polarimetric resolution. In Fifth Specialist Meeting on Microwave Radiometry and Remote Sensing of the Environment. URSI, Boston, MA.

Spencer, M. W., C. L. Wu & D. G. Long (1997). Tradeoffs in the design of a spaceborne scanning pencil beam scatterometer: Application to SeaWinds. IEEE Transactions on Geoscience and Remote Sensing, 35(1), 115–126.

Spencer, M. W., C. L. Wu & D. G. Long (2000). Improved resolution backscatter measurements with the SeaWinds pencil-beam scatterometer. IEEE Transactions on Geoscience and Remote Sensing, 38(1), 89–104.

Spencer, M. W., W. -Y. Tsai & D. G. Long (2003). High-resolution measurements with a spaceborne pencil-beam scatterometer using combined range/doppler discrimination techniques. IEEE Transactions on Geoscience and Remote Sensing, 41(3), 567–581.

Spencer, M. W., K. Wheeler, S. Chan, J. R. Piepmeier, D. Hudson & J. Medeiros (2011). The planned Soil Moisture Active Passive (SMAP) mission L-band radar/radiometer instrument. In IEEE International Geoscience and Remote Sensing Symposium (pp. 2310–2313). 24–29 July, Vancouver, BC, Canada.

Srokosz, M. A. & M. S. Longuet-Higgins (1986). On the Skewness of Sea-Surface Elevation. Journal of Fluid Mechanics, 164, 487–498.

Staelin, D. H. (1977). Inversion of Passive Microwave Remote Sensing Data from Satellites. In A. Deepak (Ed.), Inversion Methods in Atmospheric Remote Sounding (pp. 361–394). New York: Academic Press.

Staelin, D. H. & F. W. Chen (2000). Precipitation Observations Near 54 and 183 GHz Using the NOAA-15 Satellite. IEEE Transactions on Geoscience and Remote Sensing, 38(5), 2322–2332.

Staelin, D. H., A. H. Barrett, J. W. Waters, F. T. Barath, E. J. Johnston, P. W. Rosenkranz, ⋯ W. B. Lenoir (1973). Microwave Spectrometer on the Nimbus 5 Satellite: Meteorological and Geophysical Data. Science, 182(4119), 1339–1341.

Stephens, G. L. & C. D. Kummerow (2007). The remote sensing of clouds and precipitation from space: A review. Journal of the Atmospheric Sciences, 64(11), 3742–3765.

Stephens, G. L., D. G. Vane, R. J. Boain, G. G. Mace, K. Sassen, ⋯ Z. Wang (2002). The CloudSat Mission and the A-Train. Bulletin of the American Meteorological Society, 83(12), 1771–1790.

Stiles, B. W. & R. S. Dunbar (2010). A Neural Network Technique for Improving the Accuracy of Scatterometer Winds in Rainy Conditions. IEEE Transactions on Geoscience and Remote Sensing, 48(8), 3114–3122.

Stiles, B. W., B. D. Pollard & R. S. Dunbar (2002). Direction interval retrieval with thresholded nudging: a method for improving the accuracy of QuikSCAT winds. IEEE Transactions on Geoscience and Remote Sensing, 40(1), 79-89.

Stiles, B. W., J. N. Huddleston, S. M. Hristova-Veleva, R. S. Dunbar, M. H. Freilich, B. A. Vanhoff, ···W. -Y. Tsai (2006). Revealing the SeaWinds ocean vector winds under the rain using AMSR: Part II, the empirical approach. In 14th Conference on Satellite Meteorology and Oceanography.

Stiles, W. H. & F. T. Ulaby (1980a). The Active and Passive Microwave Response to Snow Parameters: Part 1—Wetness; Part 2—Water Equivalent of Dry Snow. Journal of Geophysical Research, 85(2), 1037-1049.

Stiles, W. H. & F. T. Ulaby (1980b). Microwave Remote Sensing of Snowpacks. Technical Report 340-3, Remote Sensing Laboratory, University of Kansas, Lawrence, KS.

Stiles, W. H., D. R. Brunfeldt & F. T. Ulaby (1979). Performance Analysis of the MAS (Microwave Active Spectrometer) Systems: Calibration, Precision and Accuracy. Technical Report 360-4, Remote Sensing Laboratory, University of Kansas, Lawrence, KS.

Stiles, W. H., F. T. Ulaby, A. K. Fung & A. Aslam (1981). Radar Spectral Observations of Snow. In 1st IEEE International Geoscience and Remote Sensing Symposium (pp. 654-668). 8-10 June, Washington, DC.

Stoffelen, A. & D. Anderson (1997). Scatterometer Data Interpretation: Measurement Space and Inversion. Journal of Atmospheric and Oceanic Technology, 14(6), 1298-1313.

Stogryn, A. (1971). Equations for Calculating the Dielectric Constant of Saline Water. IEEE Transactions on Microwave Theory and Techniques, 19(8), 733-736.

Stogryn, A. (1989a). The magnetic field dependency of brightness temperatures at frequencies near the O_2 microwave absorption lines. IEEE Transactions on Geoscience and Remote Sensing, 27(3), 279-289.

Stogryn, A. (1989b). Mesospheric Temperature Sounding with Microwave Radiometers. IEEE Transactions on Geoscience and Remote Sensing, 27(3), 332-338.

Stogryn, A. P., H. T. Bull, K. Ruayi & S. Iravanchy (1996). The microwave permittivity of sea and freshwater. Aerojet internal report, Sacramento, CA.

Straiton, A. W., C. W. Tolbert & C. O. Britt (1958). Apparent Temperatures of Some Terrestrial Materials and the Sun at 4.3-Millimeter Wavelengths. Journal of Applied Physics, 29(5), 776-782.

Strand, O. N. & E. R. Westwater (1968). Statistical Estimation of the Numerical Solution of a Fredholm Integral Equation of the First Kind. Journal of the ACM, 15(1), 100-114.

Strang, G. (1980). Linear Algebra and Its Applications (2nd ed.). New York: Academic Press.

Stratton, J. A. (1941). Electromagnetic Theory (pp. 464-469). New York: McGraw-Hill.

Stuart, K. M. & D. G. Long (2011). Tracking large tabular icebergs using the SeaWinds Ku-band microwave scatterometer. Deep Sea Research Part II: Topical Studies in Oceanography, 58(11-12), 1285-1300.

Stuchly, M. A. & S. S. Stuchly (1980). Coaxial Line Reflection Methods for Measuring Dielectric Properties of Biological Substances at Radio and Microwave Frequencies—A Review. IEEE Transactions on Instrumentation and Measurements, 29(3), 176-183.

Sun, G. & K. J. Ranson (1995). A three-dimensional radar backscatter model of forest canopies. IEEE Transactions on Geoscience and Remote Sensing, 33(2), 372-382.

Surussavadee, C. & D. H. Staelin (2006). Comparison of AMSU Millimeter-Wave Satellite Observations, MM5/TBSCAT Predicted Radiances, and Electromagnetic Models for Hydrometeors. IEEE Transactions on Geoscience and Remote Sensing, 44(10), 2667-2678.

Surussavadee, C. & D. H. Staelin (2008). Global Millimeter-Wave Precipitation Retrievals Trained With a Cloud-Resolving Numerical Weather Prediction Model, Part I: Retrieval Design, Part II: Performance Evaluation. IEEE Transactions on Geoscience and Remote Sensing, 46(1), 109-118.

Surussavadee, C. & D. H. Staelin (2009). Satellite Retrievals of Arctic and Equatorial Rain and Snowfall Rates using Millimeter Wavelengths. IEEE Transactions on Geoscience and Remote Sensing, 47(11), 3697-3707.

Surussavadee, C. & D. H. Staelin (2010a). NPOESS Precipitation Retrievals using the ATMS Passive Microwave Spectrometer. IEEE Geoscience and Remote Sensing Letters, 7(3), 440-444.

Surussavadee, C. & D. H. Staelin (2010b). Global precipitation retrieval algorithm trained for SSMIS using a Numerical Weather Prediction Model: Design and evaluation. In IEEE International Geoscience and Remote Sensing Symposium (pp. 2341-2344). 25-30 July, Honolulu, HI.

Surussavadee, C. & D. H. Staelin (2010c). Global Precipitation Retrievals Using the NOAA/AMSU Millimeter-Wave Channels: Comparison with Rain Gauges. Journal of Applied Meteorology and Climatology, 49(1),124-135.

Surussavadee, C. & D. H. Staelin (2011). Evaporation Correction Methods for Microwave Retrievals of Surface Precipitation Rate. IEEE Transactions on Geoscience and Remote Sensing, 49(12), 4763-4770.

Swan, A. M. & D. G. Long (2012). Multiyear Arctic Sea Ice Classification Using QuikSCAT. IEEE Transactions on Geoscience and Remote Sensing, 50(9), 3317-3326.

Swartz, A. A., H. A. Yueh, J. A. Kong, L. M. Novak & R. T. Shin (1988). Optimal polarizations for achieving maximum contrast in radar images. Journal of Geophysical Research, 93(B12), 15252-15260.

Tan, S. & M. Mavrovouniotis (1995). Reducing data dimensionality through optimizing neural network inputs. AIChE Journal, 41(6), 1471-1480.

Tanelli, S., S. L. Durden, E. Im, K. S. Pak, D. G. Reinke, P. Partain, ⋯ R. T. Marchand (2008). CloudSat's Cloud Profiling Radar After Two Years in Orbit: Performance, Calibration, and Processing. IEEE Transactions on Geoscience and Remote Sensing, 46(11), 3560-3573.

Tanner, A. B. & C. T. Swift (1993). Calibration of a Synthetic Aperture Radiometer. IEEE Transactions on Geoscience and Remote Sensing, 31(1), 257-267.

Tapley, B. D., B. E. Schutz & G. H. Born (2004). Statistical Orbit Determination. San Diego, CA: Academic Press.

Tassoudji, M. A., K. Sarabandi & F. T. Ulaby (1989). Design consideration and implementation of the LCX polarimetric scatterometer (POLARSCAT). Technical Report 0022486-T-1, College of Engineering, University of Michigan, Ann Arbor, MI.

Taylor, A. H., L. C. Young & L. A. Hyland (1934). Patent 1981884, System for Detecting Objects by Radio. United States.

Thompson, A. R., J. M. Moran & G. W. Swenson (1994). Interferometry and Synthesis in Radio Astronomy.

Malabar, FL: Krieger Publishing Company.

Tikhonov, A. (1963). On the solution of incorrectly stated problems and a method of regularization. Doklady Akademii Nauk SSSR, 151, 501–504.

Tinbergen, J. (1996). Astronomical Polarimetry. New York: Cambridge University Press.

Tinga, W. R., W. A. G. Voss & D. F. Blossey (1973). Generalized approach to multiphase dielectric mixture theory. Journal of Applied Physics, 44(9), 3897–3902.

Tiuri, M. E. (1964). Radio Astronomy Receivers. IEEE Transactions on Military Electronics, 8(3), 264–272.

Tjuatja, S., A. K. Fung & J. Bredow (1992). A scattering model for snow–covered sea ice. IEEE Transactions on Geoscience and Remote Sensing, 30(4), 804–810.

Tooma, S. G., R. A. Mennella, J. P. Hollinger & J. R. Ketchum (1975). Comparison of sea–ice type identification between airborne dual–frequency passive microwave radiometry and standard laser/infrared technique. Journal of Glaciology, 15(73), 225–239.

Tournadre, J. & Y. Quilfen (2003). Impact of rain cell on scatterometer data: 1. Theory and modeling. Journal of Geophysical Research, 108(C7), 3225.

Tournadre, J., K. Whitmer & F. Girard–Ardhuin (2008). Iceberg detection in open water by altimeter waveform analysis. Journal of Geophysical Research, 113(C8), C08040.

Touzi, R., W. M. Boerner, J. S. Lee & E. Lueneburg (2004). A review of polarimetry in the context of synthetic aperture radar: concepts and information extraction. Canadian Journal of Remote Sensing, 30(3), 380–407.

Trebits, R. N., R. D. Hayes & L. C. Bomar (1978). mm–wave reflectivity of land and sea. Microwave Journal, 21(8), 49–53.

Troy, B. E. & J. P. Hollinger (1977). The Measurement of Oil Spill Volume By a Passive Microwave Imager. Final Report No. CG–D–55–77, National Technical Information Service, Springfield, VA.

Troy, B. E., J. P. Hollinger, R. M. Lerner & M. M. Wisler (1981). Measurement of the microwave properties of sea ice at 90 GHz and lower frequencies. Journal of Geophysical Research, 86(C5), 4283.

Truong–Loï, M. –L., A. Freeman, P. C. Dubois–Fernandez & E. Pottier (2009). Estimation of Soil Moisture and Faraday Rotation From Bare Surfaces Using Compact Polarimetry. IEEE Transactions on Geoscience and Remote Sensing, 47(11), 3608–3615.

Tsai, W. –Y., J. E. Graf, C. Winn, J. N. Huddleston, S. Dunbar, M. H. Freilich, ⋯ W. L. Jones (1999). Postlaunch sensor verification and calibration of the NASA Scatterometer. IEEE Transactions on Geoscience and Remote Sensing, 37(3), 1517–1542.

Tsang, L., J. A. Kong, E. G. Njoku, D. H. Staelin & J. W. Waters (1977). Theory for microwave thermal emission from a layer of cloud or rain. IEEE Transactions on Antennas and Propagation, 25(5), 650–657.

Tsang, L., J. A. Kong & R. T. Shin (1985). Theory of Microwave Remote Sensing. New York: Wiley & Sons.

Turchin, V. F., V. P. Kozlov & M. S. Malkevich (1971). The use of mathematical statistics methods in the solution of incorrectly posed problems. Soviet Physics Uspekhi, 13(6), 681–703.

Twomey, S. (1965). The application of numerical filtering to the solution of integral equations encountered in indirect sensing measurements. Journal of the Franklin Institute, 279(2), 95-109.

Ulaby, F. T. (1974). Radar measurement of soil moisture content. IEEE Transactions on Antennas and Propagation, 22(2), 257-265.

Ulaby, F. T. & J. E. Bare (1979). Look-Direction Modulation Function of the Radar Backscattering Coefficient of Agricultural Fields. Photogrammetric Engineering & Remote Sensing, 45, 1495-1506.

Ulaby, F. T. & M. C. Dobson (1989). Handbook of Radar Scattering Statistics for Terrain. Norwood, MA: Artech House.

Ulaby, F. T. & M. El-Rayes (1987). Microwave Dielectric Spectrum of Vegetation - Part II: Dual-Dispersion Model. IEEE Transactions on Geoscience and Remote Sensing, 25(5), 550-557.

Ulaby, F. T. & C. Elachi (1990). Radar Polarimetry for Geoscience Applications. Norwood, MA: Artech House. Ulaby, F. T. & R. P. Jedlicka (1984). Microwave Dielectric Properties of Plant Materials. IEEE Transactions on Geoscience and Remote Sensing, 22(4), 406-415.

Ulaby, F. T. & W. H. Stiles (1981). Microwave response of snow. Advances in Space Research, 1(10), 131-149.

Ulaby, F. T. & A. E. Yagle (2013). Engineering Signals and Systems. Allendale, NJ: National Technology and Science Press.

Ulaby, F. T., J. Cihlar & R. K. Moore (1974). Active microwave measurement of soil water content. Remote Sensing of Environment, 3(3), 185-203.

Ulaby, F. T., P. P. Batlivala & M. C. Dobson (1978). Microwave Backscatter Dependence on Surface Roughness, Soil Moisture, and Soil Texture: Part 1—Bare Soil. IEEE Transactions on Geoscience Electronics, 16(4), 286-295.

Ulaby, F. T., G. A. Bradley & M. C. Dobson (1979). Microwave Backscatter Dependence on Surface Roughness, Soil Moisture, And Soil Texture: Part 2—Vegetation-Covered Soil. IEEE Transactions on Geoscience Electronics, 17(2), 33-40.

Ulaby, F. T., R. K. Moore & A. K. Fung (1981a). Microwave Remote Sensing: Active and Passive, Vol. I—Fundamentals and Radiometry. Norwood, MA: Artech House.

Ulaby, F. T., M. Razani, A. K. Fung & M. C. Dobson (1981b). The Effects of Vegetation Cover on the Microwave Radiometric Sensitivity to Soil Moisture. Technical Report 460-6, Remote Sensing Laboratory, University of Kansas, Lawrence, KS.

Ulaby, F. T., R. K. Moore & A. K. Fung (1982a). Microwave Remote Sensing: Active and Passive, Vol. II—Radar Remote Sensing and Surface Scattering and Emission Theory. Norwood, MA: Artech House.

Ulaby, F. T., A. Aslam & M. C. Dobson (1982b). Effects of Vegetation Cover on the Radar Sensitivity to Soil Moisture. IEEE Transactions on Geoscience and Remote Sensing, 20(4), 476-481.

Ulaby, F. T., F. Kouyate, A. K. Fung & A. J. Sieber (1982c). A Backscatter Model for a Randomly Perturbed Periodic Surface. IEEE Transactions on Geoscience and Remote Sensing, 20(4), 518-528.

Ulaby, F. T., W. H. Stiles, A. K. Fung, H. J. Eom & M. Abdelrazik (1982d). Observations and Modeling of the Radar Backscatter from Snowpacks. Technical Report 527-4, Remote Sensing Laboratory, University of Kansas, Lawrence, KS.

Ulaby, F. T., C. T. Allen & A. K. Fung (1983). Method for Retrieving the True Backscattering Coefficient from Measurements with a Real Antenna. IEEE Transactions on Geoscience and Remote Sensing, 21(3), 308-313.

Ulaby, F. T., C. T. Allen, G. Eger & E. Kanemasu (1984). Relating the microwave backscattering coefficient to leaf area index. Remote Sensing of Environment, 14(1), 113-133.

Ulaby, F. T., R. K. Moore & A. K. Fung (1986a). Microwave Remote Sensing: Active and Passive, Vol. III—Volume Scattering and Emission Theory, Advanced Systems and Applications. Norwood, MA: Artech House.

Ulaby, F. T., F. Kouyate, B. Brisco & T. H. L. Williams (1986b). Textural Information in SAR Images. IEEE Transactions on Geoscience and Remote Sensing, 24(2), 235-245.

Ulaby, F. T., A. Tavakoli & T. B. A. Senior (1987). Microwave Propagation Constant for a Vegetation Canopy With Vertical Stalks. IEEE Transactions on Geoscience and Remote Sensing, 25(6), 714-725.

Ulaby, F. T., T. F. Haddock & R. T. Austin (1988a). Fluctuation statistics of millimeter-wave scattering from distributed targets. IEEE Transactions on Geoscience and Remote Sensing, 26(3), 268-281.

Ulaby, F. T., T. F. Haddock, J. R. East & M. W. Whitt (1988b). A millimeterwave network analyzer based scatterometer. IEEE Transactions on Geoscience and Remote Sensing, 26(1), 75-81.

Ulaby, F. T., K. McDonald, K. Sarabandi & M. C. Dobson (1988c). Michigan Microwave Canopy Scattering Models (MIMICS). In IEEE International Geoscience and Remote Sensing Symposium (p. 1009). 13-16 Septmber, Edinburgh, Scotland.

Ulaby, F. T., T. E. van Deventer, J. R. East, T. F. Haddock & M. E. Colluzi (1988d). Millimeter-wave bistatic scattering from ground and vegetation targets. IEEE Transactions on Geoscience and Remote Sensing, 26(3), 229-243.

Ulaby, F. T., T. H. Bengal, M. C. Dobson, J. R. East, J. B. Garvin & D. L. Evans (1990a). Microwave Dielectric Properties of Dry Rocks. IEEE Transactions on Geoscience and Remote Sensing, 28(3), 325-336.

Ulaby, F. T., M. W. Whitt & M. C. Dobson (1990b). Measuring the Propagation Properties of a Forest Canopy Using a Polarimetric Scatterometer. IEEE Transactions on Antennas and Propagation, 38(2), 251-258.

Ulaby, F. T., T. F. Haddock, R. T. Austin & Y. Kuga (1991). Millimeter-wave radar scattering from snow: Part 2—Comparison of theory with experimental observations. Radio Science, 26(2), 343-351.

Ulaby, F. T., K. Sarabandi & A. Nashashibi (1992). Statistical properties off the Mueller matrix off distributed targets. IEE Proceedings-F Radar and Signal Processing, 139(2), 136-146.

Ulaby, F. T., E. Michielssen & U. Ravaioli (2010). Fundamentals of Applied Electromagnetics (6th ed.). Boston, MA: Prentice Hall.

Ulich, B. L. (1977). A radiometric antenna gain calibration method. IEEE Transactions on Antennas and Propagation, 25(2), 218-223.

Vaccaneo, D., L. Sambuelli, P. Marini, R. Tascone & R. Orta (2004). Measurement System of Complex Permittivity of Ornamental Rocks in L Frequency Band. IEEE Transactions on Geoscience and Remote Sensing, 42(11), 2490-2498.

Valenzuela, G. R. & M. B. Laing (1972). Nonlinear energy transfer in gravity-capillary wave spectra, with applications. Journal of Fluid Mechanics, 54(3), 507-520.

van Beek, L. K. H. (1967). Dielectric Behavior of Heterogeneous Systems. In J. B. Birks (Ed.), Progress in Dielectrics. London: Heywood.

van Cittert, P. H. (1934). Die Wahrscheinliche Schwingungsverteilung in Einer von Einer Lichtquelle Direkt Oder Mittels Einer Linse Beleuchteten Ebene. Physica, 1, 201-210.

van de Griend, A. A. (2001). The effective thermodynamic temperature of the emitting surface at 6.6 GHz and consequences for soil moisture monitoring from space. IEEE Transactions on Geoscience and Remote Sensing, 39(8), 1673-1679.

van de Hulst, H. C. (1957). Light Scattering by Small Particles. New York: Wiley & Sons.

van Zyl, J. J. (1985). On the importance of polarization in radar scattering problems. Ph.D. Thesis, Antenna Laboratory Report No. 120, 152 pp., Caltech, Pasadena, CA.

van Zyl, J. J. (1990). Calibration of polarimetric radar images using only image parameter and trihedral corner reflector responses. IEEE Transactions on Geoscience and Remote Sensing, 28(3), 337-348.

van Zyl, J. J. & Y. Kim (2011). Synthetic Aperture Radar Polarimetry. Hoboken, NJ: Wiley & Sons.

van Zyl, J. J., C. H. Papas & C. Elachi (1987a). On the optimum polarizations of incoherently reflected waves. IEEE Transactions on Antennas and Propagation, 35(7), 818-825.

van Zyl, J. J., H. A. Zebker & C. Elachi (1987b). Imaging radar polarization signatures: Theory and observation. Radio Science, 22(4), 529-543.

Vant, M. R. (1976). A combined empirical and theoretical study of the dielectric properties of sea ice over the frequency range 100 MHz to 40 GHz. Ph.D. Thesis, Carleton University, Ottawa, Canada.

Vant, M. R., R. B. Gray, R. O. Ramseier & V. Makios (1974). Dielectric properties of fresh and sea ice at 10 and 35 GHz. Journal of Applied Physics, 45(11), 4712-4717.

Vant, M. R., R. O. Ramseier & V. Makios (1978). The complex-dielectric constant of sea ice at frequencies in the range 0.1-40 GHz. Journal of Applied Physics, 49(3), 1264-1280.

Vasalos, I. A. (1969). Effects of Separation Distance on the Optical Properties of Dense Dielectric Particle Suspensions. Chemical Engineering. Ph.D. Thesis, Chemical Engineering, MIT, Cambridge, MA.

Vecchia, A. D., P. Ferrazzoli, L. Guerriero, R. Rahmoune, S. Paloscia, S. Pettinato & E. Santi (2010). Modeling the Multifrequency Emission of Broadleaf Forests and Their Components. IEEE Transactions on Geoscience and Remote Sensing, 48(1), 260-272.

Viksne, A., T. C. Liston & C. D. Sapp (1969). SLR Reconnaissance of Panama. Geophysics, 34(1), 54-64.

Vila, D., R. R. Ferraro & R. Joyce (2007). Evaluation and improvement of AMSU precipitation retrievals. Journal of Geophysical Research, 112(D20), D20119.

Vincente, G. A., R. A. Scofield & W. B. Menzel (1998). The operational GOES infrared rainfall estimation technique. Bulletin of the American Meteorological Society, 99(9), 1883-1898.

von Hippel, A. R. (1954). Dielectric Materials and Applications. Cambridge, MA: MIT Press.

Wadhams, P. (1979). The Estimation of Sea Ice Thickness from the Distribution of Pressure Ridge Heights and Depths. In International Workshop on Remote Estimation of Sea Ice Thickness (pp. 53-76). 25-26

September, St. Johns, Newfoundland, Canada.

Wakabayashi, H., T. Matsuoka, K. Nakamura & F. Nishio (2004). Polarimetric Characteristics of sea ice in the sea of Okhotsk observed by airborne L-band SAR. IEEE Transactions on Geoscience and Remote Sensing, 42(11), 2412-2425.

Wakabayashi, H., Y. Mori & K. Nakamura (2013). Sea Ice Detection in the Sea of Okhotsk Using PALSAR and MODIS Data. IEEE Journal of Selected Topics in Applied Earth Observations and Remote Sensing, 6(3), 1516-1523.

Walters, R. J., J. R. Elliott, N. D'Agostino, P. C. England, I. Hunstad, J. A. Jackson, ··· G. Roberts (2009). The 2009 L'Aquila earthquake (central Italy): A source mechanism and implications for seismic hazard. Geophysical Research Letters, 36(17), L17312.

Wang, J. R. & B. J. Choudhury (1981). Remote Sensing of Soil Moisture Content Over Bare Field at 1.4 GHz Frequency. Journal of Geophysical Research, 86(6), 5277-5282.

Wang, J. R., J. C. Shiue & J. E. McMurtrey (1980). Microwave remote sensing of soil moisture content over bare and vegetated fields. Geophysical Research Letters, 7(10), 801-804.

Wang, J. R., P. E. O'Neill, T. J. Jackson & E. T. Engman (1983). Multifrequency Measurements of the Effects of Soil Moisture, Soil Texture, And Surface Roughness. IEEE Transactions on Geoscience and Remote Sensing, 21(1), 44-51.

Wang, J. R., W. C. Boncyk & A. K. Sharma (1993). Water vapor profiling over ocean surface from airborne 90 and 183 GHz radiometric measurements under clear and cloudy conditions. IEEE Transactions on Geoscience and Remote Sensing, 31(4), 853-859.

Wang, J. R., J. D. Spinhim, P. Racette, L. A. Chang & W. Hart (1997). The effect of clouds on water vapor profiling from the millimeter-wave radiometric measurements. Journal of Applied Meteorology, 36(9), 1232-1244.

Watanabe, M., M. Shimada, A. Rosenqvist, T. Tadono, M. Matsuoka, S. A. Romshoo, ··· T. Moriyama (2006). Forest Structure Dependency of the Relation between L-band σ^0 and Biophysical Parameters. IEEE Transactions on Geoscience and Remote Sensing, 44(11), 3154-3165.

Waters, J. W. (1971). Ground-based microwave spectroscopic sensing of the stratosphere and mesosphere. Ph.D. Thesis, Electrical Engineering and Computer Science, MIT, Cambridge, MA.

Waters, J. W. (1993). Microwave limb sounding. In M. A. Janssen (Ed.), Atmospheric Remote Sensing by Microwave Radiometry. New York: Wiley & Sons.

Waters, J. W., L. Froidevaux, R. S. Harwood, R. F. Jarnot, H. M. Pickett, W. G. Read, ··· M. J. Walch (2006). The Earth observing system microwave limb sounder (EOS MLS) on the Aura Satellite. IEEE Transactions on Geoscience and Remote Sensing, 44(5), 1075-1092.

Watson-Watt, R. (1957). Three Steps to Victory: A Personal Account by Radar's Greatest Pioneer. London: Odhams Press.

Weeks, W. F. (1981). Sea ice: the potential of remote sensing. Oceanus, 24(3), 39-48.

Weeks, W. F. & A. Assur (1969). Fracture of lake and sea ice. Research Report 269, Cold Regions Research and Engineering Laboratory, Office of Naval Research, Department of the Navy, Washington, DC.

Weger, E. (1960). Apparent Sky Temperatures in the Microwave Region. Journal of Meteorology, 17(2), 159 -165.

Wegmüller, U. (1986). Signaturen zur Mikrowellen-Fernerkundung: Bodenrauhigkeit und Permittivität von Eis. Thesis, Institut für angewandte Physik der Universität Bern, Germany.

Wegmüller, U. (1993). Signature research for crop classification by active and passive microwaves. International Journal of Remote Sensing, 14(5), 871-883.

Wegmüller, U., C. Mätzler & E. G. Njoku (1995). Canopy Opacity Models. In B. J. Choudhury, Y. H. Kerr, E. G. Njoku & P. Pampaloni (Eds.), Passive Microwave Remote Sensing of Land-Atmosphere Interactions (pp. 375-388). Utrecht, The Netherlands: VSP.

Weinreb, S. (1961). Digital radiometer. Proceedings of the IRE, 49(6), 1099.

Weinstock, W. W. (1965). Radar Cross-Section Target Models. In R. S. Berkowitz (Ed.), Modern Radar Analysis, Evaluation and System Design. New York: Wiley & Sons.

Weir, W. B. (1974). Automatic measurement of complex dielectric constant and permeability at microwave frequencies. Proceedings of the IEEE, 62(1), 33-36.

Wells, J. S., W. C. Daywitt & C. K. S. Miller (1964). Measurement of Effective Temperatures of Microwave Noise Sources. IEEE Transactions on Instrumentation and Measurements, 13(1), 17-28.

Wentz, F. J. (1975). Two-scale scattering model for foamfree sea microwave brightness temperatures. Journal of Geophysical Research, 80(24), 3441-3446.

Wentz, F. J. (1977). A two-scale scattering model with application to the JONSWAP'T5 Aircraft Microwave Scatterometer Experiment (NASA contractor report). NASA Langley Research Center.

Wentz, F. J. (1978). Forward scattering of microwave solar radiation from a water surface. Radio Science, 13 (1), 131-138.

Wentz, F. J. (1991). A simplified wind vector algorithm for satellite scatterometers. Journal of Atmospheric and Oceanic Technology, 8(5), 697-704.

Wentz, F. J. (1992). Measurement of oceanic wind vector using satellite microwave radiometers. IEEE Transactions on Geoscience and Remote Sensing, 30(5), 960-972.

Wentz, F. J. & D. K. Smith (1999). A model function for the ocean-normalized radar cross section at 14 GHz derived from NSCAT observations. Journal of Geophysical Research, 104(C5), 11499-11514.

Wentz, F. J., S. Peteherych & L. A. Thomas (1984). A model function for ocean radar cross sections at 14.6 GHz. Journal of Geophysical Research, 89(C3), 3689.

Wentz, F. J., L. A. Mattox & S. Peteherych (1986). New algorithms for microwave measurements of ocean winds: applications to SEASAT and special sensor microwave imager. Journal of Geophysical Research, 91 (C2), 2289-2307.

Werner, C., U. Wegmüller, T. Strozzi & A. Wiesmann (2003). Interferometric point target analysis for deformation mapping. In IEEE International Geoscience and Remote Sensing Symposium (Vol. 7, pp. 4362-4364). 21-25 July, Toulouse, France.

West, R. D., Y. Anderson, R. Boehmer, L. Borgarelli, P. Callahan, C. Elachi, ⋯ H. A. Zebker (2009). Cassini RADAR Sequence Planning and Instrument Performance. IEEE Transactions on Geoscience and Remote Sensing, 47(6), 1777-1795.

Westwater, E. R. (1965). Ground-based passive probing using microwave spectrum of oxygen. Journal of Research of the National Bureau of Standards Section D - Radio Science, D69(9), 1201.

Westwater, E. R. (1978). Accuracy of water vapor and cloud liquid determination by dual-frequency, ground-based microwave radiometry. Radio Science, 13(4), 677-685.

Westwater, E. R. (1979). Ill-posed problems in remote sensing of the Earth's Atmosphere by microwave radiometry. In International Symposium on Ill-Posed Problems: Theory and Practice. 2-6 October, University of Delaware, Newark, DE.

Westwater, E. R. & A. Cohen (1973). Application of Backus-Gilbert inversion technique to determination of aerosol size distributions from optical scattering measurements. Applied Optics, 12(6), 1340-1348.

Westwater, E. R. & M. T. Decker (1977). Application of statistical inversion to ground-based microwave remote sensing of temperature and water vapor profiles. United States National Aeronautics and Space Administration, Wash., D.C., Conference Publication NASA-CP-114, 395-425.

Westwater, E. R., & N. C. Grody (1980). Combined Surface- and Satellite-Based Microwave Temperature Profile Retrieval. Journal of Applied Meteorology, 19(12), 1438-1444.

Westwater, E. R. & O. N. Strand (1968). Statistical Information Content of Radiation Measurements used in Indirect Sensing. Journal of the Atmospheric Sciences, 25(5), 750-758.

Westwater, E. R., J. B. Snider & A. V. Carlson (1975). Experimental Determination of Temperature Profiles by Ground-Based Microwave Radiometry. Journal of Applied Meteorology, 14(4), 524-539.

Wexler, R. (1948). Rain Intensities by Radar. Journal of Meteorology, 5(4), 171-173.

Wexler, R. & D. Atlas (1963). Radar Reflectivity and Attenuation of Rain. Journal of Applied Meteorology, 2(2), 276-280.

Whitt, M. W. & F. T. Ulaby (1988). Millimeter-wave polarimetric measurements of artificial and natural targets. IEEE Transactions on Geoscience and Remote Sensing, 26(5), 562-573.

Whitt, M. W. & F. T. Ulaby (1994). Radar Response of Periodic Vegetation Canopies. International Journal of Remote Sensing, 15(9), 1813-1848.

Whitt, M. W., F. T. Ulaby, P. Polatin & V. V. Liepa (1991). A general polarimetric radar calibration technique. IEEE Transactions on Antennas and Propagation, 39(1), 62-67.

Wickert, J., G. Beyerle, T. Schmidt, C. Marquardt, R. König, L. Grunwald & C. Reigber (2002). First CHAMP mission results for gravity, magnetic and atmospheric studies. In C. Reigber, H. Lühr & P. Schwintzer (Eds.), First CHAMPS Science Meeting. Potsdam, Germany: Springer-Verlag.

Wickert, J., T. Schmidt, G. Beyerle, R. König, S. Heise & C. Reigber (2006). GPS radio occultation with CHAMP and GRACE: Recent Results. In U. Foelsche, G. Kirchengast & A. Steiner (Eds.), Atmosphere and Climate: Studies by Occultation Methods. Berlin, Germany.

Wigneron, J.-P., A. Chanzy, J.-C. Calvet & N. Bruguier (1995). A Simple Algorithm to Retrieve Soil Moisture and Vegetation Biomass Using Passive Microwave Measurements over Crop Fields. Remote Sensing of Environment, 51(3), 331-341.

Wigneron, J.-P., L. Laguerre & Y. H. Kerr (2001). A simple parameterization of the L-band microwave emission from rough agricultural soils. IEEE Transactions on Geoscience and Remote Sensing, 39(8), 1697–1707.

Wigneron, J.-P., A. Chanzy, Y. H. Kerr, H. Lawrence, J. Shi, M. J. Escorihuela, ⋯ K. Saleh-Contell (2011). Evaluating an Improved Parameterization of the Soil Emission in L-MEB. IEEE Transactions on Geoscience and Remote Sensing, 49(4), 1177–1189.

Wilheit, T. T. (1978). Radiative Transfer in a Plane Stratified Dielectric. IEEE Transactions on Geoscience and Remote Sensing, 16(2), 138–143.

Wilheit, T. T. (1979). Effect of wind on the microwave emission from the ocean's surface at 37 GHz. Journal of Geophysical Research, 84(8), 4921–4926.

Wilheit, T. T. (1986). Some comments on passive microwave measurement of rain. Bulletin of the American Meteorological Society, 67(10), 1226–1232.

Wilheit, T. T. (1990). An algorithm for retrieving water vapor profiles in clear and cloudy atmospheres from 183 GHz radiometric measurements: Simulation studies. Journal of Applied Meteorology, 29(6), 508–515.

Wilheit, T. T. & A. T. C. Chang (1980). An algorithm for retrieval of ocean surface and atmospheric parameters from the observations of the scanning multichannel microwave radiometer. Radio Science, 15(3), 525–544.

Wilheit, T. T., W. Nordberg, J. Blinn, W. J. Campbell & A. T. Edgerton (1971). Aircraft measurements of microwave emission from Arctic Sea ice. Remote Sensing of Environment, 2, 129–139.

Wilheit, T. T., A. T. C. Chang, M. S. V. Rao, E. B. Rodgers & J. S. Theon (1977). A Satellite Technique for Quantitatively Mapping Rainfall Rates Over the Oceans. Journal of Applied Meteorology, 16(5), 551–560.

Wilheit, T. T., A. T. C. Chang & A. S. Milman (1980). Atmospheric corrections to passive microwave observations of the ocean. Boundary-Layer Meteorology, 18(1), 65–77.

Wilheit, T. T., A. T. C. Chang & L. S. Chiu (1991). Retrieval of monthly rainfall indices from microwave radiometric measurements using probability distribution functions. Journal of Atmospheric and Oceanic Technology, 8(1), 118–136.

Wilheit, T. T., C. D. Kummerow & R. Ferraro (2003). Rainfall Algorithms for AMSR-E. IEEE Transactions on Geoscience and Remote Sensing, 41(2), 204–213.

Williams, B. A. & D. G. Long (2011a). Reconstruction From Aperture-Filtered Samples With Application to Scatterometer Image Reconstruction. IEEE Transactions on Geoscience and Remote Sensing, 49(5), 1663–1676.

Williams, B. A. & D. G. Long (2011b). A Reconstruction Approach to Scatterometer Wind Vector Field Retrieval. IEEE Transactions on Geoscience and Remote Sensing, 49(6), 1850–1864.

Wilson, J. J. W., J. Figa-Saldaña & E. O'Clerigh (2005). ASCAT Level 1 Production Generation. EUMET-SAT document number EUM.EPS.SYS.SPE.990009.

Wilson, W. J., S. H. Yueh, S. J. Dinardo, S. L. Chazanoff, A. Kitiyakara, F. K. Li & Y. Rahmat-Samii (2001). Passive Active L- and S-Band (PALS) Microwave Sensor for Ocean Salinity and Soil Moisture Measurements. IEEE Transactions on Geoscience and Remote Sensing, 39(5), 1039–1048.

Wohlleben, R., D. Fiebig, A. Prata & W. V. T. Rusch (1991). Beam squint in axially symmetric reflector antennas with laterally displaced feeds. IEEE Transactions on Antennas and Propagation, 39(6), 774–779.

Wright, P. A., S. Quegan, N. S. Wheadon & C. D. Hall (2003). Faraday rotation effects on L–band spaceborne SAR data. IEEE Transactions on Geoscience and Remote Sensing, 41(12), 2735–2744.

Wu, S. –C. (1979). Optimum frequencies of a passive microwave radiometer for tropospheric path–length correction. IEEE Transactions on Antennas and Propagation, 27(2), 233–239.

Yagi, H. (1928). Beam transmission of ultra–shortwaves. Proceedings of the IRE, 16, 715–740.

Yang, L., H. Du, J. Zhao & Q. Liu (2011). Global Vegetation Dynamic Monitoring Using Multiple Satellite Observations. In IEEE International Geoscience and Remote Sensing Symposium (pp. 771–774). 24–29 July, Vancouver, BC, Canada.

Yoho, P. K. & D. G. Long (2003). An improved simulation model for spaceborne scatterometer measurements. IEEE Transactions on Geoscience and Remote Sensing, 41(11), 2692–2695.

Yoho, P. K. & D. G. Long (2004). Correlation and covariance of satellite scatterometer measurements. IEEE Transactions on Geoscience and Remote Sensing, 42(6), 1179–1187.

Yueh, S. H. (1997). Modeling of wind direction signals in polarimetric sea surface brightness temperatures. IEEE Transactions on Geoscience and Remote Sensing, 35(6), 1400–1418.

Yueh, S. H. (2000). Estimates of Faraday rotation with passive microwave polarimetry for microwave remote sensing of Earth surfaces. IEEE Transactions on Geoscience and Remote Sensing, 38(5), 2434–2438.

Yueh, S. H. & J. Chaubell (2012). Sea Surface Salinity and Wind Retrieval Using Combined Passive and Active L–Band Microwave Observations. IEEE Transactions on Geoscience and Remote Sensing, 50(4), 1022–1032.

Yueh, S. H., R. Kwok, F. K. Li, S. V. Nghiem, W. J. Wilson & J. A. Kong (1994). Polarimetric passive remote sensing of ocean wind vectors. Radio Science, 29(4), 799–814.

Yueh, S. H., W. J. Wilson, F. K. Li, S. V. Nghiem & W. B. Ricketts (1995). Polarimetric measurements of sea surface brightness temperatures using an aircraft K–band radiometer. IEEE Transactions on Geoscience and Remote Sensing, 33(1), 85–92.

Yueh, S. H., W. J. Wilson, F. K. Li, S. V. Nghiem & W. B. Ricketts (1997). Polarimetric Brightness Temperatures of Sea Surfaces Measured with Aircraft K– and Ka–Band Radiometers. IEEE Transactions on Geoscience and Remote Sensing, 35(5), 1177–1187.

Yueh, S. H., W. J. Wilson, S. J. Dinardo & F. K. Li (1999). Polarimetric microwave brightness signatures of ocean wind directions. IEEE Transactions on Geoscience and Remote Sensing, 37(2), 949–959.

Yueh, S. H., W. J. Wilson, S. J. Dinardo & S. V. Hsiao (2006). Polarimetric Microwave Wind Radiometer Model Function and Retrieval Testing for WindSat. IEEE Transactions on Geoscience and Remote Sensing, 44(3), 584–596.

Yueh, S. H., S. J. Dinardo, A. Akgiray, R. West, D. W. Cline & K. Elder (2009). Airborne Ku–Band Polarimetric Radar Remote Sensing of Terrestrial Snow Cover. IEEE Transactions on Geoscience and Remote Sensing, 47(10), 3347–3364.

Yueh, S. H., S. J. Dinardo, A. G. Fore & F. K. Li (2010). Passive and Active L–Band Microwave Observations and Modeling of Ocean Surface Winds. IEEE Transactions on Geoscience and Remote Sensing, 48 (8), 3087-3100.

Yunck, T. P. (2002). An overview of atmospheric radio occultation. Journal of Global Positioning Systems, 1 (1), 58-60.

Yunck, T. P., C. H. Liu & R. Ware (2000). A history of GPS sounding. Terrestrial, Atmospheric and Oceanic Sciences, 11(1), 1-20.

Zaugg, E. C. & D. G. Long (2009). Generalized Frequency-Domain SAR Processing. IEEE Transactions on Geoscience and Remote Sensing, 47(11), 3761-3773.

Zaugg, E. C. & D. G. Long (2012). Generalized LFM-CW SAR Processing. IEEE Transactions on Geoscience and Remote Sensing, in press.

Zavorotny, V. U. & A. G. Voronovich (2000). Scattering of GPS signals from the ocean with wind remote sensing application. IEEE Transactions on Geoscience and Remote Sensing, 38(2), 951-964.

Zebker, H. A. & R. M. Goldstein (1986). Topographic Mapping From Interferometric Synthetic Aperture Radar Observations. Journal of Geophysical Research, 91(5), 4993-4999.

Zebker, H. A. & Y. L. Lou (1990). Phase calibration of imaging radar polarimetric stokes matrices. IEEE Transactions on Geoscience and Remote Sensing, 28(2), 246-252.

Zebker, H. A. & J. Villasenor (1992). Decorrelation in interferometric radar echoes. IEEE Transactions on Geoscience and Remote Sensing, 30(5), 950-959.

Zebker, H. A., J. J. van Zyl & D. N. Held (1987). Imaging Radar Polarimetry From Wave Synthesis. Journal of Geophysical Research, 92(1), 683-701.

Zebker, H. A., P. A. Rosen & S. Hensley (1997). Atmospheric effects in interferometric synthetic aperture radar surface deformation and topographic maps. Journal of Geophysical Research, 102(B4), 7547-7563.

Zernike, F. (1938). The concept of degree of coherence and its application to optical problems. Physica, 5 (8), 785-795.

Zhan, X., P. R. Houser, J. P. Walker & W. T. Crow (2006). A Method for Retrieving High-Resolution Surface Soil Moisture From Hydros L-Band Radiometer and Radar Observations. IEEE Transactions on Geoscience and Remote Sensing, 44(6), 1534-1544.

Zhang, B., W. Perrie, X. Li & W. G. Pichel (2011). Mapping sea surface oil slicks using RADARSAT-2 quad-polarization SAR image. Geophysical Research Letters, 38(10), L10602.

Zhang, M. & J. T. Johnson (2001). Comparison of modeled and measured second azimuthal harmonics of ocean surface brightness temperatures. IEEE Transactions on Geoscience and Remote Sensing, 39(2), 448-452.

Zieger, A. R., D. W. Hancock, G. S. Hayne & C. L. Purdy (1991). NASA radar altimeter for the TOPEX/POSEIDON Project. Proceedings of the IEEE, 79(6), 810-826.

Zine, S., J. Boutin, J. Font, N. Reul, P. Waldteufel, C. Gabarró, ⋯ S. Delwart (2008). Overview of the SMOS Sea Surface Salinity Prototype Processor. IEEE Transactions on Geoscience and Remote Sensing, 46 (3), 621-645.

Zisk, S. H. (1972a). A new, earth-based radar technique for the measurement of lunar topography. The

Moon, 4(3-4), 296-306.

Zisk, S. H. (1972b). Lunar topography: first radar-interferometer measurements of the alphonsus-ptolemae-usarzachel region. Science, 178(4064), 977-980.

Zwally, H. J. (1977). Microwave Emissivity and Accumulation Rate of Polar Firn. Journal of Glaciology, 18(79), 195-215.

Zwally, H. J. & P. Gloersen (1977). Passive Microwave Images of the Polar Regions and Research Applications. Polar Record, 18(116), 431-450.

Zwally, H. J., J. C. Comiso, C. L. Parkinson, W. J. Campbell, F. D. Carsey & P. Gloersen (1983). Antarctic Sea Ice, 1973-1976: Satellite Passive-Microwave Observations (pp. 21-25). NASA Report SP-459, Washington, DC.